# 2016—2020年
# 河南省生态环境质量报告

ECOLOGICAL ENVIRONMENT QUALITY REPORT OF HENAN PROVINCE

河南省生态环境厅 ◎ 编

中国环境出版集团 · 北京

**图书在版编目（CIP）数据**

2016—2020年河南省生态环境质量报告/河南省生态环境厅编. —北京：中国环境出版集团，2023.8

ISBN 978-7-5111-5581-8

Ⅰ. ①2… Ⅱ. ①河… Ⅲ. ①区域生态环境-环境质量评价-研究报告-河南-2016-2020 Ⅳ. ①X321.261

中国国家版本馆CIP数据核字（2023）第153403号

**出 版 人** 武德凯
**责任编辑** 孟亚莉
**封面设计** 岳 帅

---

**出版发行** 中国环境出版集团
（100062 北京市东城区广渠门内大街16号）
网 址：http://www.cesp.com.cn
电子邮箱：bjgl@cesp.com.cn
联系电话：010-67112765（编辑管理部）
010-67112735（第一分社）
发行热线：010-67125803，010-67113405（传真）
**印 刷** 北京中科印刷有限公司
**经 销** 各地新华书店
**版 次** 2023年8月第1版
**印 次** 2023年8月第1次印刷
**开 本** 787×1092 1/16
**印 张** 18.25
**字 数** 350千字
**定 价** 148.00元

---

# 《2016—2020年河南省生态环境质量报告》

## 编委会

（驻市生态环境监测中心，以行政区划代码为序）

范相阁（河南省郑州生态环境监测中心）

张文颜（河南省开封生态环境监测中心）

周兵利（河南省洛阳生态环境监测中心）

蒋庆瑞（河南省平顶山生态环境监测中心）

常艳文（河南省安阳生态环境监测中心）

田　丽（河南省鹤壁生态环境监测中心）

俞　宁（河南省新乡生态环境监测中心）

闫瑞敏（河南省焦作生态环境监测中心）

王　冰（河南省濮阳生态环境监测中心）

曹润泽（河南省许昌生态环境监测中心）

杨怡明（河南省漯河生态环境监测中心）

张长青（河南省三门峡生态环境监测中心）

张少倩（河南省南阳生态环境监测中心）

任　莹（河南省商丘生态环境监测中心）

尚　东（河南省信阳生态环境监测中心）

王克永（河南省周口生态环境监测中心）

李　森（河南省驻马店生态环境监测中心）

李利霞（河南省济源生态环境监测中心）

许高双（河南省南水北调中线渠首生态环境监测中心）

**主 编 单 位**　河南省生态环境监测和安全中心

**资料提供单位**　河南省各派驻生态环境监测中心

# 前言

《2016—2020年河南省生态环境质量报告》以河南省环境监测数据为基础，对2020年及“十三五”期间河南省生态环境质量现状和变化趋势进行了全面梳理与分析，总结了总体情况和主要生态环境质量问题，并提出对策建议。

本报告中生态环境质量监测数据来源于国家监测网和省级监测网，河南省环境质量监测网包括：18 个省辖市（含济源示范区，下同）共 100 个国控、248 个省控城市环境空气质量自动监测点位；67 条河流、24 座大（中）型湖库共设置 169 个地表水水质评价监控断面；157 个地下水监测井位；46 个饮用水水源地监测点位；50 个降水监测点位；3 539 个建成区环境噪声监测点位；城市道路交通噪声监测路段总长度约 1 415.1 km，101 个城市功能区噪声监测点位；111 个辐射监测点位。

本报告中所有类别、级别比例计算，均为某项目的数量除以总数，结果按照《数值修约规则与极限数值的表示和判定》（GB/T 8170—2008）进行数值修约，故可能出现所有类别比例加和不等于 100%的情况，特此说明。

# 目录

# 第一篇

# 监测概况和评价方法

## 1.1　城市环境空气

### 1.1.1　点位布设

河南省 18 个省辖市（含济源示范区，下同）共设置 100 个国控城市环境空气自动监测点位，248 个省控城市环境空气质量自动监测点位。

### 1.1.2　评价标准

$PM_{10}$、$PM_{2.5}$、$SO_2$、$NO_2$、CO、$O_3$ 评价标准采用《环境空气质量标准》（GB 3095—2012）及修改单。2015—2020 年环境空气质量评价数据均采用实况数据。

### 1.1.3　评价方法

#### 1.1.3.1　单项因子评价

按照《环境空气质量标准》（GB 3095—2012）、《环境空气质量评价技术规范（试行）》（HJ 663—2013）对参与评价的因子进行类别评价。

#### 1.1.3.2　定性评价

采用环境空气综合质量指数（I）法和二级标准达标情况评价法进行定性评价。

#### 1.1.3.3　级别评价

采用最大单因子级别法进行级别评价。

## 1.2　降水

### 1.2.1　点位布设

全省 18 个省辖市共设置 50 个降水监测点位。

### 1.2.2　评价因子

监测 pH、降水量、电导率、硫酸根、硝酸根、铵离子、钙离子、镁离子、氯离子、氟离子、钠离子和钾离子，共 12 项因子。

### 1.2.3 评价标准

降水酸度以 pH＜5.6 作为判断酸雨的依据。

### 1.2.4 评价方法

降水 pH、硫酸根、硝酸根等单因子的年均值采用雨量加权法进行计算。

采用降水 pH 范围、pH 年均值、硫酸根等因子的离子含量进行现状评价、年际对比，pH 月均值进行时空对比。

酸雨城市指降水 pH 年均值低于 5.6 的城市，较重酸雨城市指降水 pH 年均值低于 5.0 的城市，重酸雨城市指降水 pH 年均值低于 4.5 的城市。

## 1.3 地表水

### 1.3.1 点位布设

全省 67 条主要河流上共设置 141 个监控断面。其中，淮河流域的 29 条河流设置 60 个监控断面；海河流域的 10 条河流设置 20 个监控断面；黄河流域的 20 条河流设置 41 个监控断面；长江流域的 8 条河流设置 20 个监控断面。24 座大、中型湖库上设置了 28 个监测点位。

### 1.3.2 评价因子

水质评价因子为《地表水环境质量标准》（GB 3838—2002）表 1 中除水温、总氮、粪大肠菌群以外的 21 项，即 pH、溶解氧、高锰酸盐指数、五日生化需氧量、氨氮、石油类、挥发酚、汞、铅、化学需氧量、总磷、铜、锌、氟化物、硒、砷、镉、铬（六价）、氰化物、阴离子表面活性剂、硫化物，总氮作为参考指标单独评价（河流总氮除外）。

营养状态评价因子为叶绿素 a、总磷、总氮、透明度和高锰酸盐指数 5 项。

### 1.3.3 评价标准

《地表水环境质量标准》（GB 3838—2002）。

### 1.3.4 评价方法

《地表水环境质量评价办法（试行）》（环办〔2011〕22 号）。

#### 1.3.4.1 单项因子评价

按照《地表水环境质量标准》（GB 3838—2002）对参与评价的因子进行类别评价。

#### 1.3.4.2 综合评价

用断面浓度均值或断面水质类别比例进行河流、流域水质定性评价；

用湖泊（水库）综合营养状态指数法进行富营养化状况评价。

#### 1.3.4.3 对比分析

用水质等级变化、综合污染指数对比年际、河流间的污染程度；

用浓度变化限值法对比污染物的污染程度。

## 1.4 城市地下水

### 1.4.1 点位布设

全省 18 个省辖市共设置 157 个地下水监测井位，由于部分监测井位已封井，采集不到样品，因此实际监测井位为 113 个。

### 1.4.2 评价因子

评价因子选取 pH、溶解性总固体、氯化物、硫酸盐、氨氮、硝酸盐（以 N 计）、亚硝酸盐（以 N 计）、氰化物、氟化物、总硬度（以 $CaCO_3$ 计）、砷、铁、锰、铅、镉、汞、铬（六价）、耗氧量、挥发酚（以苯酚计）、总大肠菌群，共 20 项。

细菌学因子不参与评价分值（*F*）计算。

### 1.4.3 评价标准

《地下水质量标准》（GB/T 14848—2017）。

### 1.4.4 评价方法

#### 1.4.4.1 单项因子评价

统计评价区域内参与评价因子各水质类别井位数占总监测井位数的百分比。

#### 1.4.4.2 综合评价

（1）按井位评价：用 *F* 值法评价单个井位的水质级别，统计评价区域内各级别井位数占总监测井位数的百分比。

（2）城市综合定性评价：用 *F* 值法评价城市区域地下水质量级别，再将细菌学因子评价类别标注在级别定名之后。

#### 1.4.4.3 对比分析

采用 $F$ 值对年际、城市间污染程度的变化进行比较和排序。

## 1.5 集中式饮用水水源地

### 1.5.1 点位布设

全省 18 个省辖市在用饮用水水源地中共设置 46 个监测点位，其中地表水型饮用水水源地设置 16 个监测点位，地下水型饮用水水源地设置 30 个监测点位。

### 1.5.2 评价因子

达标水源地水质评价因子选择 pH、总硬度（地下水）、硝酸盐（以 N 计）、氨氮、高锰酸盐指数（耗氧量）、氟化物（以 F 计）、砷、汞、镉、铬（六价）、铅、氰化物、挥发酚、石油类（地表水）、粪大肠菌群（总大肠菌群），共 15 项。取水水质达标率评价、定性评价因子在达标水源地评价因子的基础上（pH 不参与定性评价），地表水型饮用水水源地增加五日生化需氧量、溶解氧、硫化物、铁、硒、阴离子表面活性剂、总磷（以 P 计）、锰、铜、锌、硫酸盐、氯化物 12 项，地下水型饮用水水源地增加硫酸盐、氯化物、铁、锰、亚硝酸盐（以 N 计）、硒、阴离子合成洗涤剂、铜、锌 9 项。

地表水型饮用水水源地特定项目的评价因子选择《地表水环境质量标准》(GB 3838—2002）表 3 中所有项目（80 项）。

### 1.5.3 评价标准

地表水型饮用水水源地水质评价采用《地表水环境质量标准》（GB 3838—2002）；地下水型饮用水水源地水质评价采用《地下水质量标准》（GB/T 14848—2017）。

### 1.5.4 评价方法

#### 1.5.4.1 单项因子评价

统计评价区域内参与评价因子各水质类别水源地数占总监测数的百分比。

#### 1.5.4.2 综合评价

（1）水源地达标评价：按照《地表水环境质量标准》（GB 3838—2002）、《地下水质量标准》（GB/T 14848—2017）对水源地进行水质类别评价，统计达到Ⅲ类标准限值的水源地占总水源地的比例。

（2）取水水质达标率评价：根据水质达到Ⅲ类标准限值的饮用水水源地取水量，统计饮用水水源地及城市的平均取水水质达标率。

（3）城市区域水质定性评价：采用内梅罗指数（*P*）评价饮用水水源地水质。

#### 1.5.4.3 对比分析

（1）采用优良水源地百分比变化，对全省饮用水水源地水质变化趋势进行分析。

（2）采用取水水质达标率变化，对全省饮用水水源地水质变化趋势进行分析。

（3）采用 *P* 值对年际、城市间水质变化进行分析和排序。

## 1.6 城市声环境

### 1.6.1 点位布设

全省 18 个省辖市共设置昼间区域声环境质量监测点位 3 539 个，覆盖城市区域面积 1 020.7 $km^2$；昼间道路交通声环境质量监测点位 949 个，监测路段总长度约 1 415.1 km；功能区昼间、夜间声环境质量监测点位 101 个。

### 1.6.2 评价因子

以等效连续 A 声级（$L_{eq}$）为基本评价量。

城市区域声环境：昼间平均等效声级和夜间平均等效声级。

城市道路交通声环境：昼间平均等效声级和夜间平均等效声级，道路交通噪声监测的等效声级采用道路长度加权算术平均法。

城市功能区声环境：昼间、夜间监测点次的达标率。

### 1.6.3 评价标准

《声环境质量标准》（GB 3096—2008）。

### 1.6.4 评价方法

#### 1.6.4.1 基本评价量

以等效连续 A 声级（$L_{eq}$）为基本评价量。

#### 1.6.4.2 定性评价

城市区域环境噪声、道路交通噪声按照《环境噪声监测技术规范　城市声环境常规监测》（HJ 640—2012）的规定进行评价；城市功能区环境噪声按照达标率进行评价。

#### 1.6.4.3 对比分析

采用等效声级变化和优、良等级进行年际、城市间的对比分析。

## 1.7 生态环境

依据环境保护部颁布的《生态环境状况评价技术规范》（HJ 192—2015）中生物丰度指数、植被覆盖指数、水网密度指数、土地胁迫指数和污染负荷指数的值和权重，计算生态环境状况指数（EI），根据生态环境状况分级标准对生态环境状况进行评价。

## 1.8 农村环境

### 1.8.1 点位布设

全省 18 个省辖市选取了 272 个村庄开展农村环境质量试点监测，在重点生态功能区县域所在省辖市进行了加密布设村庄，开展村庄和县域环境质量、生态状况的监测及评价。

### 1.8.2 评价因子

#### 1.8.2.1 农村环境状况

（1）村庄环境空气

监测 $SO_2$、$NO_2$、$PM_{10}$、$PM_{2.5}$、CO、$O_3$，共 6 项因子。

（2）村庄饮用水水源地水质

村庄地表水型饮用水水源地监测水温、pH、溶解氧、高锰酸盐指数、五日生化需氧量、氨氮、总磷、总氮、铜、锌、氟化物、硒、砷、汞、镉、铬（六价）、铅、氰化物、挥发酚、石油类、阴离子表面活性剂、硫化物、粪大肠菌群、硫酸盐、氯化物、硝酸盐氮、铁、锰，共 28 项因子。

村庄地下水型饮用水水源地监测色、嗅和味、浑浊度、肉眼可见物、pH、总硬度、溶解性总固体、硫酸盐、氯化物、铁、锰、铜、锌、铝、挥发酚、阴离子表面活性剂、耗氧量（$COD_{Mn}$法，以 $O_2$ 计）、氨氮、硫化物、钠、总大肠菌群、菌落总数、亚硝酸盐、硝酸盐、氰化物、氟化物、碘化物、汞、砷、硒、镉、铬（六价）、铅、三氯甲烷、四氯化碳、苯、甲苯、总α放射性、总β放射性，共 39 项因子。

（3）村庄周边土壤

监测 pH、阳离子交换量、砷、镉、铬、汞、铅，共 7 项因子。

（4）县域地表水水质

监测水温、pH、溶解氧、化学需氧量、高锰酸盐指数、五日生化需氧量、氨氮、总磷、总氮、铜、锌、氟化物、硒、砷、汞、镉、铬（六价）、铅、氰化物、挥发酚、石油类、阴离子表面活性剂、硫化物、粪大肠菌群，共 24 项因子。

#### 1.8.2.2 农村生态状况

监测生物丰度指数、植被覆盖指数、水网密度指数、土地胁迫指数、人类干扰指数，共 5 项。

### 1.8.3 评价标准

（1）《环境空气质量标准》（GB 3095—2012）及修改单。

（2）《地表水环境质量标准》（GB 3838—2002）。

（3）《地下水质量标准》（GB/T 14848—2017）。

（4）《土壤环境质量 农用地土壤风险管控标准（试用）》（GB 15618—2018）。

（5）《生态环境状况评价技术规范》（HJ 192—2015）。

（6）《农村环境质量综合评价技术规定（试行）》（2014）。

## 1.9 辐射环境

### 1.9.1 点位布设

全省辐射环境质量监测共设置 111 个点位。其中，电离监测点位 79 个，包括 10 个 γ 辐射剂量监测点位，18 个土壤监测点位，17 个城市饮用水监测点位，3 个流域监测点位，1 个省会城市饮用水监测点位和 1 个省会城市地下水监测点位，26 个省控电离自动监测点位，3 个国控自动监测点位；自动站电磁辐射监测点位 20 个，其中包括 1 个电磁辐射国控点位（河南省辐射环境安全技术中心楼顶），1 个国控电磁环境污染点位（河南省广播电视发射塔）；省放射性废物库及周围辐射环境监测点位 12 个，包括 6 个 γ 辐射剂量监测点位，1 个地下水监测点位，1 个气溶胶监测点位，4 个土壤监测点位。

“十三五”期间全省辐射环境质量监测点位信息情况见表 1.9-1，“十三五”期间全省辐射环境质量监测频次变化情况见表 1.9-2。

**表 1.9-1 “十三五”期间全省辐射环境质量监测点位信息情况**

| 序号 | 城市名称 | 测量项目 |
|---|---|---|
| 1 | 郑州 | γ辐射剂量率、累积剂量、电磁辐射（自动站）、水体（总α、总β、铀、钍、镭-226、锶-90、铯-137）、土壤γ核素、气溶胶、室外氡、城市饮用水 |
| 2 | 开封 | γ辐射剂量率、γ辐射剂量率（自动站）、电磁辐射（自动站）、城市饮用水、土壤γ核素 |
| 3 | 洛阳 | γ辐射剂量率、γ辐射剂量率（自动站）、电磁辐射（自动站）、气溶胶、城市饮用水、土壤γ核素 |
| 4 | 平顶山 | γ辐射剂量率（自动站）、电磁辐射（自动站）、城市饮用水、土壤γ核素 |
| 5 | 安阳 | γ辐射剂量率、γ辐射剂量率（自动站）、电磁辐射（自动站）、城市饮用水、土壤γ核素 |
| 6 | 鹤壁 | γ辐射剂量率、γ辐射剂量率（自动站）、电磁辐射（自动站）、城市饮用水、土壤γ核素 |
| 7 | 新乡 | γ辐射剂量率（自动站）、电磁辐射（自动站）、水体（总α、总β、铀、钍、镭-226、锶-90、铯-137）、城市饮用水、土壤γ核素 |
| 8 | 焦作 | γ辐射剂量率、γ辐射剂量率（自动站）、电磁辐射（自动站）、城市饮用水、土壤γ核素 |
| 9 | 濮阳 | γ辐射剂量率（自动站）、电磁辐射（自动站）、城市饮用水、土壤γ核素 |
| 10 | 许昌 | γ辐射剂量率（自动站）、电磁辐射（自动站）、城市饮用水、土壤γ核素 |
| 11 | 漯河 | γ辐射剂量率（自动站）、电磁辐射（自动站）、气溶胶、城市饮用水、土壤γ核素 |
| 12 | 三门峡 | γ辐射剂量率（自动站）、电磁辐射（自动站）、城市饮用水、土壤γ核素 |
| 13 | 商丘 | γ辐射剂量率（自动站）、电磁辐射（自动站）、城市饮用水、土壤γ核素 |
| 14 | 周口 | γ辐射剂量率（自动站）、电磁辐射（自动站）、水体（总α、总β、铀、钍、镭-226、锶-90、铯-137）、城市饮用水、土壤γ核素 |
| 15 | 驻马店 | γ辐射剂量率（自动站）、电磁辐射（自动站）、城市饮用水、土壤γ核素 |
| 16 | 南阳 | γ辐射剂量率、γ辐射剂量率（自动站）、电磁辐射（自动站）、城市饮用水、土壤γ核素 |
| 17 | 信阳 | γ辐射剂量率（自动站）、电磁辐射（自动站）、城市饮用水、土壤γ核素 |
| 18 | 济源 | γ辐射剂量率、γ辐射剂量率（自动站）、电磁辐射（自动站）、城市饮用水、土壤γ核素 |

表 1.9-2 “十三五”期间全省辐射环境质量监测频次变化情况

| 新增点位 | 测量项目 | 测量频次 | 开始新增时间 |
| --- | --- | --- | --- |
| 2 个自动站-气溶胶 | γ 核素 | 1 次/季度 | 2016 年 |
| 大王庄自动站-空气中碘 | 碘-131 | 1 次/季度 | 2016 年 |

## 1.9.2 评价标准与方法

对 γ 辐射空气吸收剂量率、水体中天然放射性核素浓度、土壤中天然放射性核素浓度、气溶胶中放射性核素浓度和沉降物中放射性核素浓度进行评价。

辐射环境质量监测结果的评价采用与本底水平和相关标准限值比较的分析方法，依据《电离辐射防护与辐射源安全基本标准》（GB 18871—2002）、《电磁环境控制限值》（GB 8702—2014）和《生活饮用水卫生标准》（GB 5749—2006）进行评价。

# 第二篇

# 生态环境质量状况

## 2.1 城市环境空气质量

### 2.1.1 现状评价

#### 2.1.1.1 单项因子评价

（1）细颗粒物（$PM_{2.5}$）

2020 年，18 个省辖市城市点位 $PM_{2.5}$ 日均浓度值为 3～440 μg/m³。全省城市日均浓度平均二级标准达标率为 80.3%，18 个省辖市日均浓度值二级标准达标率为 73.9%～87.5%（图 2.1-1）。

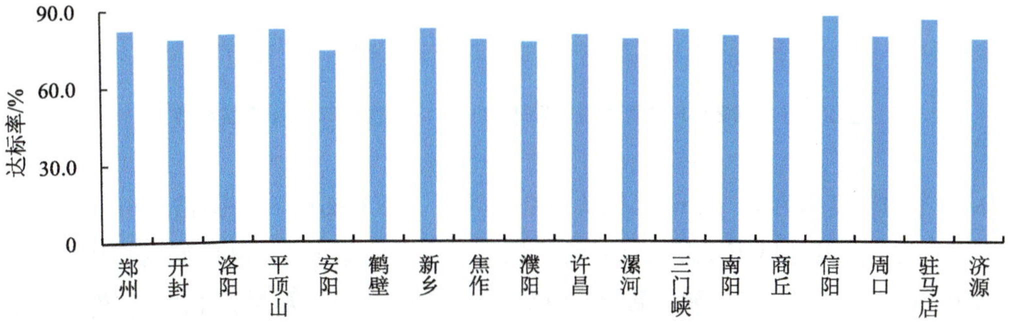


图 2.1-1 2020 年河南省省辖市 $PM_{2.5}$ 日均浓度值二级标准达标率

$PM_{2.5}$ 年均浓度值为 52 μg/m³（剔除沙尘影响后仍为 52 μg/m³），年均浓度值超二级标准的城市（浓度由低到高排序）依次为信阳、驻马店、三门峡、周口、郑州、洛阳、平顶山、南阳、新乡、商丘、许昌、开封、漯河、济源、焦作、鹤壁、濮阳、安阳（图 2.1-2）。

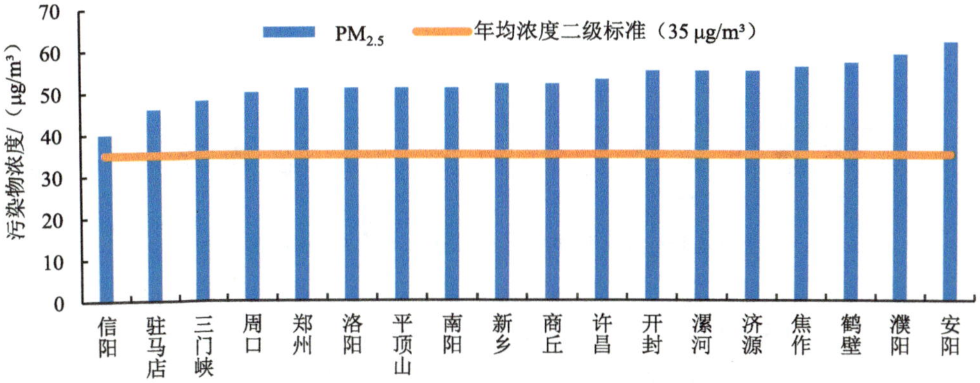


图 2.1-2 2020 年河南省省辖市 $PM_{2.5}$ 年均浓度

（2）可吸入颗粒物（$PM_{10}$）

2020 年，18 个省辖市点位 $PM_{10}$ 日均浓度值为 4～454 μg/m³。全省城市日均浓度值平均二级标准达标率为 90.9%，18 个省辖市日均浓度值二级标准达标率为 81.3%～97.1%（图 2.1-3）。

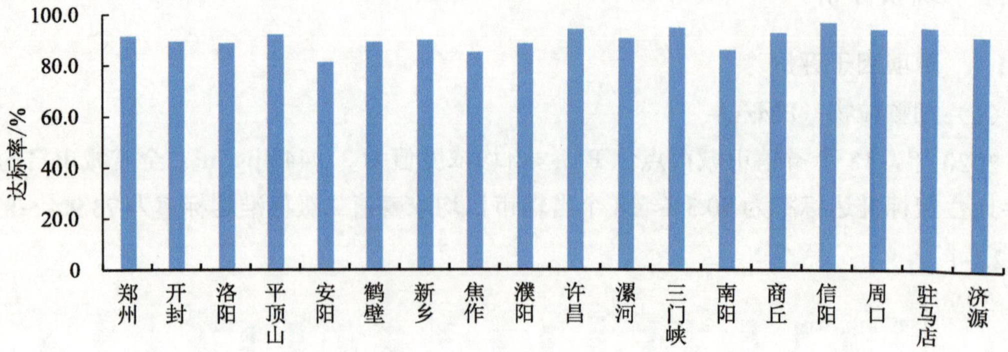


**图 2.1-3 2020 年河南省省辖市 $PM_{10}$ 日均浓度值二级标准达标率**

$PM_{10}$ 年均浓度值为 87 μg/m³（剔除沙尘影响后为 83 μg/m³），除信阳市年均浓度值达到二级标准外，其他城市均超二级标准。超二级标准的城市（浓度由低到高排序）依次为驻马店、周口、许昌、三门峡、商丘、南阳、平顶山、漯河、郑州、开封、济源、洛阳、新乡、濮阳、鹤壁、焦作、安阳（图 2.1-4）。

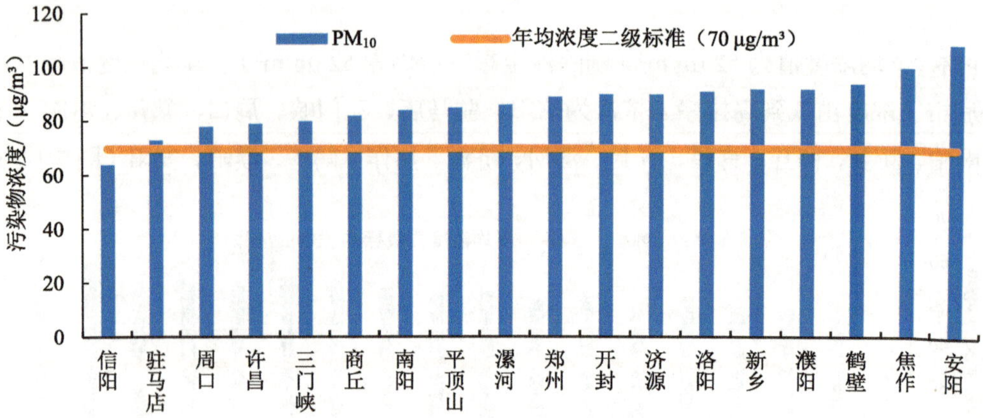


**图 2.1-4 2020 年河南省省辖市 $PM_{10}$ 年均浓度**

（3）二氧化硫（$SO_2$）

18 个省辖市点位 $SO_2$ 日均浓度值为 1～51 μg/m³。全省城市日均浓度值平均二级标准达标率为 100%，18 个省辖市日均浓度值二级标准达标率均为 100%（图 2.1-5）。

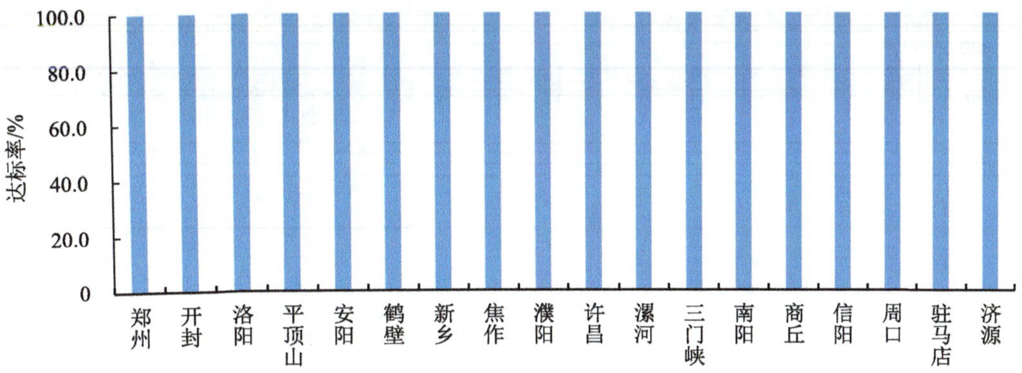


图 2.1-5　2020 年河南省省辖市 $SO_2$ 日均浓度值二级标准达标率

$SO_2$ 年均浓度值为 10 μg/m³。年均浓度值达到一级标准的城市（浓度由低到高排序）依次为信阳、三门峡、商丘、驻马店、洛阳、南阳、郑州、开封、漯河、周口、濮阳、鹤壁、许昌、平顶山、焦作、安阳、新乡、济源（图 2.1-6）。

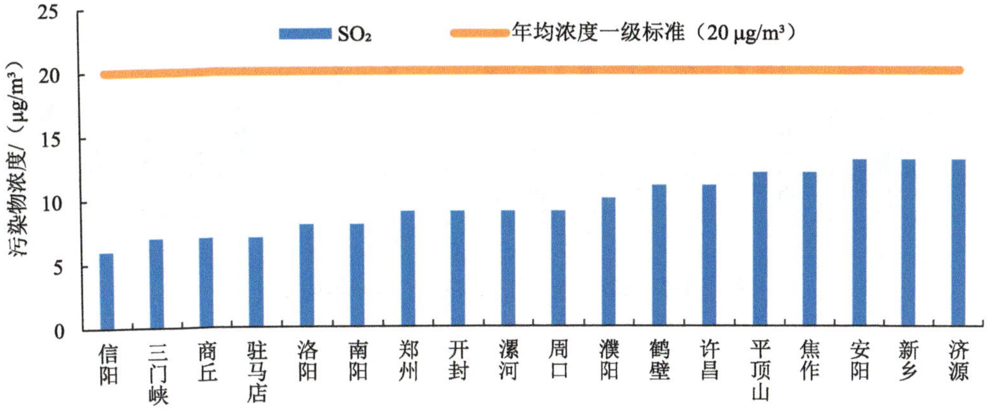


图 2.1-6　2020 年河南省省辖市 $SO_2$ 年均浓度

（4）二氧化氮（$NO_2$）

18 个省辖市点位 $NO_2$ 日均浓度值为 2～107 μg/m³。全省城市日均浓度值平均二级标准达标率为 99.6%，漯河、三门峡、南阳、商丘、信阳、周口、驻马店 7 个城市日均浓度值二级标准达标率均为 100%，其他 11 个城市为 98.3%～99.9%（图 2.1-7）。

$NO_2$ 年均浓度值为 30 μg/m³。年均浓度值达到二级标准的城市（浓度由低到高排序）依次为信阳、驻马店、南阳、周口、漯河、商丘、开封、濮阳、许昌、平顶山、三门峡、焦作、洛阳、济源、新乡、安阳、鹤壁、郑州（图 2.1-8）。

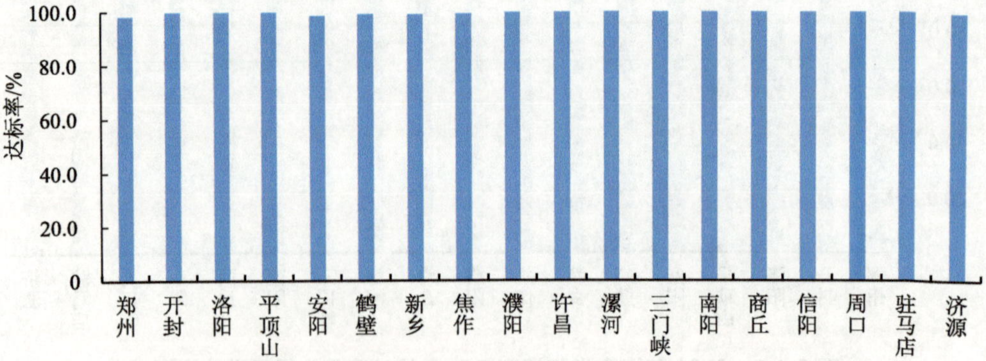


**图 2.1-7 2020 年河南省省辖市 $NO_2$ 日均浓度值二级标准达标率**

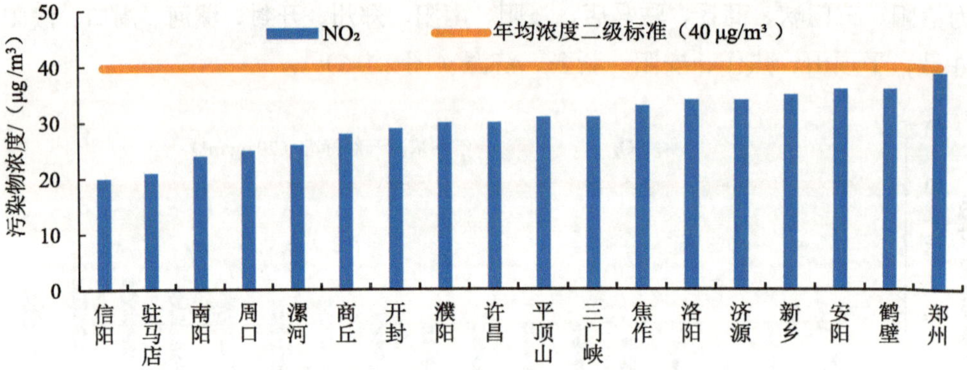


**图 2.1-8 2020 年河南省省辖市 $NO_2$ 年均浓度**

（5）一氧化碳（CO）

18 个省辖市点位 CO 日均浓度值为 0.1～4.7 mg/m³。全省城市日均浓度值平均二级标准达标率为 100%，安阳市日均浓度值二级标准达标率为 99.9%，其余 17 个城市均为 100%（图 2.1-9）。

CO 日均值第 95 百分位数浓度达到二级标准的城市（浓度由低到高排序）依次为信阳、驻马店、漯河、洛阳、平顶山、周口、郑州、三门峡、南阳、商丘、开封、许昌、濮阳、新乡、焦作、鹤壁、济源、安阳（图 2.1-10）。

（6）臭氧（$O_3$）

18 个省辖市点位 $O_3$ 日最大 8 h 滑动平均值浓度为 3～319 μg/m³。全省 $O_3$ 日最大 8 h 滑动平均值浓度平均二级标准达标率为 87.6%，18 个省辖市 $O_3$ 日最大 8 h 滑动平均值浓度二级标准达标率为 77.3%～93.7%（图 2.1-11）。

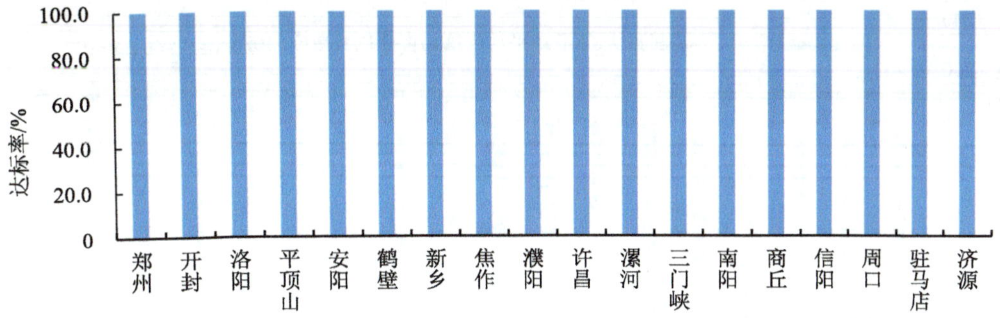


图 2.1-9　2020 年河南省省辖市 CO 日均浓度值二级标准达标率

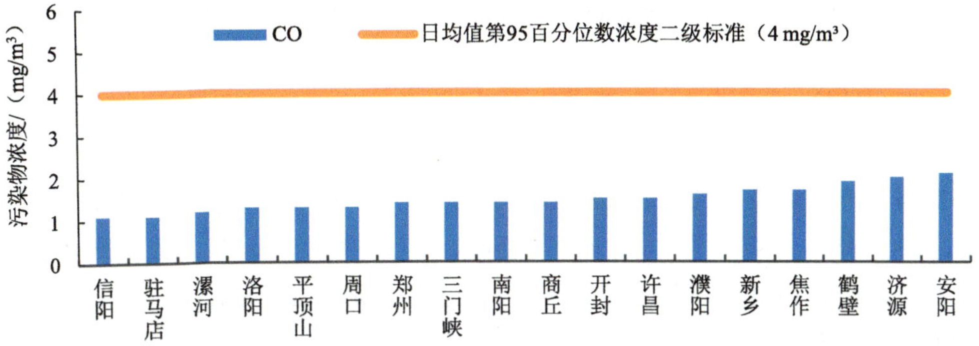


图 2.1-10　2020 年河南省省辖市 CO 日均值第 95 百分位数浓度

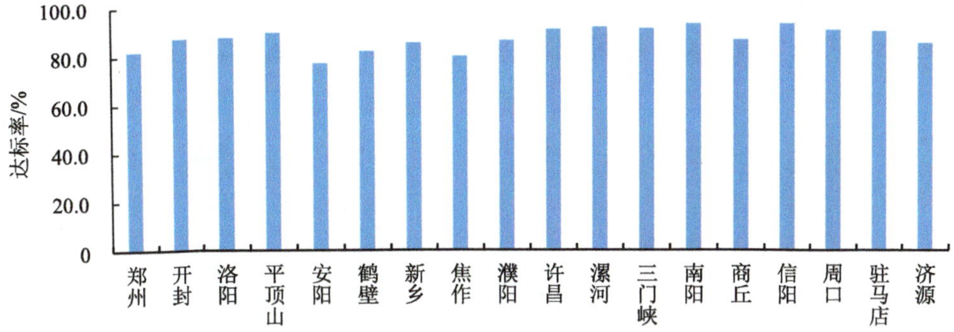


图 2.1-11　2020 年河南省省辖市 $O_3$ 日最大 8 h 滑动平均值二级标准达标率

$O_3$ 日最大 8 h 滑动平均值第 90 百分位数浓度值达到二级标准的城市（浓度由低到高排序）依次为南阳、信阳、漯河、周口、驻马店、许昌、三门峡、平顶山，超二级标准的城市依次为濮阳、洛阳、商丘、开封、济源、新乡、鹤壁、郑州、焦作、安阳（图 2.1-12）。

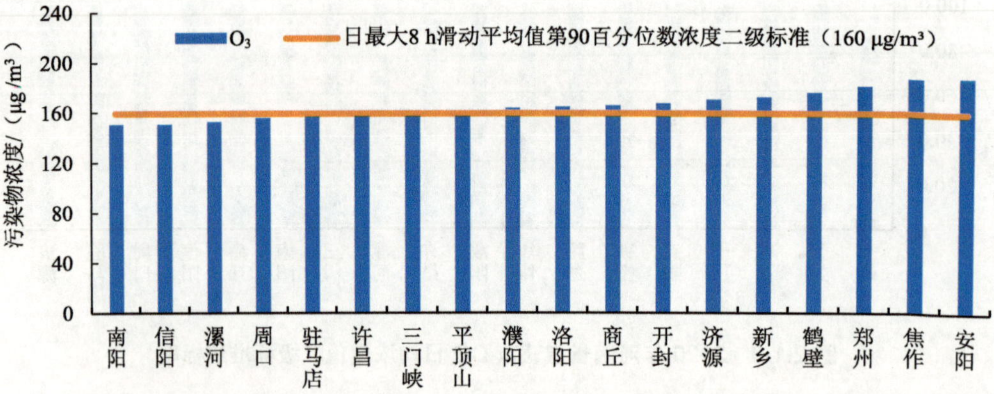


图 2.1-12 2020 年河南省省辖市 $O_3$ 日最大 8 h 滑动平均值第 90 百分位数浓度

### 2.1.1.2 综合评价

（1）定性评价

2020 年，全省环境空气质量级别为轻污染。信阳、驻马店 2 市环境空气质量级别为良，三门峡、周口、南阳、平顶山、商丘、洛阳、许昌、漯河、郑州、开封、新乡、焦作、濮阳、鹤壁、安阳 15 市和济源示范区环境空气质量级别为轻污染。

（2）达标评价

18 个省辖市环境空气质量级别为超二级。其中，18 个省辖市 $PM_{2.5}$ 年均浓度均超二级标准，占比为 100%；17 个省辖市 $PM_{10}$ 年均浓度超二级标准，占比为 94.4%；10 个省辖市 $O_3$ 日最大 8 h 滑动平均值第 90 百分位数浓度超二级标准，占比为 55.6%；18 个省辖市 $NO_2$、$SO_2$ 年均浓度和 CO 日均值第 95 百分位数浓度均达到二级标准（图 2.1-13）。

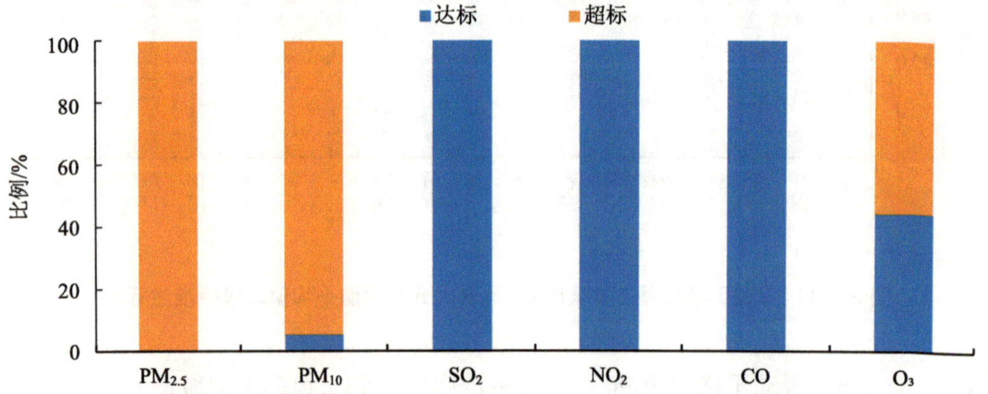


图 2.1-13 2020 年河南省省辖市环境空气质量达标/超标比例

从污染物超标项数来看，1 项污染物超二级标准的城市有 1 个，2 项污染物超二级准的城市有 7 个，3 项污染物超二级标准的城市有 10 个。

（3）优良天数比例

全省城市环境空气质量平均优良天数比例为 66.7%。信阳、驻马店、三门峡、平顶山、周口、南阳、许昌 7 市在 70%以上，漯河、洛阳、商丘、开封、新乡、郑州、濮阳、鹤壁 8 市和济源示范区在 50%以上，焦作、安阳 2 市在 50%以下（图 2.1-14）。

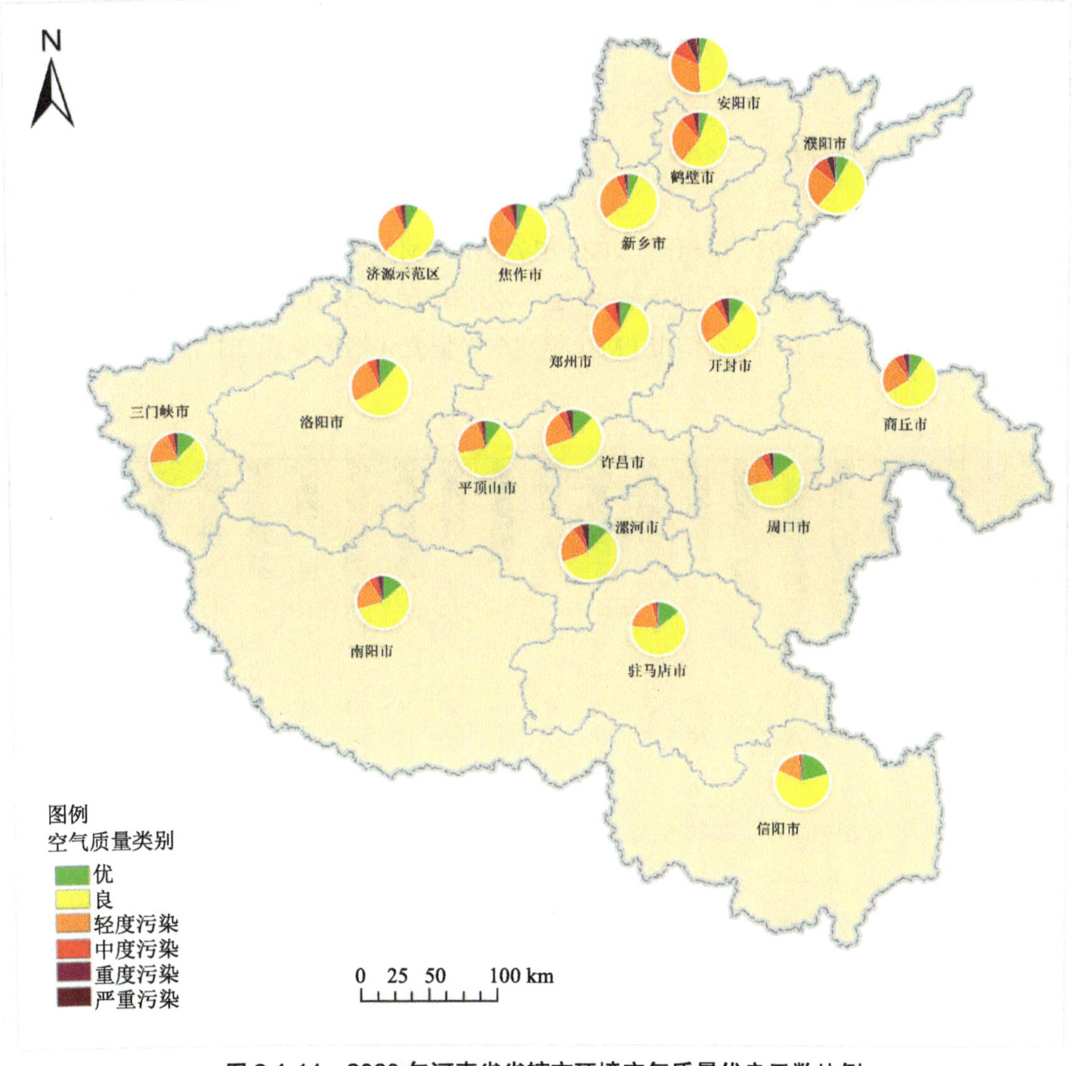


图 2.1-14　2020 年河南省省辖市环境空气质量优良天数比例

（4）污染特征

全省城市环境空气首要污染物是 $PM_{2.5}$，其次为 $PM_{10}$（表 2.1-1）。

**表 2.1-1 2020 年全省环境空气综合指数分析**

| 项 目 | $PM_{2.5}$ | $PM_{10}$ | $SO_2$ | $NO_2$ | CO | $O_3$ | 综合指数 |
|---|---|---|---|---|---|---|---|
| 综合指数（$I_i$） | 1.49 | 1.24 | 0.17 | 0.75 | 0.38 | 1.04 | 5.07 |
| 污染负荷系数（$f_i$） | 0.29 | 0.24 | 0.03 | 0.15 | 0.07 | 0.21 | — |
| $f_i$排序 | 1 | 2 | 6 | 4 | 5 | 3 | — |
| 首要污染物：$PM_{2.5}$ | | | | | | | |

## 2.1.2 年度对比

### 2.1.2.1 单因子对比分析

（1）$PM_{2.5}$

**年均浓度变化** 与 2019 年相比，2020 年省辖市 $PM_{2.5}$ 污染程度基本不变；18 个省辖市年均浓度值仍均超二级标准。河南省 $PM_{2.5}$ 年均浓度值由 59 μg/m$^3$ 下降到 52 μg/m$^3$，下降 11.9%。2020 年与 2019 年省辖市 $PM_{2.5}$ 年均浓度值变化情况见图 2.1-15。

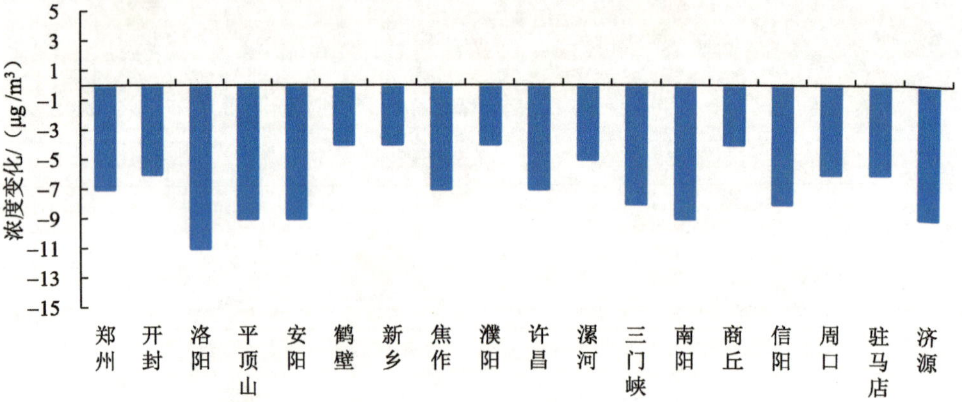


**图 2.1-15 2020 年与 2019 年省辖市 $PM_{2.5}$ 年均浓度值变化**

**季节变化** 冬季城市 $PM_{2.5}$ 浓度仍为最高，春季、秋季次之，夏季最低。月均浓度值接近 U 形波状变化（图 2.1-16 和图 2.1-17）。

（2）$PM_{10}$

**年均浓度变化** 与 2019 年相比，2020 年省辖市 $PM_{10}$ 污染程度基本不变；信阳市年均浓度值由超二级标准变为达到二级标准，其他 17 个省辖市年均浓度值仍均超二级标准。全省 $PM_{10}$ 年均浓度值由 100 μg/m$^3$ 下降到 87 μg/m$^3$，下降 13.0%。2020 年与 2019 年省辖市 $PM_{10}$ 年均浓度值变化情况见图 2.1-18。

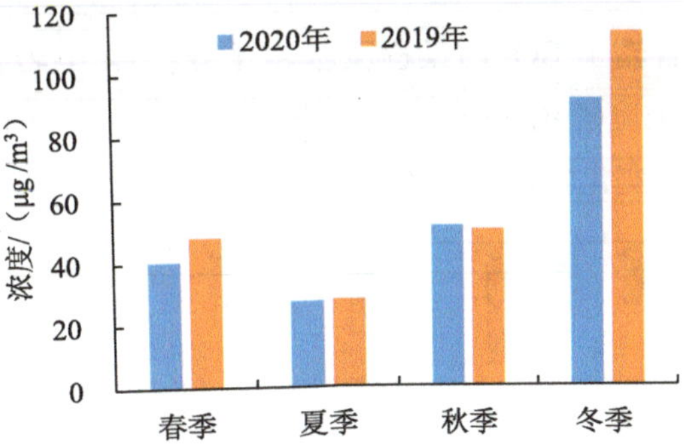


图 2.1-16 省辖市 $PM_{2.5}$ 季均浓度值变化

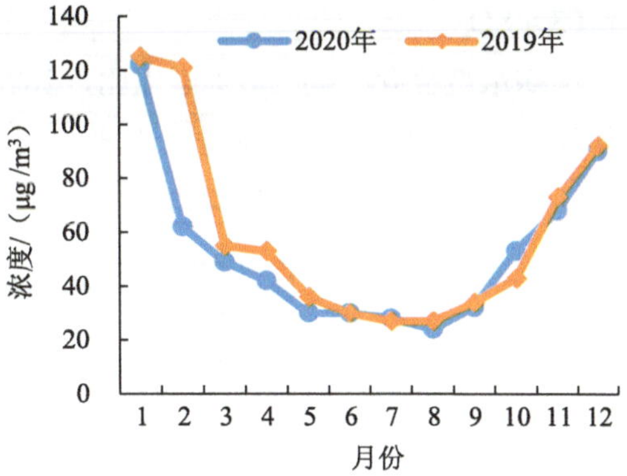


图 2.1-17 省辖市 $PM_{2.5}$ 月均浓度值变化

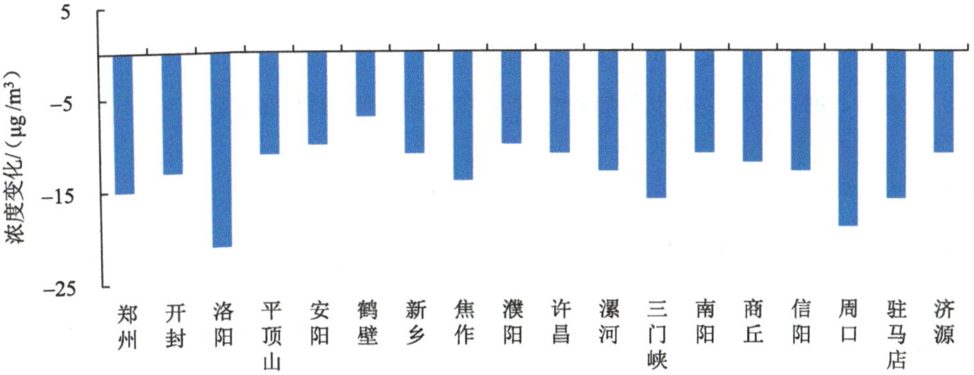


图 2.1-18 2020 年与 2019 年省辖市 $PM_{10}$ 年均浓度值变化

**季节变化** 冬季城市 $PM_{10}$ 浓度仍为最高，春季、秋季次之，夏季最低。月均浓度值接近 U 形波状变化（图 2.1-19 和图 2.1-20）。

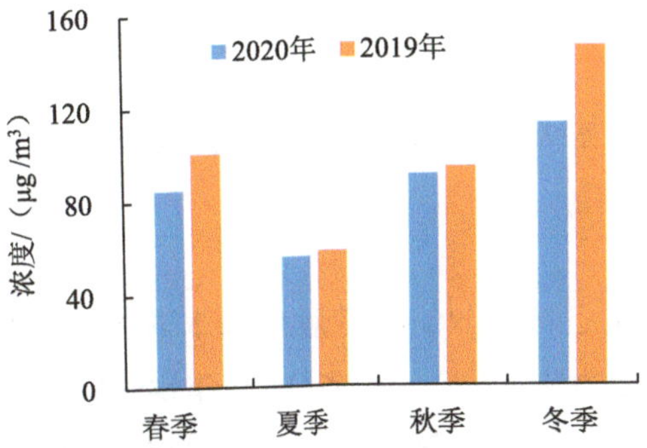


图 2.1-19 省辖市 $PM_{10}$ 季均浓度值变化

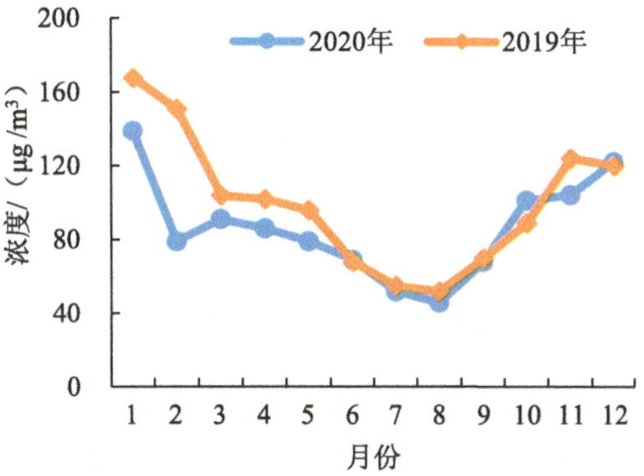


图 2.1-20 省辖市 $PM_{10}$ 月均浓度值变化

（3）$SO_2$

**年均浓度变化** 与2019年相比，2020年省辖市$SO_2$污染程度基本不变；18个省辖市年均浓度值均达到一级标准。全省$SO_2$年均浓度值由11 μg/m³下降到10 μg/m³，下降9.1%。2020年与2019年省辖市$SO_2$年均浓度值变化情况见图2.1-21。

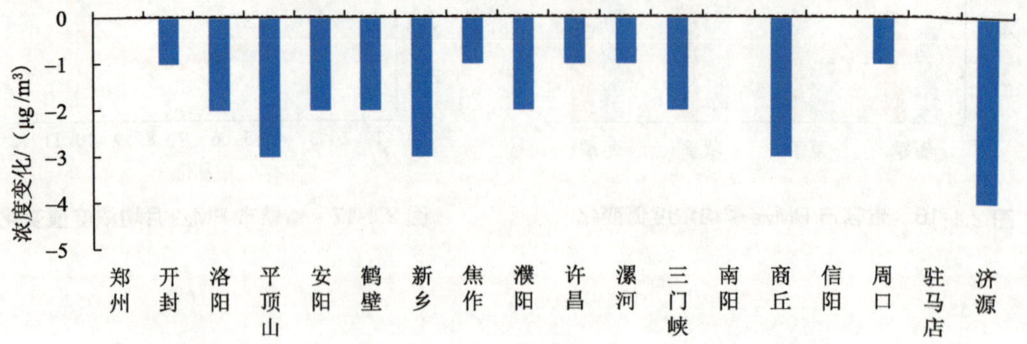


图2.1-21　2020年与2019年省辖市$SO_2$年均浓度值变化

**季节变化** 春季、秋季、冬季城市$SO_2$浓度较高，夏季最低。月均浓度值接近U形波状变化（图2.1-22和图2.1-23）。

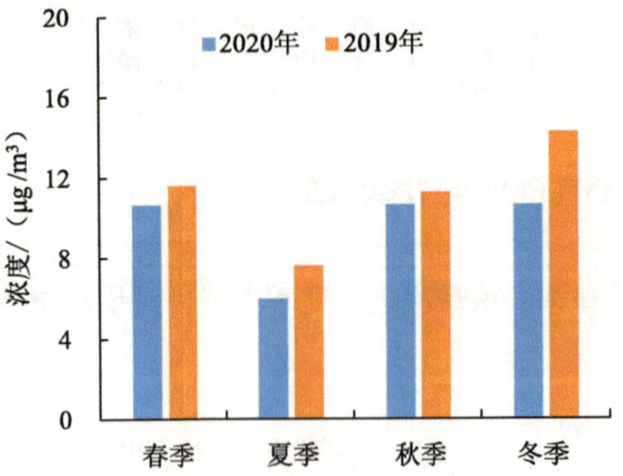


图2.1-22　省辖市$SO_2$季均浓度值变化

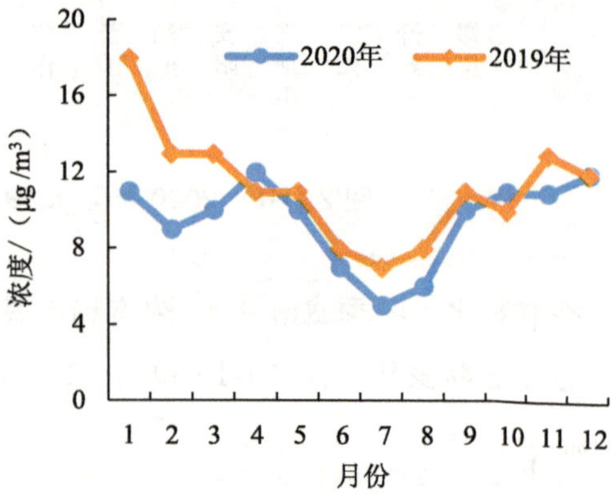


图2.1-23　省辖市$SO_2$月均浓度值变化

（4）$NO_2$

**年均浓度变化** 与2019年相比，2020年河南省城市$NO_2$污染程度基本不变，年均浓度值达到二级标准的城市为18个，与上年相比增加2个。全省$NO_2$年均浓度值由34 μg/m³下降到30 μg/m³，下降11.8%。2020年与2019年省辖市$NO_2$年均浓度值变化情况见图2.1-24。

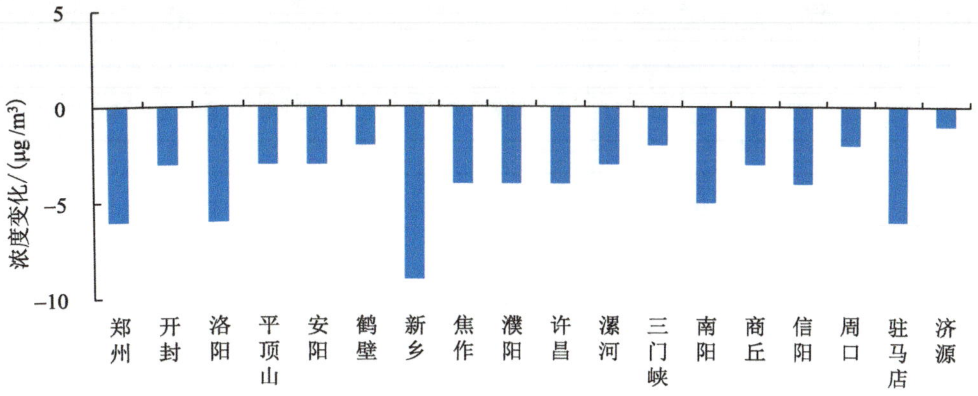


图 2.1-24 2020 年与 2019 年省辖市 $NO_2$ 年均浓度值变化

**季节变化** 秋季、冬季城市 $NO_2$ 浓度较高，春季次之，夏季最低。月均浓度值接近 U 形波状变化（图 2.1-25 和图 2.1-26）。

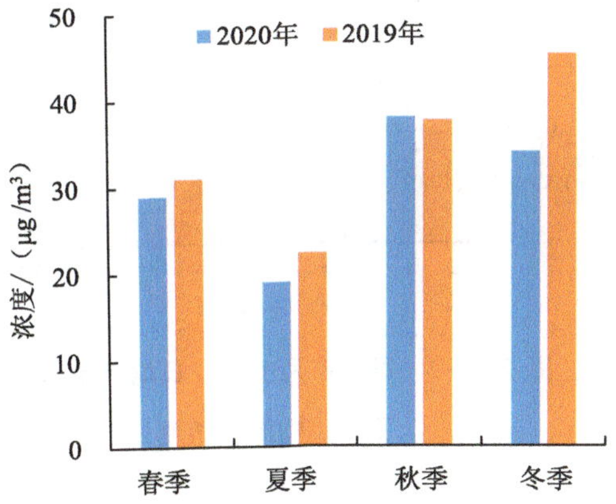


图 2.1-25 省辖市 $NO_2$ 季均浓度值变化

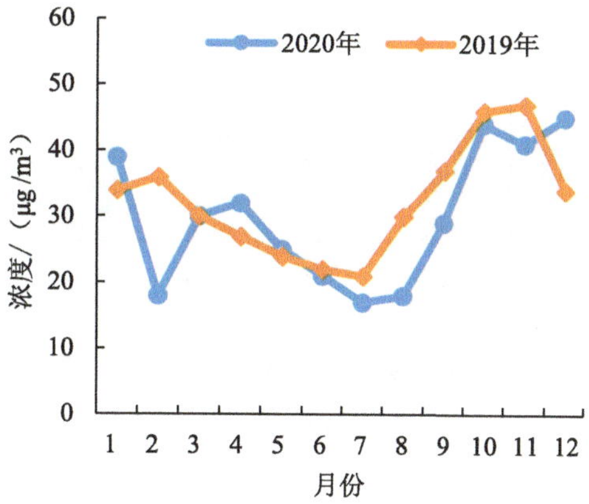


图 2.1-26 省辖市 $NO_2$ 月均浓度值变化

（5）CO

**全年 CO 日均值第 95 百分位数浓度变化** 与 2019 年相比，2020 年省辖市 CO 污染程度基本不变，18 个省辖市 CO 日均值第 95 百分位数年均浓度值均达到二级标准。全省 CO 日均值第 95 百分位数年均浓度值由 1.8 mg/m³ 下降到 1.5 mg/m³，下降 16.7%。2020 年与 2019 年省辖市 CO 日均值第 95 百分位数浓度值变化情况见图 2.1-27。

**季节变化** 冬季城市浓度值最高，春季、秋季次之，夏季最低。月百分位数浓度接近 U 形波状变化（图 2.1-28 和图 2.1-29）。

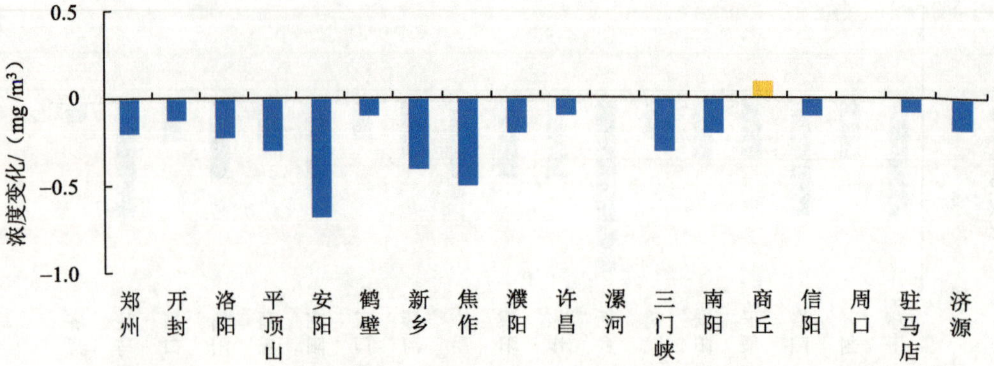


图 2.1-27　2020 年与 2019 年省辖市 CO 日均值第 95 百分位数浓度值变化

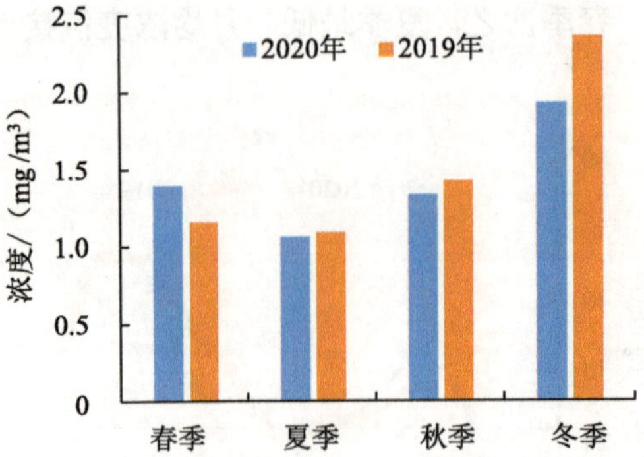


图 2.1-28　省辖市季度 CO 日均值第 95 百分位数浓度值变化

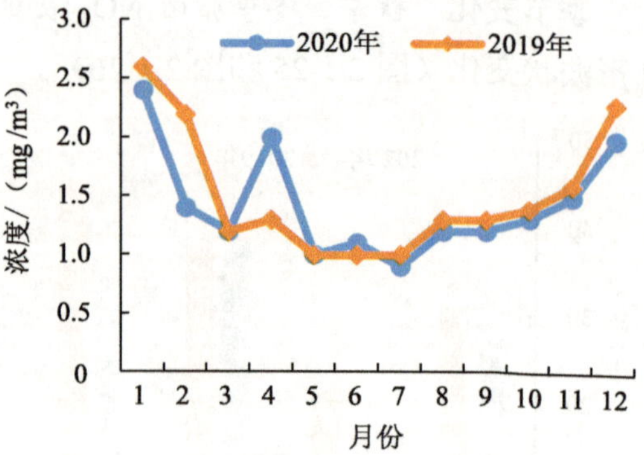


图 2.1-29　省辖市月度 CO 日均值第 95 百分位数浓度值变化

（6）$O_3$

**全年 $O_3$ 日最大 8 h 滑动平均值第 90 百分位数浓度变化**　与 2019 年相比，2020 年省辖市 $O_3$ 污染程度基本不变；达二级标准的城市为 8 个，与 2019 年相比，增加 8 个；超二级标准的城市为 10 个，与 2019 年相比，减少 8 个。全省 $O_3$ 日最大 8 h 滑动平均值第 90 百分位数年均浓度值由 186 μg/m³ 下降到 166 μg/m³，下降 10.8%。2020 年与 2019 年省辖市 $O_3$ 日最大 8 h 滑动平均值第 90 百分位数浓度值变化情况见图 2.1-30。

**季节变化**　夏季城市百分位数浓度均值最高，春季、秋季次之，冬季最低。月百分位数浓度接近倒 U 形波状变化（图 2.1-31 和图 2.1-32）。

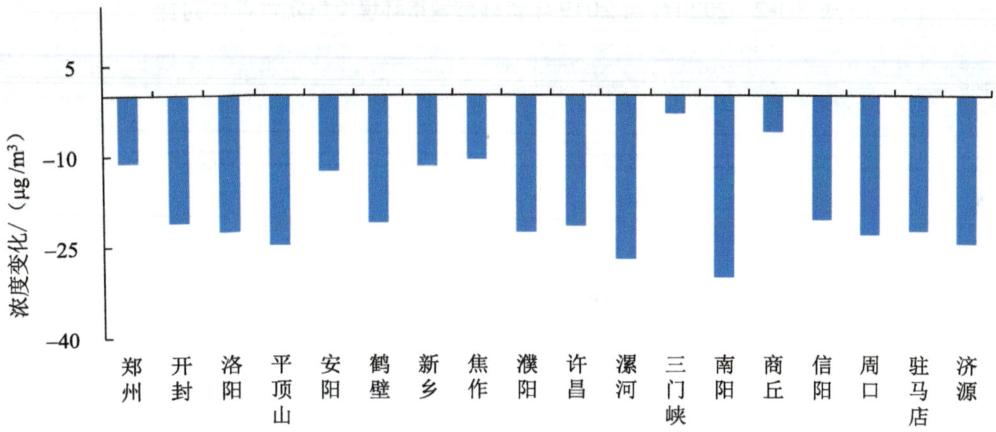


图 2.1-30 2020 年与 2019 年省辖市 $O_3$ 日最大 8 h 滑动平均值第 90 百分位数浓度值变化

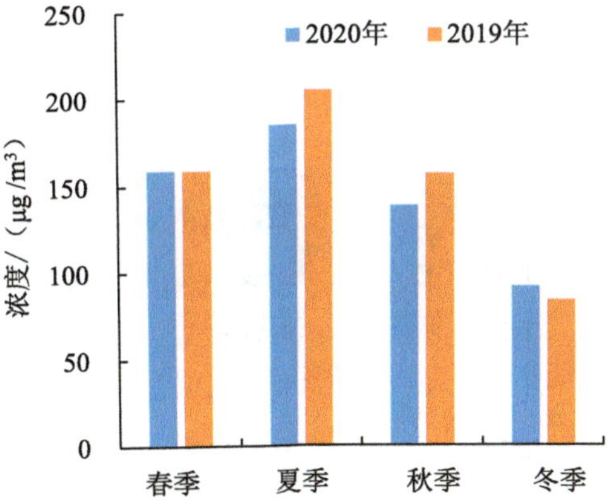


图 2.1-31 省辖市季度 $O_3$ 日最大 8 h 滑动平均值第 90 百分位数浓度值变化

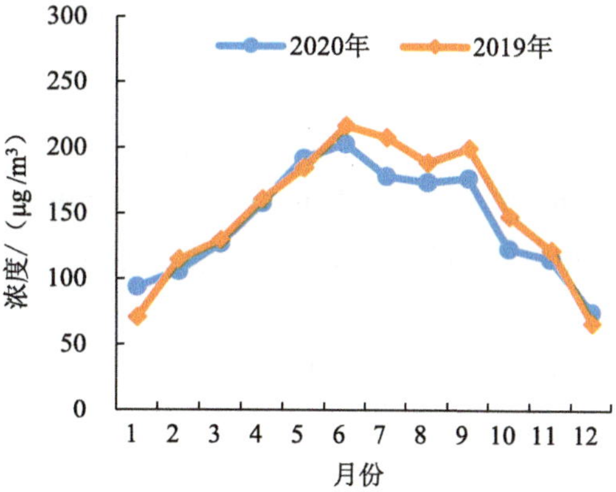


图 2.1-32 省辖市月度 $O_3$ 日最大 8 h 滑动平均值第 90 百分位数浓度值变化

### 2.1.2.2 综合评价对比

（1）定性评价对比

与 2019 年相比，2020 年全省环境空气质量级别仍为轻污染。信阳市空气质量级别仍为良，驻马店市空气质量级别由轻污染变为良，其他 16 个省辖市空气质量级别仍为轻污染（表 2.1-2 和图 2.1-33）。

**表 2.1-2　2020 年与 2019 年省辖市城市环境空气定性评价对比**

| 城市名称 | 2020 年 | | 2019 年 | | f变化 |
|---|---|---|---|---|---|
| | 定性评价指数（f） | 定性级别 | 定性评价指数（f） | 定性级别 | |
| 郑州 | 1.14 | 轻污染 | 1.29 | 轻污染 | –0.15 |
| 开封 | 1.16 | 轻污染 | 1.29 | 轻污染 | –0.13 |
| 洛阳 | 1.11 | 轻污染 | 1.34 | 轻污染 | –0.23 |
| 平顶山 | 1.10 | 轻污染 | 1.28 | 轻污染 | –0.18 |
| 安阳 | 1.35 | 轻污染 | 1.50 | 轻污染 | –0.15 |
| 鹤壁 | 1.24 | 轻污染 | 1.33 | 轻污染 | –0.09 |
| 新乡 | 1.16 | 轻污染 | 1.28 | 轻污染 | –0.12 |
| 焦作 | 1.23 | 轻污染 | 1.38 | 轻污染 | –0.15 |
| 濮阳 | 1.23 | 轻污染 | 1.33 | 轻污染 | –0.10 |
| 许昌 | 1.12 | 轻污染 | 1.26 | 轻污染 | –0.14 |
| 漯河 | 1.13 | 轻污染 | 1.25 | 轻污染 | –0.12 |
| 三门峡 | 1.04 | 轻污染 | 1.20 | 轻污染 | –0.16 |
| 南阳 | 1.07 | 轻污染 | 1.25 | 轻污染 | –0.18 |
| 商丘 | 1.10 | 轻污染 | 1.19 | 轻污染 | –0.09 |
| 信阳 | 0.86 | 良 | 1.00 | 良 | –0.14 |
| 周口 | 1.05 | 轻污染 | 1.19 | 轻污染 | –0.14 |
| 驻马店 | 0.97 | 良 | 1.11 | 轻污染 | –0.14 |
| 济源 | 1.20 | 轻污染 | 1.38 | 轻污染 | –0.18 |
| 全省 | 1.12 | 轻污染 | 1.27 | 轻污染 | –0.15 |

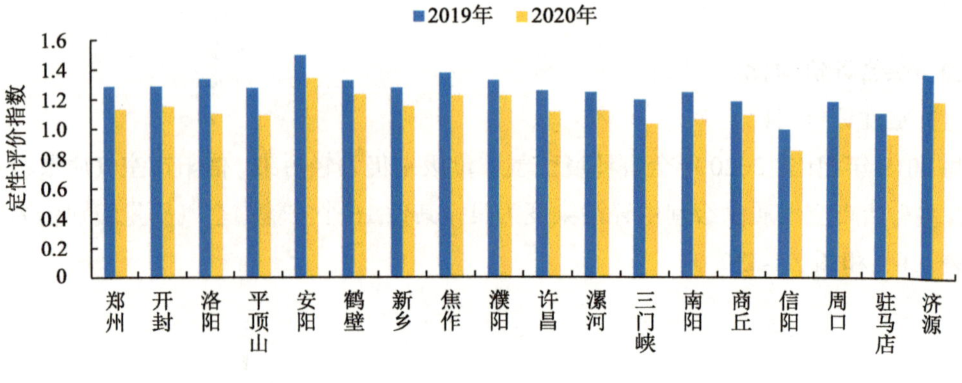


**图 2.1-33　2020 年与 2019 年省辖市城市环境空气质量定性评价比较**

（2）达标评价对比

与 2019 年相比，18 个省辖市环境空气质量级别仍为超二级。其中，$SO_2$ 年均浓度和 CO 日均值第 95 百分位数浓度值达标城市个数分别仍为 18 个，$PM_{2.5}$ 年均浓度达标城市个数仍为 0，$PM_{10}$ 年均浓度达标城市个数增加 1 个，$NO_2$ 年均浓度达标城市个数增加 2 个，$O_3$ 日最大 8 h 滑动平均值第 90 百分位数浓度值达标城市个数增加 8 个（表 2.1-3）。

**表 2.1-3　2020 年与 2019 年全省各项污染物达标城市数量**

| | 年度 | $PM_{2.5}$ | $PM_{10}$ | $SO_2$ | $NO_2$ | CO | $O_3$ |
|---|---|---|---|---|---|---|---|
| 达标城市个数/个 | 2020 | 0 | 1 | 18 | 18 | 18 | 8 |
| | 2019 | 0 | 0 | 18 | 16 | 18 | 0 |

（3）级别天数比例对比

与 2019 年相比，全省城市环境空气质量平均优良天数比例上升 14.0 个百分点。其中，平顶山、漯河、许昌、洛阳、南阳 5 市优良天数比例上升较大（表 2.1-4）。

**表 2.1-4　2020 年与 2019 年省辖市各级别天数比例**

| 城市名称 | 2020 年 | | 2019 年 | | 比较 | |
|---|---|---|---|---|---|---|
| | 优良天数比例/% | 重度及以上污染天数比例/% | 优良天数比例/% | 重度及以上污染天数比例/% | 优良天数比例变化/个百分点 | 重度及以上污染天数比例变化/个百分点 |
| 郑州 | 62.8 | 3.0 | 48.5 | 7.1 | 14.3 | −4.1 |
| 开封 | 64.7 | 5.2 | 48.5 | 7.4 | 16.2 | −2.2 |
| 洛阳 | 66.7 | 1.9 | 48.5 | 8.5 | 18.2 | −6.6 |
| 平顶山 | 72.1 | 2.5 | 51.2 | 5.5 | 20.9 | −3.0 |
| 安阳 | 49.4 | 7.7 | 41.1 | 10.4 | 8.3 | −2.7 |
| 鹤壁 | 60.7 | 3.9 | 50.7 | 7.4 | 10.0 | −3.5 |
| 新乡 | 64.5 | 2.5 | 55.9 | 6.0 | 8.6 | −3.5 |
| 焦作 | 57.3 | 3.6 | 44.9 | 7.4 | 12.4 | −3.8 |
| 濮阳 | 61.2 | 5.7 | 52.6 | 9.3 | 8.6 | −3.6 |
| 许昌 | 70.0 | 4.4 | 51.5 | 7.7 | 18.5 | −3.3 |
| 漯河 | 69.1 | 4.4 | 50.4 | 5.2 | 18.7 | −0.8 |
| 三门峡 | 73.2 | 2.2 | 64.9 | 5.5 | 8.3 | −3.3 |
| 南阳 | 70.5 | 3.6 | 53.4 | 6.6 | 17.1 | −3.0 |

| 城市名称 | 2020 年 | | 2019 年 | | 比较 | |
|---|---|---|---|---|---|---|
| | 优良天数比例/% | 重度及以上污染天数比例/% | 优良天数比例/% | 重度及以上污染天数比例/% | 优良天数比例变化/个百分点 | 重度及以上污染天数比例变化/个百分点 |
| 商丘 | 66.1 | 3.9 | 55.3 | 3.8 | 10.8 | 0.1 |
| 信阳 | 81.7 | 0.3 | 66.8 | 1.1 | 14.9 | −0.8 |
| 周口 | 71.0 | 3.3 | 55.1 | 4.4 | 15.9 | −1.1 |
| 驻马店 | 76.5 | 0.8 | 60.8 | 1.6 | 15.7 | −0.8 |
| 济源 | 62.6 | 3.0 | 48.8 | 9.0 | 13.8 | −6.0 |
| 全省 | 66.7 | 3.4 | 52.7 | 6.3 | 14.0 | −2.9 |

与2019年相比，全省城市环境空气质量重度及以上污染天数比例下降2.9个百分点。其中，洛阳、济源、郑州、焦作、濮阳、新乡、鹤壁7市重度污染及以上天数比例下降较大（表2.1-4）。重度及以上污染天数仍集中在1月、2月、11月和12月。2—11月超标天数同比均下降（图2.1-34）。

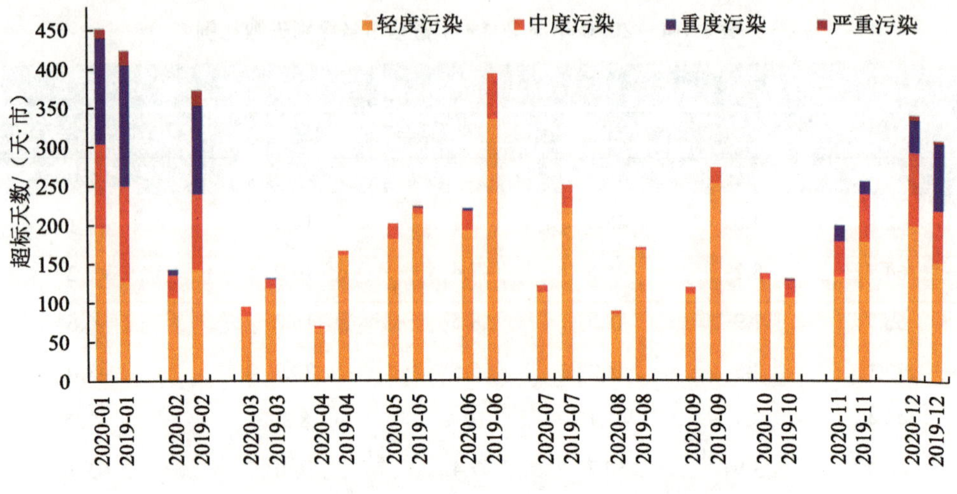


**图 2.1-34 2020 年与 2019 年省辖市超标天数月际变化**

注："天·市"代表一定时间内河南省18个省辖市受沙尘天气影响的天数总和，下同。

（4）污染特征对比

与2019年相比，全省城市环境空气质量主要超标因子仍为$PM_{2.5}$。各项污染物日均值超标率中，$PM_{2.5}$超标率明显降低，达标天数大幅增加；$NO_2$超标率由0.8%降为0.4%，$SO_2$和CO仍均未超标（图2.1-35）。

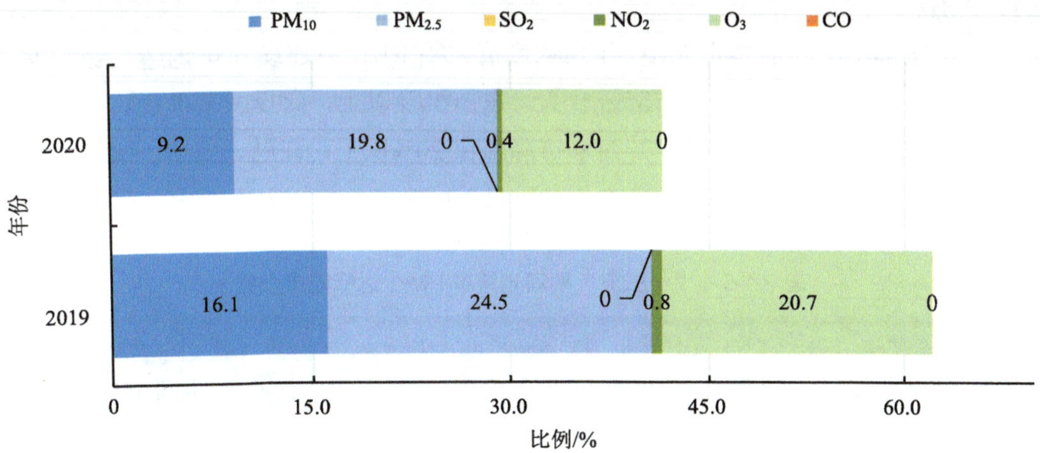


图 2.1-35　2020 年与 2019 年首要污染物超标天数比例分布

## 2.1.3　“十三五”时期变化趋势分析

### 2.1.3.1　主要污染物浓度变化趋势分析

“十三五”期间，全省 $PM_{2.5}$、$PM_{10}$、$SO_2$、$NO_2$ 年均浓度和 CO 日均值第 95 百分位数浓度均呈逐年下降趋势，2020 年比 2016 年分别下降 25.7%、28.1%、66.7%、21.1%和 46.4%。$O_3$ 日最大 8 h 滑动平均值第 90 百分位数浓度整体上呈先上升后下降趋势，2020 年比 2016 年上升 9.9%（图 2.1-36）。

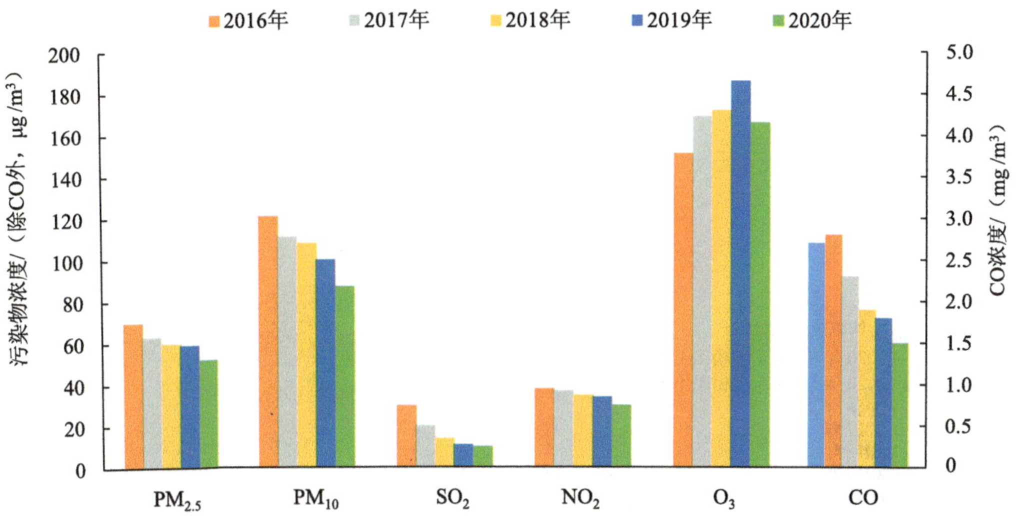


图 2.1-36　“十三五”期间省辖市六项指标平均浓度年际变化

（1）$PM_{2.5}$

“十三五”期间，18 个省辖市 $PM_{2.5}$ 年均浓度值大幅下降，但连续 5 年均超二级标准。其中，新乡、洛阳、郑州、焦作 4 市降幅较大，在 30%及以上，商丘、平顶山、驻马店、信阳、漯河、安阳、周口、三门峡、开封 9 市降幅在 20%以上，许昌、鹤壁、南阳、濮阳 4 市和济源示范区降幅在 10%以上（表 2.1-5 和图 2.1-37）。

表 2.1-5 “十三五”期间省辖市 $PM_{2.5}$ 达标城市个数

| $PM_{2.5}$ 年均浓度级别 | 地级及以上城市个数/个 | | | | |
|---|---|---|---|---|---|
| | 2016 年 | 2017 年 | 2018 年 | 2019 年 | 2020 年 |
| 二级 | 0 | 0 | 0 | 0 | 0 |
| 超二级 | 18 | 18 | 18 | 18 | 18 |

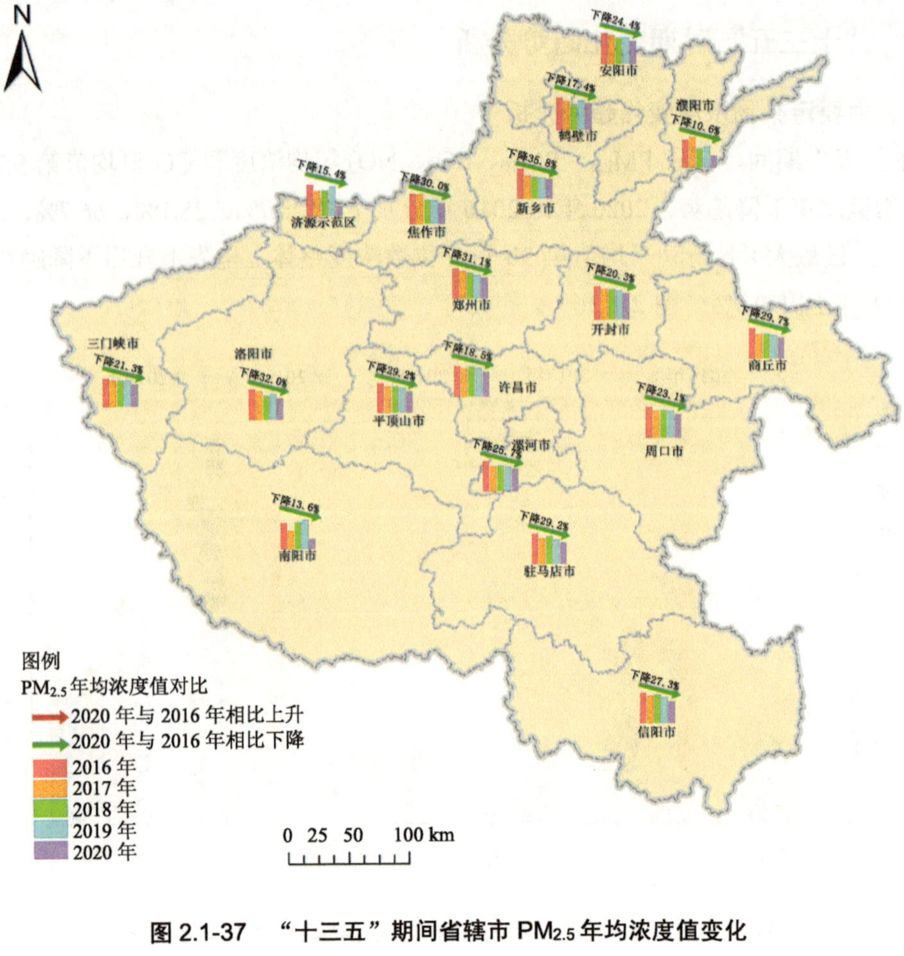


图 2.1-37 “十三五”期间省辖市 $PM_{2.5}$ 年均浓度值变化

（2）$PM_{10}$

“十三五”期间，18 个省辖市 $PM_{10}$ 年均浓度值均持续下降。除信阳市 $PM_{10}$ 年均浓度在 2020 年达到二级标准外，其他 17 个省辖市均超二级标准。其中，驻马店、郑州、商丘、许昌、新乡、三门峡、漯河 7 市降幅较大，在 30%以上，濮阳、信阳、平顶山、周口、安阳、洛阳、焦作、南阳、开封、鹤壁 10 市降幅在 20%以上，济源示范区降幅在 10%以上（表 2.1-6 和图 2.1-38）。

**表 2.1-6 “十三五”期间省辖市 $PM_{10}$ 达标城市个数**

| $PM_{10}$ 年均浓度级别 | 地级及以上城市个数/个 | | | | |
|---|---|---|---|---|---|
| | 2016 年 | 2017 年 | 2018 年 | 2019 年 | 2020 年 |
| 二级 | 0 | 0 | 0 | 0 | 1 |
| 超二级 | 18 | 18 | 18 | 18 | 17 |

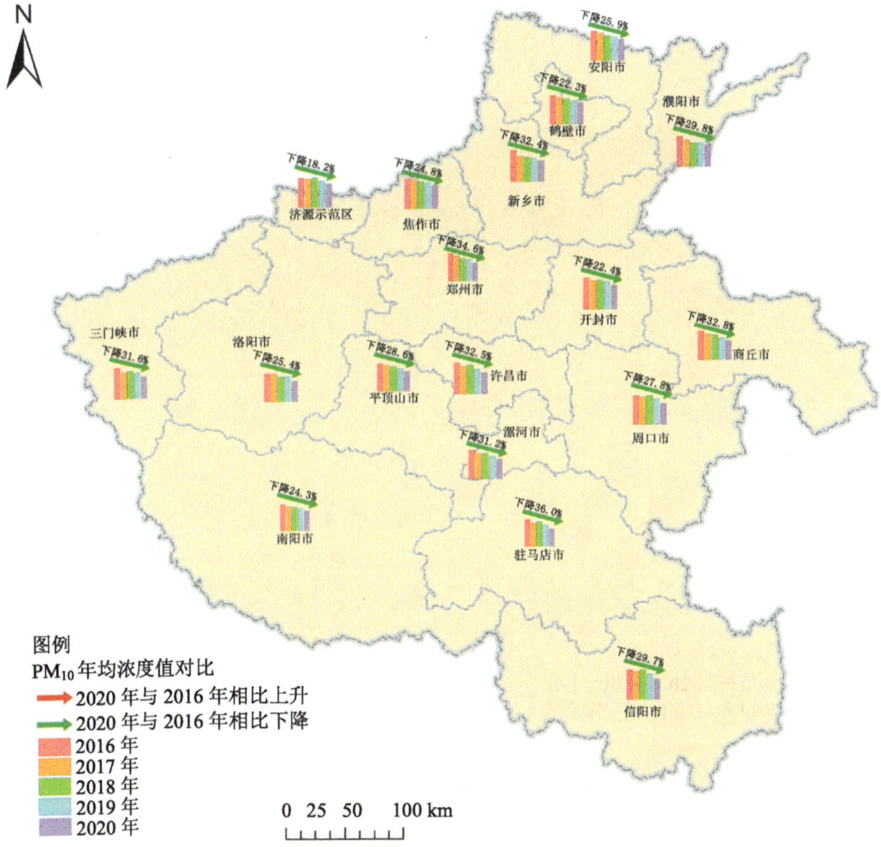


**图 2.1-38 “十三五”期间省辖市 $PM_{10}$ 年均浓度值变化**

（3）$SO_2$

“十三五”期间，省辖市 $SO_2$ 年均浓度值均持续下降，2018—2020 年 $SO_2$ 年均浓度值均达到一级标准。其中，洛阳、三门峡、驻马店、安阳、鹤壁 5 市和济源示范区降幅较大，在 70%以上，焦作、郑州、商丘、漯河、开封、新乡、南阳、濮阳 8 市降幅在 60%以上，许昌、平顶山、信阳、周口 4 市降幅在 50%以上（表 2.1-7 和图 2.1-39）。

表 2.1-7 “十三五”期间省辖市 $SO_2$ 达标城市个数

| $SO_2$ 年均浓度级别 | 地级及以上城市个数/个 | | | | |
|---|---|---|---|---|---|
| | 2016 年 | 2017 年 | 2018 年 | 2019 年 | 2020 年 |
| 一级 | 0 | 10 | 18 | 18 | 18 |
| 二级 | 16 | 7 | 0 | 0 | 0 |
| 超二级 | 2 | 1 | 0 | 0 | 0 |

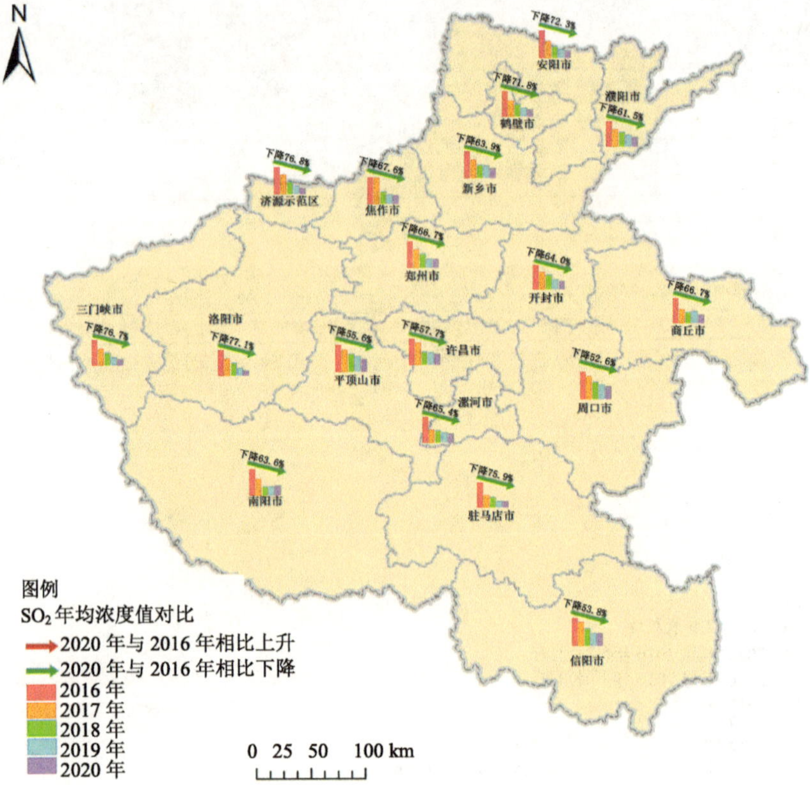


图 2.1-39 “十三五”期间省辖市 $SO_2$ 年均浓度值变化

（4）$NO_2$

“十三五”期间，全省 18 个省辖市 $NO_2$ 年均浓度持续下降，并均于“十三五”末达到二级标准。年均浓度值连续 5 年达到二级标准的有开封、平顶山、濮阳、漯河、三门峡、南阳、商丘、信阳、周口、驻马店 10 市和济源示范区，其余 7 市在二级与超二级之间波动。其中，驻马店、许昌 2 市降幅较大，在 30%以上，漯河、鹤壁、焦作、郑州、信阳、洛阳、新乡、安阳、开封、濮阳、平顶山 11 市降幅在 20%以上，三门峡、南阳、周口、商丘 4 市和济源示范区降幅在 20%以下（表 2.1-8 和图 2.1-40）。

表 2.1-8　“十三五”期间省辖市 $NO_2$ 达标城市个数

| $NO_2$ 年均浓度级别 | 地级及以上城市个数/个 | | | | |
| --- | --- | --- | --- | --- | --- |
| | 2016 年 | 2017 年 | 2018 年 | 2019 年 | 2020 年 |
| 一级/二级 | 11 | 13 | 17 | 16 | 18 |
| 超二级 | 7 | 5 | 1 | 2 | 0 |

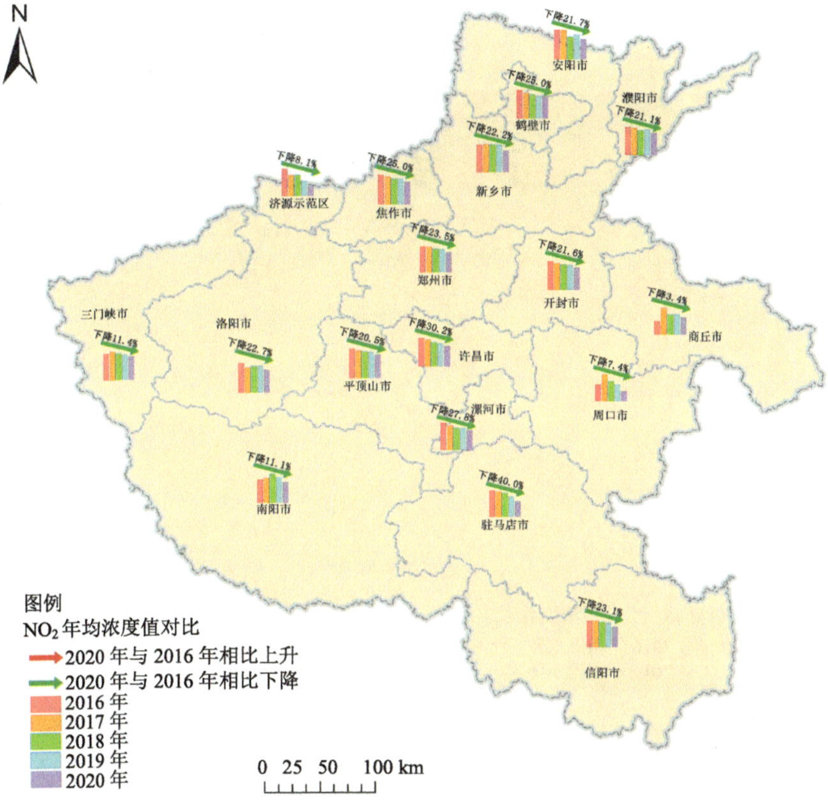


图 2.1-40　“十三五”期间省辖市 $NO_2$ 年均浓度值变化

（5）CO

“十三五”期间，省辖市 CO 日均值第 95 百分位数浓度值持续下降，2017—2020 年年均浓度值均达到一级标准。除安阳市外，其他 17 个省辖市均连续 5 年达到二级标准。其中，洛阳、焦作、安阳、鹤壁、三门峡 5 市降幅较大，在 50%及以上，新乡、周口、郑州、许昌、开封、濮阳、漯河、驻马店、平顶山 9 市和济源示范区降幅在 30%以上，信阳、南阳、商丘 3 市降幅在 30%以下（表 2.1-9 和图 2.1-41）。

**表 2.1-9 “十三五”期间省辖市 CO 达标城市个数**

| CO 日均值第 95 百分位数浓度级别 | 地级及以上城市个数/个 | | | | |
|---|---|---|---|---|---|
| | 2016 年 | 2017 年 | 2018 年 | 2019 年 | 2020 年 |
| 一级/二级 | 17 | 18 | 18 | 18 | 18 |
| 超二级 | 1 | 0 | 0 | 0 | 0 |

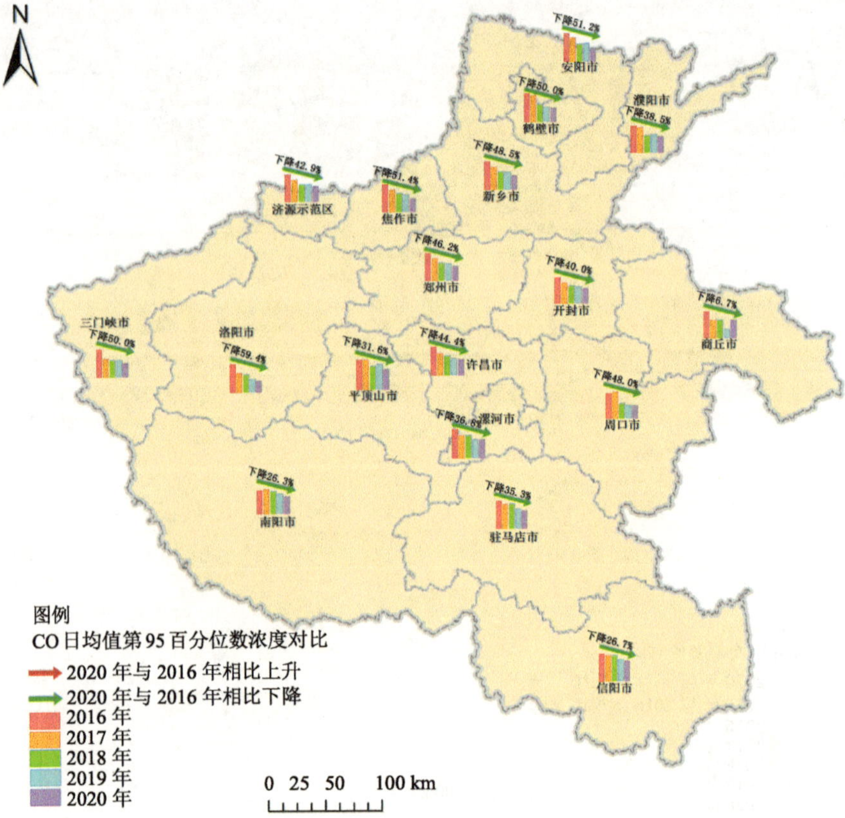


**图 2.1-41 “十三五”期间省辖市 CO 日均值第 95 百分位数浓度值变化**

（6）$O_3$

“十三五”期间，省辖市 $O_3$ 日最大 8 h 滑动平均值第 90 百分位数浓度值波动变化，整体呈上升趋势。与 2016 年相比，除洛阳、南阳 2 市分别下降 4.6%、3.8%外，其他 16 个省辖市均上升。升幅最大的省辖市为安阳，上升 35.7%（表 2.1-10 和图 2.1-42）。

表 2.1-10 “十三五”期间省辖市 $O_3$ 达标城市个数

| $O_3$ 日最大 8 h 滑动平均值第 90 百分位数浓度级别 | 地级及以上城市个数/个 | | | | |
|---|---|---|---|---|---|
| | 2016 年 | 2017 年 | 2018 年 | 2019 年 | 2020 年 |
| 二级 | 16 | 5 | 2 | 0 | 8 |
| 超二级 | 2 | 13 | 16 | 18 | 10 |

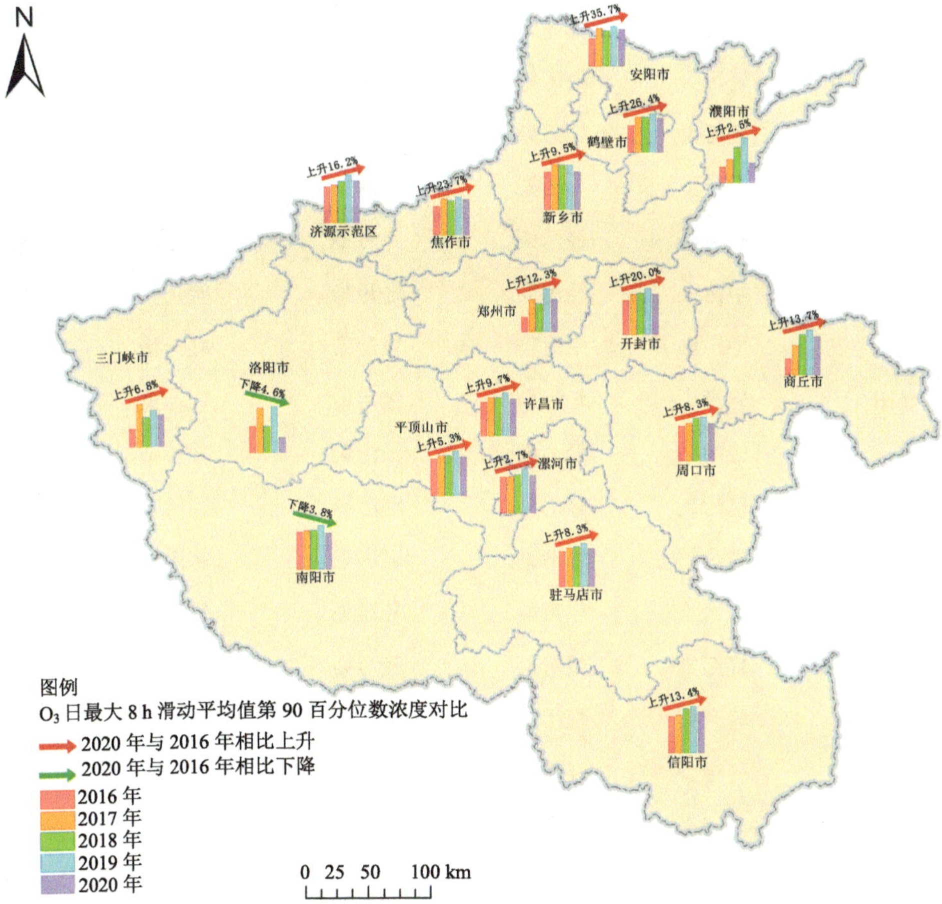


图 2.1-42 “十三五”期间省辖市 $O_3$ 日最大 8 h 滑动平均值第 90 百分位数浓度值变化

### 2.1.3.2 综合评价变化趋势分析

（1）定性评价

“十三五”期间，全省环境空气质量级别均为轻污染。其中，信阳市2016—2018年空气质量级别为轻污染，2019年起变为良；驻马店市2016—2019年空气质量级别为轻污染，2020年变为良；安阳和焦作2市2016—2017年空气质量级别为中污染，2018年起变为轻污染；新乡市2016年空气质量级别为中污染，2017年起变为轻污染；其他13个省辖市空气质量级别保持不变（表2.1-11）。

表2.1-11 “十三五”期间省辖市城市环境空气定性评价对比

| 城市名称 | 2016年 | 2017年 | 2018年 | 2019年 | 2020年 |
| --- | --- | --- | --- | --- | --- |
| 郑州 | 轻污染 | 轻污染 | 轻污染 | 轻污染 | 轻污染 |
| 开封 | 轻污染 | 轻污染 | 轻污染 | 轻污染 | 轻污染 |
| 洛阳 | 轻污染 | 轻污染 | 轻污染 | 轻污染 | 轻污染 |
| 平顶山 | 轻污染 | 轻污染 | 轻污染 | 轻污染 | 轻污染 |
| 安阳 | 中污染 | 中污染 | 轻污染 | 轻污染 | 轻污染 |
| 鹤壁 | 轻污染 | 轻污染 | 轻污染 | 轻污染 | 轻污染 |
| 新乡 | 中污染 | 轻污染 | 轻污染 | 轻污染 | 轻污染 |
| 焦作 | 中污染 | 中污染 | 轻污染 | 轻污染 | 轻污染 |
| 濮阳 | 轻污染 | 轻污染 | 轻污染 | 轻污染 | 轻污染 |
| 许昌 | 轻污染 | 轻污染 | 轻污染 | 轻污染 | 轻污染 |
| 漯河 | 轻污染 | 轻污染 | 轻污染 | 轻污染 | 轻污染 |
| 三门峡 | 轻污染 | 轻污染 | 轻污染 | 轻污染 | 轻污染 |
| 南阳 | 轻污染 | 轻污染 | 轻污染 | 轻污染 | 轻污染 |
| 商丘 | 轻污染 | 轻污染 | 轻污染 | 轻污染 | 轻污染 |
| 信阳 | 轻污染 | 轻污染 | 轻污染 | 良 | 良 |
| 周口 | 轻污染 | 轻污染 | 轻污染 | 轻污染 | 轻污染 |
| 驻马店 | 轻污染 | 轻污染 | 轻污染 | 轻污染 | 良 |
| 济源 | 轻污染 | 轻污染 | 轻污染 | 轻污染 | 轻污染 |
| 全省 | 轻污染 | 轻污染 | 轻污染 | 轻污染 | 轻污染 |

（2）级别评价

“十三五”期间，全省平均优良天数比例整体上呈上升趋势，2020 年比 2016 年分别上升 3.3 个、2.9 个百分点；重度污染、严重污染天数比例整体上呈下降趋势，2020 年比 2016 年分别下降 3.2 个、1.5 个百分点（图 2.1-43）。

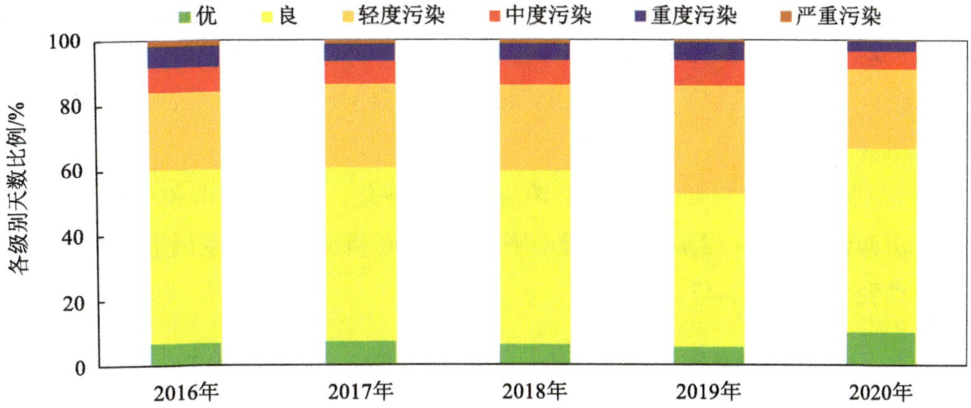


**图 2.1-43　“十三五”期间省辖市各级别天数比例年际变化**

（3）秩相关分析

根据秩相关系数法对河南省“十三五”期间环境空气质量监测结果进行趋势分析，结果表明：“十三五”期间，全省环境空气质量整体呈改善趋势。其中，优良天数比例呈波动变化，综合指数呈下降趋势，6 项污染物中除 $O_3$ 浓度呈波动变化外，其他 5 项污染物浓度均呈下降趋势（图 2.1-44）。

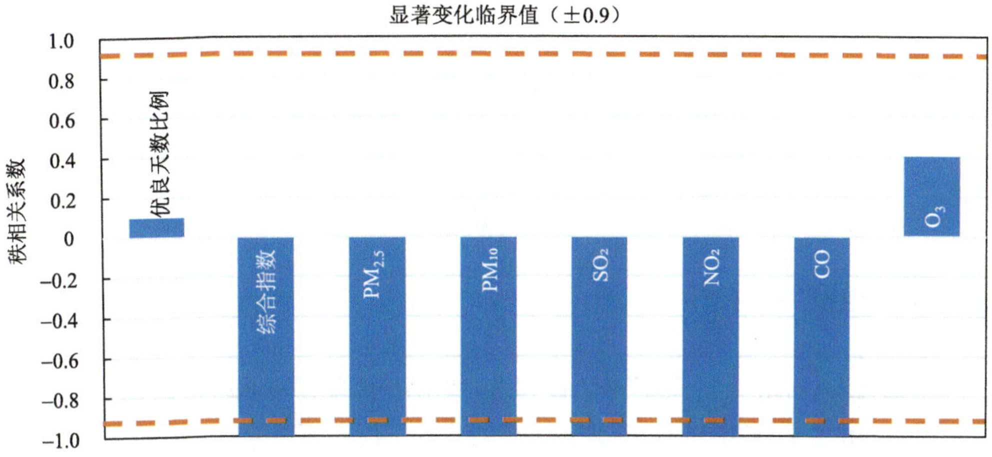


**图 2.1-44　“十三五”期间全省污染物浓度及评价指标的秩相关情况**

“十三五”期间，河南省18个省辖市环境空气质量整体呈改善趋势。除新乡市优良天数比例呈上升趋势外，其他17个省辖市波动变化；18个省辖市综合指数均呈下降趋势。

6项污染物中，鹤壁、濮阳、许昌、漯河、南阳、商丘、周口7市及济源示范区$PM_{2.5}$年均浓度呈波动变化，其余10市均呈下降趋势；洛阳、周口2市和济源示范区$PM_{10}$年均浓度呈波动变化，其余15市均呈下降趋势；南阳$SO_2$年均浓度呈波动变化，其他16市和济源示范区均呈下降趋势；洛阳、安阳、新乡、三门峡、南阳、商丘、信阳、周口8市及济源示范区$NO_2$年均浓度呈波动变化，其他9市均呈下降趋势；平顶山、商丘、信阳、驻马店4市CO日均值第95百分位数浓度呈波动变化，其他13市和济源示范区均呈下降趋势；济源示范区$O_3$日最大8 h滑动平均值第90百分位数浓度呈上升趋势，其他17市均呈波动变化（图2.1-45）。

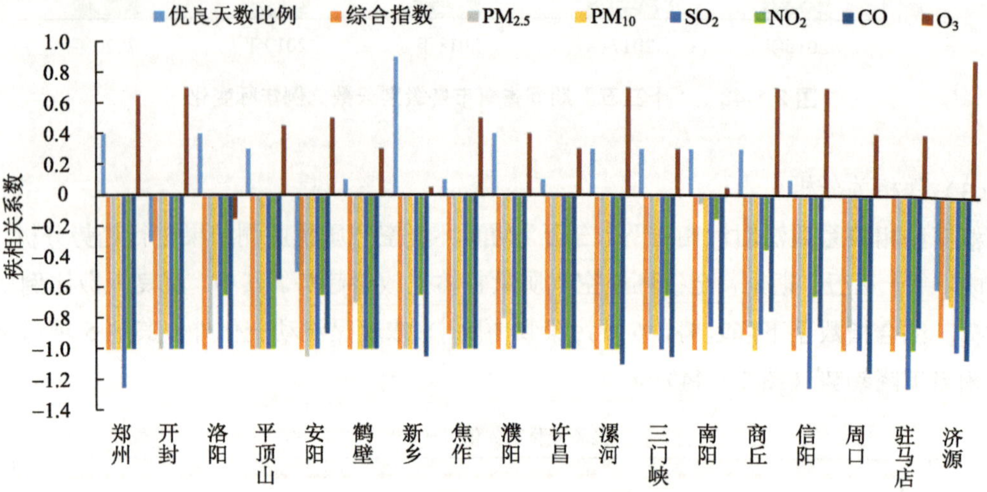


图2.1-45 “十三五”期间省辖市污染物浓度及评价指标的秩相关情况

## 2.1.4 “十三五”末与“十二五”末对比分析

### 2.1.4.1 主要污染物对比分析

（1）$PM_{2.5}$

与“十二五”末相比，“十三五”末全省$PM_{2.5}$年均浓度值由77 μg/m³下降到52 μg/m³，下降32.5%。18个省辖市$PM_{2.5}$年均浓度值均大幅下降，下降幅度较大的有郑州（下降44.0%）、新乡（下降41.6%）、信阳（下降40.3%）、平顶山（下降39.3%）、周口（下降36.7%）5市（图2.1-46和图2.1-47）。

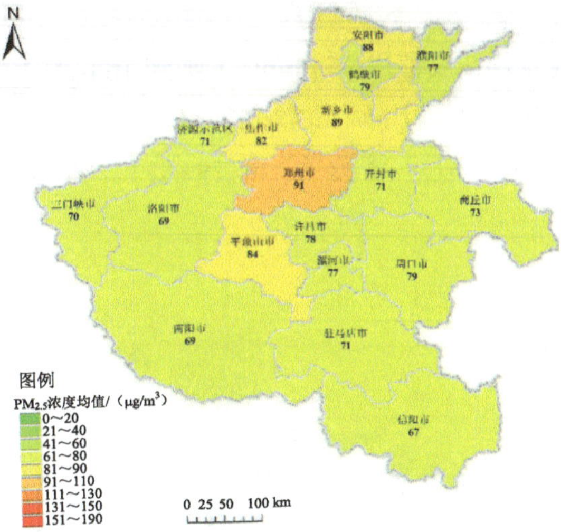


图 2.1-46 2015 年省辖市 $PM_{2.5}$ 年均浓度值分布

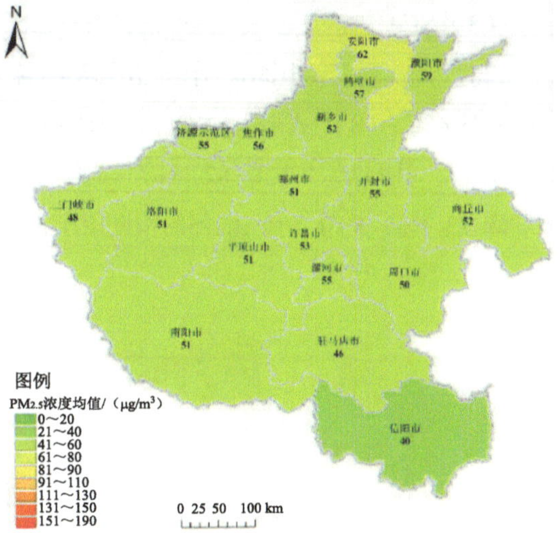


图 2.1-47 2020 年省辖市 $PM_{2.5}$ 年均浓度值分布

（2）$PM_{10}$

与"十二五"末相比，"十三五"末全省 $PM_{10}$ 年均浓度值由 128 μg/m³ 下降到 87 μg/m³，下降 32.0%。18 个省辖市 $PM_{10}$ 年均浓度值均大幅下降，下降幅度较大的有郑州（下降 43.7%）、信阳（下降 39.6%）、新乡（下降 38.7%）、驻马店（下降 38.7%）、许昌（下降 37.8%）5 市（图 2.1-48 和图 2.1-49）。

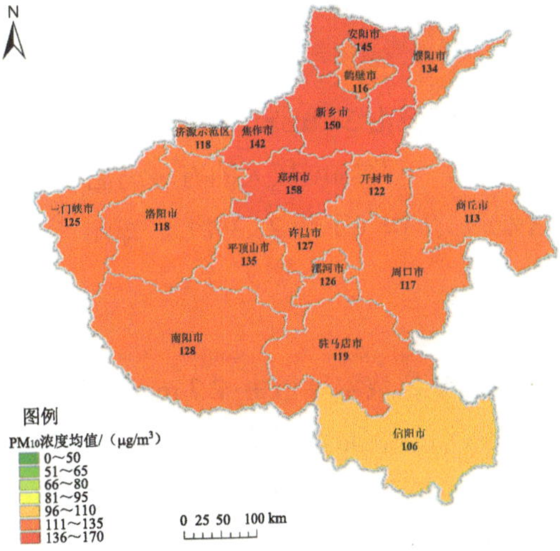


图 2.1-48 2015 年省辖市 $PM_{10}$ 年均浓度值分布

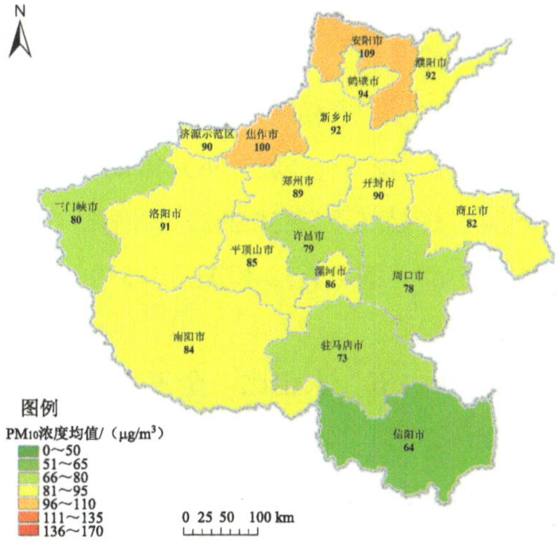


图 2.1-49 2020 年省辖市 $PM_{10}$ 年均浓度值分布

（3）$SO_2$

与“十二五”末相比，“十三五”末全省 $SO_2$ 年均浓度值由 35 μg/m$^3$ 下降到 10 μg/m$^3$，下降 71.4%。18 个省辖市 $SO_2$ 年均浓度值均大幅下降，下降幅度较大的有三门峡（下降 83.7%）、驻马店（下降 82.1%）、洛阳（下降 80.0%）、济源（下降 79.4%）、平顶山（下降 73.9%）5 市（图 2.1-50 和图 2.1-51）。

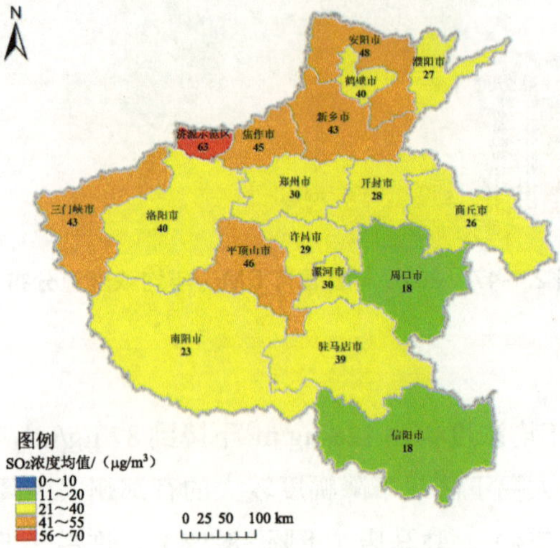


图 2.1-50 2015 年省辖市 $SO_2$ 年均浓度值分布

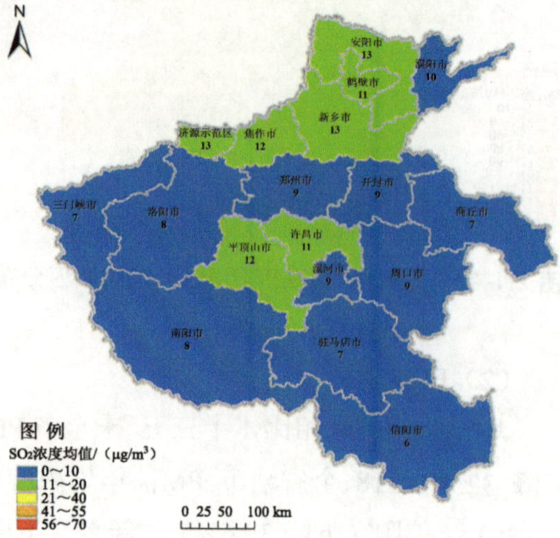


图 2.1-51 2020 年省辖市 $SO_2$ 年均浓度值分布

（4）$NO_2$

与“十二五”末相比，“十三五”末全省 $NO_2$ 年均浓度值由 38 μg/m$^3$ 下降到 30 μg/m$^3$，下降 21.1%。18 个省辖市 $NO_2$ 年均浓度值均大幅下降，下降幅度较大的有驻马店（下降 34.4%）、许昌（下降 30.2%）、洛阳（下降 12.8%）、焦作（下降 28.3%）、郑州（下降 26.4%）5 市（图 2.1-52 和图 2.1-53）。

（5）CO

与“十二五”末相比，全省 CO 日均值第 95 百分位数浓度值由 2.7 mg/m$^3$ 下降到 1.5 mg/m$^3$，下降 44.4%。18 个省辖市 CO 日均值第 95 百分位数浓度值均大幅下降，下降幅度较大的有洛阳（下降 56.7%）、周口（下降 56.7%）、安阳（下降 54.3%）、焦作（下降 52.8%）、新乡（下降 46.9%）5 市（图 2.1-54 和图 2.1-55）。

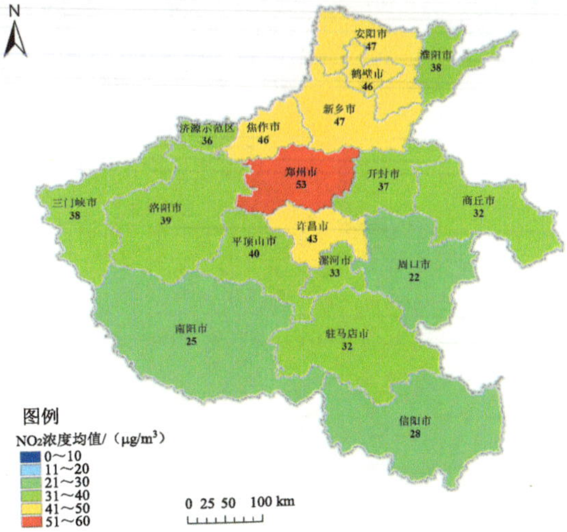


图 2.1-52 2015 年省辖市 $NO_2$ 年均浓度值分布

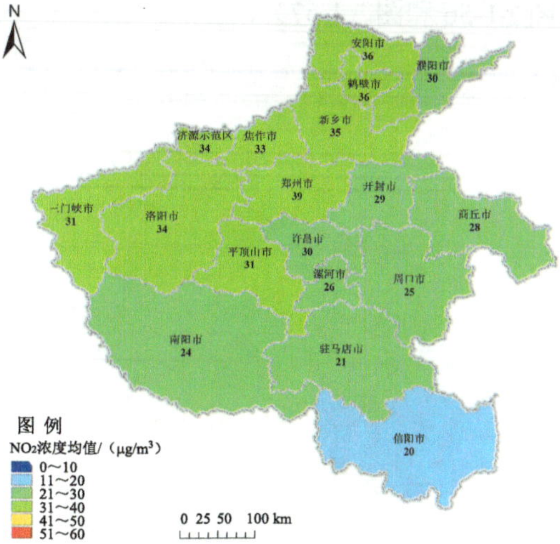


图 2.1-53 2020 年省辖市 $NO_2$ 年均浓度值分布

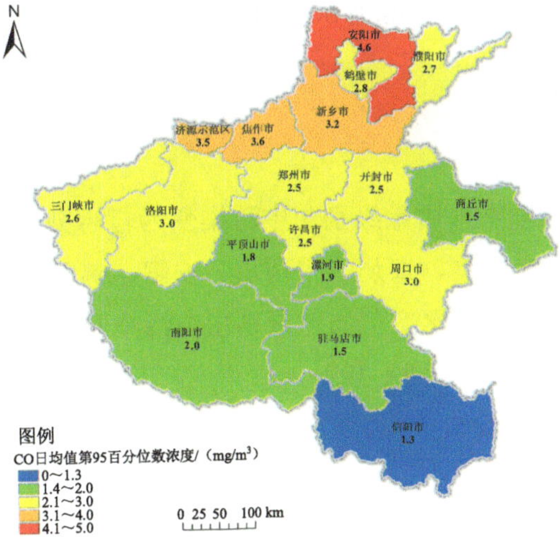


图 2.1-54 2015 年省辖市 CO 日均值第 95 百分位数浓度值分布

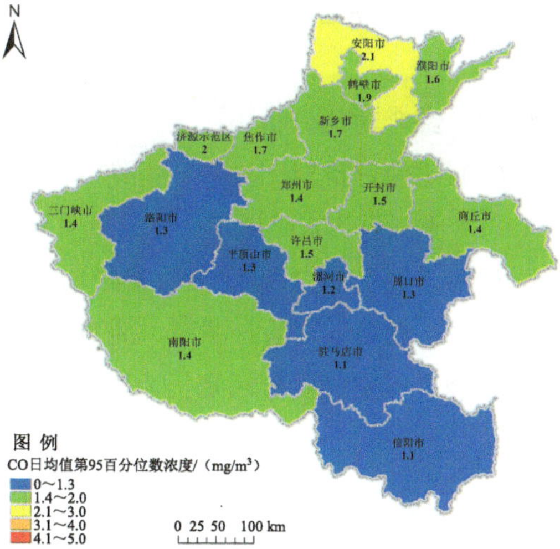


图 2.1-55 2020 年省辖市 CO 日均值第 95 百分位数浓度值分布

（6）$O_3$

与“十二五”末相比，全省 $O_3$ 日最大 8 h 滑动平均值第 90 百分位数浓度值由 140 μg/m³ 上升到 166 μg/m³，上升 18.6%。除漯河市 $O_3$ 日最大 8 h 滑动平均值第 90 百分位数浓度值下降 5.5%外，其余 17 个省辖市 $O_3$ 日最大 8 h 平均值第 90 百分位数浓度值均呈上升趋势

（图 2.1-56 和图 2.1-57）。

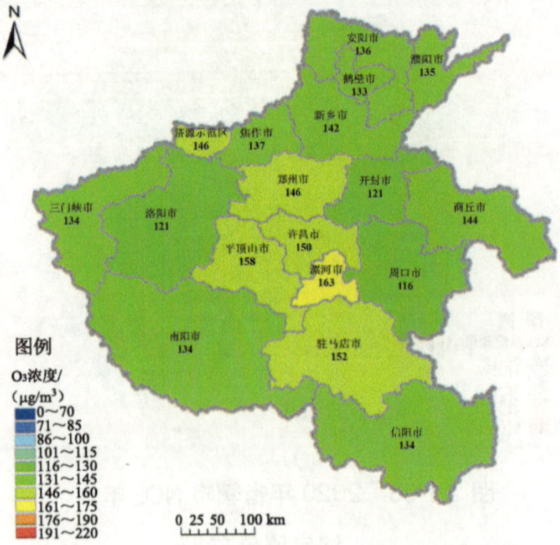


图 2.1-56　2015 年省辖市 $O_3$ 日最大 8 h 滑动平均值第 90 百分位数浓度值分布

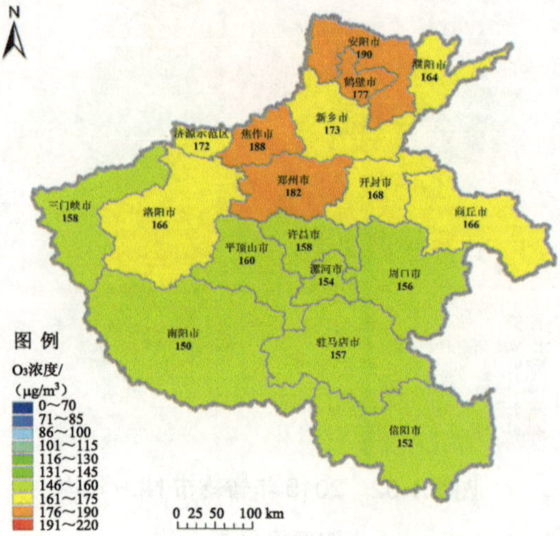


图 2.1-57　2020 年省辖市 $O_3$ 日最大 8 h 滑动平均值第 90 百分位数浓度值分布

#### 2.1.4.2　综合对比分析

（1）定性评价对比

与“十二五”末相比，“十三五”末全省环境空气质量级别由中污染变为轻污染。其中，信阳、驻马店 2 市空气质量级别由轻污染变为良，郑州、平顶山、安阳、鹤壁、新乡、焦作、濮阳、许昌、漯河、周口 10 市和济源示范区空气质量级别由中污染变为轻污染，其余 5 市空气质量级别仍为轻污染（图 2.1-58 和表 2.1-12）。

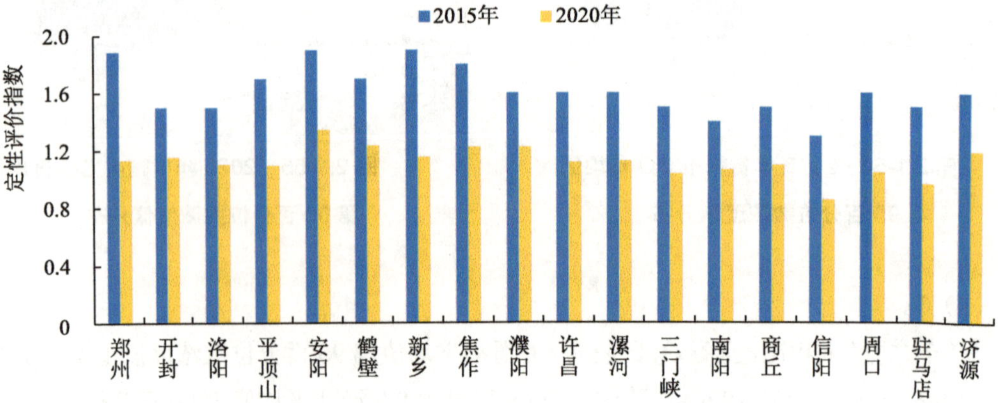


图 2.1-58　2020 年与 2015 年省辖市城市环境空气质量定性评价比较

表 2.1-12 "十三五"末与"十二五"末省辖市城市环境空气定性评价对比

| 城市名称 | 2020 年 | | 2015 年 | | f 变化 |
|---|---|---|---|---|---|
| | 定性评价指数（f） | 定性级别 | 定性评价指数（f） | 定性级别 | |
| 郑州 | 1.13 | 轻污染 | 1.89 | 中污染 | -0.76 |
| 开封 | 1.16 | 轻污染 | 1.50 | 轻污染 | -0.34 |
| 洛阳 | 1.11 | 轻污染 | 1.50 | 轻污染 | -0.39 |
| 平顶山 | 1.09 | 轻污染 | 1.70 | 中污染 | -0.61 |
| 安阳 | 1.34 | 轻污染 | 1.90 | 中污染 | -0.56 |
| 鹤壁 | 1.24 | 轻污染 | 1.70 | 中污染 | -0.46 |
| 新乡 | 1.14 | 轻污染 | 1.90 | 中污染 | -0.76 |
| 焦作 | 1.23 | 轻污染 | 1.80 | 中污染 | -0.57 |
| 濮阳 | 1.21 | 轻污染 | 1.60 | 中污染 | -0.39 |
| 许昌 | 1.11 | 轻污染 | 1.60 | 中污染 | -0.49 |
| 漯河 | 1.12 | 轻污染 | 1.60 | 中污染 | -0.48 |
| 三门峡 | 1.03 | 轻污染 | 1.50 | 轻污染 | -0.47 |
| 南阳 | 1.06 | 轻污染 | 1.40 | 轻污染 | -0.34 |
| 商丘 | 1.09 | 轻污染 | 1.50 | 轻污染 | -0.41 |
| 信阳 | 0.86 | 良 | 1.30 | 轻污染 | -0.44 |
| 周口 | 1.05 | 轻污染 | 1.60 | 中污染 | -0.55 |
| 驻马店 | 0.95 | 良 | 1.50 | 轻污染 | -0.55 |
| 济源 | 1.18 | 轻污染 | 1.60 | 中污染 | -0.42 |
| 全省 | 1.12 | 轻污染 | 1.60 | 中污染 | -0.48 |

（2）达标情况对比

与"十二五"末相比，"十三五"末全省 18 个省辖市环境空气质量级别仍为超二级。其中，$PM_{2.5}$ 达标城市个数仍为 0，$PM_{10}$ 达标城市个数增加 1 个，$SO_2$、$NO_2$ 达标城市个数均增加 6 个，CO 日均值第 95 百分位数浓度值达标城市个数增加 1 个，$O_3$ 日最大 8 h 滑动平均值第 90 百分位数浓度值达标城市个数减少 9 个（表 2.1-13）。

表 2.1-13 "十三五"末与"十二五"末省辖市环境空气各项污染物达标城市数量变化

| | 年度 | $PM_{2.5}$ | $PM_{10}$ | $SO_2$ | $NO_2$ | CO | $O_3$ |
|---|---|---|---|---|---|---|---|
| 达标城市个数/个 | 2015 | 0 | 0 | 12 | 12 | 17 | 17 |
| | 2020 | 0 | 1 | 18 | 18 | 18 | 8 |

（3）优良天数比例对比

与“十二五”末相比，“十三五”末全省城市环境空气质量平均优良天数比例上升12.6个百分点。其中，平顶山、许昌、漯河、郑州、驻马店5市优良天数比例上升较大。

与“十二五”末相比，“十三五”末全省城市环境空气质量平均重度污染及以上天气比例下降4.2个百分点。其中，郑州、新乡、焦作、平顶山、鹤壁5市重度污染及以上天数比例下降较大（表2.1-14）。

**表2.1-14 “十三五”末与“十二五”末省辖市优良天数比例比例变化**

| 城市名称 | 2020年 | | 2015年 | | 比较 | |
|---|---|---|---|---|---|---|
| | 优良天数比例/% | 重度及以上污染天数比例/% | 优良天数比例/% | 重度及以上污染天数比例/% | 优良天数比例变化/个百分点 | 重度及以上污染天数比例变化/个百分点 |
| 郑州 | 62.8 | 3.0 | 43.3 | 12.6 | 19.5 | −9.6 |
| 开封 | 64.7 | 5.2 | 64.7 | 7.9 | 0 | −2.7 |
| 洛阳 | 66.7 | 1.9 | 60.0 | 4.9 | 6.7 | −3.0 |
| 平顶山 | 72.1 | 2.5 | 40.5 | 9.0 | 31.6 | −6.5 |
| 安阳 | 49.4 | 7.7 | 49.3 | 11.5 | 0.1 | −3.8 |
| 鹤壁 | 60.7 | 3.9 | 62.2 | 10.4 | −1.5 | −6.5 |
| 新乡 | 64.5 | 2.5 | 46.0 | 11.0 | 18.5 | −8.5 |
| 焦作 | 57.3 | 3.6 | 50.4 | 10.4 | 6.9 | −6.8 |
| 濮阳 | 61.2 | 5.7 | 53.7 | 7.7 | 7.5 | −2.0 |
| 许昌 | 70.0 | 4.4 | 47.4 | 6.8 | 22.6 | −2.4 |
| 漯河 | 69.1 | 4.4 | 47.9 | 5.2 | 21.2 | −0.8 |
| 三门峡 | 73.2 | 2.2 | 62.7 | 7.1 | 10.5 | −4.9 |
| 南阳 | 70.5 | 3.6 | 57.5 | 3.3 | 13.0 | 0.3 |
| 商丘 | 66.1 | 3.9 | 54.0 | 5.5 | 12.1 | −1.6 |
| 信阳 | 81.7 | 0.3 | 62.7 | 4.9 | 19.0 | −4.6 |
| 周口 | 71.0 | 3.3 | 55.1 | 8.2 | 15.9 | −4.9 |
| 驻马店 | 76.5 | 0.8 | 57.0 | 3.8 | 19.5 | −3.0 |
| 济源 | 62.6 | 3.0 | 60.0 | 6.8 | 2.6 | −3.8 |
| 全省 | 66.7 | 3.4 | 54.1 | 7.6 | 12.6 | −4.2 |

与“十二五”末相比，“十三五”末18个省辖市重度及以上污染天数仍集中在1—2月、11—12月。2—5月、10—12月超标天数均下降（图2.1-59）。

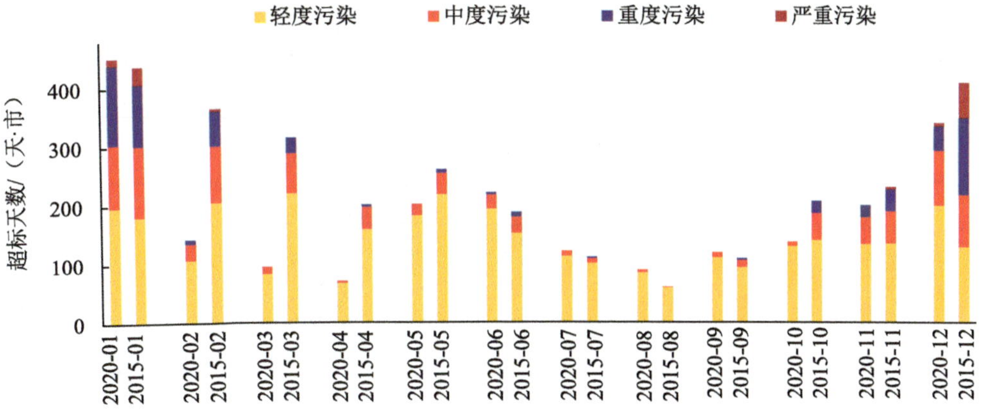


图2.1-59　2020年与2015年省辖市超标天数月际变化

（4）污染特征对比

与“十二五”末相比，“十三五”末全省城市环境空气质量主要超标因子仍为$PM_{2.5}$。各项污染物日均值超标率中，颗粒物超标率明显降低，达标天数大幅增加；$NO_2$超标率由3.0%降为0.4%，$SO_2$超标率由0.4%降为0，CO超标率由1.0%降为0（图2.1-60）。

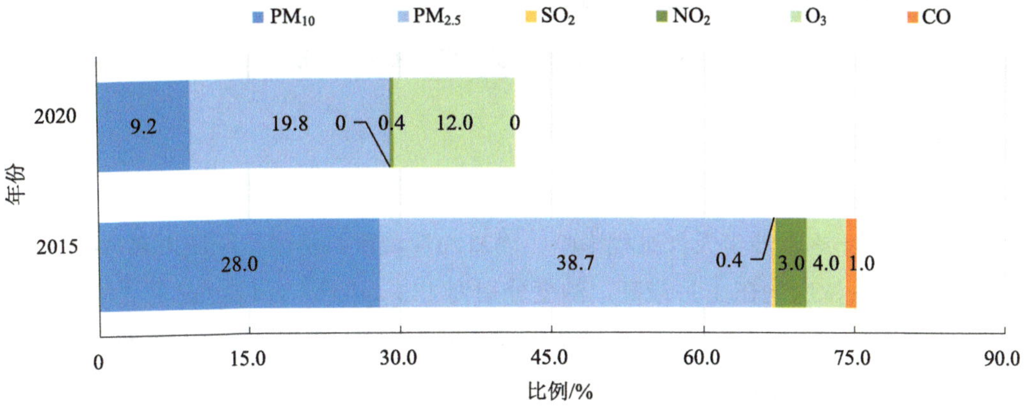


图2.1-60　2020年与2015年首要污染物超标天数比例分布

## 2.1.5　重点区域环境空气质量

为响应区域大气污染防治需求，根据《关于印发〈2020年挥发性有机物治理攻坚方案〉的通知》（环大气〔2020〕33号），重点关注河南省内三个国家层面集中关注的大气污染防治重点区域，将河南省划分为“2+26”城市、汾渭平原城市和苏皖鲁豫交界地区城市三个区域，开展区域对比分析（图 2.1-61）。

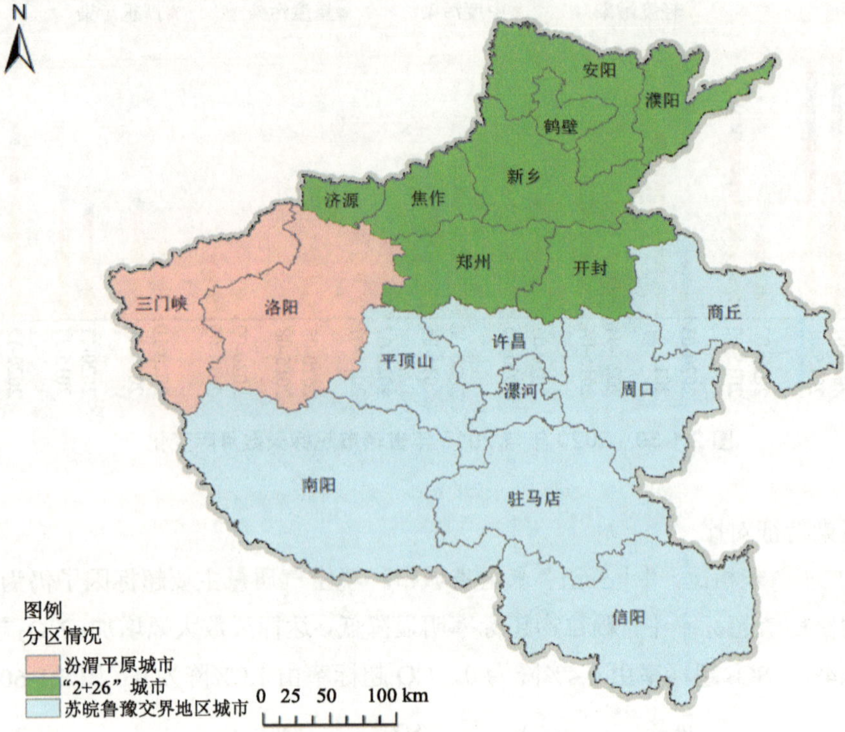


图 2.1-61 全省大气环境特征研究分区情况

### 2.1.5.1 单项因子评价

（1）$PM_{2.5}$

2020 年，若不剔除沙尘天气过程影响，“2+26”城市、汾渭平原城市和苏皖鲁豫交界地区城市 $PM_{2.5}$ 浓度均在 1 月最高，浓度分别为 133 μg/m³、114 μg/m³ 和 112 μg/m³。“2+26”城市、汾渭平原城市和苏皖鲁豫交界地区城市 $PM_{2.5}$ 浓度均在 8 月最低，$PM_{2.5}$ 浓度分别为 26 μg/m³、22 μg/m³ 和 22 μg/m³［图 2.1-62（a）］。

（2）$PM_{10}$

2020 年，若不剔除沙尘天气过程影响，“2+26”城市、汾渭平原城市和苏皖鲁豫交界地区城市 $PM_{10}$ 浓度均在 1 月最高，浓度分别为 150 μg/m³、129 μg/m³ 和 130 μg/m³。“2+26”城市、汾渭平原城市和苏皖鲁豫交界地区城市 $PM_{10}$ 浓度均在 8 月最低，$PM_{10}$ 浓度分别为 51 μg/m³、44 μg/m³ 和 43 μg/m³［图 2.1-62（b）］。

（3）$SO_2$

“2+26”城市 $SO_2$ 浓度在 1 月、4 月、12 月最高，均为 14 μg/m³；汾渭平原城市 $SO_2$ 浓度在 1 月、12 月最高，均为 10 μg/m³；苏皖鲁豫交界地区城市 $SO_2$ 浓度在 10 月、12 月最高，均为 11 μg/m³。“2+26”城市、汾渭平原城市和苏皖鲁豫交界地区城市均在 7 月最低，分别为 5 μg/m³、4 μg/m³ 和 6 μg/m³ ［图 2.1-62（c）］。

（4）$NO_2$

“2+26”城市、汾渭平原城市和苏皖鲁豫交界地区城市 $NO_2$ 浓度均在 12 月最高，分别为 50 μg/m³、46 μg/m³ 和 41 μg/m³。“2+26”城市 $NO_2$ 浓度在 2 月、7 月最低，均为 20 μg/m³；汾渭平原城市和苏皖鲁豫交界地区城市均在 7 月最低，分别为 18 μg/m³、14 μg/m³ ［图 2.1-62（d）］。

（5）CO

“2+26”城市、汾渭平原城市和苏皖鲁豫交界地区城市 CO 日均值第 95 百分位数浓度均在 1 月最高，分别为 2.6 mg/m³、1.9 mg/m³ 和 1.9 mg/m³。“2+26”城市、汾渭平原城市和苏皖鲁豫交界地区城市均在 3 月最低，分别为 0.6 mg/m³、0.7 mg/m³ 和 0.7 mg/m³ ［图 2.1-62（e）］。

（6）$O_3$

“2+26”城市、汾渭平原城市 $O_3$ 日最大 8 h 滑动平均值第 90 百分位数浓度在 6 月最高，分别为 210 μg/m³ 和 187 μg/m³，苏皖鲁豫交界地区城市 $O_3$ 日最大 8 h 滑动平均值第 90 百分位数浓度在 5 月最高，为 184 μg/m³。“2+26”城市、汾渭平原城市和苏皖鲁豫交界地区城市 $O_3$ 日最大 8 h 滑动平均值第 90 百分位数浓度均在 3 月最低，分别为 70 μg/m³、72 μg/m³ 和 66 μg/m³ ［图 2.1-62（f）］。

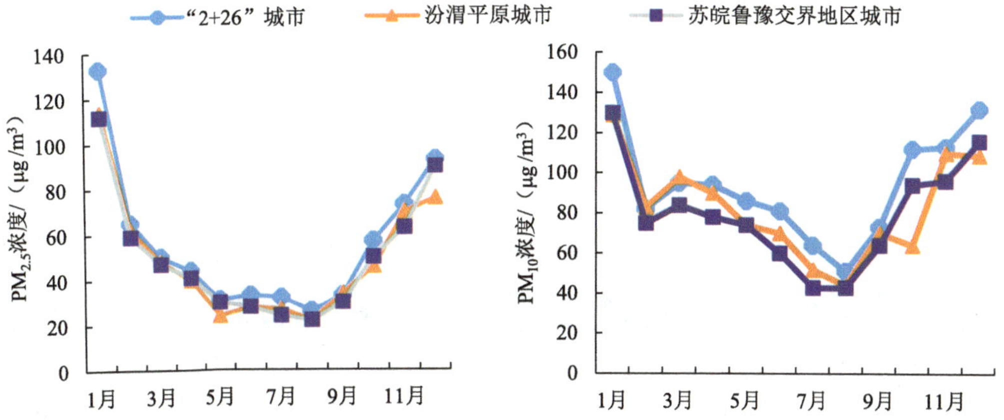


（a） （b）

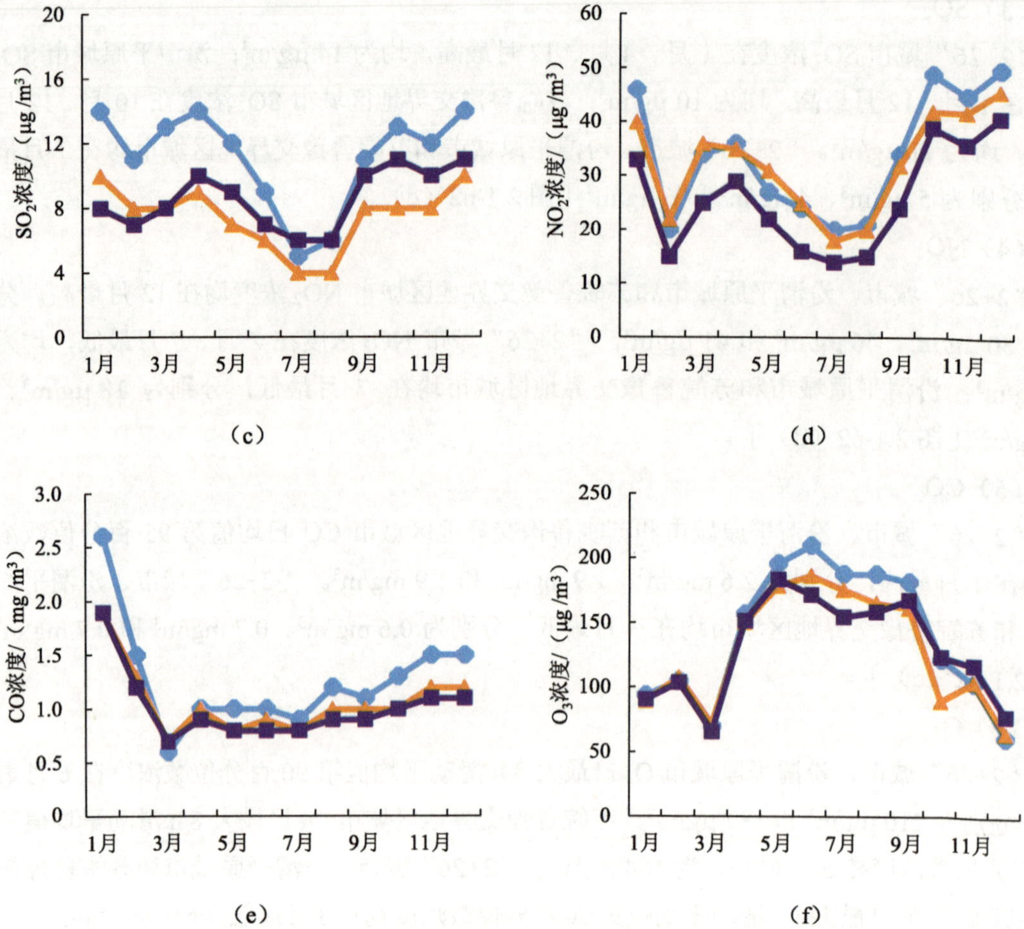


**图 2.1-62 2020 年全省重点区域六项污染物浓度月际变化**

### 2.1.5.2 综合评价

（1）达标情况

2020 年，河南省重点区域“2+26”城市、汾渭平原城市和苏皖鲁豫交界地区城市环境空气质量级别均为超二级（表 2.1-15）。

**表 2.1-15 2020 年全省重点区域各项污染物达标城市数量**　　单位：个

| 区域 | 城市总数 | $PM_{10}$ | $PM_{2.5}$ | $SO_2$ | $NO_2$ | CO | $O_3$ | 全部达标 |
|---|---|---|---|---|---|---|---|---|
| “2+26”城市 | 8 | 0 | 0 | 8 | 8 | 8 | 0 | 0 |
| 汾渭平原城市 | 2 | 0 | 0 | 2 | 2 | 2 | 1 | 0 |
| 苏皖鲁豫交界地区城市 | 8 | 1 | 0 | 8 | 8 | 8 | 7 | 0 |

（2）优良天数比例

2020 年，“2+26”城市、汾渭平原城市和苏皖鲁豫交界地区城市优良天数比例分别为 60.4%、69.9%和 72.2%，重度及以上污染天数比例分别为 4.3%、2.1%和 2.9%（表 2.1-16）。

表 2.1-16 2020 年全省重点区域各级别天数比例

单位：%

| 区域 | 优 | 良 | 轻度污染 | 中度污染 | 重度污染 | 严重污染 |
|---|---|---|---|---|---|---|
| “2+26”城市 | 6.7 | 53.7 | 28.6 | 6.7 | 3.8 | 0.5 |
| 汾渭平原城市 | 11.5 | 58.4 | 23.1 | 4.9 | 1.9 | 0.2 |
| 苏皖鲁豫交界地区城市 | 13.2 | 59.0 | 20.7 | 4.3 | 2.9 | 0 |

“2+26”城市、汾渭平原城市和苏皖鲁豫交界地区城市优良天数比例均呈 M 形，1 月、5—6 月、11—12 月优良天数比例较低，2—4 月、7—10 月优良天数比例较高。其中，“2+26”城市在 1 月优良天数比例最低，为 14.1%，4 月优良天数比例最高，为 83.8%；汾渭平原城市在 1 月优良天数比例最低，为 29.0%，8 月优良天数比例最高，为 87.1%；苏皖鲁豫交界地区城市在 1 月优良天数比例最低，为 21.4%，8 月优良天数比例最高，为 90.7%（图 2.1-63）。

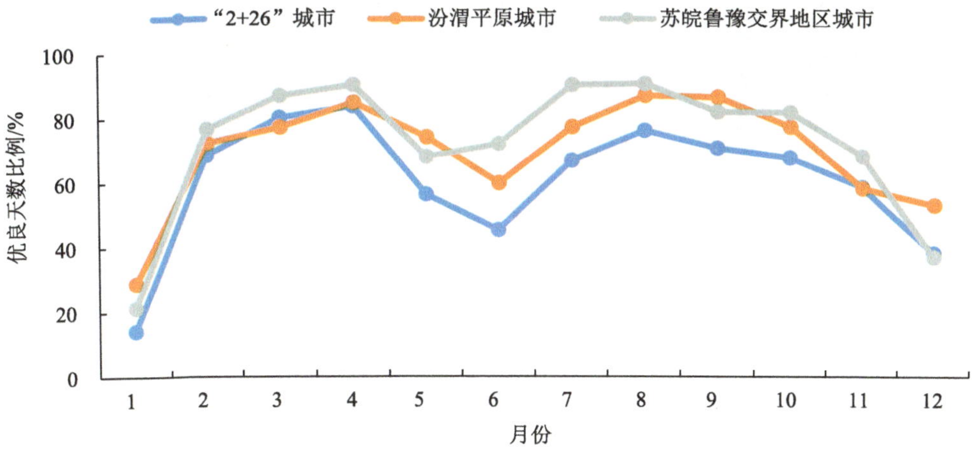


图 2.1-63 2020 年全省重点区域优良天数比例月际变化

（3）污染特征

“2+26”城市以 $PM_{2.5}$、$PM_{10}$、$O_3$ 和 $NO_2$ 为首要污染物的超标天数分别占总超标天数的 42.2%、5.9%、51.8%和 0.1%，汾渭平原城市以 $PM_{2.5}$、$PM_{10}$ 和 $O_3$ 为首要污染物的超标天数分别占总超标天数的 6.9%、50.2%和 42.9%，苏皖鲁豫交界地区城市以 $PM_{2.5}$、$PM_{10}$

和 $O_3$ 为首要污染物的超标天数分别占总超标天数的5.3%、57.1%和37.6%（表2.1-17）。

**表2.1-17　2020年全省重点区域超标天数中首要污染物比例**

单位：%

| 区域 | $PM_{10}$ | $PM_{2.5}$ | $SO_2$ | $NO_2$ | CO | $O_3$ |
|---|---|---|---|---|---|---|
| “2+26”城市 | 42.2 | 5.9 | 0 | 0.1 | 0 | 51.8 |
| 汾渭平原城市 | 50.2 | 6.9 | 0 | 0 | 0 | 42.9 |
| 苏皖鲁豫交界地区城市 | 57.1 | 5.3 | 0 | 0 | 0 | 37.6 |

### 2.1.5.3　变化趋势分析

（1）$PM_{2.5}$

2015—2020年，“2+26”城市 $PM_{2.5}$ 年均浓度最高，2016年、2017年、2019年苏皖鲁豫交界地区城市 $PM_{2.5}$ 年均浓度最低，2015年、2018年汾渭平原城市 $PM_{2.5}$ 年均浓度最低，2020年“2+26”城市 $PM_{2.5}$ 年均浓度为56 μg/m³，汾渭平原城市和苏皖鲁豫交界地区城市 $PM_{2.5}$ 年均浓度均较低，均为50 μg/m³，河南省三大区域 $PM_{2.5}$ 年均浓度均超过二级标准限值（35 μg/m³）（图2.1-64）。

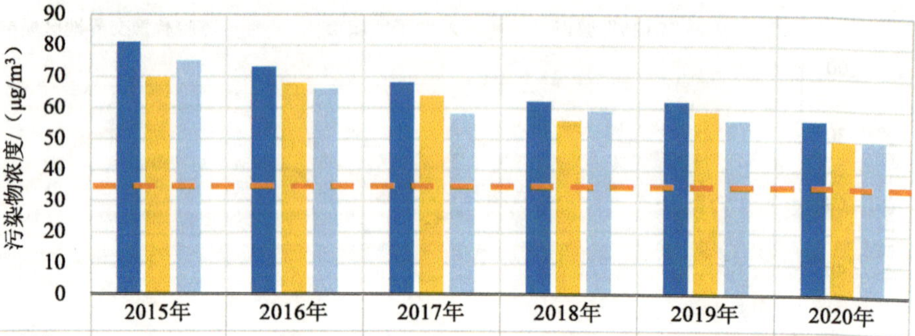


| | 2015年 | 2016年 | 2017年 | 2018年 | 2019年 | 2020年 |
|---|---|---|---|---|---|---|
| “2+26”城市 | 81 | 73 | 68 | 62 | 62 | 56 |
| 汾渭平原城市 | 70 | 68 | 64 | 56 | 59 | 50 |
| 苏皖鲁豫交界地区城市 | 75 | 66 | 58 | 59 | 56 | 50 |

**图2.1-64　2015—2020年重点区域 $PM_{2.5}$ 年均浓度变化**

从变化趋势分析：2015—2020年，河南省三大区域 $PM_{2.5}$ 年均浓度均呈下降趋势。与2015年相比，2020年“2+26”城市、汾渭平原城市和苏皖鲁豫交界地区城市 $PM_{2.5}$ 年均浓度分别下降30.9%、28.6%和33.3%，汾渭平原城市下降幅度相对较小，“2+26”城市和苏皖鲁豫交界地区城市下降幅度较大。

（2）$PM_{10}$

2015—2020 年，“2+26”城市 $PM_{10}$ 年均浓度最高，汾渭平原城市浓度居中，苏皖鲁豫交界地区城市浓度较低。2015 年“2+26”城市、汾渭平原城市、苏皖鲁豫交界地区城市 $PM_{10}$ 年均浓度分别为 136 μg/m³、122 μg/m³ 和 121 μg/m³，2020 年 $PM_{10}$ 年均浓度分别为 94 μg/m³、86 μg/m³ 和 79 μg/m³，河南省三大区域 $PM_{10}$ 年均浓度均超过二级标准（70 μg/m³）（图 2.1-65）。

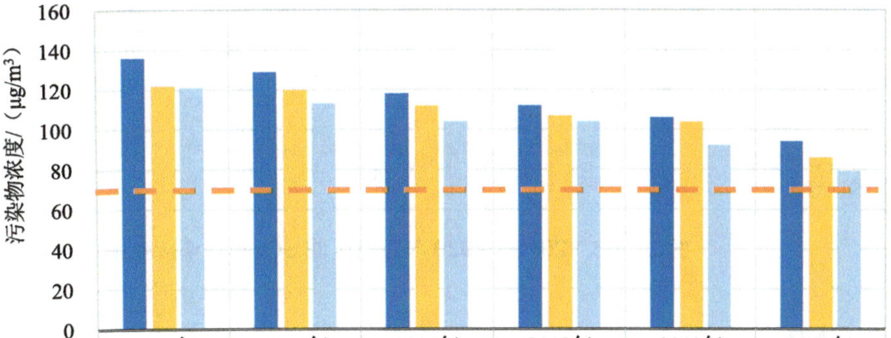


| | 2015年 | 2016年 | 2017年 | 2018年 | 2019年 | 2020年 |
|---|---|---|---|---|---|---|
| “2+26”城市 | 136 | 129 | 118 | 112 | 106 | 94 |
| 汾渭平原城市 | 122 | 120 | 112 | 107 | 104 | 86 |
| 苏皖鲁豫交界地区城市 | 121 | 113 | 104 | 104 | 92 | 79 |

**图 2.1-65　2015—2020 年重点区域 $PM_{10}$ 年均浓度变化**

从变化趋势分析：2015—2020 年，河南省三大区域 $PM_{10}$ 年均浓度总体均呈下降趋势。与 2015 年相比，2020 年“2+26”城市、汾渭平原城市和苏皖鲁豫交界地区城市 $PM_{10}$ 年均浓度分别下降 30.9%、29.5%和 34.7%，汾渭平原城市下降幅度相对较小，“2+26”城市和苏皖鲁豫交界地区城市下降幅度较大。

（3）$SO_2$

2015 年三大区域 $SO_2$ 年均浓度大小关系为汾渭平原城市＞“2+26”城市＞苏皖鲁豫交界地区城市，2016—2018 年“2+26”城市＞汾渭平原城市＞苏皖鲁豫交界地区城市，2019 年以后三大区域的 $SO_2$ 浓度差距较小。2015 年“2+26”城市、汾渭平原城市、苏皖鲁豫交界地区城市 $SO_2$ 年均浓度分别为 40 μg/m³、42 μg/m³ 和 29 μg/m³，2020 年分别为 11 μg/m³、8 μg/m³ 和 9 μg/m³，2018 年起三大区域 $SO_2$ 年均浓度均已达到一级标准（20 μg/m³）（图 2.1-66）。

从变化趋势分析：2015—2020 年，河南省三大区域的 $SO_2$ 浓度均为较明显的下降态势。与 2015 年相比，2020 年“2+26”城市、汾渭平原城市和苏皖鲁豫交界地区城市下降幅度分别为 72.5%、81.0%和 69.0%。

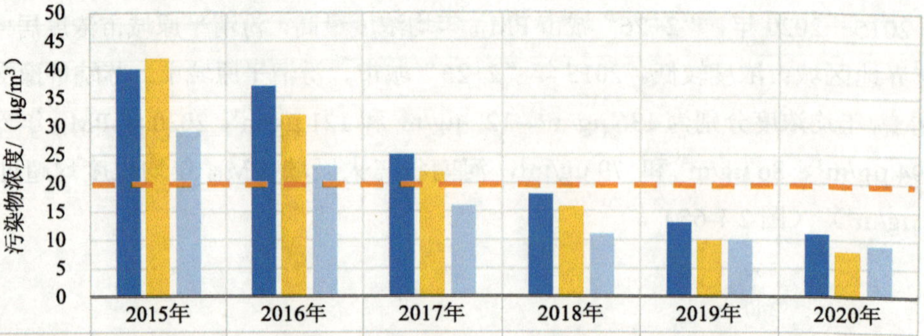


| | 2015年 | 2016年 | 2017年 | 2018年 | 2019年 | 2020年 |
|---|---|---|---|---|---|---|
| "2+26"城市 | 40 | 37 | 25 | 18 | 13 | 11 |
| 汾渭平原城市 | 42 | 32 | 22 | 16 | 10 | 8 |
| 苏皖鲁豫交界地区城市 | 29 | 23 | 16 | 11 | 10 | 9 |

**图 2.1-66　2015—2020 年重点区域 $SO_2$ 年均浓度变化**

（4）$NO_2$

河南省三大区域中"2+26"城市 $NO_2$ 年均浓度最高，汾渭平原城市次之。2015—2020 年，"2+26"城市 $NO_2$ 年均浓度呈下降趋势，汾渭平原城市和苏皖鲁豫交界地区城市呈先上升、后下降的趋势。2015 年"2+26"城市、汾渭平原城市和苏皖鲁豫交界地区城市 $NO_2$ 年均浓度分别为 44 μg/m³、38 μg/m³ 和 32 μg/m³，2020 年分别为 34 μg/m³、32 μg/m³ 和 26 μg/m³，2018 年以后三大区域 $NO_2$ 年均浓度均已达到二级标准（40 μg/m³）（图 2.1-67）。

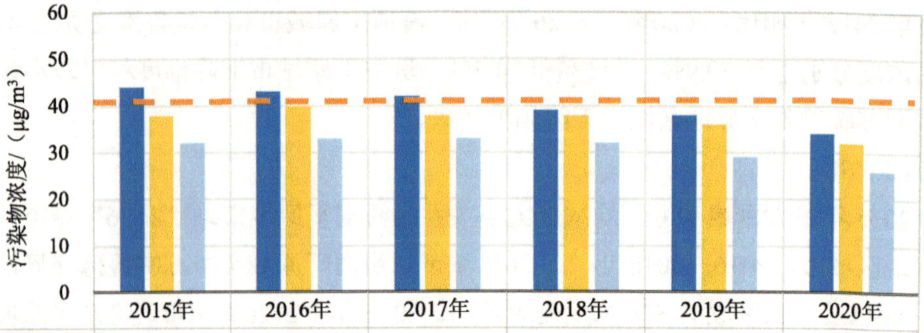


| | 2015年 | 2016年 | 2017年 | 2018年 | 2019年 | 2020年 |
|---|---|---|---|---|---|---|
| "2+26"城市 | 44 | 43 | 42 | 39 | 38 | 34 |
| 汾渭平原城市 | 38 | 40 | 38 | 38 | 36 | 32 |
| 苏皖鲁豫交界地区城市 | 32 | 33 | 33 | 32 | 29 | 26 |

**图 2.1-67　2015—2020 年重点区域 $NO_2$ 年均浓度变化**

从变化趋势分析：2015—2020 年，河南省三大区域 $NO_2$ 年均浓度呈下降趋势。与 2015 年相比，2020 年“2+26”城市、汾渭平原城市、苏皖鲁豫交界地区城市下降幅度分别为 22.7%、15.8%和 18.8%。

（5）CO

2015—2019 年，河南省三大区域中 CO 日均值第 95 百分位数浓度大小关系为“2+26”城市＞汾渭平原城市＞苏皖鲁豫交界地区城市。2020 年“2+26”城市 CO 日均值第 95 百分位数浓度最高，其次是汾渭平原城市和苏皖鲁豫交界地区城市。2015—2020 年，三大区域 CO 日均值第 95 百分位数浓度呈先上升、后下降的变化趋势，与 $NO_2$ 变化规律相似。2015—2020 年，三大区域 CO 日均值第 95 百分位数浓度均达到二级标准（4.0 $mg/m^3$）（图 2.1-68）。

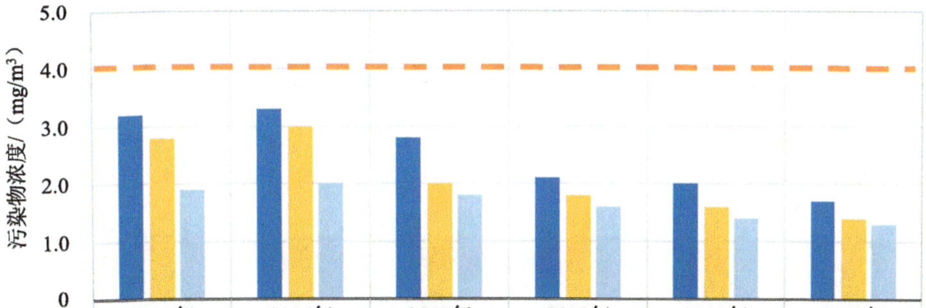


| | 2015年 | 2016年 | 2017年 | 2018年 | 2019年 | 2020年 |
|---|---|---|---|---|---|---|
| “2+26” 城市 | 3.2 | 3.3 | 2.8 | 2.1 | 2.0 | 1.7 |
| 汾渭平原城市 | 2.8 | 3.0 | 2.0 | 1.8 | 1.6 | 1.4 |
| 苏皖鲁豫交界地区城市 | 1.9 | 2.0 | 1.8 | 1.6 | 1.4 | 1.3 |

**图 2.1-68　2015—2020 年重点区域 CO 日均值第 95 百分位数浓度变化**

从变化趋势分析：2015—2020 年，河南省三大区域的 CO 日均值第 95 百分位数浓度均呈较为明显的下降态势。与 2015 年相比，2020 年“2+26”城市、汾渭平原城市和苏皖鲁豫交界地区城市下降幅度分别为 46.9%、50.0%和 31.6%。

（6）$O_3$

2015—2020 年，河南省三大区域 $O_3$ 日最大 8 h 滑动平均值第 90 百分位数总体呈上升趋势，2020 年略有下降。2016 年以后三大区域 $O_3$ 日最大 8 h 滑动平均值第 90 百分位数浓度基本超过二级标准（160 $\mu g/m^3$）（图 2.1-69）。

从变化趋势分析：2020 年与 2015 年相比，“2+26”城市、汾渭平原城市和苏皖鲁豫交界地区城市 $O_3$ 日最大 8 h 滑动平均值第 90 百分位数浓度分别上升了 29.2%、26.6%和

9.0%，其中“2+26”城市上升幅度最大。$O_3$ 生成受紫外辐射强度、$O_3$ 前体物 $NO_x$/VOCs 浓度、VOCs 组分等多重因素影响，因此 $O_3$ 的控制在某些方面较 $PM_{2.5}$ 更为复杂，河南省区域 $O_3$ 浓度的升高已反映出类似东部其他省份 $PM_{2.5}$ 浓度降低、$O_3$ 浓度升高的复杂特征。

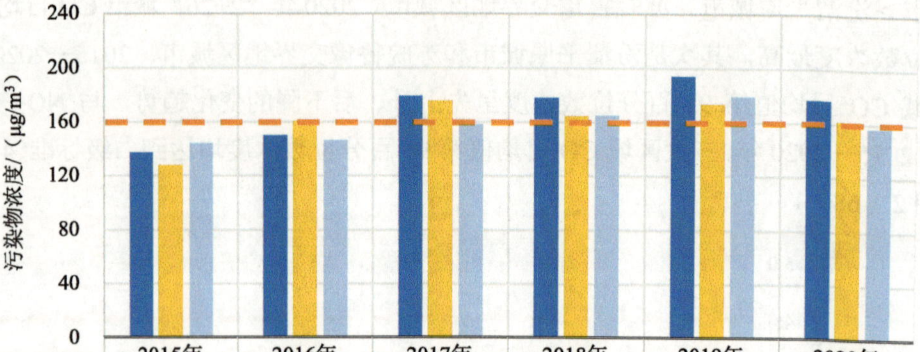


| | 2015年 | 2016年 | 2017年 | 2018年 | 2019年 | 2020年 |
|---|---|---|---|---|---|---|
| “2+26”城市 | 137 | 150 | 179 | 178 | 194 | 177 |
| 汾渭平原城市 | 128 | 161 | 176 | 165 | 174 | 162 |
| 苏皖鲁豫交界地区城市 | 144 | 146 | 158 | 165 | 179 | 157 |

图 2.1-69　2015—2020 年重点区域 $O_3$ 日最大 8 h 滑动平均值第 90 百分位数浓度变化

### 2.1.5.4　各区域主要污染物浓度变化规律及对比分析

（1）“2+26”城市

若不剔除沙尘天气过程影响，2020 年，河南省“2+26”城市 $PM_{2.5}$ 年均浓度为 56 μg/m³，同比下降 9.7%；$PM_{10}$ 年均浓度为 94 μg/m³，同比下降 11.3%；$SO_2$ 年均浓度为 11 μg/m³，同比下降 15.4%；$NO_2$ 年均浓度为 34 μg/m³，同比下降 11.1%；CO 日均值第 95 百分位数浓度平均为 1.7 mg/m³，同比下降 15.0%；$O_3$ 日最大 8 h 滑动平均值第 90 百分位数浓度平均为 177 μg/m³，同比下降 8.8%。

2015—2020 年，河南省“2+26”城市 $PM_{2.5}$、$PM_{10}$、$SO_2$、$NO_2$ 年均浓度和 CO 日均值第 95 百分位数浓度均呈逐年下降趋势，2020 年比 2015 年分别下降 30.9%、30.9%、72.5%、22.7%和 46.9%；$O_3$ 日最大 8 h 滑动平均值第 90 百分位数浓度整体呈先上升、再下降趋势，2020 年比 2015 年上升 29.2%（图 2.1-70）。

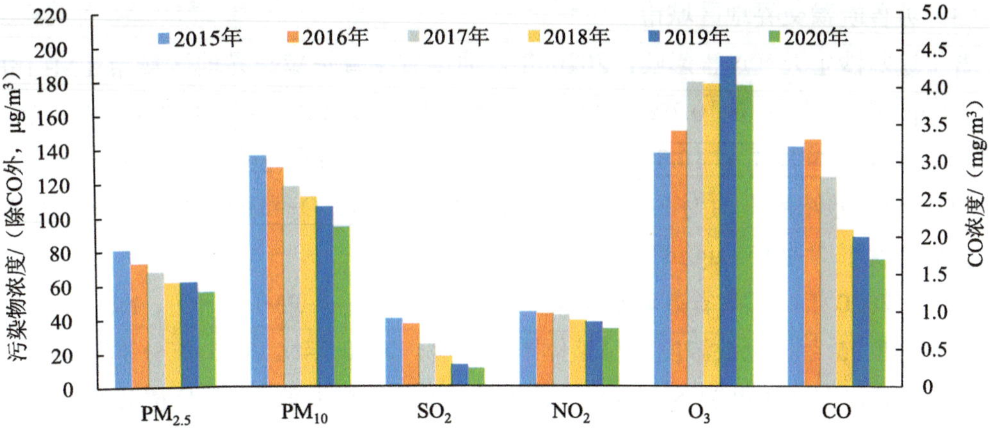


图 2.1-70　2015—2020 年全省“2+26”城市六项指标平均浓度年际变化

（2）汾渭平原城市

若不剔除沙尘天气过程影响，2020 年，河南省汾渭平原城市 $PM_{2.5}$ 年均浓度为 50 μg/m³，同比下降 15.3%；$PM_{10}$ 年均浓度为 86 μg/m³，同比下降 17.3%；$SO_2$ 年均浓度为 8 μg/m³，同比下降 20.0%；$NO_2$ 年均浓度为 32 μg/m³，同比下降 11.1%；CO 日均值第 95 百分位数浓度平均为 1.4 mg/m³，同比下降 12.5%；$O_3$ 日最大 8 h 滑动平均值第 90 百分位数浓度平均为 162 μg/m³，同比下降 6.9%。

2015—2020 年，河南省汾渭平原城市 $PM_{2.5}$、$PM_{10}$、$SO_2$、$NO_2$ 年均浓度和 CO 日均值第 95 百分位数浓度均呈整体下降趋势，2020 年比 2015 年分别下降 28.6%、29.5%、81.0%、15.8%和 50.0%；$O_3$ 日最大 8 h 滑动平均值第 90 百分位数浓度整体呈先上升、再下降趋势，2020 年比 2015 年上升 26.6%（图 2.1-71）。

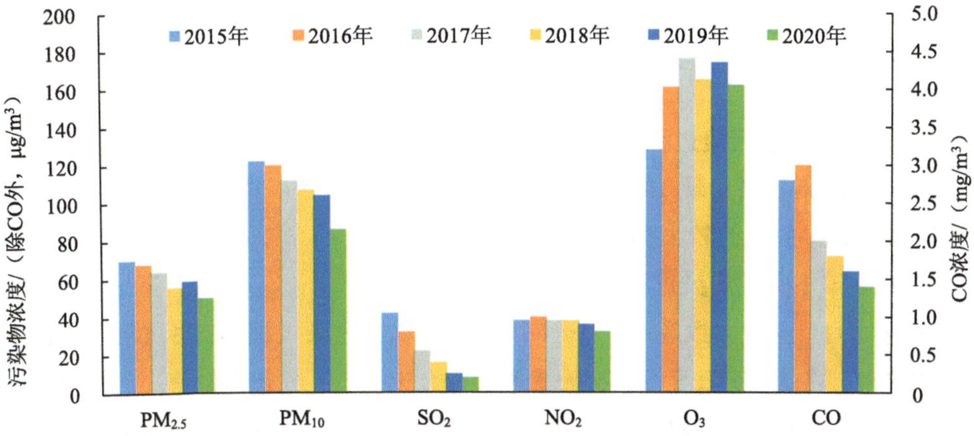


图 2.1-71　2015—2020 年全省汾渭平原城市六项指标平均浓度年际变化

（3）苏鲁皖豫交界地区城市

若不剔除沙尘天气过程影响，2020 年，河南省苏鲁皖豫交界地区城市 $PM_{2.5}$ 年均浓度为 50 μg/m³，同比下降 10.7%；$PM_{10}$ 年均浓度为 79 μg/m³，同比下降 14.1%；$SO_2$ 年均浓度为 9 μg/m³，同比下降 10.0%；$NO_2$ 年均浓度为 26 μg/m³，同比下降 10.3%；CO 日均值第 95 百分位数浓度平均为 1.3 mg/m³，同比下降 7.1%；$O_3$ 日最大 8 h 滑动平均值第 90 百分位数浓度平均为 158 μg/m³，同比下降 12.3%。

2015—2020 年，河南省苏鲁皖豫交界地区城市 $PM_{2.5}$、$PM_{10}$、$SO_2$、$NO_2$ 年均浓度和 CO 日均值第 95 百分位数浓度均呈整体下降趋势，2020 年比 2015 年分别下降 33.3%、34.7%、69.0%、18.8%和 31.6%；$O_3$ 日最大 8 h 滑动平均值第 90 百分位数浓度整体呈先上升、再下降趋势，2020 年比 2015 年上升 9.0%（图 2.1-72）。

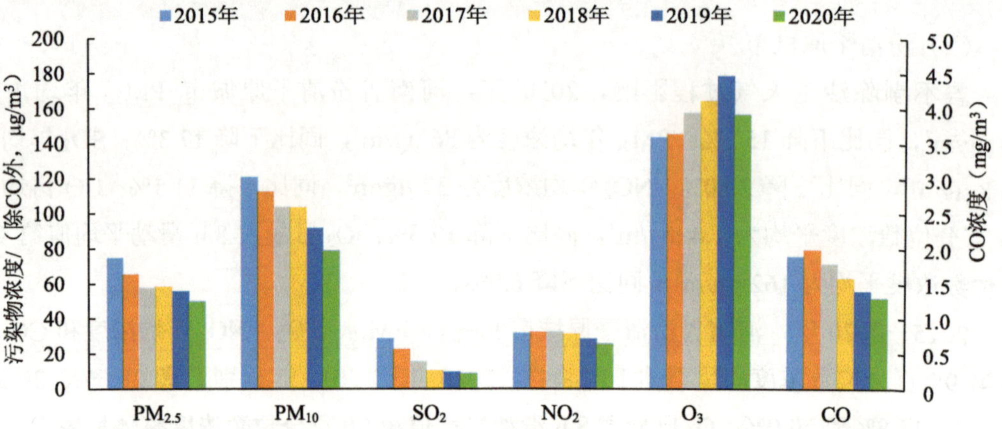


**图 2.1-72 2015—2020 年全省苏鲁皖豫交界地区城市六项指标平均浓度年际变化**

## 2.1.6 典型重污染过程分析

### 2.1.6.1 2020 年典型污染过程分析

2020 年，河南省共出现 10 次左右重度及以上污染天气，集中在 1 月、11—12 月，主要由区域污染排放负荷较大和不利气象条件导致。

（1）2020 年 1 月重污染过程

2020 年 1 月，全省大致经历了 5～6 次重度及以上污染过程，在每次污染过程中，由于豫北的濮阳、鹤壁、安阳等市多次处于风场辐合中心，扩散条件极差，导致其污染程度远重于其他城市。1 月，不利气象条件抬升了全省 $PM_{2.5}$ 年均浓度值约 6 μg/m³（图 2.1-73）。

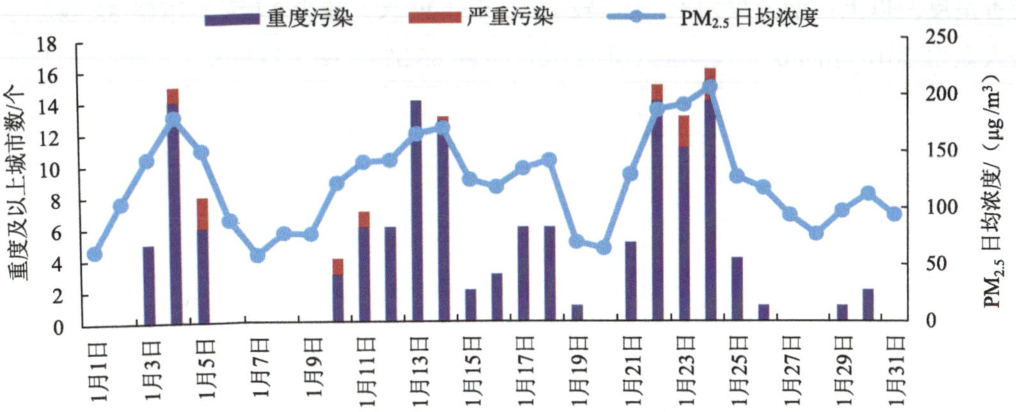


图 2.1-73 2020 年 1 月全省重度及以上污染城市数和对应 $PM_{2.5}$ 日均浓度

（2）2020 年 11—12 月重污染过程

2020 年 11—12 月，受不利气象条件和区域传输叠加影响，河南省重污染天气频繁发生，又经历了 4 次重度及以上污染过程，再次抬升了全省 $PM_{2.5}$ 年均浓度约 5 μg/m³。导致全省除三门峡、信阳、驻马店 3 市外的 15 个省辖市增加了 1～8 天的重度及以上污染天气，仅 2 个月便贡献了全年 29.3%的重污染天数，影响严重。同时在每次污染过程中，河南省 $PM_{2.5}$ 浓度值在京津冀及周边省（市）中几乎均处于最高水平，拉高了河南省与周边省份的差距（图 2.1-74）。

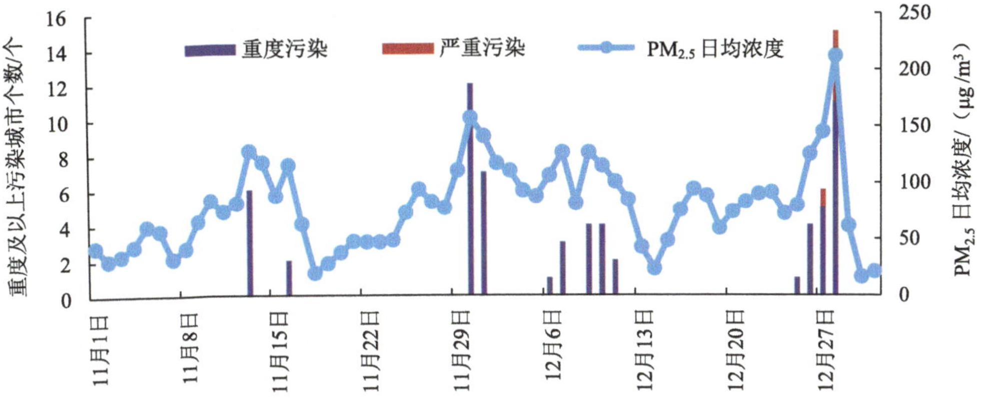


图 2.1-74 2020 年 11—12 月全省重度及以上污染城市数和对应 $PM_{2.5}$ 日均浓度

### 2.1.6.2 “十三五”期间河南省重污染天气过程分析

（1）重污染天数明显减少

“十三五”期间，河南省大气污染防治攻坚成效显著，重污染天数明显减少。2020 年，河南省重度及以上污染天数为 12 天，较 2016 年（29 天）减少 17 天，下降 58.6%，严重污染天数由 2016 年的 6 天减少至不足 1 天，下降 85.3%（图 2.1-75）。

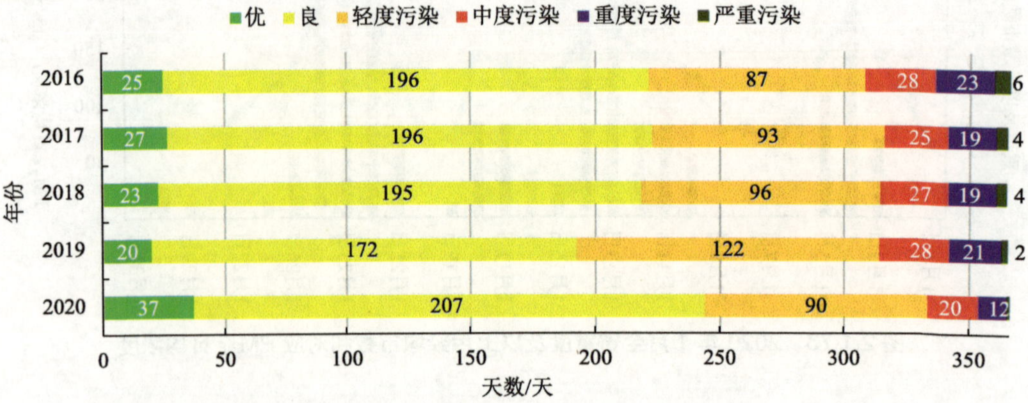


**图 2.1-75　“十三五”期间全省污染天气级别分布**

（2）污染程度明显减轻

“十三五”期间，河南省重污染天气污染程度明显减轻。截至“十三五”末，在不考虑沙尘影响条件下，河南省 18 个省辖市除 2016 年累计出现 14 天的日 AQI“爆表”外，2017—2020 年均未出现日 AQI“爆表”，日 AQI 最高值分别为 498、457、474、440，整体呈下降趋势。此外，在重污染天气过程中，污染持续时长也明显变短（图 2.1-76）。

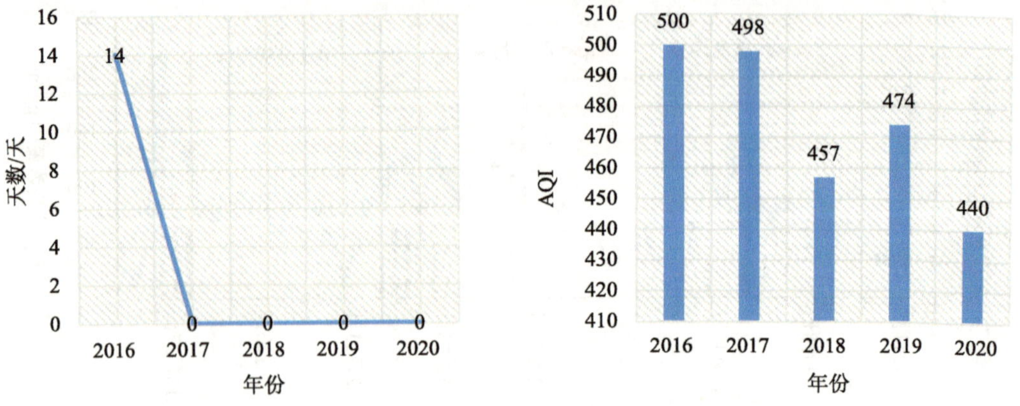


**图 2.1-76　“十三五”期间全省日 AQI“爆表”的城市累计个数（左）及城市日 AQI 最高值（右）**

（3）污染过程向 1 月及 12 月集中

通过对“十三五”期间河南省 18 个省辖市污染日历进行对比发现，河南省重污染天气过程逐渐向 1 月和 12 月集中。2016 年，1—3 月及 11—12 月河南省重度及以上污染天数分别为 10 天、3 天、2 天、4 天、9 天，4 月、10 月也有个别城市出现重度及以上污染，但随着大气污染防治攻坚工作开展，3—4 月及 10 月已逐渐消除重污染天气过程，到 2020 年，重污染天气过程已经主要集中在 1 月及 12 月，重度及以上污染天数分别为 8 天、3 天，2 月上旬及 11 月下旬仅有个别城市出现重度污染，没有城市出现严重污染的情况（图 2.1-77）。

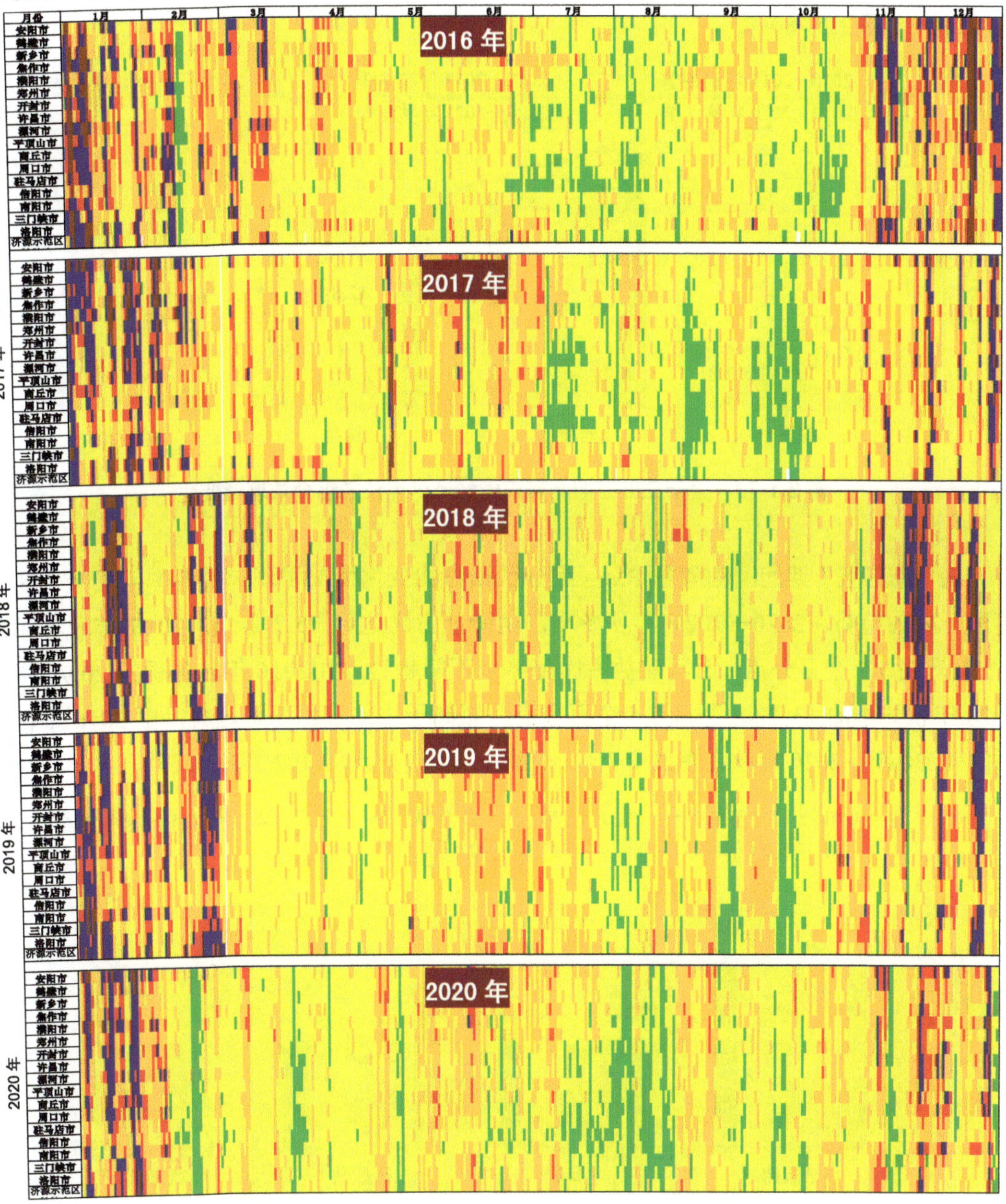


图 2.1-77　2016—2020 年全省 18 个省辖市污染日历

（4）硝酸盐占比上升，硫酸盐占比下降

从2016年秋冬季至2020年秋冬季各组分浓度变化情况来看，2020—2021年秋冬季，河南省站监测点位硝酸盐、铵盐、硫酸盐和氯离子浓度分别为24.2 μg/m³、11.2 μg/m³、9.1 μg/m³和1.8 μg/m³，与2016—2017年秋冬季相比分别下降21.4%、42.0%、61.4%和60.9%，代表燃煤污染特征的硫酸盐及氯离子浓度下降幅度最为明显，但硝酸盐浓度下降幅度最小（图2.1-78）。

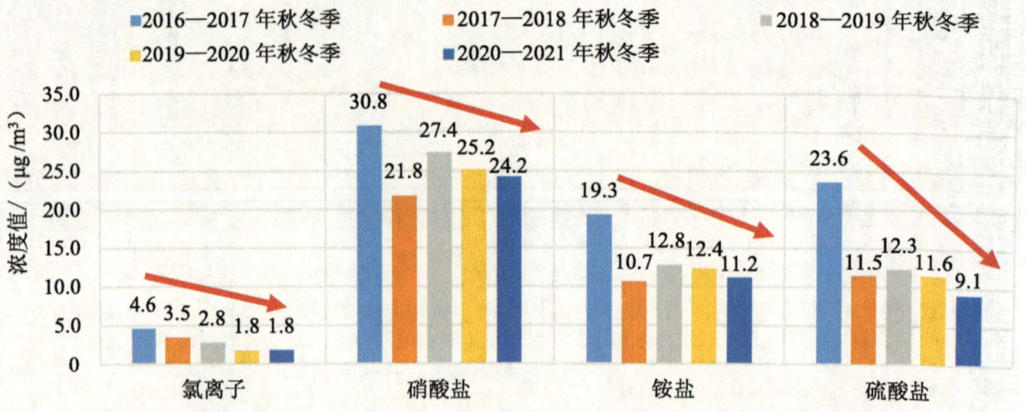


图2.1-78　“十三五”期间河南省站监测点位各组分浓度值变化

从“十三五”期间河南省站$PM_{2.5}$组分数据占比变化情况发现，秋冬季硝酸盐占比呈逐渐升高的趋势。2020—2021年秋冬季，硝酸盐占比达到35.2%，较2016年秋冬季的27.3%升高7.9个百分点；而硫酸盐占比整体呈下降趋势，由2016年秋冬季的20.9%降至2020年秋冬季的13.4%，下降7.5个百分点；氯离子占比也呈下降趋势，由2016年秋冬季的4.0%降至2020年秋冬季的2.7%，下降1.3个百分点（图2.1-79）。

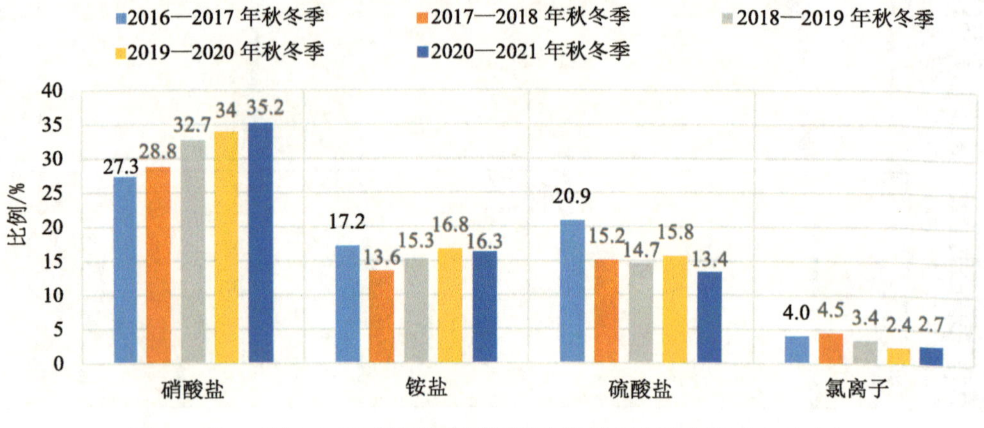


图2.1-79　“十三五”期间秋冬季河南省站监测点位各组分占比变化

代表燃煤污染特征的硫酸盐及氯离子浓度下降较明显，在 $PM_{2.5}$ 组分中的占比也呈下降趋势，但硝酸盐浓度下降幅度小，且在 $PM_{2.5}$ 组分中的占比逐年上升，说明“十三五”期间河南省工业及散煤治理成效显著，但移动源污染未得到有效治理，已逐渐成为影响全省秋冬季环境空气质量的最主要因素，是当前亟须解决的污染问题。

## 2.1.7　沙尘

河南省地处黄土高原向平原过渡地形，连接东西南北腹地，基本位于我国西北沙尘轨迹向东或向南的途中或末端，因此，受沙尘影响较为频繁。河南省受沙尘影响主要表现为两种类型：一是甘肃或宁夏西北沙尘南下经陕西或山西进入河南，干燥性沙尘特征比较明显，$PM_{2.5}/PM_{10}$ 的比值较低，但影响时间和范围没有一定规律；二是内蒙古等西北沙尘先向北或向东北经辽宁、河北、山东或河北等东北方向进入河南，由于气流路径较为复杂，进入河南后以高空浮尘降落，$PM_{2.5}/PM_{10}$ 的比值有一个缓慢下降的过程，往往先期带来 $PM_{2.5}$ 污染，接着表现为 $PM_{10}$ 污染，影响时间较长、范围自南向北比较大，是一种粗细颗粒混合性沙尘天气表现形式。

### 2.1.7.1　“十三五”期间沙尘过程时空分布特征

（1）沙尘天气过程年度变化特征

“十三五”期间，河南省受沙尘天气过程影响77次，受沙尘天气影响天数为2 056天·市。其中，2020年，影响河南省的沙尘天气过程共有15次，3月影响时间和范围最广，河南省18个省辖市均受沙尘影响。影响天数较多的城市依次是安阳、焦作、郑州、洛阳、开封、三门峡、濮阳、济源、漯河、南阳、鹤壁等。影响全省的首次大范围沙尘天气过程发生时间是2月21日，较上年首次发生时间有所推迟。影响范围最大和持续时间最长的沙尘天气过程发生在10月21—24日，沙尘持续时间达4天，18个省辖市均受到影响。

从“十三五”期间沙尘天气过程次数和累计影响天数年际变化来看，2017年、2018年、2019年和2020年影响次数较多，分别为26次、16次、14次和15次。2016年沙尘天气过程发生次数相对较少，为6次（表2.1-18）。

表 2.1-18　“十三五”期间全省沙尘天气过程统计

| 年度 | 沙尘天气过程次数/次 | 累计影响天数/（天·市） | 范围 |
|---|---|---|---|
| 2016 | 6 | 155 | 18个省辖市 |
| 2017 | 26 | 718 | |
| 2018 | 16 | 470 | |
| 2019 | 14 | 286 | |
| 2020 | 15 | 427 | |

（2）沙尘天气过程月度变化特征

“十三五”期间，从沙尘天气过程次数和累计影响天数月度变化来看，3 月、4 月、5 月和 11 月受沙尘影响频次和天数最多，分别为 14 次、14 次、14 次和 13 次以及 333 天·市、354 天·市、365 天·市和 363 天·市（图 2.1-80 和图 2.1-81）。

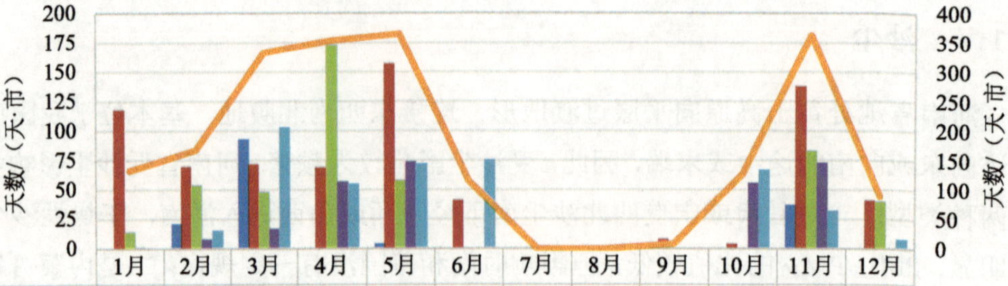


| | 1月 | 2月 | 3月 | 4月 | 5月 | 6月 | 7月 | 8月 | 9月 | 10月 | 11月 | 12月 |
|---|---|---|---|---|---|---|---|---|---|---|---|---|
| 2016年 | 0 | 21 | 93 | 0 | 4 | 0 | 0 | 0 | 0 | 0 | 37 | 0 |
| 2017年 | 118 | 70 | 72 | 69 | 157 | 41 | 0 | 0 | 8 | 4 | 138 | 41 |
| 2018年 | 14 | 54 | 48 | 173 | 58 | 0 | 0 | 0 | 0 | 0 | 83 | 40 |
| 2019年 | 1 | 8 | 17 | 57 | 74 | 0 | 0 | 0 | 0 | 56 | 73 | 0 |
| 2020年 | 0 | 15 | 103 | 55 | 72 | 75 | 0 | 0 | 0 | 67 | 32 | 8 |
| 合计 | 133 | 168 | 333 | 354 | 365 | 116 | 0 | 0 | 8 | 127 | 363 | 89 |

图 2.1-80 “十三五”期间全省各月受沙尘影响天数

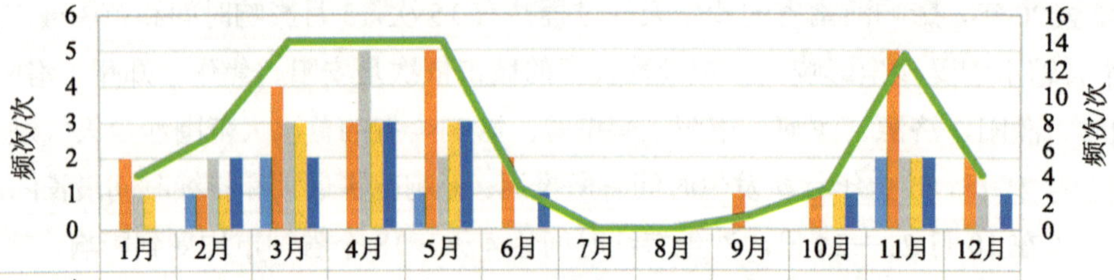


| | 1月 | 2月 | 3月 | 4月 | 5月 | 6月 | 7月 | 8月 | 9月 | 10月 | 11月 | 12月 |
|---|---|---|---|---|---|---|---|---|---|---|---|---|
| 2016年 | 0 | 1 | 2 | 0 | 1 | 0 | 0 | 0 | 0 | 0 | 2 | 0 |
| 2017年 | 2 | 1 | 4 | 3 | 5 | 2 | 0 | 0 | 1 | 1 | 5 | 2 |
| 2018年 | 1 | 2 | 3 | 5 | 2 | 0 | 0 | 0 | 0 | 0 | 2 | 1 |
| 2019年 | 1 | 1 | 3 | 3 | 3 | 0 | 0 | 0 | 0 | 1 | 2 | 0 |
| 2020年 | 0 | 2 | 2 | 3 | 3 | 1 | 0 | 0 | 0 | 1 | 2 | 1 |
| 合计 | 4 | 7 | 14 | 14 | 14 | 3 | 0 | 0 | 1 | 3 | 13 | 4 |

图 2.1-81 “十三五”期间全省各月受沙尘影响频次

（3）沙尘影响过程空间分布特征

从影响区域来看，“十三五”期间受沙尘影响天数前五名的城市分别为郑州、开封、漯河、洛阳和焦作，分别是 149 天、132 天、128 天、127 天和 126 天（图 2.1-82）。

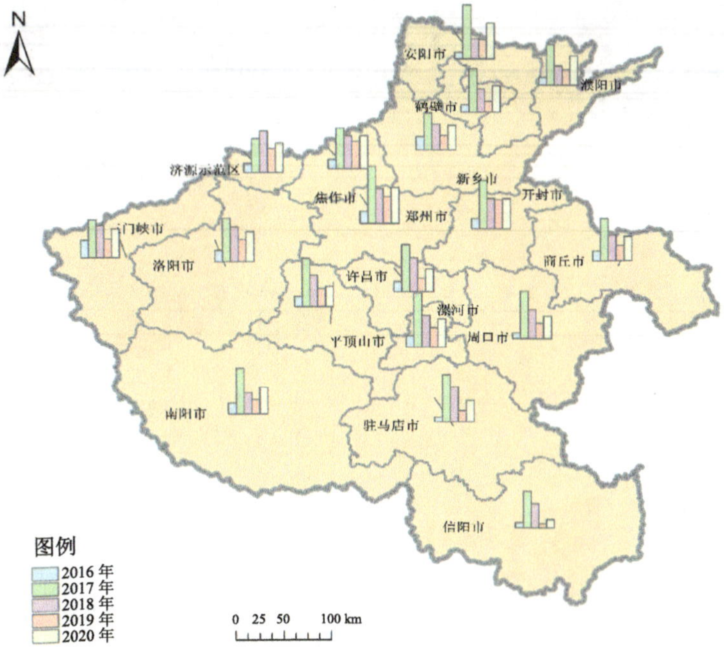


**图 2.1-82　“十三五”期间全省 18 个省辖市受沙尘影响累计天数对比**

河南省受沙尘天气过程影响的路径与冷空气和低压移动的路径有关，但北部边界城市安阳、濮阳和西部边界城市三门峡、济源等为沙尘气团率先抵达河南的必经城市，$PM_{10}$ 峰值浓度往往较高；中部郑州、许昌、开封等城市易受到西路、北路、西北路等不同路径沙尘的汇聚影响；东部商丘、周口和中南部漯河、驻马店和南阳等地区易受沙尘回流影响，部分过程滞留时间长，沉降速度慢，粗颗粒特征较不明显。整体呈现西部、北部、中部城市比南部城市影响强度略大的特征（图 2.1-83）。

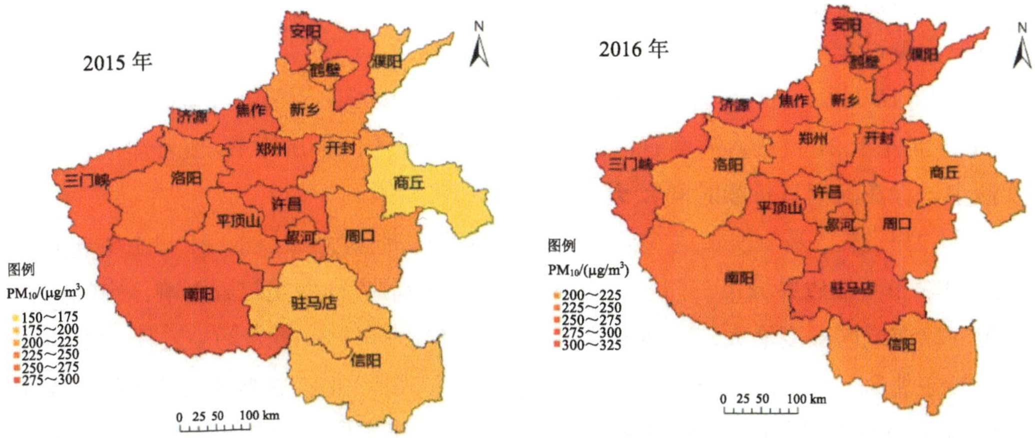

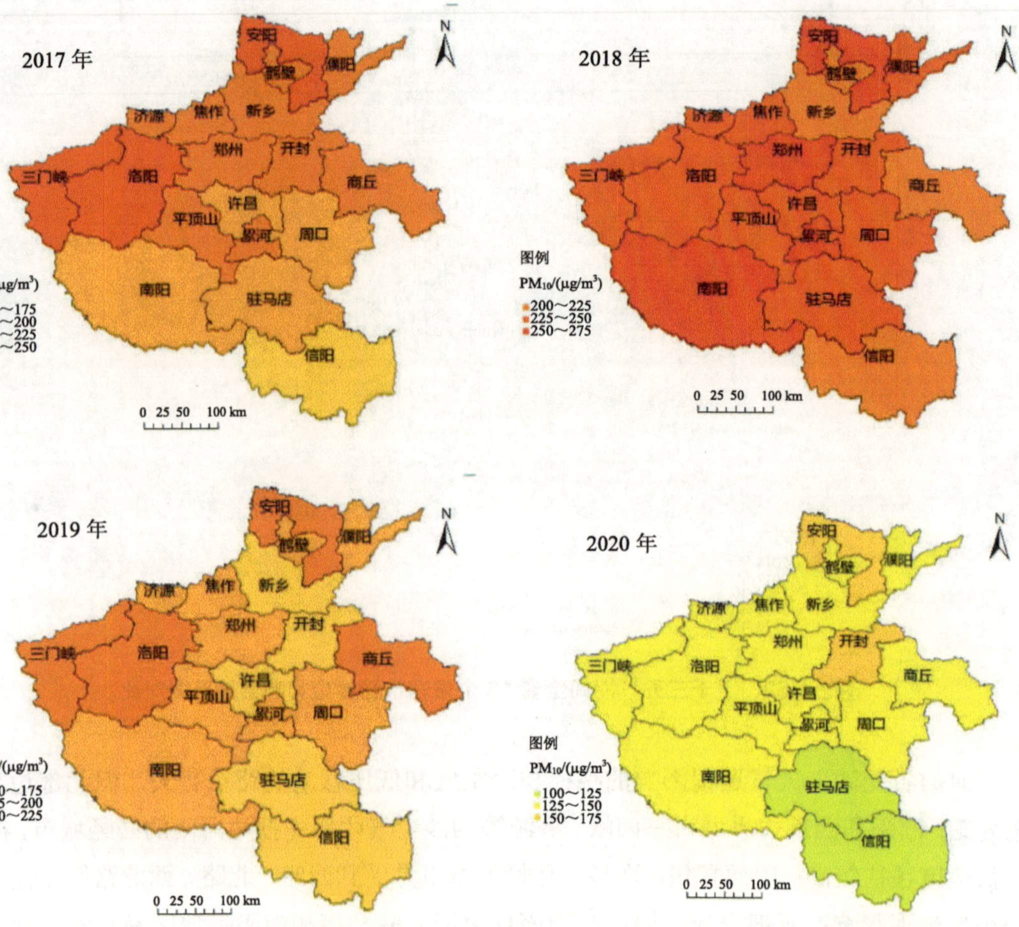


图 2.1-83 2015—2020 年全省 18 个省辖市受沙尘影响 $PM_{10}$ 日年均浓度值分布

### 2.1.7.2 典型沙尘暴过程对河南省的影响

（1）污染过程分析

2020 年 10 月 20 日，宁夏、内蒙古一带发生大规模沙尘天气。沙尘随西北气流经陕西、山西、河北于 21 日进入河南省，全省各省辖市均受不同程度影响。受沙尘回流影响，此次沙尘过程在河南省持续时间较长，至 25 日彻底结束。

10 月 21—25 日是一次长达 5 天的 $PM_{10}$ 和 $PM_{2.5}$ 混合污染过程，21 日上午起北部边界城市安阳和西部边界城市三门峡、济源等开始受西北方向沙尘过程影响，夜间风力减弱，黄河以南地区湿度增大，大部分地区出现了 $PM_{10}$ 和 $PM_{2.5}$ 混合污染过程。22 日夜间西北风转东北风，24 日转东南风，沙尘滞留。以郑州市为例，拉格朗日粒子扩散模式分析（LPDM）后向分析和后向轨迹图显示，22 日郑州市主要受西北方向沙尘过程影响。

（2）$PM_{2.5}$ 组分变化

综合观测站数据显示，21 日下午至 24 日沙尘影响期间，K、Si、Ca 等地壳元素占比远高于其他时段。以郑州市为例，10 月 21—24 日，Si 元素年均浓度为 2.176 μg/m³，升高明显，是非沙尘期间的 30 倍以上（图 2.1-84 和图 2.1-85）。

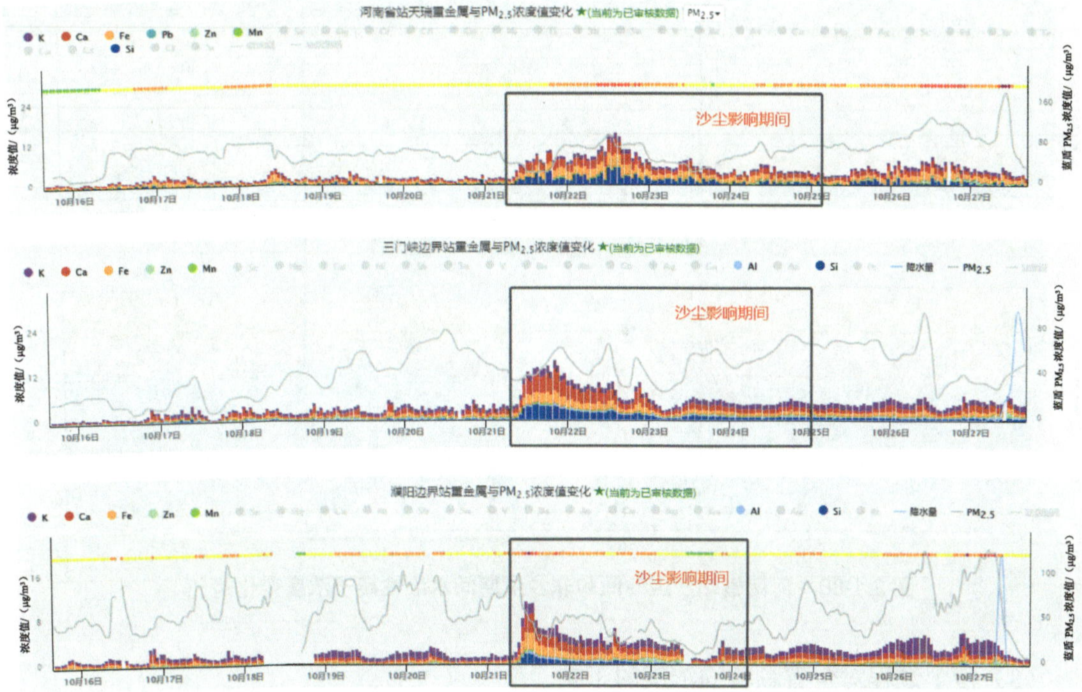


图 2.1-84 河南省站、三门峡、濮阳沙尘前后重金属与 $PM_{2.5}$ 浓度值变化

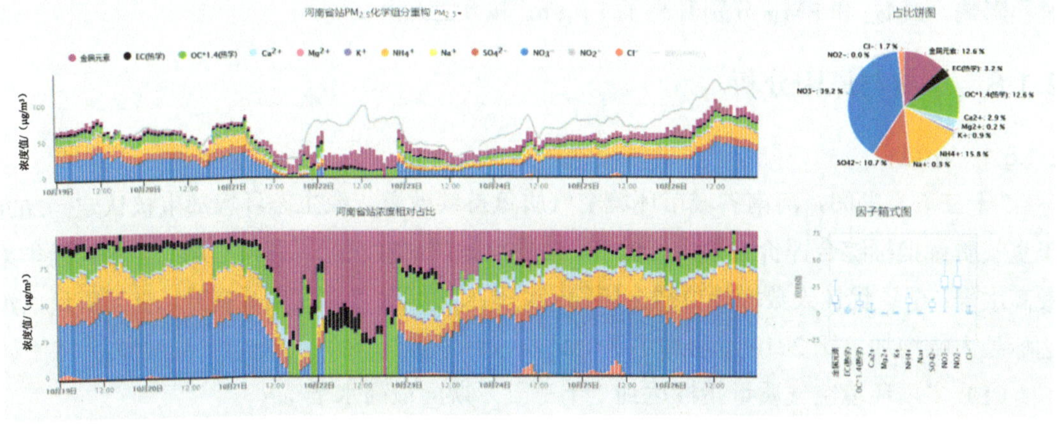


图 2.1-85 郑州市 10 月 21—24 日 $PM_{2.5}$ 组分浓度及占比

沙尘影响期间，$PM_{2.5}$ 中水溶性地壳离子浓度也普遍升高，10 月 21—24 日，$K^+$、$Mg^{2+}$、$Ca^{2+}$浓度在水溶性离子中占比从 2%以下升至 25%以上（图 2.1-86）。

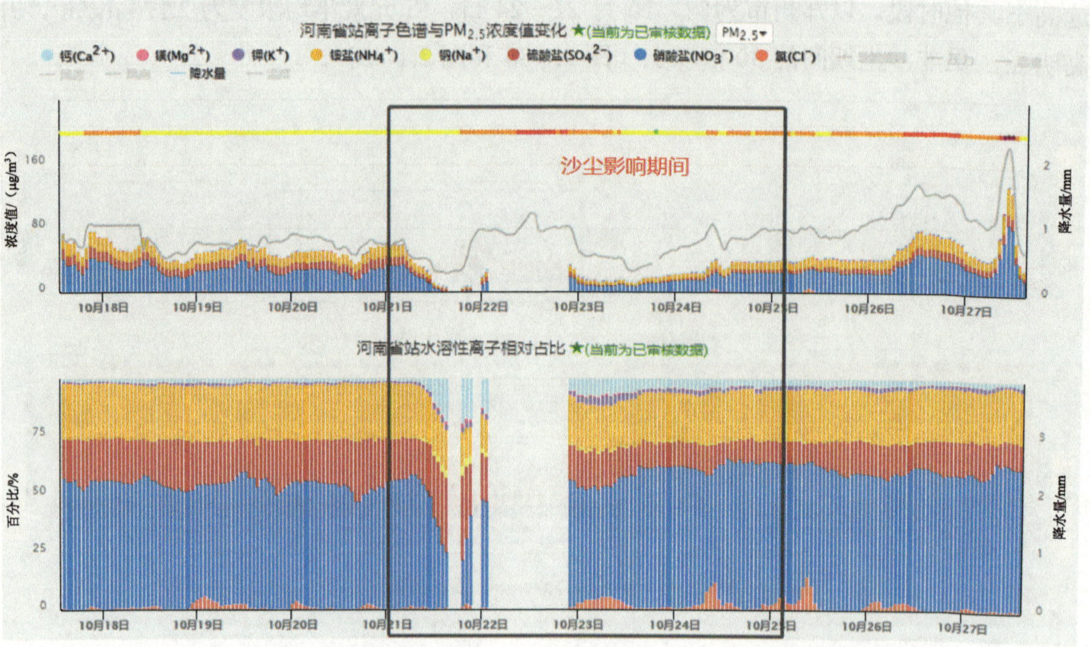


**图 2.1-86　河南省站沙尘期间和非沙尘期间水溶性离子浓度变化对比**

（3）沙尘过程对全省颗粒物浓度的影响

河南省 2020 年 10 月受一次沙尘过程影响，$PM_{2.5}$ 和 $PM_{10}$ 月均值分别为 53 μg/m³ 和 101 μg/m³，剔除沙尘影响后，$PM_{2.5}$ 和 $PM_{10}$ 月均值分别为 52 μg/m³ 和 93 μg/m³。受沙尘过程影响，$PM_{2.5}$ 和 $PM_{10}$ 分别升高了 1 μg/m³ 和 8 μg/m³。

## 2.1.8　小结与原因分析

### 2.1.8.1　小结

“十三五”期间，河南省城市环境空气质量持续改善，经生态环境部审核认定，2020 年空气质量指标综合评价结果为“优”。主要指标同比实现了“八降一增”，达到近年来最高水平；全省优良天数增幅位居全国第一，多项指标改善幅度明显提升，空气质量二级达标县大幅增加，比 2019 年增加了 7 个县。

（1）多项环境空气质量指标达到“十三五”期间最高水平

2020 年，河南省环境空气质量指标同比实现了“八降一增”，综合指数同比下降 11.9%；两项颗粒物 $PM_{10}$、$PM_{2.5}$ 年均浓度同比分别下降 13.0%、11.9%（未剔除沙尘影响）；气

态污染物 $SO_2$、$NO_2$、$O_3$ 日最大 8 h 滑动平均值第 90 百分位数和 CO 日均值第 95 百分位数年均浓度同比分别下降 9.1%、11.8%、10.8%和 16.7%。优良天数同比增加 52 天；重度污染天数同比减少 11 天。

"十三五"末与"十二五"末相比，河南省环境空气质量多项指标均取得大幅改善。两项颗粒物 $PM_{10}$、$PM_{2.5}$ 浓度分别下降 34.6%、32.5%；气态污染物 $SO_2$、$NO_2$ 和 CO 日均值第 95 百分位数年均浓度分别下降 71.4%、21.1%和 44.4%；$O_3$ 日最大 8 h 滑动平均值第 90 百分位数年均浓度上升 18.6%；优良天数增加 41 天；重污染天数减少 15 天。

（2）$PM_{2.5}$ 和 $O_3$ 仍是影响河南省优良天数的重要因子

2020 年，河南省全年共损失 122 天优良天，造成优良天损失的因子主要有 $O_3$、$PM_{2.5}$、$PM_{10}$。2020 年河南省因单项 $PM_{2.5}$ 损失的优良天数为 46 天，占比为 37.7%；因单项 $PM_{10}$ 损失优良天数为 5 天，占比为 4.0%；因 $PM_{2.5}$ 和 $PM_{10}$ 共同作用损失的优良天数为 25 天，占比为 20.5%；因单项 $O_3$ 损失的优良天数为 43 天，占比为 35.2%。

从 2015—2020 年来看，因颗粒物损失的优良天数逐渐下降（单项 $PM_{2.5}$、单项 $PM_{10}$、$PM_{10}$ 和 $PM_{2.5}$ 共同损失的优良天数之和），2020 年河南省因颗粒物损失的优良天数为 76 天，同比减少 19 天，较 2015 年减少 58 天，但总体来看，每年因颗粒物损失的优良天数仍占总损失天数的一半以上，$PM_{2.5}$ 依然是优良天数损失最主要的贡献者。

因 $O_3$ 损失的优良天数占比却有所增加。近几年因 $O_3$ 损失优良天数分别为 2015 年 12 天，2016 年 34 天，2017 年 58 天，2018 年 66 天，2019 年 73 天，2020 年 43 天。2019 年因单项 $O_3$ 损失的优良天数占比已达 42.2%，2020 年因夏季攻坚战的有效措施，$O_3$ 超标现象虽有所改善，但与 2015 年、2016 年相比依然呈增多的趋势。损失的优良天数中，以 $PM_{2.5}$ 为首要污染物的污染天主要集中在冬季 1 月、2 月、11 月、12 月，以 $O_3$ 为首要污染物的污染天主要集中在 5—9 月。因此，$PM_{2.5}$ 和 $O_3$ 目前是影响河南省优良天数的重要因子。

（3）秋冬季仍是拉高全省 $PM_{2.5}$ 浓度的主要时段

从 $PM_{2.5}$ 逐月变化趋势上看，拉高全省 $PM_{2.5}$ 浓度的主要时段为冬季。一般情况下，1 月是全年污染最重的时段，其次是 12 月，然后是 2 月、11 月。2020 年 4 个月共拉高全年浓度 16 $\mu g/m^3$，其中 1 月、12 月 $PM_{2.5}$ 浓度分别高达 122 $\mu g/m^3$、90 $\mu g/m^3$，比 4—9 月均值（31 $\mu g/m^3$）高出 91 $\mu g/m^3$、59 $\mu g/m^3$。

与周边省（市、区）相比，秋冬季也是拉开河南省与周边省份差距的关键时期。往年 4—9 月河南省 $PM_{2.5}$ 浓度在周边省份的排名均处于中等水平，而 1—3 月和 10—12 月河南省在京津冀及周边省份中表现较差，可高出倒数第二 10 $\mu g/m^3$ 左右。

#### 2.1.8.2 原因分析

受地域性特征以及不利气象条件等多种不利因素的影响，颗粒物仍是影响河南省城市环境空气质量的首要污染物，$O_3$ 污染污染负荷呈上升趋势，呈大气复合型污染特征。原因分析如下：

（1）严格的大气污染防治措施是空气质量改善的主要原因

“十三五”期间，河南省把“打赢蓝天保卫战”作为重中之重，以2015—2020年河南省大气污染防治方案为主线，实施精准管控措施，狠抓结构调整、工业企业深度治理，逐渐完善了工业锅炉治理、居民散煤治理、散乱污综合治理、工业窑炉深度治理、移动源综合整治、挥发性有机物治理、柴油货车污染治理、重污染应急管控和扬尘源污染治理等方面的政策法规等，提升了环境监测能力，增加了大气环境治理资金投入，确保人民群众蓝天幸福获得感。

在工业锅炉方面，逐渐推进燃煤锅炉拆除及清洁能源替代，实现低氮改造，对无组织排放、在线监测系统安装及联网也提出了要求；在民用散煤治理方面，制订“煤改气”和“煤改电”方案，逐步扩大“禁煤区”范围，强化动态监管；在“散乱污”企业治理方面，持续推进“散乱污”企业综合整治，完成全省“散乱污”企业污染消除问题；在工业炉窑深度治理方面，对钢铁、水泥、焦化、碳素、有色等多个行业涉及的工业炉窑提出了逐渐加严的污染物排放浓度限制要求；在机动车污染治理方面，重点推进老旧车辆及黄标车淘汰、油品提升等；在重污染应急管控部分，逐年修订《河南省重污染天气应急预案》；在扬尘污染部分，强化施工、道路、堆场和土壤四类扬尘污染源管控；在VOCs治理方面，组织开展夏季VOCs治理攻坚战，2020年6—9月全省优良天数91天、同比增加30天。可以说这与6—9月及时开展 $O_3$ 治理、保优良天数有很大关系，仅此一项就增加优良天数30天，说明 $O_3$ 和VOCs的协同治理是有效的；在环境监测能力建设和大气环境治理资金投入方面，建设了全省环境气象综合监测系统，加强大气污染物输送通道上的气象立体观测。强化污染源追踪与解析，提升大气环境质量预报和污染预警水平，全省18个省辖市先后开展了大气环境质量预报。建设并完善了全省统一、全面覆盖的实时在线环境监测监控系统及生态环境监测信息统一发布机制。2019年，地方财政用于环境保护支出达到352.3亿元，比“十二五”末将近翻了一番。从近十年河南省财政用于环境保护支出情况可以看出，“十二五”期间用于环境保护支出资金的平均同比增长率为14.3%，“十三五”期间则达到了20.1%（图2.1-87）。其中，在大气环境治理方面，大力实施北方地区冬季清洁取暖试点工程，在用好中央财政定点补助资金的同时，引导企业和社会加大资金投入；支持发展新能源交通，对新能源汽车推广应用、新能源汽车充电基础设施和新能源乘用车研发实行奖补政策，促进交通运输结构调整。

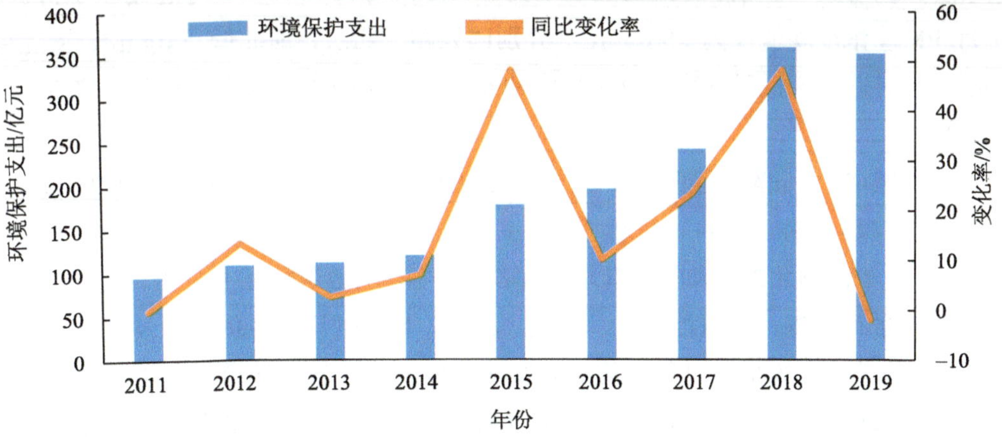


**图 2.1-87　2011—2019 年全省环境保护支出情况**

（2）不利的客观条件仍是影响全省空气质量的主要因素

滞留性污染和区域传输加剧污染。河南省地势西高东低，北、西、南三面环山，东部平原，空气污染状况具有显著的地理分布特征，地形条件导致河南省大气污染物的输出不利，整体是输入状态。冬春季受北风影响，河南省西北部、中部受来自河北和山东方向的东北输送通道、来自山西和陕西方向的西北输送通道影响较大；夏秋季主导风向为东南风，东南部受安徽影响，西南部受湖北输送影响，存在季节性输送（秸秆焚烧）。此外，河南省无河北省、山东省的部分临海城市拉低全省均值，并且处于冷暖气流辐合中心，频繁出现均压场，且常常处于均压场中心，常年风速小于 2 m/s，大气清除较弱，污染易滞留，同时河南省处于太行山东侧“背风坡”下，受到高大山脉的阻挡作用，大气扩散条件相对较差，易发生污染物堆积，导致污染时间远高于周边省份。

气象条件对空气质量影响显著。河南省为大陆性季风气候，冬季污染物浓度最高，春、秋季次之，夏季最轻，大气污染物浓度变化呈 U 形，与冬春季取暖燃煤量大、静风天气有明显关系；受秸秆焚烧影响，每年的 6 月、10 月会出现局部高值。冬季比较容易形成不利于污染物扩散的地面天气形势，地面和低空风速较小，常伴有较强的辐射逆温或低空逆温，导致污染物不断积累；城市建设增大了地面摩擦系数，近地面污染物（低矮锅炉排放口、生活面源、机动车尾气、道路及工地扬尘等）得不到好的横向稀释的条件，容易在城区内积累高浓度污染；而高空有风，大型电厂等企业的高烟囱相对较易扩散，导致下风向的区域形成外来输送污染。气象条件造成了河南省污染时空分布不均，冬季空气质量改善压力极大，是拉高全年浓度均值的主要时段。如 2020 年 1 月、2 月、11 月、12 月 4 个月 $PM_{2.5}$ 年均浓度为 86 μg/m³，拉高全年浓度 16 μg/m³，特别是 1 月、12 月可分别高达 122 μg/m³、90 μg/m³，而夏季 5 月、6 月、7 月、8 月、9 月连续 5 个月达标，5—9 月 $PM_{2.5}$ 浓度均值仅为 29 μg/m³，分别比天津、北京、河北低 7 μg/m³、3 μg/m³、1 μg/m³，河南省是冬、夏季浓度差距最大的省份。对河南省三大重点区域气象条件进行分析可知：

“2+26”城市中，安阳、濮阳全年主导风向偏南，偏东北风频率也较高，鹤壁偏北风，风频较高，济源、焦作、新乡、郑州、开封主导风向均为偏东北风。总体而言，京津冀传输通道城市位于河南北部，风向以东北、西南向为主。从地形特征上分析，太行山脉位于“2+26”城市的西北侧，有阻挡作用，因此“2+26”城市的风向也促成了河南省与京津冀传输通道其他城市污染扩散过程中的相互影响。而且“2+26”城市的北部和东部分别为污染较重的河北省和山东省部分各省辖市，因此，结合风向看，北部河北省、东部山东省境内的污染物对“2+26”城市大气污染影响较大。

汾渭平原城市位于河南省西部，处于豫西山脉与山西省中条山之间，受到山势阻挡，两个城市主导风向均为偏东风，且偏东风的风频在全年占绝对的主导地位，三门峡主导风向为东风，全年东风风频达到 32%，洛阳主导风向为东北东，全年风频为 26%。从大气输送通道看，“2+26”城市对洛阳市大气污染影响较大。

苏皖鲁豫交界地区城市位于豫东平原，所辖城市风频分布与“2+26”城市及汾渭平原城市相比较为均匀，平顶山、许昌、漯河主导风向为偏东北风，驻马店为西北风，南阳为偏南风，周口、商丘为南风，信阳为东北风。豫东平原本身地势较为平坦，除信阳南侧有东西的大别山、南阳北侧有伏牛山外，其他区域无显著的地形影响因素。

#### 2.1.8.3 产业结构和能源结构不尽合理，交通和农业生产对污染的贡献不容忽视

河南省总面积 16.7 万 km²，占全国面积的 1.74%，却承载了全国近 10%的人口，过高的人口密度、经济活动产生巨大的能源消耗，由此产生的废气是大气污染的主要来源。气态污染物（二氧化硫、氮氧化物）由于其性状不稳定，在空气中停留时间短，多以本地污染为主，夏季氮氧化物集中在东南部农业县市；而较为稳定的颗粒物则不仅有本地污染源，也有外来输送，以京广—陇海铁路作为分界线，西北污染较严重，东南污染较轻；太行山山脉东侧存在大气污染物的“聚集带”，工业较为集中，地理条件不利于污染扩散，导致污染物在河南省西北集聚，这与河南省整体的工业布局、自然资源分布和各省辖市工业企业的发展水平关系密切。

（1）产业结构转型升级步伐缓慢，是 $O_3$ 污染日益加重的主因

河南省产业结构转型升级步伐缓慢，污染物长期超环境容量排放，多年的经济发展使大气污染物长期积累；经济总量、能源消耗、人口数量仍将保持较快增长，生态资源、环境容量和经济快速发展的矛盾仍将加剧，并将长期存在。随着经济社会的快速发展，以

煤炭为主的能源消耗大幅攀升，机动车保有量急剧增加，氮氧化物（$NO_x$）和挥发性有机物（VOCs）排放量显著增长。另外，区域传输也是污染形成的原因，$O_3$和$PM_{2.5}$污染加剧，在$PM_{10}$和总悬浮颗粒物（TSP）污染还未全面解决的情况下，京津冀及其周边地区（包括河南）等区域$PM_{2.5}$和$O_3$污染加重，河南夏季、秋末$O_3$超标现象频繁发生，严重影响优良天数比例的提升。

（2）机动车污染已成为大气污染重要来源

截至2020年9月，河南省机动车保有量达到2 418万辆。2019年河南省公路货物运输量和周转量分别为190 883万t和5 300亿t·km，分别占全国公路货运的5.56%和8.89%。巨大的保有量和货运量使河南省机动车污染较为严重。《中国移动源环境管理年报（2020）》显示，2019年河南省机动车排放一氧化碳、碳氢化合物（HC）、氮氧化物（$NO_x$）和微粒（PM）分别为49.58万t、12.62万t、46.26万t和0.56万t。根据组分网监测数据分析，郑州、洛阳、安阳、平顶山、焦作、新乡、鹤壁等城市$PM_{2.5}$在线成分来源解析检测结果显示，机动车的污染贡献为10%～15%，但在重污染过程中，7个城市平均机动车贡献高达22%，而市区交通密集地带超过40%，成为最大污染来源。综合考虑，机动车对大气污染所带来的贡献率占总污染物的20%左右。

从“十三五”期间秋冬季组分监测数据来看，硝酸盐浓度下降幅度小，且在$PM_{2.5}$组分中的占比逐年上升，说明河南省移动源污染未得到有效治理，已逐渐成为影响全省秋冬季环境空气质量的最主要因素，是当前亟须解决的污染问题。

（3）农业氨排放对大气污染有直接影响

氨气在大气污染中起着重要的推手作用，而农业生产中种植业和畜牧业的排放是大气中氨的主要来源。河南省地处中原腹地，是我国重要农业大省，可耕地面积大，作为全国粮食核心产地，氮肥施用量居于全国首位，且以挥发率较高的尿素和碳铵为主，两者之和占氮肥施用量的95%，氨排放强度较高。尤其是近些年集约化的农业生产，导致高浓度氨污染问题日益严重。氨气作为碱性气体，在大气湿度增高时，更容易与空气中的二氧化硫和氮氧化物发生中和反应，这也是$PM_{2.5}$中绝大部分二次颗粒物形成的主要原因。此外，氨排放量受到不同农作物施肥时间和环境温度变化等影响呈明显的季节差异，高温能促进化肥和畜禽粪便铵态氮的挥发，使氨排放整体呈夏季高、冬季低的特点，造成河南省部分地区夏季$PM_{2.5}$浓度值升高。

## 2.2 降水

### 2.2.1 现状评价

#### 2.2.1.1 降水酸度

2020 年，河南省 pH 年均值为 6.78，18 个省辖市城市降水 pH 为 5.71（信阳）～8.85（三门峡），均未发生酸雨。河南省城市降水 pH 年均值见图 2.2-1、河南省城市降水 pH 监测结果见表 2.2-1。

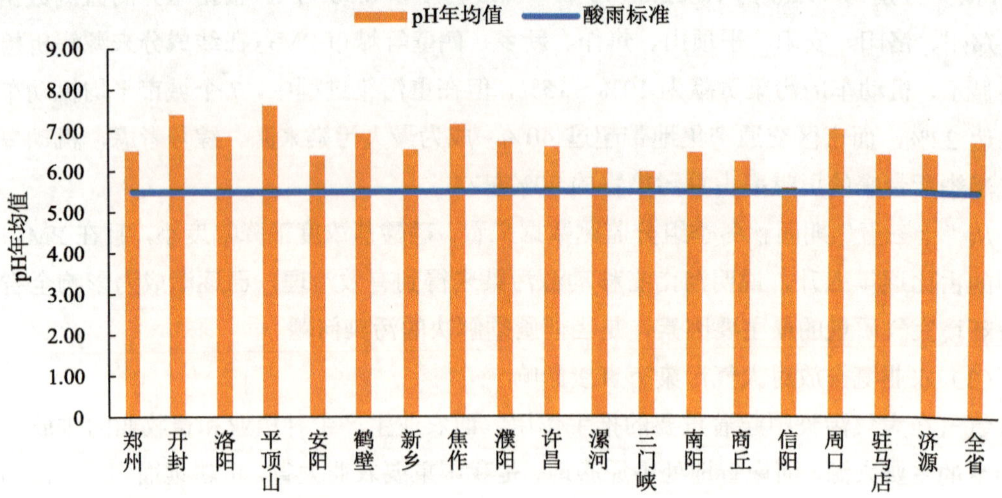


图 2.2-1 2020 年全省城市降水 pH 年均值

表 2.2-1 2020 年全省城市降水 pH 监测结果

| 城市名称 | 最小值 | 最大值 | 年平均 | 监测点次数/次 | 酸雨发生率/% |
| --- | --- | --- | --- | --- | --- |
| 郑州 | 6.55 | 8.37 | 6.53 | 36 | 0 |
| 开封 | 7.80 | 8.07 | 7.41 | 12 | 0 |
| 洛阳 | 6.76 | 7.85 | 6.87 | 36 | 0 |
| 平顶山 | 7.85 | 8.36 | 7.63 | 21 | 0 |
| 安阳 | 6.83 | 8.51 | 6.41 | 29 | 0 |

| 城市名称 | 最小值 | 最大值 | 年平均 | 监测点次数/次 | 酸雨发生率/% |
|---|---|---|---|---|---|
| 鹤壁 | 7.10 | 7.90 | 6.94 | 39 | 0 |
| 新乡 | 6.68 | 7.69 | 6.55 | 14 | 0 |
| 焦作 | 7.32 | 7.83 | 7.16 | 6 | 0 |
| 濮阳 | 6.20 | 7.84 | 6.74 | 15 | 0 |
| 许昌 | 6.30 | 7.90 | 6.61 | 27 | 0 |
| 漯河 | 6.16 | 7.38 | 6.08 | 16 | 0 |
| 三门峡 | 6.11 | 8.85 | 6.00 | 15 | 0 |
| 南阳 | 6.33 | 7.83 | 6.48 | 27 | 0 |
| 商丘 | 6.23 | 7.16 | 6.26 | 38 | 0 |
| 信阳 | 5.71 | 6.90 | 5.61 | 36 | 0 |
| 周口 | 7.06 | 8.13 | 7.06 | 8 | 0 |
| 驻马店 | 6.51 | 7.56 | 6.43 | 12 | 0 |
| 济源 | 6.28 | 6.98 | 6.46 | 5 | 0 |
| 全省 | 5.71 | 8.85 | 6.78 | 392 | 0 |

#### 2.2.1.2 降水化学组成

2020 年，河南省降水化学监测结果表明，降水中阴离子当量浓度（毫克当量/升）由高到低依次为硫酸根＞氯离子＞硝酸根＞氟离子。其中，硫酸根含量远高于其他各项阴离子，$SO_4^{2-}/\sum B^-$比值为 0.20～0.66，硫酸根浓度负荷比（$SO_4^{2-}/\sum B^-$）为 0.43，表明河南省降水污染受硫化物的影响较大，信阳、商丘、焦作、开封、许昌 5 市降水硫酸根负荷比（$SO_4^{2-}/\sum B^-$）分别为 0.66、0.61、0.56、0.52、0.51。

降水中阳离子当量浓度（毫克当量/升）由高到低依次为钙离子＞铵离子＞镁离子＞钠离子＞钾离子。其中，钙离子所占比例最大，$Ca^{2+}/\sum B^+$比值为 0.25～0.84，钙离子浓度负荷比（$Ca^{2+}/\sum B^+$）为 0.52。濮阳、郑州、鹤壁、平顶山 4 市降水的钙离子负荷比（$Ca^{2+}/\sum B^+$）分别为 0.84、0.83、0.70、0.69。

全省降水阴、阳离子浓度百分比见图 2.2-2。

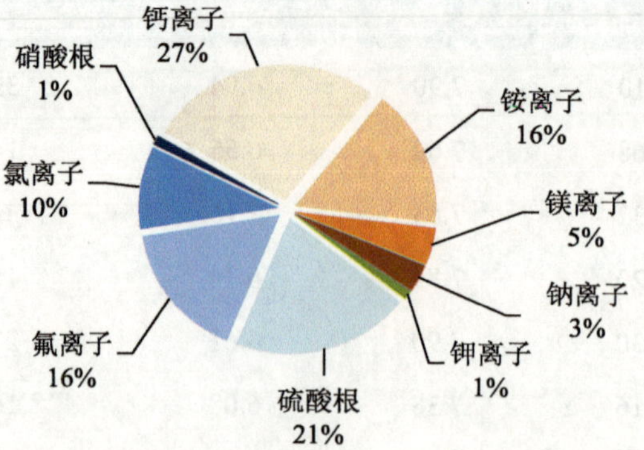


图 2.2-2 2020 年全省降水阴、阳离子浓度百分比

## 2.2.2 年度对比

### 2.2.2.1 降水酸度

与 2019 年相比，河南省降水 pH 年均值减少了 0.06 个单位，平均酸雨发生率仍为 0。见表 2.2-2 和图 2.2-3。

表 2.2-2 全省降水酸度年均值及酸雨发生率变化情况

| 城市名称 | 2020 年 pH 年均值 | 2019 年 pH 年均值 | pH 差值 | 2020 年酸雨发生率/% | 2019 年酸雨发生率/% | 发生率变化/个百分点 |
|---|---|---|---|---|---|---|
| 郑州 | 6.53 | 6.05 | 0.49 | 0 | 0 | 0 |
| 开封 | 7.41 | 7.19 | 0.22 | 0 | 0 | 0 |
| 洛阳 | 6.87 | 6.59 | 0.28 | 0 | 0 | 0 |
| 平顶山 | 7.63 | 7.42 | 0.21 | 0 | 0 | 0 |
| 安阳 | 6.41 | 6.70 | −0.29 | 0 | 0 | 0 |
| 鹤壁 | 6.94 | 7.10 | −0.16 | 0 | 0 | 0 |
| 新乡 | 6.55 | 6.50 | 0.05 | 0 | 0 | 0 |
| 焦作 | 7.16 | 6.55 | 0.61 | 0 | 0 | 0 |
| 濮阳 | 6.61 | 6.78 | −0.17 | 0 | 0 | 0 |
| 许昌 | 6.08 | 6.24 | −0.16 | 0 | 0 | 0 |
| 漯河 | 6.00 | 5.94 | 0.06 | 0 | 0 | 0 |
| 三门峡 | 6.48 | 6.49 | −0.01 | 0 | 0 | 0 |
| 南阳 | 6.26 | 6.78 | −0.52 | 0 | 0 | 0 |

| 城市名称 | 2020 年 pH 年均值 | 2019 年 pH 年均值 | pH 差值 | 2020 年酸雨发生率/% | 2019 年酸雨发生率/% | 发生率变化/个百分点 |
|---|---|---|---|---|---|---|
| 商丘 | 5.61 | 5.78 | −0.18 | 0 | 0 | 0 |
| 信阳 | 7.06 | 7.27 | −0.20 | 0 | 0 | 0 |
| 周口 | 6.43 | 6.61 | −0.18 | 0 | 0 | 0 |
| 驻马店 | 6.46 | 6.50 | −0.04 | 0 | 0 | 0 |
| 济源 | 6.74 | 6.66 | 0.09 | 0 | 0 | 0 |
| 全省 | 6.78 | 6.84 | −0.06 | 0 | 0 | 0 |

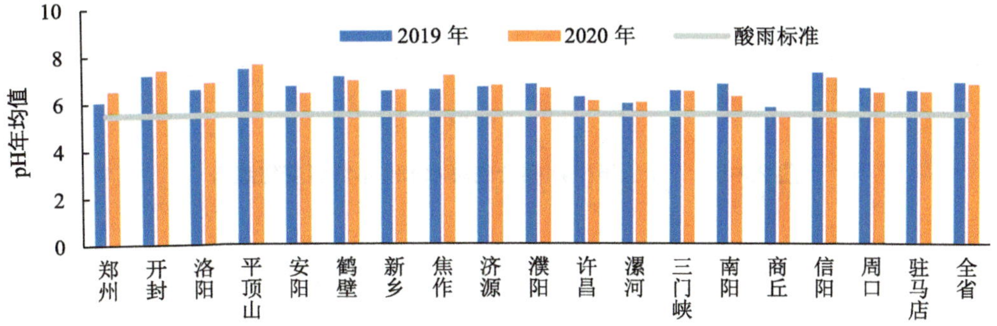


**图 2.2-3　全省降水 pH 年均值年度比较**

### 2.2.2.2　降水化学组成

与 2019 年相比，河南省降水中铵离子、硝酸根离子、硫酸根离子、氟离子 4 项离子当量浓度比例分别上升 5.8 个、3.1 个、1.5 个、0.1 个百分点，钙离子、钠离子、钾离子、镁离子、氯离子 5 项离子当量浓度比例分别下降 2.6 个、2.5 个、1.8 个、1.4 个、1.0 个百分点。降水离子当量浓度百分比年度比较见图 2.2-4。

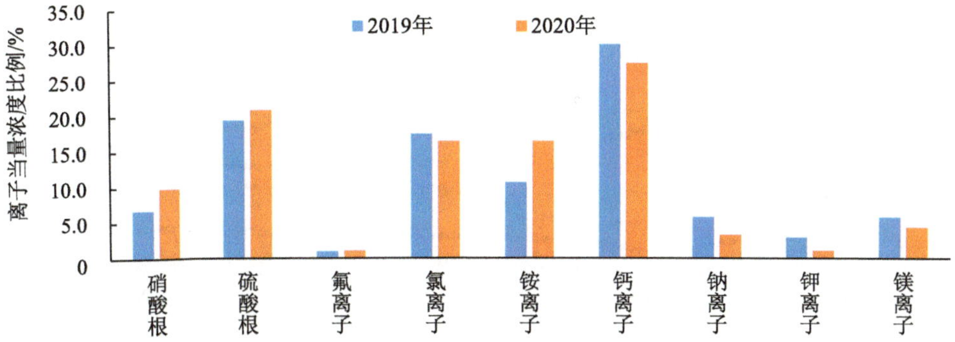


**图 2.2-4　全省降水离子当量浓度百分比年度比较**

### 2.2.3 “十三五”变化趋势分析

“十三五”期间，河南省降水pH年均值为6.56～6.84。2020年与2016年相比，上升0.11个单位，酸雨发生率均为0，降水中阴离子、阳离子浓度百分比变化幅度均低于10%。降水pH年均值，阴、阳离子浓度百分比变化趋势见图2.2-5至图2.2-7。

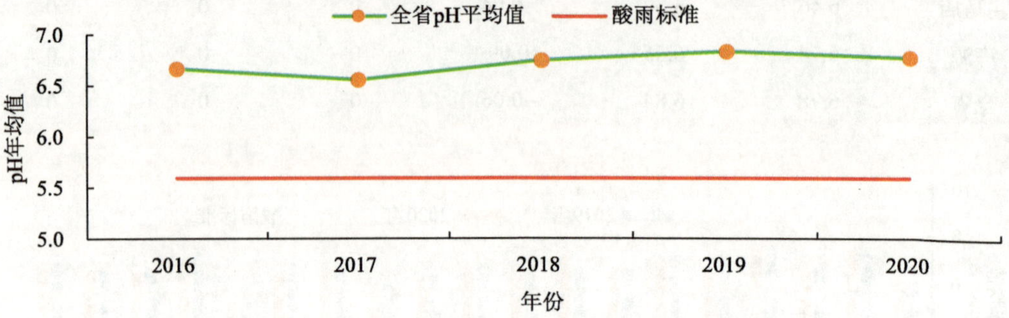


图2.2-5 “十三五”期间全省降水pH年均值变化趋势

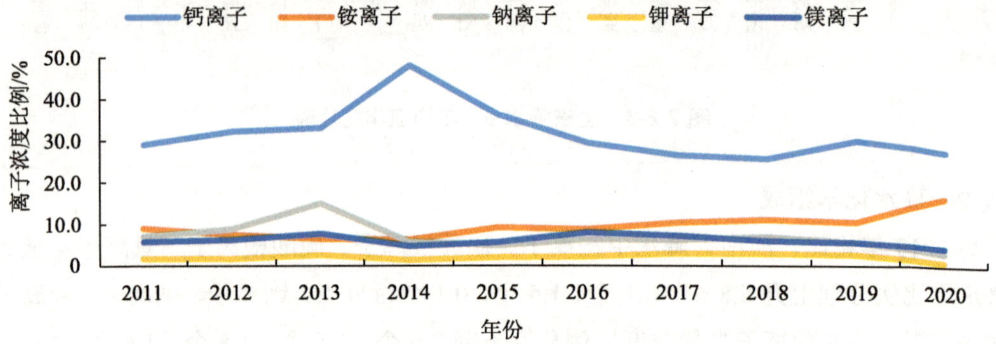


图2.2-6 2011—2020年全省降水阳离子浓度百分比变化趋势

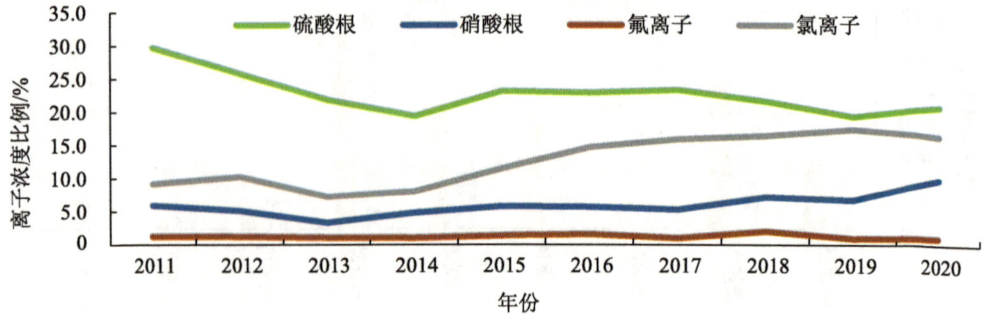


图2.2-7 2011—2020年全省降水阴离子浓度百分比变化趋势

## 2.2.4　“十三五”末与“十二五”末对比分析

“十三五”期间，河南省未出现酸雨。“十二五”期间，发生酸雨的洛阳、南阳、驻马店、济源4市在“十三五”期间均未出现酸雨。2020年与2015年相比，全省降水pH年均值上升0.05个单位，见图2.2-8。

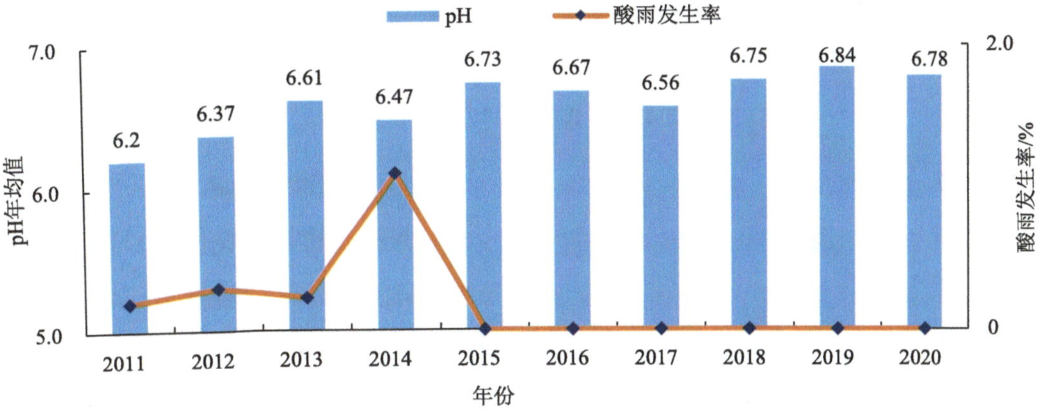


**图2.2-8　2011—2020年全省降水pH、酸雨发生率变化趋势**

## 2.2.5　小结与原因分析

### 2.2.5.1　小结

2020年，河南省18个省辖市城市降水pH值为5.71（信阳）～8.85（三门峡），平均为6.78，未发生酸雨。“十三五”期间，河南省降水pH年均值为6.56～6.84。2020年与2015年相比，全省降水pH年均值上升0.05个单位，酸雨发生率均为0。

### 2.2.5.2　原因分析

工业$SO_2$的排放仍是形成酸雨的主要原因，但随着河南省在“十三五”期间大力度的污染治理，$SO_2$的浓度逐年降低，全省$SO_2$年均浓度值由二级标准变为一级标准，2020年年均浓度值比2016年降低了66.7%。与“十二五”末相比，“十三五”末$SO_2$年均浓度值下降了71.7%。18个省辖市$SO_2$年均浓度值均大幅下降。因此，“十三五”时期以来，河南省未发生酸雨污染。

## 2.3 地表水环境质量

### 2.3.1 现状评价

#### 2.3.1.1 河流

2020 年，全省河流水质级别为轻度污染。省辖海河流域、淮河流域为轻度污染，黄河流域为良好，长江流域为优，见图 2.3-1。

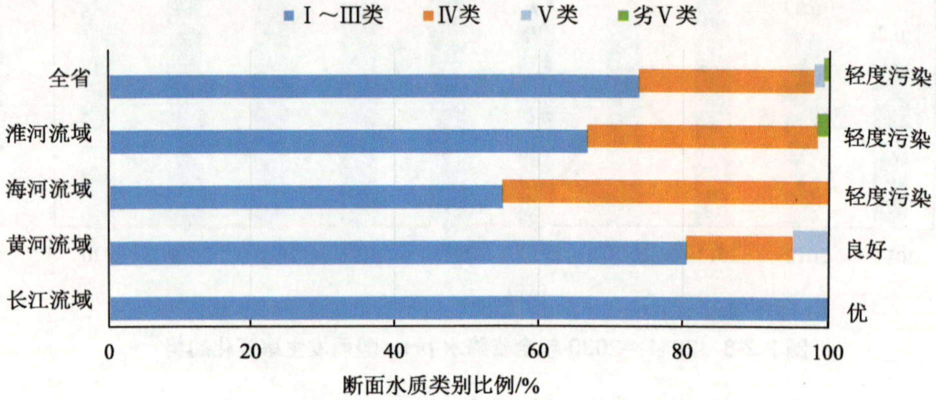


图 2.3-1 2020 年全省及省辖四大流域水质状况

在 141 个监测断面中，Ⅰ～Ⅲ类水质断面 104 个，占比为 73.8%；Ⅳ类水质断面 34 个，占比为 24.1%；Ⅴ类水质断面 2 个，占比为 1.4%；劣Ⅴ类水质断面 1 个，占比为 0.7%，见图 2.3-2 和表 2.3-1。

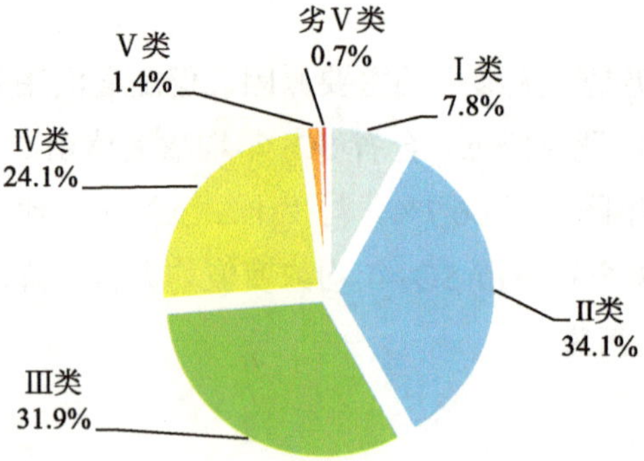


图 2.3-2 2020 年全省河流断面水质类别比例

表 2.3-1 2020 年全省及省辖四大流域水质类别统计

单位：个

| 流域名称 | Ⅰ～Ⅲ类 | Ⅳ类 | Ⅴ类 | 劣Ⅴ类 | 数量 |
|---|---|---|---|---|---|
| 淮河流域 | 40 | 19 | 0 | 1 | 60 |
| 海河流域 | 11 | 9 | 0 | 0 | 20 |
| 黄河流域 | 33 | 6 | 2 | 0 | 41 |
| 长江流域 | 20 | 0 | 0 | 0 | 20 |
| 全省 | 104 | 34 | 2 | 1 | 141 |

21 项评价因子中有 7 项因子出现超标情况，主要超标因子为化学需氧量、高锰酸盐指数和五日生化需氧量，见表 2.3-2。

表 2.3-2 2020 年全省河流断面超标因子情况统计

| 项目 | 超标率/% | 年均值范围/（mg/L） | 年均值最高断面及超标倍数 | |
|---|---|---|---|---|
| | | | 年均值最高断面 | 超标倍数 |
| 化学需氧量 | 19.1 | 2.5～44.8 | 惠济河太平岗桥 | 1.2 |
| 高锰酸盐指数 | 11.3 | 0.6～11.3 | 惠济河太平岗桥 | 0.9 |
| 五日生化需氧量 | 7.8 | 0.3～11.2 | 惠济河太平岗桥 | 1.8 |
| 氟化物 | 7.1 | 0.122～1.266 | 浍河永城黄口 | 0.3 |
| 总磷 | 5.7 | 0.005～0.348 | 惠济河太平岗桥 | 0.7 |
| 氨氮 | 2.8 | 0.02～1.63 | 惠济河太平岗桥 | 0.6 |
| 挥发酚 | 2.8 | 0.000 2～0.013 9 | 金堤河宋海桥 | 1.8 |

全省监测的 67 条河流中，水质级别为优的河流 34 条，良好的河流 19 条，轻度污染的河流 13 条，中度污染的河流 1 条，无重度污染的河流。水质级别为优的河流有：淮河流域的史河、北汝河、灌河、臻头河、澧河、滚河、淮河干流、白露河、沙河、汾河，海河流域的淅河、露水河、淇河、安阳河、人民胜利渠、马颊河，黄河流域的丹河、沁河、文峪河、洛河、伊河、枣香河、黄河干流、蟒河、宏农涧河、天然渠、文岩渠，长江流域的淇河、丹江、老灌河、丁河、蛇尾河、湍河、白河，见图 2.3-3。

（1）淮河流域

淮河流域水质级别为轻度污染。主要超标因子为化学需氧量、高锰酸盐指数和五日生化需氧量。

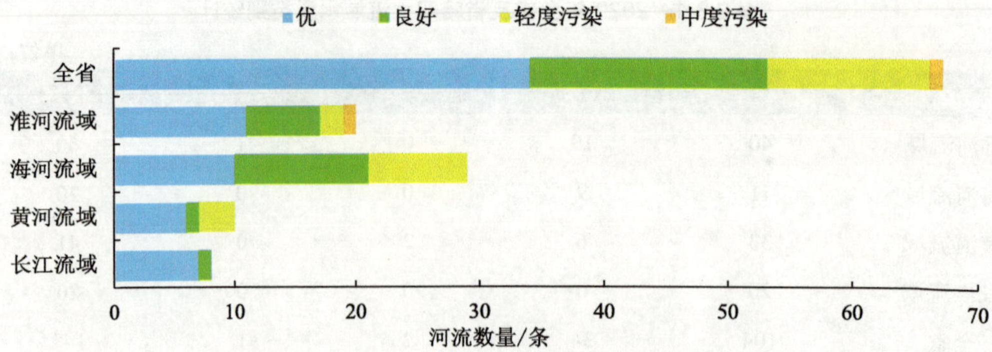


图 2.3-3 2020 年全省及省辖四大流域河流水质状况

①水质类别评价

在 60 个监测断面中，Ⅰ～Ⅲ类水质断面 40 个，占比为 66.7%；Ⅳ类水质断面 19 个，占比为 31.7%；无Ⅴ类水质断面；劣Ⅴ类水质断面 1 个，占比为 1.7%，见图 2.3-4 和图 2.3-5。

图 2.3-4 2020 年省辖淮河流域河流断面水质状况

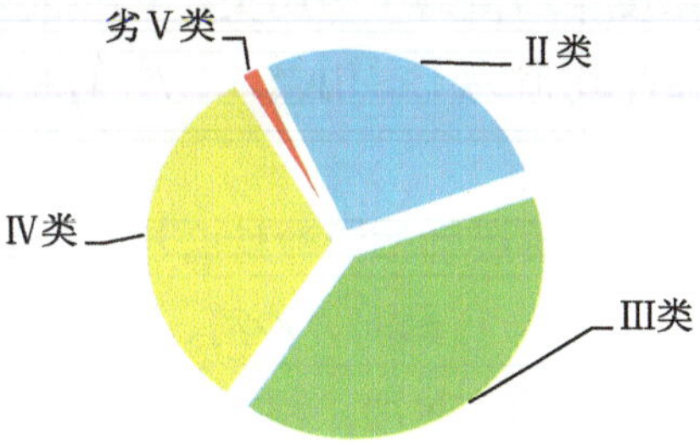


**图 2.3-5 省辖淮河流域河流断面水质类别比例**

②超标因子评价

淮河流域有 7 项因子出现超标，主要超标因子为化学需氧量、高锰酸盐指数和五日生化需氧量，见表 2.3-3。

**表 2.3-3 2020 年省辖淮河流域河流断面超标因子情况统计**

| 项 目 | 超标率/% | 年均值范围/（mg/L） | 年均值最高断面及超标倍数 | |
|---|---|---|---|---|
| | | | 年均值最高断面 | 超标倍数 |
| 化学需氧量 | 25.0 | 8.6～44.8 | 惠济河太平岗桥 | 1.2 |
| 高锰酸盐指数 | 18.3 | 1.8～11.3 | 惠济河太平岗桥 | 0.9 |
| 五日生化需氧量 | 13.3 | 0.8～11.2 | 惠济河太平岗桥 | 1.8 |
| 氟化物 | 13.3 | 0.210～1.266 | 浍河永城黄口 | 0.3 |
| 总磷 | 8.3 | 0.012～0.348 | 惠济河太平岗桥 | 0.7 |
| 挥发酚 | 1.7 | 0.000 2～0.005 7 | 惠济河太平岗桥 | 0.1 |
| 氨氮 | 1.7 | 0.03～1.63 | 惠济河太平岗桥 | 0.6 |

化学需氧量：75.0%的断面浓度年均值为Ⅰ～Ⅲ类，23.3%的断面浓度年均值为Ⅳ类，1.7%的断面浓度年均值为劣Ⅴ类。

高锰酸盐指数：81.7%的断面浓度年均值为Ⅰ～Ⅲ类，16.7%的断面浓度年均值为Ⅳ类，1.6%的断面浓度年均值为Ⅴ类。

五日生化需氧量：86.7%的断面浓度年均值为Ⅰ～Ⅲ类，11.7%的断面浓度年均值为Ⅳ类，1.6%的断面浓度年均值为劣Ⅴ类。

氟化物：86.7%的断面浓度年均值为Ⅰ～Ⅲ类，13.3%的断面浓度年均值为Ⅳ类。

总磷：91.7%的断面浓度年均值为Ⅰ～Ⅲ类，6.7%的断面浓度年均值为Ⅳ类，1.6%的断面浓度年均值为Ⅴ类。

挥发酚：98.3%的断面浓度年均值为Ⅰ～Ⅲ类，1.7%的断面浓度年均值为Ⅳ类。

氨氮：98.3%的断面浓度年均值为Ⅰ～Ⅲ类，1.7%的断面浓度年均值为Ⅴ类。

③河流定性评价

监测的 29 条河流中（同一水质级别按河流综合污染指数从低到高排列），史河、北汝河、灌河、臻头河、澧河、滚河、白露河、沙河、汾河、淮河干流 10 条河流水质级别为优；史灌河、潢河、浉河、竹竿河、泉河、颍河、清潩河、贾鲁河、汝河、双洎河、洪河 11 条河流水质级别为良好；涡河、黑河、浍河、大沙河、黑茨河、包河、沱河、惠济河 8 条河流水质级别为轻度污染。淮河流域河流定性评价①见图 2.3-6。

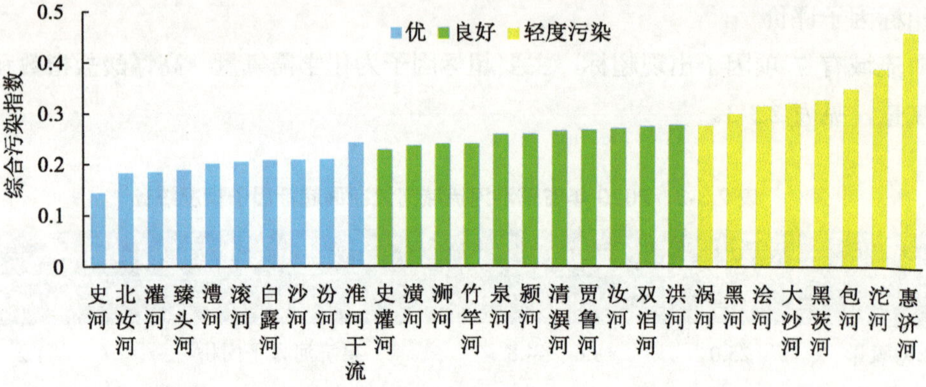


**图 2.3-6 2020 年省辖淮河流域河流定性评价**

④主要河流沿程变化

淮河干流水质级别为优。长台关甘岸桥断面水质级别均为优，息县大埠口、淮滨水文站断面为良好。淮河干流高锰酸盐指数、总磷浓度沿程变化见图 2.3-7。

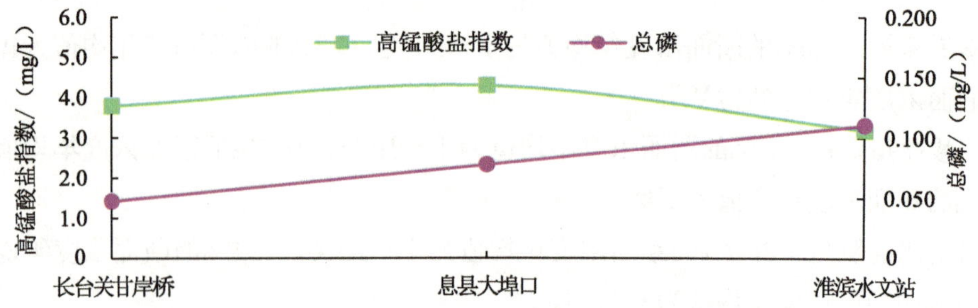


**图 2.3-7 2020 年淮河干流高锰酸盐指数、总磷浓度沿程变化**

①河流定性评价和河流综合污染指数方法见 1.3.4 地表水评价方法，下同。

洪河：水质级别为良好。上游滚河石漫滩水库水质级别为优，西平杨庄、新蔡李桥断面为良好，至新蔡丁湾为轻度污染（总磷超标 0.03 倍），出省境断面新蔡班台水质为轻度污染（总磷超标 0.05 倍）。洪河总磷浓度沿程变化见图 2.3-8。

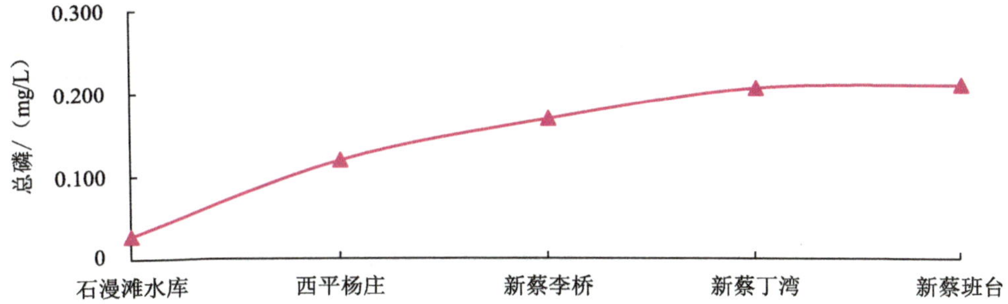


**图 2.3-8　2020 年洪河总磷浓度沿程变化**

颍河：水质级别为良好。上游白沙水库水质级别为轻度污染（氟化物超标 0.2 倍）；禹州褚河大桥、临颍吴刘闸、西华址坊、周口康店、槐店闸沿途水质级别均为良好，出省境断面沈丘纸店水质级别仍为良好。颍河氟化物浓度沿程变化见图 2.3-9。

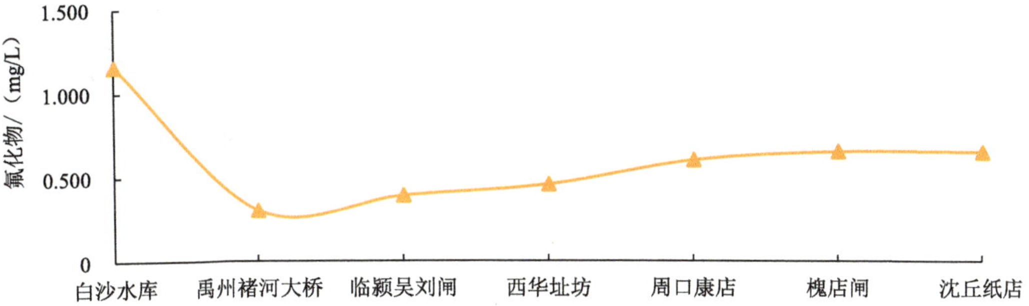


**图 2.3-9　2020 年颍河氟化物浓度沿程变化**

（2）海河流域

海河流域水质级别为轻度污染。主要超标因子为化学需氧量、挥发酚、氟化物。

①水质类别评价

在 20 个监测断面中，Ⅰ～Ⅲ类水质断面 11 个，占比为 55.0%；Ⅳ类水质断面 9 个，占比为 45.0%；无Ⅴ类、劣Ⅴ类水质断面，见图 2.3-10 和图 2.3-11。

②超标因子评价

海河流域有 5 项因子出现超标情况，主要超标因子为化学需氧量、挥发酚、氟化物。见表 2.3-4。

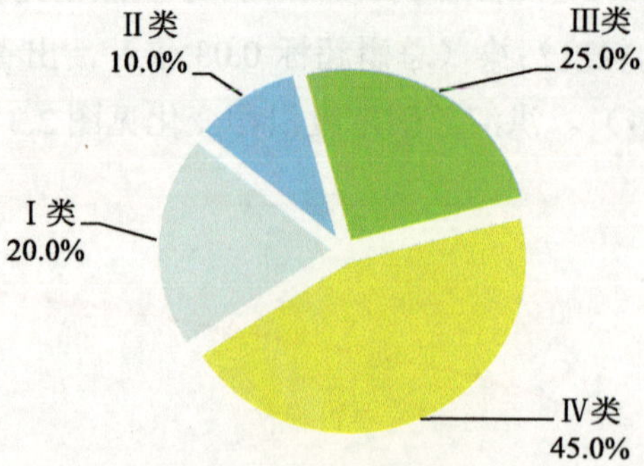


**图 2.3-10　省辖海河流域河流断面水质类别比例**

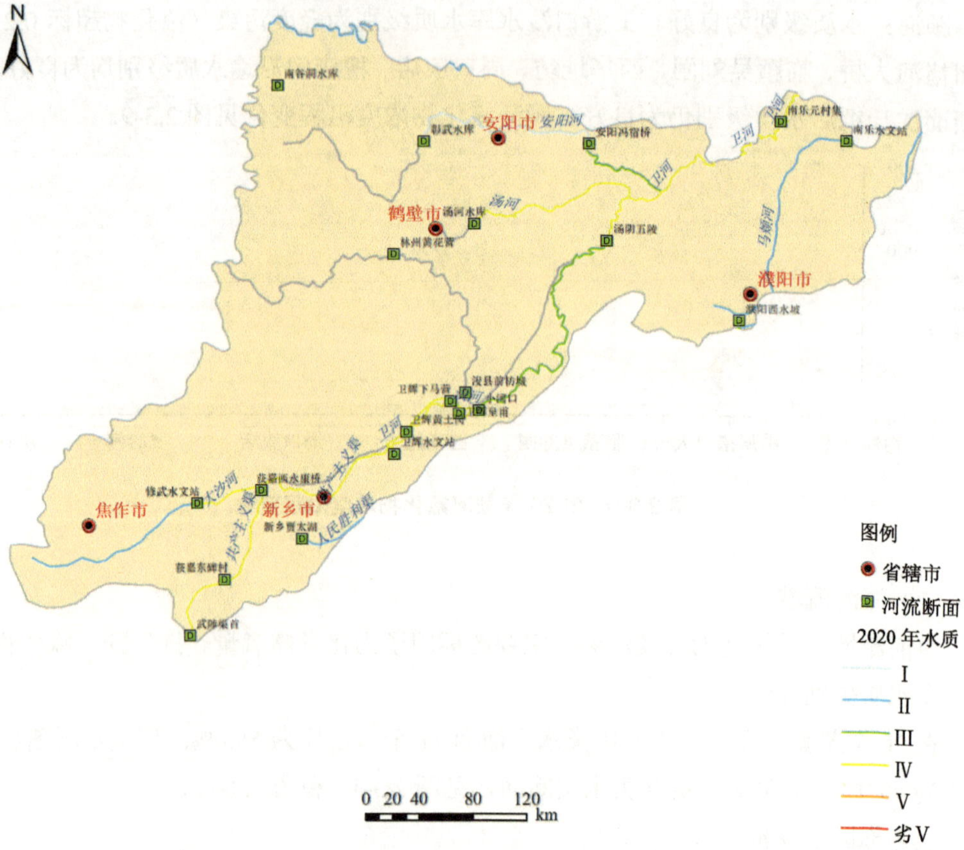


**图 2.3-11　2020 年省辖海河流域河流断面水质状况**

表 2.3-4 2020 年省辖海河流域河流断面超标因子情况统计

| 项 目 | 超标率/% | 年均值范围/（mg/L） | 年均值最高断面及超标倍数 | |
|---|---|---|---|---|
| | | | 年均值最高断面 | 超标倍数 |
| 化学需氧量 | 20.0 | 2.5～22.8 | 卫河南乐元村集 | 0.1 |
| 挥发酚 | 10.0 | 0.000 2～0.008 | 共产主义渠卫辉黄土岗 | 0.6 |
| 氟化物 | 10.0 | 0.169～1.150 | 共产主义渠卫辉黄土岗 | 0.2 |
| 氨氮 | 10.0 | 0.02～1.30 | 共产主义渠获嘉东碑村 | 0.3 |
| 高锰酸盐指数 | 5.0 | 0.6～6.2 | 汤河汤河水库 | 0.03 |

化学需氧量：80.0%的断面浓度年均值为Ⅰ～Ⅲ类，20.0%的断面浓度年均值为Ⅳ类。

挥发酚：90.0%的断面浓度年均值为Ⅰ～Ⅲ类，10.0%的断面浓度年均值为Ⅳ类。

氟化物：90.0%的断面浓度年均值为Ⅰ～Ⅲ类，10.0%的断面浓度年均值为Ⅳ类。

氨氮：90.0%的断面浓度年均值为Ⅰ～Ⅲ类，10.0%的断面浓度年均值为Ⅳ类。

高锰酸盐指数：95.0%的断面浓度年均值为Ⅰ～Ⅲ类，5.0%的断面浓度年均值为Ⅳ类。

③河流定性评价

在监测的 10 条河流中（同一水质级别按河流综合污染指数从低到高排列），淅河、露水河、淇河、安阳河、人民胜利渠、马颊河 6 条河流水质级别为优；共产主义渠水质级别为良好；汤河、卫河、大沙河 3 条河流水质级别为轻度污染。海河流域河流定性评价见图 2.3-12。

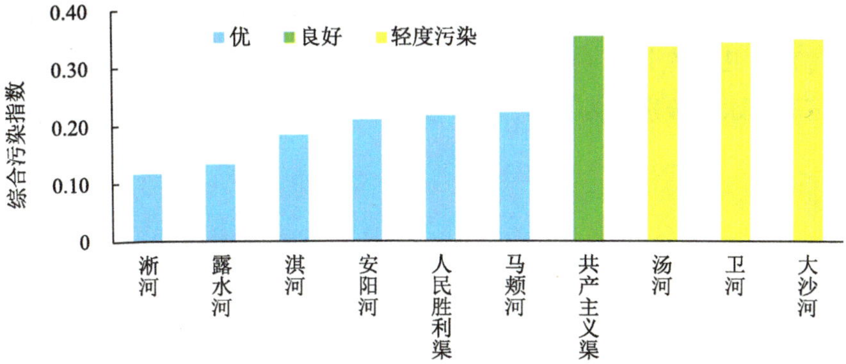


图 2.3-12 省辖海河流域河流定性评价

④主要河流沿程变化

卫河：水质级别为轻度污染。上游大沙河修武水文站断面水质级别为轻度污染（氟化物超标 0.1 倍）、卫辉水文站断面水质级别为轻度污染（挥发酚超标 0.2 倍），自卫辉皇甫至小河口断面水质级别为良好，汤阴五陵至出省境南乐元村集水质级别均为轻度污染（化学需氧量浓度分别超标 0.04 倍和 0.1 倍）。卫河化学需氧量、氟化物、挥发酚浓度沿程变化见图 2.3-13。

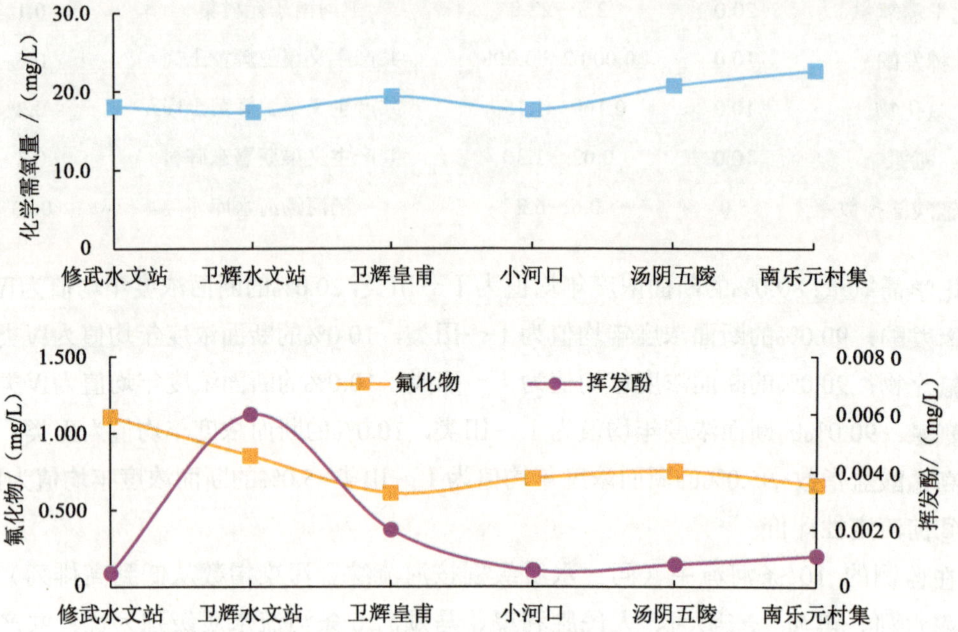


图 2.3-13　2020 年卫河化学需氧量、氟化物、挥发酚浓度沿程变化

共产主义渠：水质级别为良好。自获嘉东碑村（氨氮超标 0.3 倍）、获嘉西永康桥（氨氮超标 0.2 倍）、卫辉黄土岗（挥发酚超标 0.6 倍、氟化物超标 0.2 倍）水质级别为轻度污染，卫辉下马营水质级别变为良好。共产主义渠氨氮、氟化物、挥发酚浓度沿程变化见图 2.3-14。

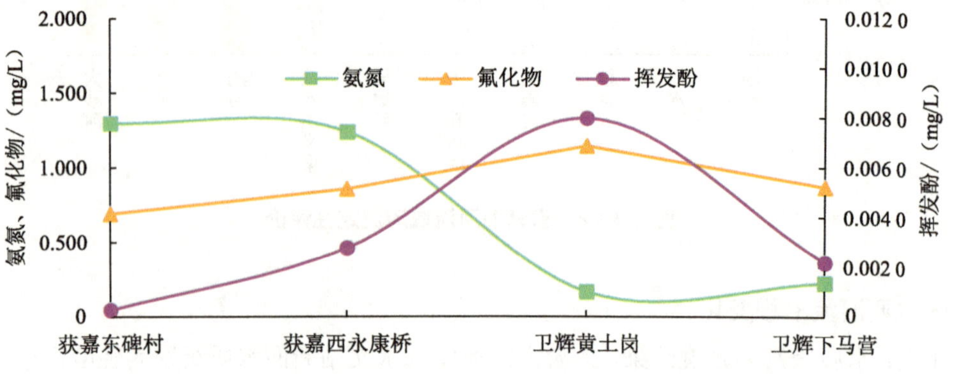


图 2.3-14　2020 年共产主义渠氨氮、氟化物、挥发酚浓度沿程变化

（3）黄河流域

黄河流域水质级别为良好。

①水质类别评价

在 41 个监测断面中，Ⅰ～Ⅲ类水质断面 33 个，占比为 80.5%；Ⅳ类水质断面 6 个，占比为 14.6%；Ⅴ类水质断面 2 个，占比为 4.9%；无劣Ⅴ类水质断面，见图 2.3-15 和图 2.3-16。

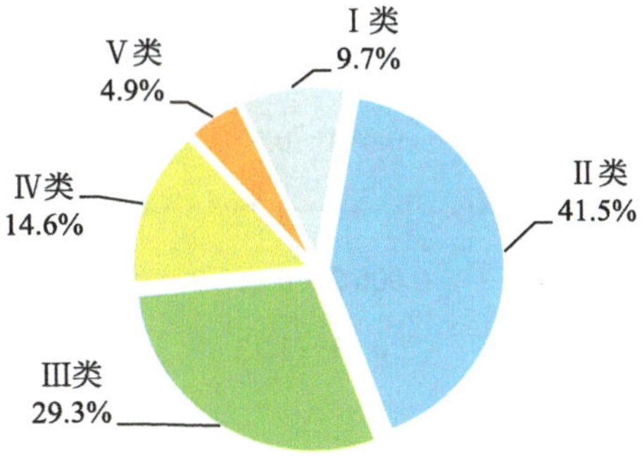


图 2.3-15 省辖黄河流域河流断面水质类别比例

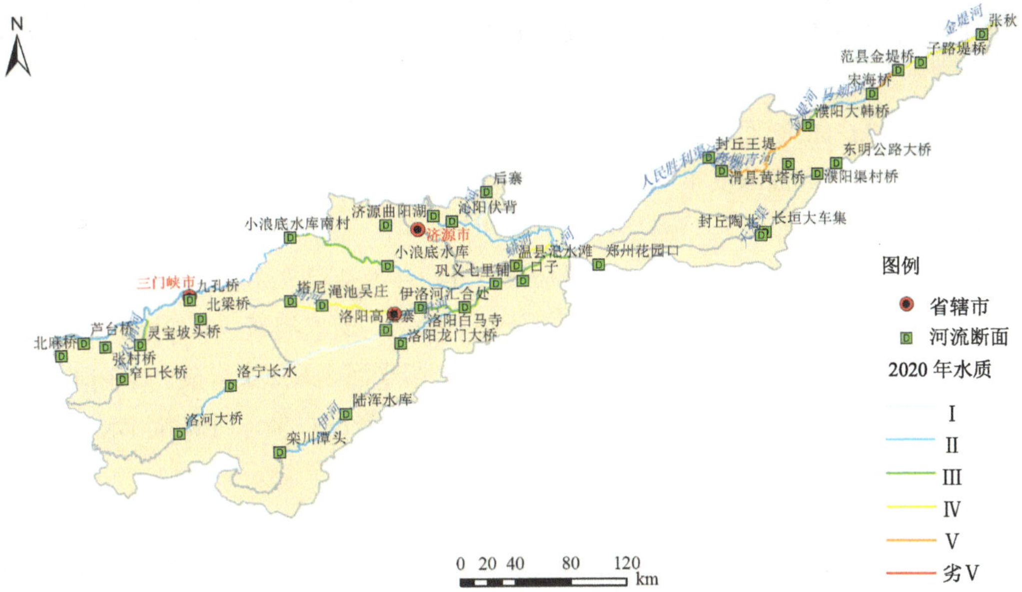


图 2.3-16 2020 年省辖黄河流域河流断面水质状况

②超标因子评价

黄河流域有6项因子出现超标情况。见表2.3-5。

表2.3-5 2020年省辖黄河流域河流断面超标因子情况统计

| 项 目 | 超标率/% | 年均值范围/(mg/L) | 年均值最高断面及超标倍数 | |
|---|---|---|---|---|
| | | | 年均值最高断面 | 超标倍数 |
| 化学需氧量 | 19.5 | 2.9～31.8 | 西柳青河滑县黄塔桥 | 0.6 |
| 高锰酸盐指数 | 9.8 | 0.7～8.6 | 金堤河贾垓桥 | 0.4 |
| 总磷 | 7.3 | 0.014～0.253 | 金堤河范县金堤桥 | 0.3 |
| 五日生化需氧量 | 7.3 | 0.3～4.7 | 金堤河贾垓桥 | 0.2 |
| 挥发酚 | 2.4 | 0.000 2～0.013 9 | 金堤河宋海桥 | 1.8 |
| 氨氮 | 2.4 | 0.03～1.23 | 金堤河范县金堤桥 | 0.2 |

化学需氧量：80.5%的断面浓度年均值为Ⅰ～Ⅲ类，17.1%的断面浓度年均值为Ⅳ类，2.4%的断面浓度年均值为Ⅴ类。

高锰酸盐指数：90.2%的断面浓度年均值为Ⅰ～Ⅲ类，9.8%的断面浓度年均值为Ⅳ类。

总磷：92.7%的断面浓度年均值为Ⅰ～Ⅲ类，7.3%的断面浓度年均值为Ⅳ类。

五日生化需氧量：92.7%的断面浓度年均值为Ⅰ～Ⅲ类，7.3%的断面浓度年均值为Ⅳ类。

挥发酚：97.6%的断面浓度年均值为Ⅰ～Ⅲ类，2.4%的断面浓度年均值为Ⅴ类。

氨氮：97.6%的断面浓度年均值为Ⅰ～Ⅲ类，2.4%的断面浓度年均值为Ⅳ类。

③河流定性评价

在监测的20条河流中（同一水质级别按河流综合污染指数从低到高排列），丹河、沁河、文峪河、洛河、伊河、枣香河、黄河干流、蟒河、宏农涧河、天然渠、文岩渠11条河流水质级别为优；伊洛河、青龙涧河、汜水河、阳平河、天然文岩渠、黄庄河6条河流水质级别为良好；涧河、金堤河2条河流水质级别为轻度污染；西柳青河水质级别为中度污染。黄河流域河流定性评价见图2.3-17。

④主要河流沿程变化

黄河干流：水质级别为优。入省境风陵渡大桥水质级别为优，小浪底水库南村水质级别为良好，自小浪底水库、郑州花园口至出省境东明公路大桥水质级别为优。黄河干流化学需氧量浓度沿程变化见图2.3-18。

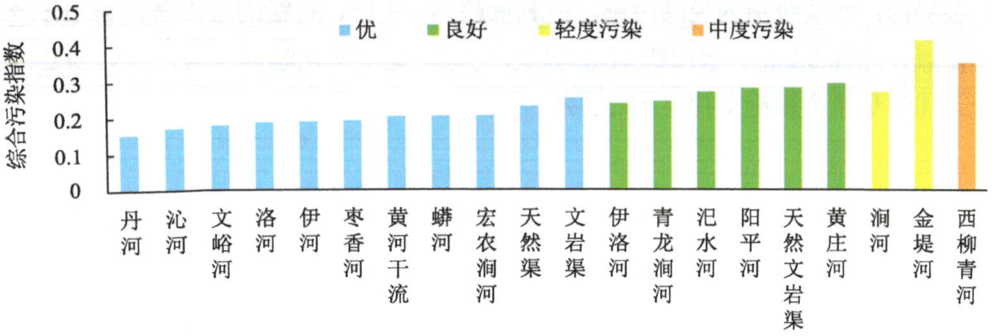


**图 2.3-17　2020 年省辖黄河流域河流定性评价**

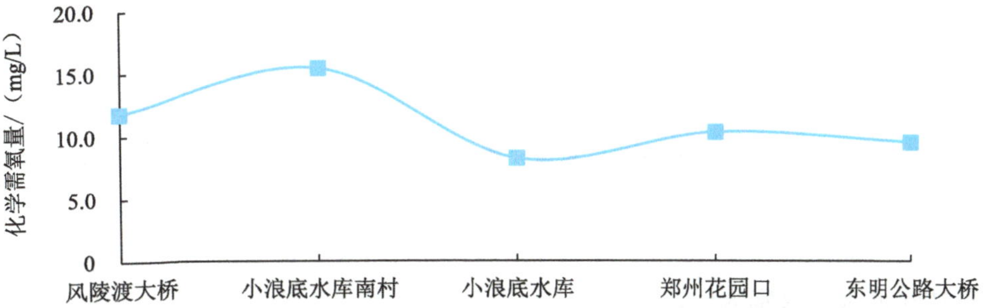


**图 2.3-18　2020 年黄河干流化学需氧量浓度沿程变化**

洛河：水质级别为优。洛河大桥、洛宁长水、洛阳高崖寨水质级别为优，经洛阳白马寺、伊洛河汇合处至巩义七里铺水质级别均为良好。洛河（伊洛河）化学需氧量、总磷浓度沿程变化见图 2.3-19。

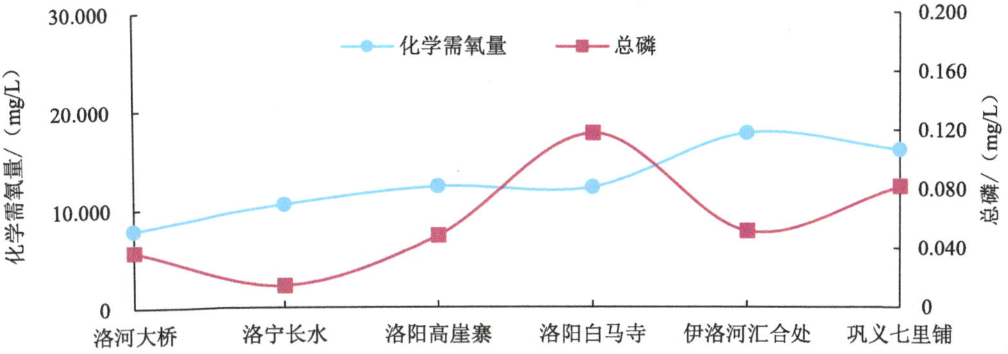


**图 2.3-19　2020 年洛河（伊洛河）化学需氧量、总磷浓度沿程变化**

金堤河：水质级别为轻度污染。需氧量超标0.4倍、高锰酸盐指数超标0.4倍、五日生化需氧量超标0.2倍，水质级别均为轻度污染。金堤河化学需氧量、高锰酸盐指数、五日生化需氧量浓度沿程变化见图2.3-20。

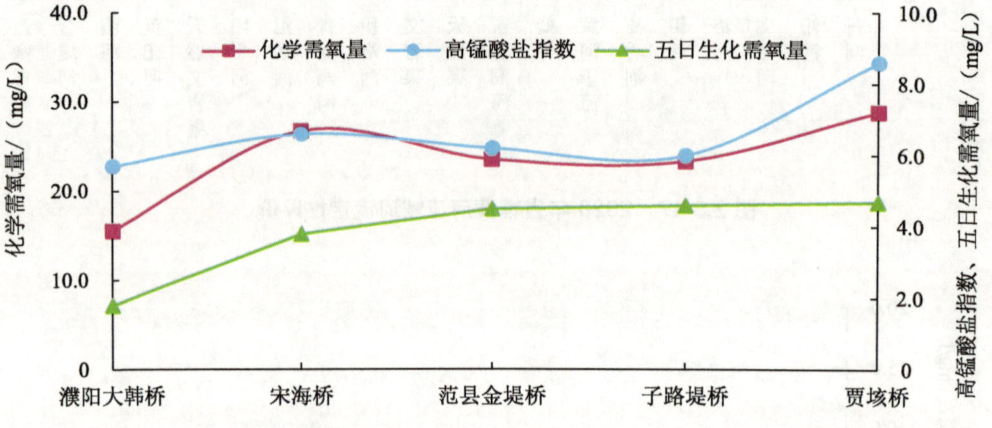


图 2.3-20　2020 年金堤河化学需氧量、高锰酸盐指数、五日生化需氧量浓度沿程变化

（4）长江流域

长江流域水质级别为优。

①水质类别评价

在20个监测断面中，Ⅰ～Ⅲ类水质断面20个，占比为100%；无Ⅳ类、Ⅴ类、劣Ⅴ类水质断面，见图2.3-21和图2.3-22。

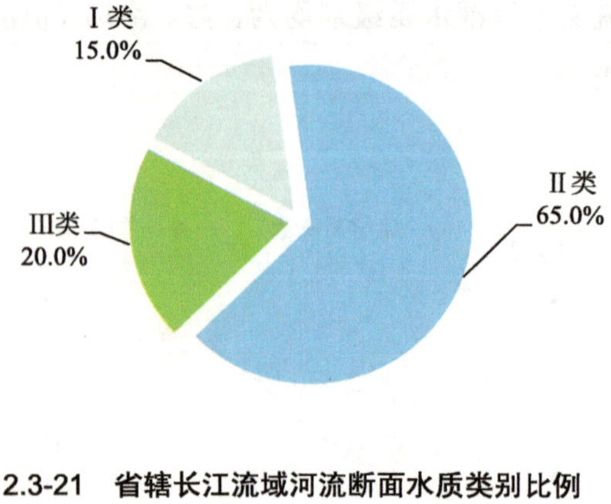


图 2.3-21　省辖长江流域河流断面水质类别比例

②超标因子评价

长江流域无超标因子。

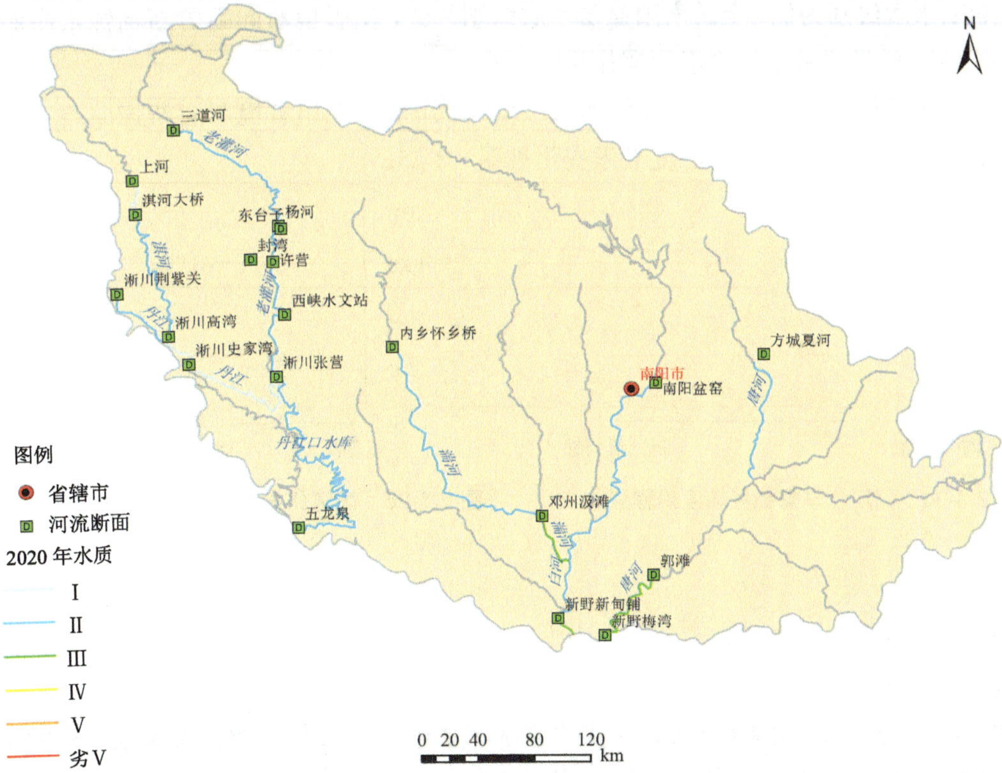


图 2.3-22 2020 年省辖长江流域河流断面水质状况

③河流定性评价

在监测的 8 条河流中（同一水质级别按河流综合污染指数从低到高排列），淇河、丹江、老灌河、丁河、蛇尾河、湍河、白河 7 条河流水质级别为优；唐河水质级别为良好。长江流域河流定性评价见图 2.3-23。

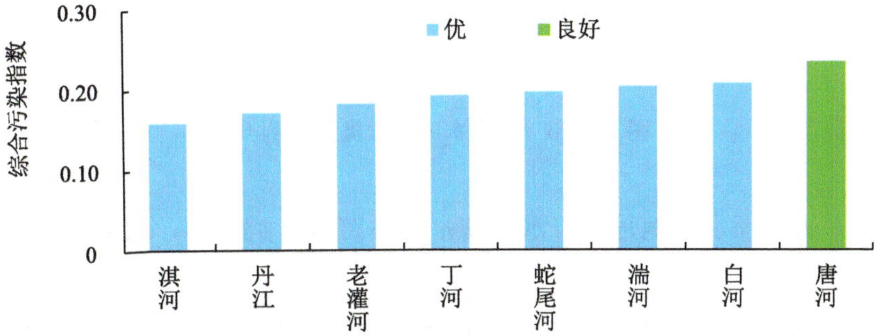


图 2.3-23 省辖长江流域河流定性评价

④主要河流沿程变化

白河：水质级别为优。上游南阳盆窑水质级别为优，出省境断面新野新甸铺水质级别为良好。白河化学需氧量浓度沿程变化见图 2.3-24。

唐河：水质级别为良好。方城夏河水质级别为优，郭滩至出省境断面新野梅湾水质级别均为良好。唐河化学需氧量浓度沿程变化见图 2.3-25。

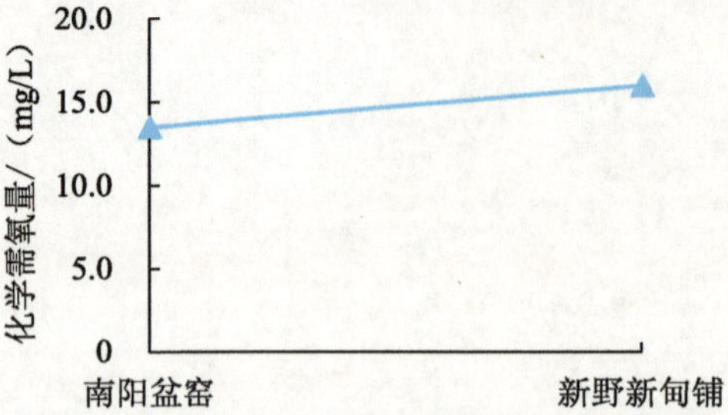


**图 2.3-24 白河化学需氧量浓度沿程变化**

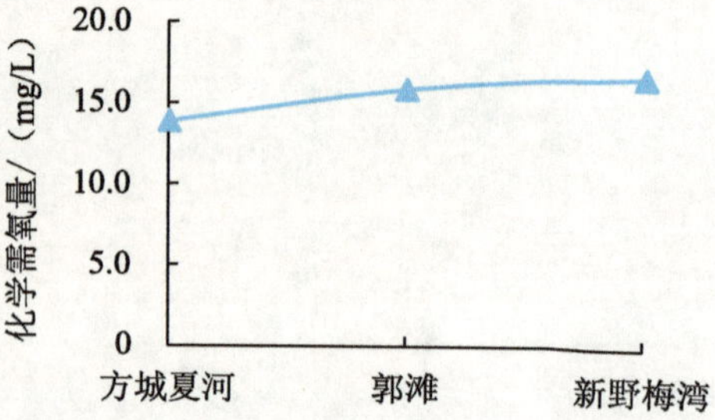


**图 2.3-25 唐河化学需氧量浓度沿程变化**

### 2.3.1.2 水库

全省水库水质级别为优，营养状态为中营养。

（1）水质状况

在 24 个省控大、中型水库中，Ⅰ类水质水库 2 个，占比为 8.3%；Ⅱ类水质水库 14 个，占比为 58.3%；Ⅲ类水质水库 6 个，占比为 25.0%；Ⅳ类水质水库 1 个，占比为 4.2%；无Ⅴ类水质水库；劣Ⅴ类水质水库 1 个，占比为 4.2%。评价结果见图 2.3-26。

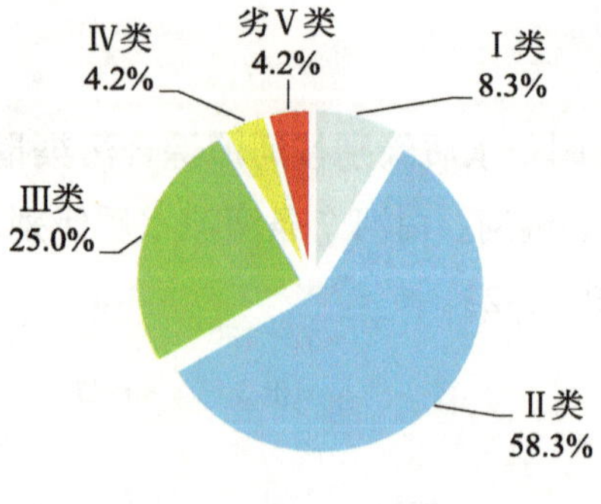


**图 2.3-26 全省水库水质类别比例**

南水北调中线工程水源地丹江口水库陶岔水质符合Ⅱ类标准，总氮单独评价时符合Ⅲ类标准。

全省水库营养状态为中营养。其中，白沙水库为轻度富营养，宿鸭湖水库为中度富营养，其他 22 个水库为中营养。

总氮单独评价时，白龟山水库、石山口水库、宋家场水库、薄山水库总氮为Ⅱ类，尖岗水库、孤石滩水库、昭平台水库、鲇鱼山水库、泼河水库、南湾水库、五岳水库、板桥水库总氮为Ⅲ类，石漫滩水库、丹江口水库总氮为Ⅳ类，白沙水库、窄口水库、鸭河口水库、宿鸭湖水库总氮为Ⅴ类，故县水库、陆浑水库、彰武水库、千鹤湖、三门峡水库、小浪底水库总氮为劣Ⅴ类。

（2）超标因子

全省水库 21 项评价因子中有 3 项因子出现超标，见表 2.3-6。

**表 2.3-6　2020 年全省水库点位超标因子情况统计**

| 项　目 | 超标率/% | 年均值范围/（mg/L） | 年均值最高点位及超标倍数 | |
|---|---|---|---|---|
| | | | 年均值最高点位 | 超标倍数 |
| 总磷 | 8.3 | 0.005～0.231 | 宿鸭湖水库 | 3.6 |
| 化学需氧量 | 4.2 | 2.0～21.8 | 宿鸭湖水库 | 0.1 |
| 氟化物 | 4.2 | 0.147～1.042 | 白沙水库 | 0.04 |

（3）营养状态

全省水库营养状态为中营养。丹江口水库、千鹤湖、鲇鱼山水库、板桥水库、白龟山水库、鸭河口水库、南湾水库、昭平台水库、小浪底水库、故县水库、尖岗水库、薄山水库、石山口水库、宋家场水库、窄口水库、泼河水库、彰武水库、五岳水库、陆浑水库、孤石滩水库、三门峡水库、石漫滩水库 22 个水库为中营养，白沙水库为轻度富营养，宿鸭湖水库为中度富营养，见图 2.3-27。

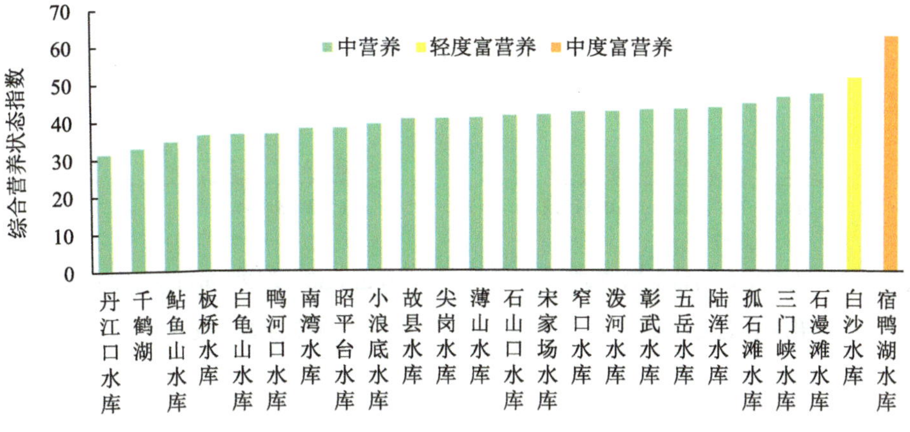


**图 2.3-27　2020 年全省大、中型水库营养状态分级**

### 2.3.1.3 河流断面月际变化

（1）水质变化

2020 年，全省河流各月水质级别除 4 月为良好外，其余月份均为轻度污染。淮河流域各月水质级别均为轻度污染；海河流域 8 月为中度污染，其余各月均为轻度污染；黄河流域良好、轻度污染月份各占一半；长江流域各月均为优。Ⅰ～Ⅲ类、劣Ⅴ类水质类别变化见图 2.3-28 至图 2.3-32。

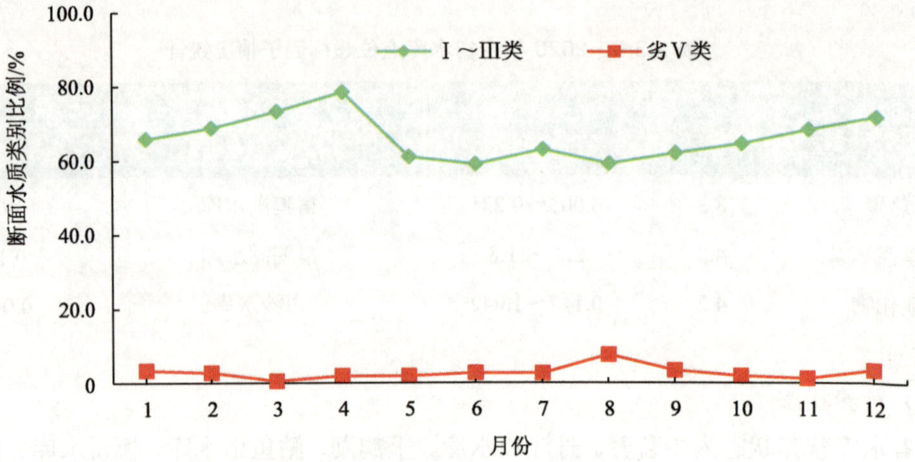


图 2.3-28　2020 年全省河流水质变化比较

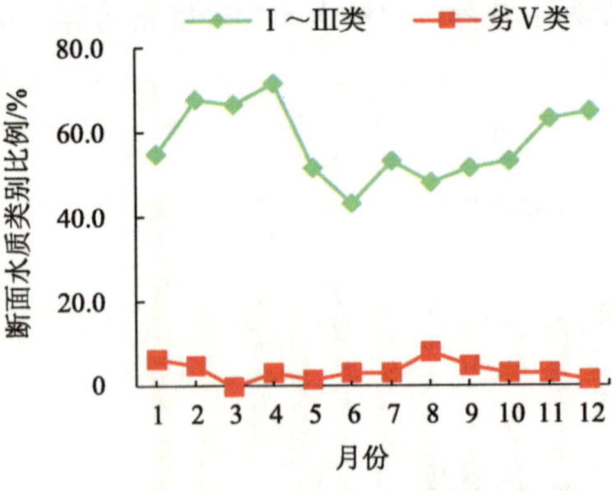


图 2.3-29　2020 年省辖淮河流域河流水质变化比较

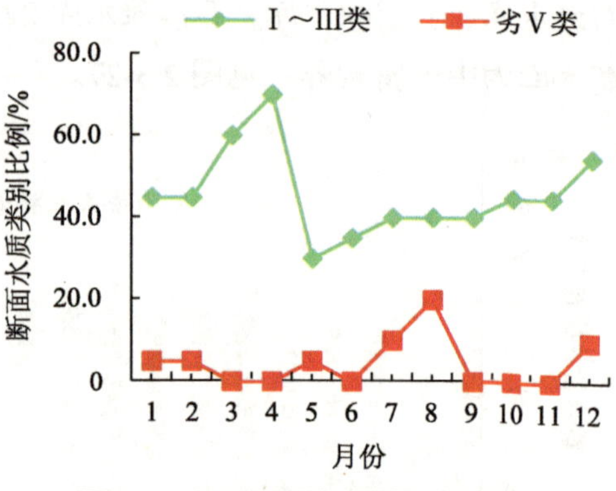


图 2.3-30　2020 年省辖海河流域河流水质变化比较

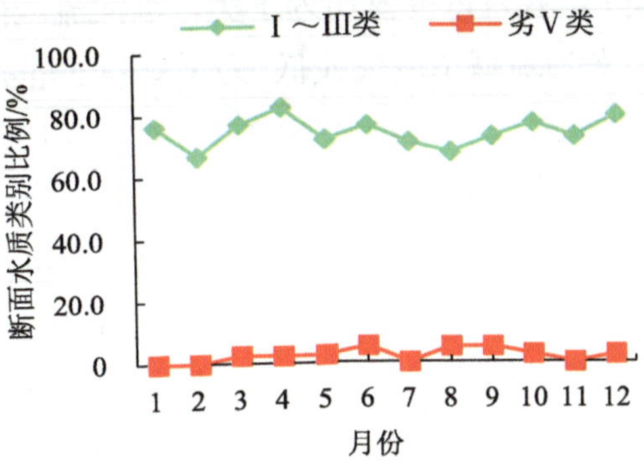


图 2.3-31 2020 年省辖黄河流域河流水质变化

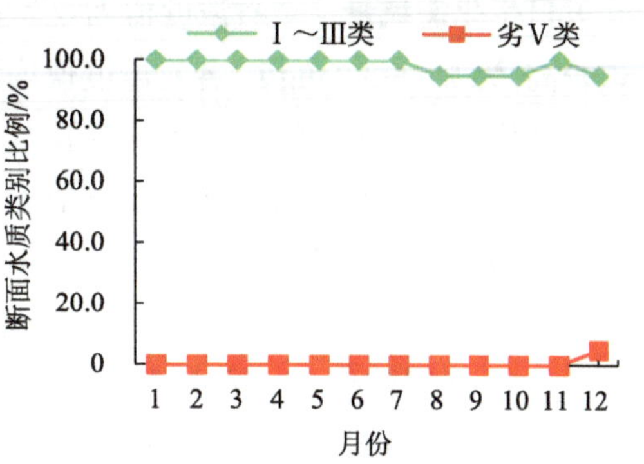


图 2.3-32 2020 年省辖长江流域河流水质变化

（2）浓度变化

**化学需氧量** 全省浓度值为 14.4～16.8 mg/L，各月浓度值均在Ⅲ类以内，3 月、4 月、12 月浓度值为Ⅰ类，其余各月均为Ⅲ类。淮河流域浓度值较高，为 15.4～18.7 mg/L，各月浓度值均为Ⅲ类；长江流域浓度值较低，为 12.7～13.4 mg/L，各月浓度值均为Ⅰ类；海河流域浓度值为 12.2～18.5 mg/L，各月浓度值均在Ⅲ类以内，半数以上月份为Ⅲ类；黄河流域浓度值为 13.6～17.5 mg/L，各月浓度值均在Ⅲ类以内，半数以上月份为Ⅰ类，见图 2.3-33。

**高锰酸盐指数** 全省浓度值为 3.4～4.4 mg/L，各月浓度值均在Ⅲ类以内，6 月、8 月为Ⅲ类，其余各月浓度值均为Ⅱ类。淮河流域浓度值较高，为 4.1～5.3 mg/L，各月浓度值均为Ⅲ类；长江流域浓度值较低，为 2.2～3.0 mg/L，各月浓度值均为Ⅱ类；海河流域浓度值为 3.3～4.5 mg/L，除 6 月、8 月浓度值为Ⅲ类外，其余各月均为Ⅱ类；黄河流域浓度值为 2.7～4.1 mg/L，除 6 月浓度值为Ⅲ类外，其余各月均为Ⅱ类，见图 2.3-34。

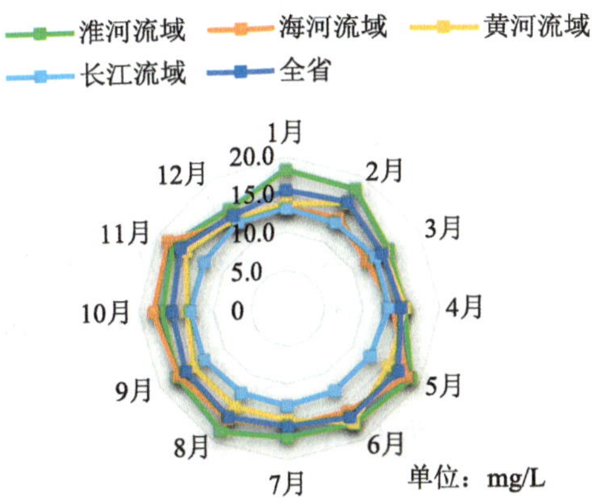


图 2.3-33 2020 年河流化学需氧量浓度变化趋势

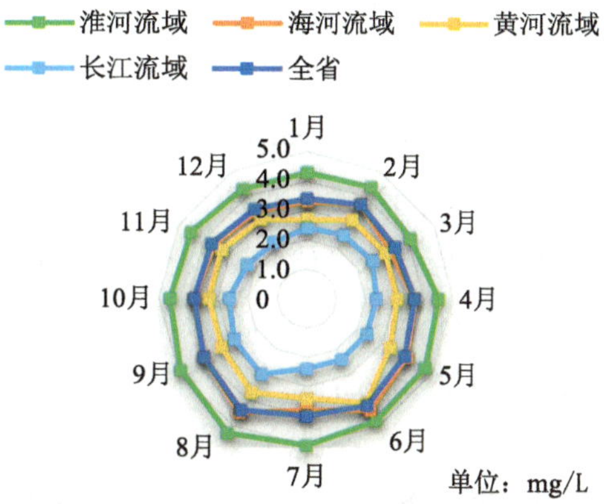


图 2.3-34 2020 年河流高锰酸盐指数浓度变化趋势

**五日生化需氧量** 全省浓度值为 2.2～2.6 mg/L，各月浓度值均为Ⅰ类。淮河流域浓度值较高，为 2.4～3.0 mg/L，各月浓度值均为Ⅰ类；黄河流域浓度值较低，为 1.8～2.2 mg/L，各月浓度值均为Ⅰ类；海河流域浓度值为 1.9～3.0 mg/L，各月浓度值均为Ⅰ类；长江流域浓度值为 1.8～2.5 mg/L，各月浓度值均为Ⅰ类，见图 2.3-35。

**氟化物** 全省浓度值为 0.501～0.571 mg/L，各月浓度值均为Ⅰ类。海河流域浓度值较高，为 0.522～0.744 mg/L，各月浓度值均为Ⅰ类；长江流域浓度值较低，为 0.215～0.296 mg/L，各月浓度值均为Ⅰ类；淮河流域浓度值为 0.537～0.649 mg/L，各月浓度值均为Ⅰ类；黄河流域浓度值为 0.468～0.570 mg/L，各月浓度值均为Ⅰ类，见图 2.3-36。

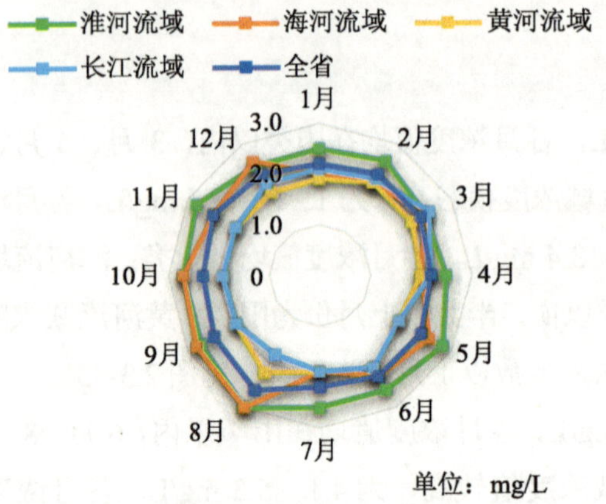


图 2.3-35 2020 年河流五日生化需氧量浓度变化趋势

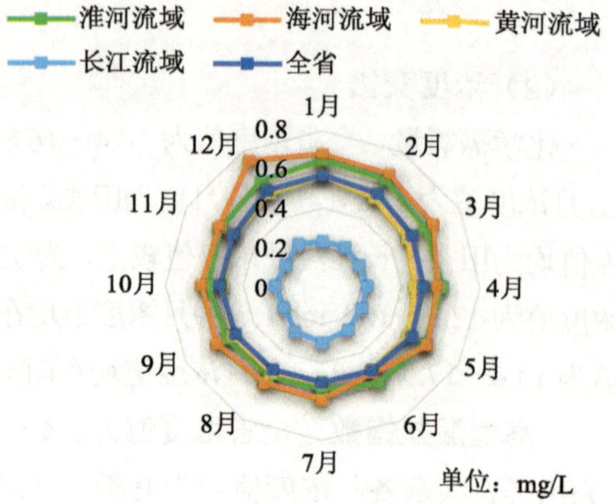


图 2.3-36 2020 年河流氟化物浓度变化趋势

**总磷** 全省浓度值为 0.061～0.130 mg/L，各月浓度值均在Ⅲ类以内，8 月、9 月、10 月为Ⅲ类，其余各月浓度值均为Ⅱ类。淮河流域浓度值较高，为 0.058～0.170 mg/L，各月浓度值均在Ⅲ类以内，半数以上月份浓度值为Ⅱ类；长江流域浓度值较低，为 0.020～0.069 mg/L，3 月为浓度值Ⅰ类，其余各月均为Ⅱ类；海河流域浓度值为 0.061～0.152 mg/L，7 月、8 月、9 月浓度值为Ⅲ类，其余各月均为Ⅱ类；黄河流域浓度值为 0.062～0.092 mg/L，各月浓度值均为Ⅱ类，见图 2.3-37。

**氨氮** 全省浓度值为 0.18～0.44 mg/L，各月浓度值均为Ⅱ类。海河流域浓度值较高，为 0.18～0.93 mg/L，7 月、8 月浓度值为Ⅱ类，其余各月均为Ⅲ类；长江流域浓度值较低，为 0.12～0.26 mg/L，2 月、3 月浓度值为Ⅰ类，其余各月均为Ⅱ类；淮河流域浓度值为 0.19～0.50 mg/L，各月浓度值均为Ⅱ类；黄河流域浓度值为 0.15～0.45 mg/L，4 月浓度值为Ⅰ类，其余各月均为Ⅱ类，见图 2.3-38。

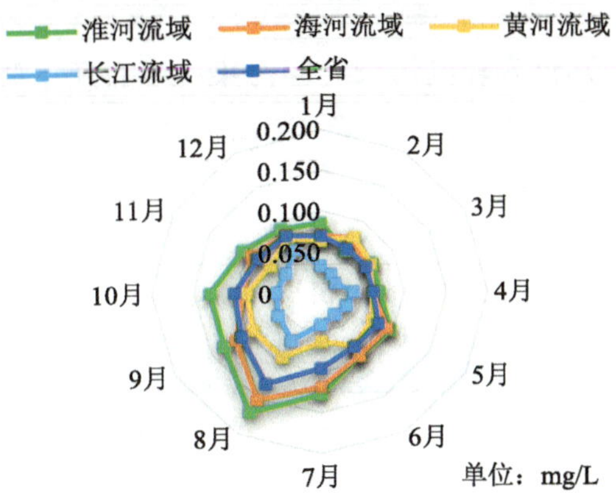


图 2.3-37　2020 年河流总磷浓度变化趋势

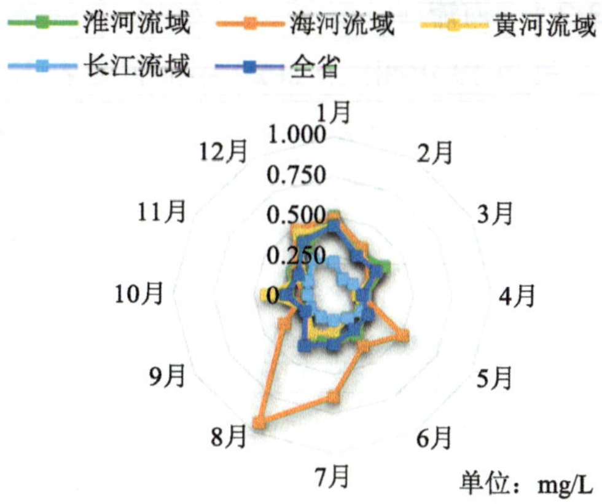


图 2.3-38　2020 年河流氨氮浓度变化趋势

**挥发酚**　全省浓度值为 0.000 6～0.001 3 mg/L，各月浓度值均为Ⅰ类。海河流域浓度值较高，为 0.001 1～0.001 8 mg/L，各月浓度值均为Ⅰ类；淮河流域浓度值较低，为 0.000 3～0.001 7 mg/L，各月浓度值均为Ⅰ类；黄河流域浓度值为 0.000 5～0.002 6 mg/L，除 8 月、11 月为Ⅲ类外，其余各月浓度值均为Ⅰ类；长江流域浓度值为 0.000 5～0.001 1 mg/L，各月浓度值均为Ⅰ类，见图 2.3-39。

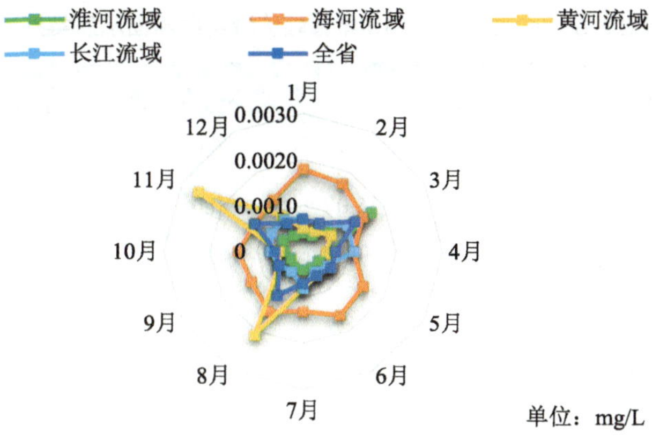


图 2.3-39　2020 年河流挥发酚浓度变化趋势

## 2.3.2　年度对比

与 2019 年相比，全省地表水水质级别仍为轻度污染，综合污染指数下降 6.0%。Ⅰ～Ⅲ类水质断面增加 15 个，增加 10.7 个百分点；劣Ⅴ类水质断面减少 3 个，减少 2.1 个百分点。主要超标因子化学需氧量、高锰酸盐指数、五日生化需氧量浓度无明显变化。

#### 2.3.2.1 河流

与2019年相比，2020年全省地表水水质级别仍为轻度污染，但污染程度有所下降。淮河流域、海河流域水质级别仍为轻度污染，但污染程度有所下降；黄河流域水质由轻度污染变为良好；长江流域水质保持优。见表2.3-7。

表2.3-7　2020年与2019年水质变化情况比较

| 年　度 | 淮河流域 | 海河流域 | 黄河流域 | 长江流域 | 全省 |
|---|---|---|---|---|---|
| 2020年 | 轻度污染 | 轻度污染 | 良好 | 优 | 轻度污染 |
| 2019年 | 轻度污染 | 轻度污染 | 轻度污染 | 优 | 轻度污染 |
| $\lvert \Delta G-\Delta D \rvert$ | 11.7 | 20.0 | 14.7 | 5.0 | 12.7 |

与2019年相比，Ⅰ～Ⅲ类水质断面增加15个，增加10.7个百分点；Ⅳ类水质断面减少8个，减少5.7个百分点；Ⅴ类水质断面减少3个，减少2.1个百分点；劣Ⅴ类水质断面减少3个，减少2.1个百分点；断流断面减少1个，减少0.7个百分点。见表2.3-8和图2.3-40。

表2.3-8　2020年与2019年省辖流域所属断面水质类别比例比较

| 水质类别 | 年　度 | 淮河流域 | 海河流域 | 黄河流域 | 长江流域 | 全省 |
|---|---|---|---|---|---|---|
| Ⅰ～Ⅲ | 2020年/% | 66.7 | 55.0 | 80.5 | 100 | 73.8 |
| | 2019年/% | 55.0 | 40.0 | 70.7 | 95.0 | 63.1 |
| | 与2019年比较/个百分点 | 11.7 | 15.0 | 9.8 | 5.0 | 10.7 |
| Ⅳ | 2020年/% | 31.7 | 45.0 | 14.6 | 0 | 24.1 |
| | 2019年/% | 43.3 | 40.0 | 17.1 | 5.0 | 29.8 |
| | 与2019年比较/个百分点 | −11.7 | 5.0 | −2.4 | −5.0 | −5.7 |
| Ⅴ | 2020年/% | 0 | 0 | 4.9 | 0 | 1.4 |
| | 2019年/% | 0 | 15.0 | 4.9 | 0 | 3.5 |
| | 与2019年比较/个百分点 | 0 | −15.0 | 0 | 0 | −2.1 |
| 劣Ⅴ | 2020年/% | 1.7 | 0 | 0 | 0 | 0.7 |
| | 2019年/% | 1.7 | 5.0 | 4.9 | 0 | 2.8 |
| | 与2019年比较/个百分点 | 0 | −5.0 | −4.9 | 0 | −2.1 |

| 水质类别 | 年　度 | 淮河流域 | 海河流域 | 黄河流域 | 长江流域 | 全省 |
|---|---|---|---|---|---|---|
| 断流 | 2020 年/% | 0 | 0 | 0 | 0 | 0 |
| | 2019 年/% | 0 | 0 | 2.4 | 0 | 0.7 |
| | 与 2019 年比较/个百分点 | 0 | 0 | –2.4 | 0 | –0.7 |

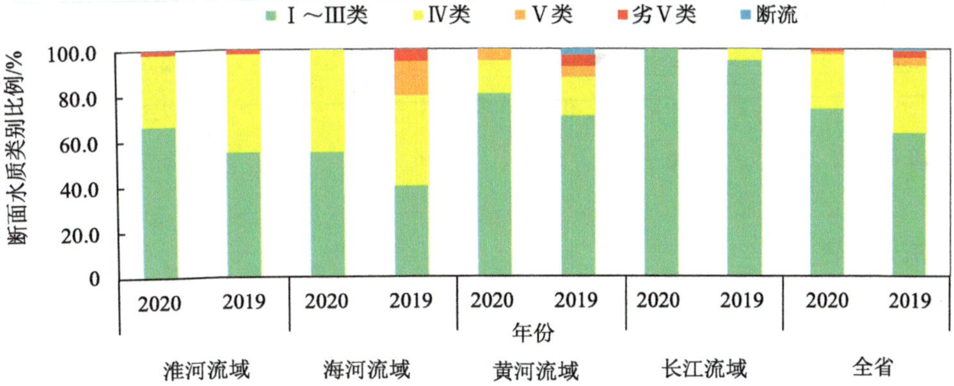


**图 2.3-40　全省及省辖四大流域水质状况比较**

与 2019 年相比，全省河流主要超标因子化学需氧量、高锰酸盐指数、五日生化需氧量浓度无明显变化。见表 2.3-9。

**表 2.3-9　2020 年与 2019 年主要超标因子浓度年均值比较**

单位：mg/L

| 年　度 | 化学需氧量 | | 高锰酸盐指数 | | 五日生化需氧量 | |
|---|---|---|---|---|---|---|
| | 年均值 | 类别 | 年均值 | 类别 | 年均值 | 类别 |
| 2020 | 15.8 | Ⅲ | 3.8 | Ⅱ | 2.3 | Ⅰ |
| 2019 | 16.4 | Ⅲ | 3.8 | Ⅱ | 2.4 | Ⅰ |
| 与 2019 年比较/% | -3.7 | — | 0 | — | –4.2 | — |

（1）淮河流域

①水质类别

与 2019 年相比，60 个监测断面中，Ⅰ～Ⅲ类水质断面增加 7 个，增加 11.7 个百分点；Ⅳ类水质断面减少 7 个，减少 11.7 个百分点；Ⅴ类、劣Ⅴ类水质断面持平。

②主要超标因子

与 2019 年相比，主要超标因子化学需氧量、高锰酸盐指数、五日生化需氧量浓度无明显变化，见表2.3-10。

表2.3-10　2020年与2019年省辖淮河流域主要超标因子浓度年均值比较

单位：mg/L

| 年　度 | 化学需氧量 | | 高锰酸盐指数 | | 五日生化需氧量 | |
|---|---|---|---|---|---|---|
| | 年均值 | 类别 | 年均值 | 类别 | 年均值 | 类别 |
| 2020 | 17.2 | Ⅲ | 4.6 | Ⅲ | 2.6 | Ⅰ |
| 2019 | 18.0 | Ⅲ | 4.3 | Ⅲ | 2.5 | Ⅰ |
| 与2019年比较/% | -4.4 | — | 7.0 | — | 4.0 | — |

③河流定性评价

与2019年相比，淮河流域水质级别仍为轻度污染。

16条河流水质无明显变化：淮河干流、史河、北汝河、臻头河、澧河、滚河水质级别保持优，史灌河、浉河、泉河、贾鲁河、汝河水质级别保持良好，浍河、大沙河、黑茨河、包河、沱河水质级别仍为轻度污染；10条河流水质好转：灌河、白露河、沙河、汾河水质级别由良好变为优，潢河、颍河、清潩河、双洎河、洪河水质级别由轻度污染变为良好，惠济河水质级别由中度污染变轻度污染；3条河流水质变差：竹竿河水质级别由优变为良好，涡河、黑河水质级别由良好变为轻度污染，见图2.3-41、表2.3-11。

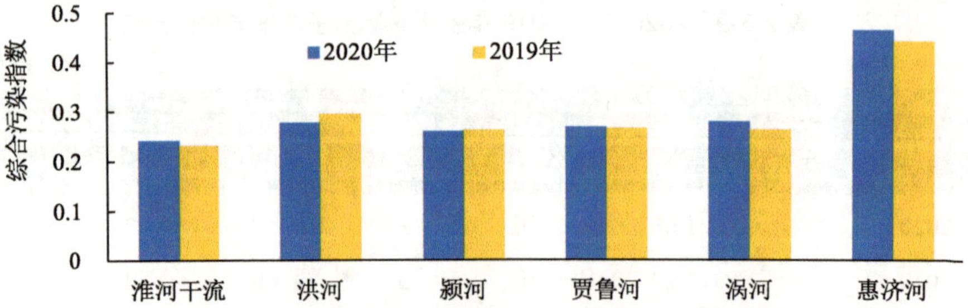


图2.3-41　省辖淮河流域主要河流污染程度比较

表2.3-11　2020年与2019年省辖淮河流域水质比较

| 河流名称 | 河流水质级别 | | 河流名称 | 河流水质级别 | |
|---|---|---|---|---|---|
| | 2020年 | 2019年 | | 2020年 | 2019年 |
| 淮河干流 | 优 | 优 | 竹竿河 | 良好 | 优 |
| 浉河 | 良好 | 良好 | 潢河 | 良好 | 轻度污染 |

| 河流名称 | 河流水质级别 | | 河流名称 | 河流水质级别 | |
|---|---|---|---|---|---|
| | 2020 年 | 2019 年 | | 2020 年 | 2019 年 |
| 白露河 | 优 | 良好 | 贾鲁河 | 良好 | 良好 |
| 史灌河 | 良好 | 良好 | 双洎河 | 良好 | 轻度污染 |
| 史河 | 优 | 优 | 黑河 | 轻度污染 | 良好 |
| 灌河 | 优 | 良好 | 汾河 | 优 | 良好 |
| 滚河 | 优 | 优 | 泉河 | 良好 | 良好 |
| 洪河 | 良好 | 轻度污染 | 黑茨河 | 轻度污染 | 轻度污染 |
| 汝河 | 良好 | 良好 | 涡河 | 轻度污染 | 良好 |
| 臻头河 | 优 | 优 | 惠济河 | 轻度污染 | 中度污染 |
| 颍河 | 良好 | 轻度污染 | 大沙河 | 轻度污染 | 轻度污染 |
| 沙河 | 优 | 良好 | 浍河 | 轻度污染 | 轻度污染 |
| 北汝河 | 优 | 优 | 包河 | 轻度污染 | 轻度污染 |
| 澧河 | 优 | 优 | 沱河 | 轻度污染 | 轻度污染 |
| 清潩河 | 良好 | 轻度污染 | — | — | — |

（2）海河流域

①水质类别

与 2019 年相比，20 个监测断面中，Ⅰ～Ⅲ类水质断面增加 3 个，增加 15.0 个百分点；Ⅳ类水质断面增加 1 个，增加 5.0 个百分点；Ⅴ类水质断面减少 3 个，减少 15.0 个百分点；劣Ⅴ类水质断面减少 1 个，减少 5.0 个百分点。

②主要超标因子

与 2019 年相比，主要超标因子化学需氧量、氟化物浓度无明显变化，氨氮浓度明显下降，见表 2.3-12。

**表 2.3-12　2020 年与 2019 年省辖海河流域主要超标因子浓度年均值比较**

单位：mg/L

| 年度 | 化学需氧量 | | 氨氮 | | 氟化物 | |
|---|---|---|---|---|---|---|
| | 年均值 | 类别 | 年均值 | 类别 | 年均值 | 类别 |
| 2020 | 15.5 | Ⅲ | 0.42 | Ⅱ | 0.622 | Ⅰ |
| 2019 | 16.2 | Ⅲ | 0.62 | Ⅲ | 0.684 | Ⅰ |
| 与 2019 年比较/% | −4.3 | — | −32.3 | — | −9.1 | — |

③河流定性评价

与2019年相比，海河流域水质级别仍为轻度污染。

7条河流水质无明显变化：淅河、露水河、淇河、安阳河水质级别保持优，汤河、卫河、大沙河水质级别仍为轻度污染；3条河流水质好转：人民胜利渠、马颊河水质级别由良好变为优，共产主义渠水质级别由轻度污染变为良好。部分河流污染程度比较见图2.3-42和表2.3-13。

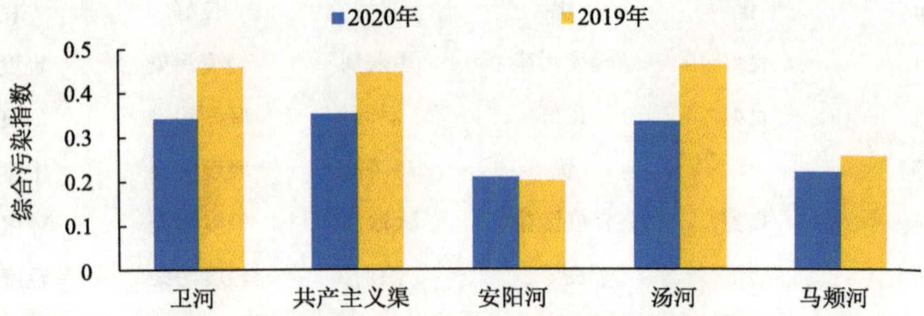


图2.3-42 省辖海河流域主要河流污染程度比较

表2.3-13 2020年与2019年省辖海河流域水质比较

| 河流名称 | 河流水质级别 | | 河流名称 | 河流水质级别 | |
|---|---|---|---|---|---|
| | 2020年 | 2019年 | | 2020年 | 2019年 |
| 大沙河 | 轻度污染 | 轻度污染 | 露水河 | 优 | 优 |
| 卫河 | 轻度污染 | 轻度污染 | 安阳河 | 优 | 优 |
| 共产主义渠 | 良好 | 轻度污染 | 汤河 | 轻度污染 | 轻度污染 |
| 人民胜利渠 | 优 | 良好 | 淅河 | 优 | 优 |
| 淇河 | 优 | 优 | 马颊河 | 优 | 良好 |

（3）黄河流域

①水质类别

与2019年相比，在41个监测断面中，Ⅰ～Ⅲ类水质断面增加4个，增加9.8个百分点；Ⅳ类水质断面减少1个，减少2.4个百分点；Ⅴ类水质断面持平；劣Ⅴ类水质断面减少2个，减少4.9个百分点；断流断面减少1个，减少2.4个百分点。

②主要超标因子

与2019年相比，主要超标因子化学需氧量、高锰酸盐指数、五日生化需氧量浓度无明显变化，见表2.3-14。

表 2.3-14 2020 年与 2019 年省辖黄河流域主要超标因子浓度年均值比较

单位：mg/L

| 年度 | 化学需氧量 | | 高锰酸盐指数 | | 五日生化需氧量 | |
|---|---|---|---|---|---|---|
| | 年均值 | 类别 | 年均值 | 类别 | 年均值 | 类别 |
| 2020 | 15.4 | Ⅲ | 3.4 | Ⅱ | 2.0 | Ⅰ |
| 2019 | 15.5 | Ⅲ | 3.4 | Ⅱ | 2.2 | Ⅰ |
| 与 2019 年比较/% | –0.6 | — | 0.0 | — | –9.1 | — |

③河流定性评价

与 2019 年相比，黄河流域仍为轻度污染。

14 条河流水质无明显变化：黄河干流、丹河、沁河、文峪河、洛河、伊河、枣香河、蟒河、宏农涧河、天然渠、文岩渠水质级别保持优，伊洛河、黄庄河水质级别保持良好，涧河仍为轻度污染；4 条河流水质好转：汜水河水质级别由重度污染变为良好，阳平河、天然文岩渠水质级别由轻度污染变为良好，金堤河水质级别由中度污染变为轻度污染；2 条河流水质变差：青龙涧河水质级别由优变为良好，西柳青河水质级别由轻度污染变为中度污染，见表 2.3-15。部分河流污染程度比较见图 2.3-43。

表 2.3-15 2020 年与 2019 年省辖黄河流域水质比较

| 河流名称 | 河流水质级别 | | 河流名称 | 河流水质级别 | |
|---|---|---|---|---|---|
| | 2020 年 | 2019 年 | | 2020 年 | 2019 年 |
| 黄河干流 | 优 | 优 | 伊河 | 优 | 优 |
| 宏农涧河 | 优 | 优 | 沁河 | 优 | 优 |
| 青龙涧河 | 良好 | 优 | 丹河 | 优 | 优 |
| 阳平河 | 良好 | 轻度污染 | 蟒河 | 优 | 优 |
| 枣香河 | 优 | 优 | 天然文岩渠 | 良好 | 轻度污染 |
| 文峪河 | 优 | 优 | 天然渠 | 优 | 优 |
| 涧河 | 轻度污染 | 轻度污染 | 文岩渠 | 优 | 优 |
| 伊洛河 | 良好 | 良好 | 金堤河 | 轻度污染 | 中度污染 |
| 汜水河 | 良好 | 重度污染 | 黄庄河 | 良好 | 良好 |
| 洛河 | 优 | 优 | 西柳青河 | 中度污染 | 轻度污染 |

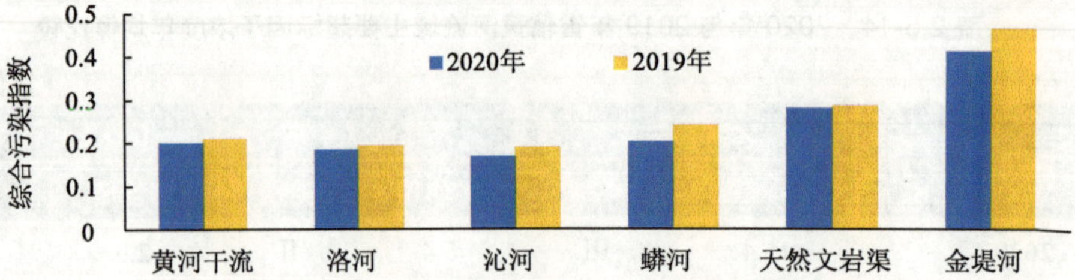


图 2.3-43 省辖黄河流域主要河流污染程度比较

（4）长江流域

①水质类别

与2019年相比，20个监测断面中，Ⅰ～Ⅲ类水质断面增加1个，增加5.0个百分点；Ⅳ类水质断面减少1个，减少5.0个百分点；Ⅴ类、劣Ⅴ类水质断面持平。

②主要超标因子

两年均无超标因子。

③河流定性评价

与2019年相比，长江流域水质级别继续保持优。

6条河流水质无明显变化：淇河、丹江、老灌河、丁河、蛇尾河水质级别保持优，唐河水质级别保持良好，2条河流水质好转：白河、湍河水质级别由良好变为优。部分河流污染程度比较见表2.3-16和图2.3-44。

表 2.3-16 2020 年与 2019 年省辖长江流域水质比较

| 河流名称 | 河流水质级别 | | 河流名称 | 河流水质级别 | |
|---|---|---|---|---|---|
| | 2020 年 | 2019 年 | | 2020 年 | 2019 年 |
| 丹江 | 优 | 优 | 蛇尾河 | 优 | 优 |
| 淇河 | 优 | 优 | 白河 | 优 | 良好 |
| 老灌河 | 优 | 优 | 唐河 | 良好 | 良好 |
| 丁河 | 优 | 优 | 湍河 | 优 | 良好 |

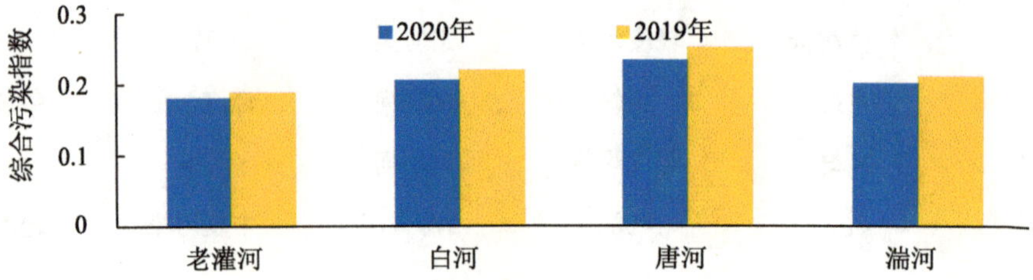


图 2.3-44 省辖长江流域主要河流污染程度比较

### 2.3.2.2 水库

与2019年相比，水库水质级别仍为优。

Ⅰ类水质水库增加1个，增加4.2个百分点；Ⅱ类水质水库增加3个，增加12.5个百分点；Ⅲ类水质水库减少4个，减少16.7个百分点；Ⅳ类、Ⅴ类、劣Ⅴ类水质水库持平。

6个水库水质好转：丹江口水库由Ⅱ类变为Ⅰ类，白龟山水库、鲇鱼山水库、泼河水库、宋家场水库、板桥水库由Ⅲ类变为Ⅱ类；1个水库水质变差：彰武水库由Ⅱ类变为Ⅲ类；其他17个水库水质无明显变化，见表2.3-17。

南水北调中线工程水源地丹江口水库陶岔水质符合Ⅰ类标准，总氮由Ⅳ类变为Ⅴ类。

全省水库营养化水平仍为中营养。其中，白沙水库仍为轻度富营养，宿鸭湖水库仍为中度富营养，其他22个水库仍为中营养，见表2.3-17。

表2.3-17 2020年与2019年水库水质及营养状况比较

| 水库名称 | 类别 | | 总氮 | | 营养状态 | |
|---|---|---|---|---|---|---|
| | 2020年 | 2019年 | 2020年 | 2019年 | 2020年 | 2019年 |
| 尖岗水库 | Ⅱ | Ⅱ | Ⅲ | Ⅳ | 中营养 | 中营养 |
| 白沙水库 | Ⅳ | Ⅳ | Ⅴ | Ⅳ | 轻度富营养 | 轻度富营养 |
| 故县水库 | Ⅱ | Ⅱ | 劣Ⅴ | 劣Ⅴ | 中营养 | 中营养 |
| 陆浑水库 | Ⅱ | Ⅱ | 劣Ⅴ | Ⅴ | 中营养 | 中营养 |
| 石漫滩水库 | Ⅲ | Ⅲ | Ⅱ | Ⅲ | 中营养 | 中营养 |
| 孤石滩水库 | Ⅲ | Ⅲ | Ⅲ | Ⅲ | 中营养 | 中营养 |
| 白龟山水库 | Ⅱ | Ⅲ | Ⅳ | Ⅲ | 中营养 | 中营养 |
| 昭平台水库 | Ⅱ | Ⅱ | Ⅲ | Ⅲ | 中营养 | 中营养 |
| 彰武水库 | Ⅲ | Ⅱ | 劣Ⅴ | 劣Ⅴ | 中营养 | 中营养 |
| 千鹤湖 | Ⅰ | Ⅰ | 劣Ⅴ | 劣Ⅴ | 中营养 | 中营养 |
| 窄口水库 | Ⅲ | Ⅲ | 劣Ⅴ | Ⅴ | 中营养 | 中营养 |
| 三门峡水库 | Ⅲ | Ⅲ | Ⅴ | 劣Ⅴ | 中营养 | 中营养 |
| 鸭河口水库 | Ⅱ | Ⅱ | Ⅳ | Ⅳ | 中营养 | 中营养 |
| 丹江口水库 | Ⅰ | Ⅱ | Ⅴ | Ⅳ | 中营养 | 中营养 |
| 鲇鱼山水库 | Ⅱ | Ⅲ | Ⅲ | Ⅲ | 中营养 | 中营养 |
| 泼河水库 | Ⅱ | Ⅲ | Ⅲ | Ⅲ | 中营养 | 中营养 |
| 南湾水库 | Ⅱ | Ⅱ | Ⅲ | Ⅲ | 中营养 | 中营养 |

| 水库名称 | 类别 | | 总氮 | | 营养状态 | |
|---|---|---|---|---|---|---|
| | 2020 年 | 2019 年 | 2020 年 | 2019 年 | 2020 年 | 2019 年 |
| 石山口水库 | Ⅲ | Ⅲ | Ⅱ | Ⅱ | 中营养 | 中营养 |
| 五岳水库 | Ⅲ | Ⅲ | Ⅲ | Ⅱ | 中营养 | 中营养 |
| 宋家场水库 | Ⅱ | Ⅲ | Ⅲ | Ⅲ | 中营养 | 中营养 |
| 板桥水库 | Ⅱ | Ⅲ | Ⅱ | Ⅲ | 中营养 | 中营养 |
| 宿鸭湖水库 | 劣Ⅴ | 劣Ⅴ | Ⅴ | 劣Ⅴ | 中度富营养 | 中度富营养 |
| 薄山水库 | Ⅱ | Ⅱ | Ⅱ | Ⅲ | 中营养 | 中营养 |
| 小浪底水库 | Ⅲ | Ⅲ | 劣Ⅴ | 劣Ⅴ | 中营养 | 中营养 |
| 全省 | Ⅲ | Ⅲ | Ⅴ | Ⅳ | 中营养 | 中营养 |

### 2.3.3 “十三五”变化趋势分析

“十三五”期间，全省河流水质级别仍为轻度污染。综合污染指数呈下降趋势，2020 年比 2016 年下降 36.1%。Ⅰ～Ⅲ类水质断面比例呈增加趋势，劣Ⅴ类水质断面比例呈减少趋势。主要超标因子化学需氧量、五日生化需氧量、总磷年均浓度均呈逐年下降趋势。

与 2016 年相比，总磷、五日生化需氧量年均浓度明显下降，化学需氧量年均浓度有所下降，分别下降 55.3%、34.3%和 16.4%，见图 2.3-45。

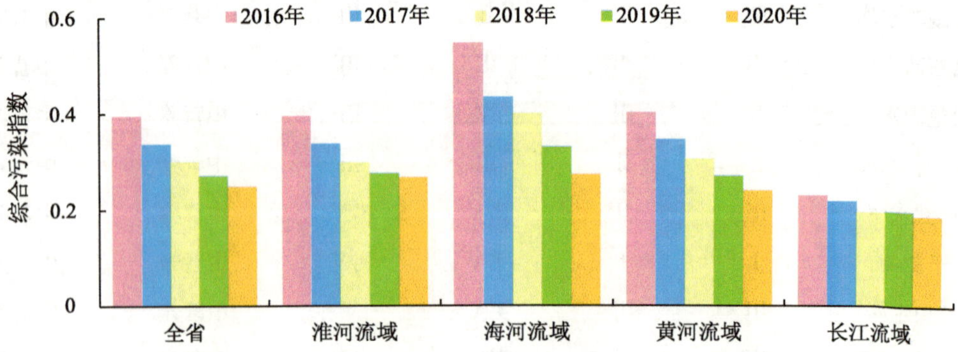


**图 2.3-45 “十三五”期间全省及各流域河流污染程度比较**

“十三五”末与“十二五”末相比，全省河流水质级别由中度污染变为轻度污染，综合污染指数下降 43.1%。Ⅰ～Ⅲ类水质断面呈增加趋势，劣Ⅴ类水质断面呈减少趋势。“十三五”末与“十二五”末相比，主要超标因子化学需氧量、五日生化需氧量、氨氮和总磷年均浓度分别下降 23.3%、39.5%、63.7%和 79.1%。

（1）河流

全省“十三五”期间，地表水环境质量持续改善，虽然水质级别为轻度污染，但污染程度明显下降。综合污染指数下降36.1%。Ⅰ～Ⅲ类水质断面增加32个，增加22.7个百分点；Ⅳ类水质断面增加6个，增加4.3个百分点；Ⅴ类水质断面减少9个，减少6.4个百分点；劣Ⅴ类水质断面减少26个，减少18.4个百分点；断流断面减少3个，减少2.1个百分点。见表2.3-18和图2.3-46。

表2.3-18　2016—2020年全省及流域水质级别变化情况

| 流域名称 | 2016年 | 2017年 | 2018年 | 2019年 | 2020年 | “十三五”\|ΔG−ΔD\| | 污染程度评价 |
|---|---|---|---|---|---|---|---|
| 淮河流域 | 轻度污染 | 轻度污染 | 轻度污染 | 轻度污染 | 轻度污染 | 38.3 | 明显好转 |
| 海河流域 | 重度污染 | 中度污染 | 轻度污染 | 轻度污染 | 轻度污染 | 75.0 | 明显好转 |
| 黄河流域 | 轻度污染 | 轻度污染 | 轻度污染 | 轻度污染 | 良好 | 43.9 | 明显好转 |
| 长江流域 | 优 | 优 | 优 | 优 | 优 | 10.0 | 无明显变化 |
| 全省 | 轻度污染 | 轻度污染 | 轻度污染 | 轻度污染 | 轻度污染 | 41.1 | 明显好转 |

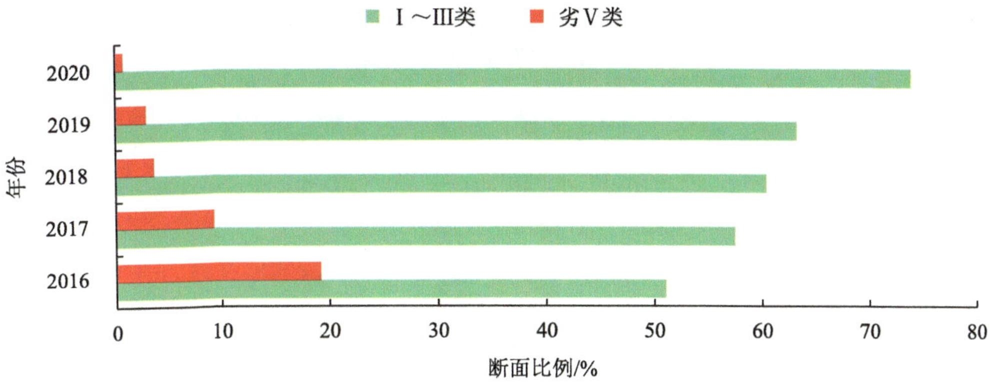


图2.3-46　“十三五”期间全省河流Ⅰ～Ⅲ类、劣Ⅴ类水质断面比例变化

“十三五”期间主要超标因子化学需氧量、五日生化需氧量、总磷年均浓度均呈逐年下降趋势。与2016年相比，总磷、五日生化需氧量年均浓度明显下降，化学需氧量年均浓度有所下降，分别下降55.3%、34.3%和16.4%，见表2.3-19。

表 2.3-19　2016—2020 年全省河流主要超标因子年均浓度变化情况

单位：mg/L

| 年度 | 化学需氧量 | | 五日生化需氧量 | | 总磷 | |
|---|---|---|---|---|---|---|
| | 年均值 | 类别 | 年均值 | 类别 | 年均值 | 类别 |
| 2016 | 18.9 | Ⅲ | 3.5 | Ⅲ | 0.190 | Ⅲ |
| 2017 | 18.3 | Ⅲ | 3.1 | Ⅲ | 0.140 | Ⅲ |
| 2018 | 16.9 | Ⅲ | 2.4 | Ⅰ | 0.117 | Ⅲ |
| 2019 | 16.4 | Ⅲ | 2.4 | Ⅰ | 0.098 | Ⅱ |
| 2020 | 15.8 | Ⅲ | 2.3 | Ⅰ | 0.085 | Ⅱ |
| 与 2016 年比较/% | −16.4 | — | −34.3 | — | −55.3 | — |

①淮河流域

a. 水质类别变化趋势

在 60 个监测断面中，Ⅰ～Ⅲ类水质断面增加 14 个，增加 23.4 个百分点；Ⅳ类水质断面增加 3 个，增加 5.0 个百分点；Ⅴ类水质断面减少 7 个，减少 11.7 个百分点；劣Ⅴ类水质断面减少 9 个，减少 15.0 个百分点；断流断面减少 1 个，减少 1.7 个百分点，见图 2.3-47。

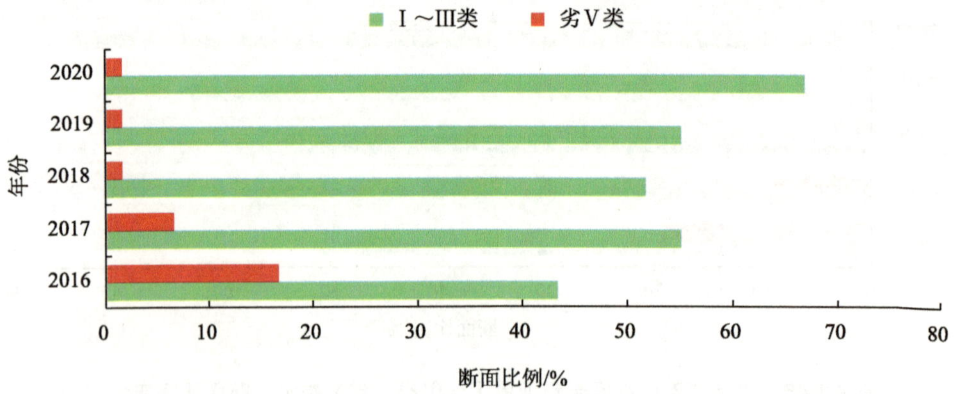


图 2.3-47　“十三五”期间省辖淮河流域Ⅰ～Ⅲ类、劣Ⅴ类水质断面比例变化

b. 主要超标因子变化趋势

化学需氧量、五日生化需氧量、总磷年均浓度均呈逐年下降趋势。与 2016 年相比，总磷、五日生化需氧量年均浓度明显下降，化学需氧量年均浓度有所下降，分别下降 58.2%、29.7%和 15.7%，见表 2.3-20。

表 2.3-20 2016—2020 年省辖淮河流域主要超标因子年均浓度变化情况

单位：mg/L

| 年度 | 化学需氧量 | | 五日生化需氧量 | | 总磷 | |
|---|---|---|---|---|---|---|
| | 年均值 | 类别 | 年均值 | 类别 | 年均值 | 类别 |
| 2016 | 20.4 | Ⅳ | 3.7 | Ⅲ | 0.244 | Ⅳ |
| 2017 | 19.9 | Ⅲ | 3.4 | Ⅲ | 0.143 | Ⅲ |
| 2018 | 18.4 | Ⅲ | 2.8 | Ⅰ | 0.130 | Ⅲ |
| 2019 | 18.0 | Ⅲ | 2.5 | Ⅰ | 0.110 | Ⅲ |
| 2020 | 17.2 | Ⅲ | 2.6 | Ⅰ | 0.102 | Ⅲ |
| 与 2016 年比较/% | −15.7 | — | −29.7 | — | −58.2 | — |

c. 污染程度变化趋势

水质级别仍为轻度污染，污染程度呈下降趋势，2020 年综合污染指数比 2016 年下降 31.2%。

白露河水质级别由轻度污染变为优；淮河干流、史河、北汝河、灌河、滚河、汾河水质级别由良好变为优；双洎河水质级别由重度污染变为良好；贾鲁河、洪河水质级别由中度污染变为良好；泉河、颍河、清潩河、汝河水质级别由轻度污染变为良好；包河、沱河、惠济河水质级别由重度污染变为轻度污染；涡河水质级别由良好变为轻度污染；臻头河、澧河、沙河、史灌河、潢河、浉河、竹竿河、黑河、浍河、大沙河、黑茨河水质级别无变化，见表 2.3-21。部分河流污染程度变化见图 2.3-48。

表 2.3-21 2016—2020 年省辖淮河流域河流水质级别变化情况

| 河流名称 | 2016 年 | 2017 年 | 2018 年 | 2019 年 | 2020 年 |
|---|---|---|---|---|---|
| 淮河干流 | 良好 | 良好 | 良好 | 优 | 优 |
| 浉河 | 良好 | 良好 | 良好 | 良好 | 良好 |
| 竹竿河 | 良好 | 良好 | 良好 | 优 | 良好 |
| 潢河 | 良好 | 良好 | 良好 | 轻度污染 | 良好 |
| 白露河 | 轻度污染 | 良好 | 轻度污染 | 良好 | 优 |
| 史灌河 | 良好 | 良好 | 良好 | 良好 | 良好 |
| 史河 | 良好 | 优 | 优 | 优 | 优 |
| 灌河 | 良好 | 良好 | 良好 | 良好 | 优 |
| 滚河 | 良好 | 良好 | 良好 | 优 | 优 |

| 河流名称 | 2016 年 | 2017 年 | 2018 年 | 2019 年 | 2020 年 |
|---|---|---|---|---|---|
| 洪河 | 中度污染 | 轻度污染 | 轻度污染 | 轻度污染 | 良好 |
| 汝河 | 轻度污染 | 良好 | 良好 | 良好 | 良好 |
| 臻头河 | 优 | 优 | 优 | 优 | 优 |
| 颍河 | 轻度污染 | 轻度污染 | 轻度污染 | 轻度污染 | 良好 |
| 沙河 | 优 | 优 | 优 | 良好 | 优 |
| 北汝河 | 良好 | 优 | 优 | 优 | 优 |
| 澧河 | 优 | 优 | 优 | 优 | 优 |
| 清潩河 | 轻度污染 | 轻度污染 | 良好 | 轻度污染 | 良好 |
| 贾鲁河 | 中度污染 | 轻度污染 | 良好 | 良好 | 良好 |
| 双洎河 | 重度污染 | 重度污染 | 轻度污染 | 轻度污染 | 良好 |
| 黑河 | 轻度污染 | 轻度污染 | 中度污染 | 良好 | 轻度污染 |
| 汾河 | 良好 | 良好 | 轻度污染 | 良好 | 优 |
| 泉河 | 轻度污染 | 轻度污染 | 轻度污染 | 良好 | 良好 |
| 黑茨河 | 轻度污染 | 轻度污染 | 轻度污染 | 轻度污染 | 轻度污染 |
| 涡河 | 良好 | 良好 | 良好 | 良好 | 轻度污染 |
| 惠济河 | 重度污染 | 重度污染 | 重度污染 | 中度污染 | 轻度污染 |
| 大沙河 | 轻度污染 | 轻度污染 | 轻度污染 | 轻度污染 | 轻度污染 |
| 浍河 | 轻度污染 | 轻度污染 | 轻度污染 | 轻度污染 | 轻度污染 |
| 包河 | 重度污染 | 中度污染 | 轻度污染 | 轻度污染 | 轻度污染 |
| 沱河 | 重度污染 | 轻度污染 | 轻度污染 | 轻度污染 | 轻度污染 |
| 淮河流域 | 轻度污染 | 轻度污染 | 轻度污染 | 轻度污染 | 轻度污染 |

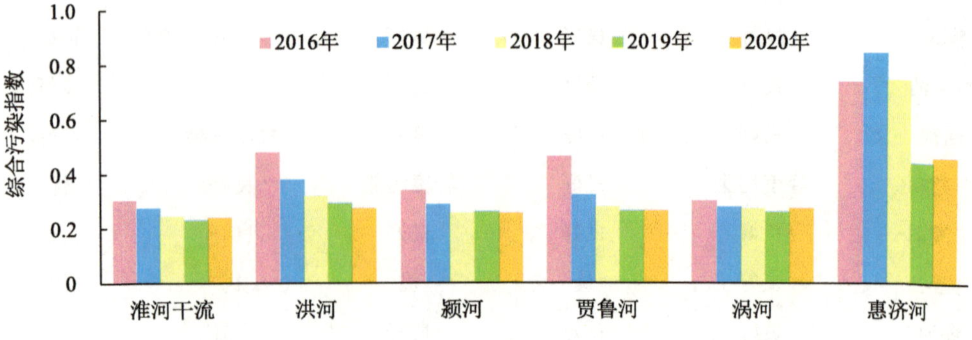


**图 2.3-48 “十三五”期间省辖淮河流域主要河流污染程度变化**

d. 秩相关系数分析

淮河流域整体水质明显改善。浉河、白露河、史河、灌河、洪河、北汝河、贾鲁河、泉河、包河、淮河干流、竹竿河、颍河、清潩河、双洎河、黑河、大沙河、沱河水质明显改善；史灌河、汝河、沙河、涡河、滚河、惠济河、浍河、汾河、黑茨河、潢河水质改善趋势不明显；澧河、臻头河水质稳定。见表 2.3-22。

表 2.3-22 2016—2020 年省辖淮河流域河流污染变化趋势

| 河流名称 | 综合污染指数 | | | | | 秩相关系数 |
|---|---|---|---|---|---|---|
| | 2016 年 | 2017 年 | 2018 年 | 2019 年 | 2020 年 | |
| 淮河干流 | 0.307 | 0.278 | 0.249 | 0.234 | 0.244 | −0.9 |
| 浉河 | 0.294 | 0.273 | 0.250 | 0.246 | 0.239 | −1 |
| 竹竿河 | 0.288 | 0.282 | 0.231 | 0.205 | 0.219 | −0.9 |
| 潢河 | 0.278 | 0.284 | 0.279 | 0.323 | 0.241 | −0.1 |
| 白露河 | 0.358 | 0.294 | 0.288 | 0.239 | 0.215 | −1 |
| 史灌河 | 0.288 | 0.269 | 0.222 | 0.240 | 0.234 | −0.7 |
| 史河 | 0.255 | 0.220 | 0.149 | 0.148 | 0.144 | −1 |
| 灌河 | 0.331 | 0.266 | 0.228 | 0.225 | 0.185 | −1 |
| 滚河 | 0.246 | 0.276 | 0.248 | 0.196 | 0.205 | −0.6 |
| 洪河 | 0.483 | 0.382 | 0.325 | 0.297 | 0.277 | −1 |
| 汝河 | 0.340 | 0.298 | 0.305 | 0.300 | 0.272 | −0.7 |
| 臻头河 | 0.176 | 0.154 | 0.214 | 0.201 | 0.188 | 0.5 |
| 颍河 | 0.343 | 0.291 | 0.261 | 0.264 | 0.261 | −0.9 |
| 沙河 | 0.258 | 0.227 | 0.212 | 0.218 | 0.215 | −0.7 |
| 北汝河 | 0.238 | 0.218 | 0.195 | 0.193 | 0.182 | −1 |
| 澧河 | 0.194 | 0.181 | 0.180 | 0.189 | 0.204 | 0.3 |
| 清潩河 | 0.385 | 0.324 | 0.281 | 0.319 | 0.270 | −0.9 |
| 贾鲁河 | 0.467 | 0.326 | 0.285 | 0.268 | 0.267 | −1 |
| 双洎河 | 0.702 | 0.522 | 0.322 | 0.346 | 0.277 | −0.9 |
| 黑河 | 0.471 | 0.452 | 0.430 | 0.294 | 0.308 | −0.9 |
| 汾河 | 0.283 | 0.270 | 0.300 | 0.272 | 0.211 | −0.5 |
| 泉河 | 0.370 | 0.332 | 0.330 | 0.284 | 0.263 | −1 |

| 河流名称 | 综合污染指数 | | | | | 秩相关系数 |
|---|---|---|---|---|---|---|
| | 2016年 | 2017年 | 2018年 | 2019年 | 2020年 | |
| 黑茨河 | 0.342 | 0.308 | 0.364 | 0.307 | 0.327 | −0.3 |
| 涡河 | 0.305 | 0.283 | 0.279 | 0.265 | 0.280 | −0.7 |
| 惠济河 | 0.740 | 0.848 | 0.752 | 0.444 | 0.477 | −0.6 |
| 大沙河 | 0.389 | 0.383 | 0.336 | 0.352 | 0.325 | −0.9 |
| 浍河 | 0.362 | 0.414 | 0.282 | 0.324 | 0.320 | −0.6 |
| 包河 | 0.868 | 0.535 | 0.394 | 0.358 | 0.351 | −1 |
| 沱河 | 0.678 | 0.441 | 0.376 | 0.364 | 0.388 | −1 |
| 淮河流域 | 0.396 | 0.337 | 0.297 | 0.279 | 0.272 | −1 |

②海河流域

a. 水质类别变化趋势

在20个监测断面中，Ⅰ～Ⅲ类水质断面增加4个，增加20.0个百分点；Ⅳ类水质断面增加8个，增加40.0个百分点；Ⅴ类水质断面减少1个，减少5.0个百分点；劣Ⅴ类水质断面减少11个，减少55.0个百分点，见图2.3-49。

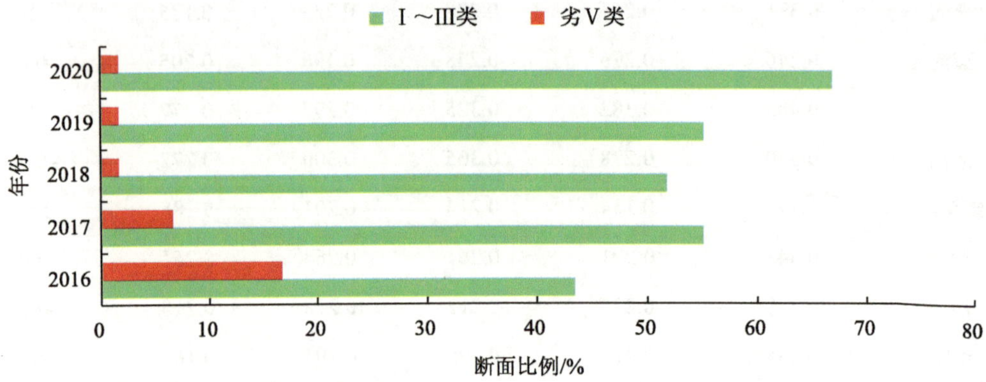


**图2.3-49 “十三五”期间省辖海河流域Ⅰ～Ⅲ类、劣Ⅴ类水质断面比例变化**

b. 主要超标因子变化趋势

化学需氧量、氨氮年均浓度均呈逐年下降趋势，挥发酚年均浓度有波动，2016年、2017年逐年下降，2018年升到波峰，之后2019年、2020年明显下降。与2016年相比，氨氮、挥发酚和化学需氧量分别下降81.9%、58.8%和29.9%，见表2.3-23。

表 2.3-23 2016—2020 年省辖海河流域主要超标因子年均浓度变化情况

单位：mg/L

| 年 度 | 化学需氧量 | | 氨氮 | | 挥发酚 | |
|---|---|---|---|---|---|---|
| | 年均值 | 类别 | 年均值 | 类别 | 年均值 | 类别 |
| 2016 | 22.1 | Ⅳ | 2.32 | 劣Ⅴ | 0.003 4 | Ⅲ |
| 2017 | 19.4 | Ⅲ | 1.44 | Ⅳ | 0.002 5 | Ⅲ |
| 2018 | 17.2 | Ⅲ | 0.78 | Ⅲ | 0.007 7 | Ⅳ |
| 2019 | 16.2 | Ⅲ | 0.62 | Ⅲ | 0.003 2 | Ⅲ |
| 2020 | 15.5 | Ⅲ | 0.42 | Ⅱ | 0.001 4 | Ⅰ |
| 与 2016 年比较/% | −29.9 | — | −81.9 | — | −58.8 | — |

c. 污染程度变化趋势

海河流域水质级别由重度污染变为轻度污染，污染程度呈明显下降趋势，2020 年综合污染指数比 2016 年下降 49.1%。

马颊河水质级别由轻度污染变为优，安阳河水质级别由良好变为优；共产主义渠水质级别由重度污染变为良好，汤河、卫河、大沙河水质级别由重度污染变为轻度污染；淅河、露水河、淇河、人民胜利渠水质级别无变化，见表 2.3-24。部分河流污染程度变化见图 2.3-50。

表 2.3-24 2016—2020 年省辖海河流域水质级别变化情况

| 河流名称 | 2016 年 | 2017 年 | 2018 年 | 2019 年 | 2020 年 |
|---|---|---|---|---|---|
| 大沙河 | 重度污染 | 轻度污染 | 轻度污染 | 轻度污染 | 轻度污染 |
| 卫河 | 重度污染 | 轻度污染 | 轻度污染 | 轻度污染 | 轻度污染 |
| 共产主义渠 | 重度污染 | 重度污染 | 中度污染 | 轻度污染 | 良好 |
| 人民胜利渠 | 优 | 优 | 良好 | 良好 | 优 |
| 淇河 | 优 | 优 | 优 | 优 | 优 |
| 露水河 | 优 | 优 | 优 | 优 | 优 |
| 安阳河 | 良好 | 优 | 轻度污染 | 优 | 优 |
| 汤河 | 重度污染 | 中度污染 | 轻度污染 | 轻度污染 | 轻度污染 |
| 淅河 | 优 | 优 | 优 | 优 | 优 |
| 马颊河 | 轻度污染 | 轻度污染 | 良好 | 良好 | 优 |
| 海河流域 | 重度污染 | 中度污染 | 轻度污染 | 轻度污染 | 轻度污染 |

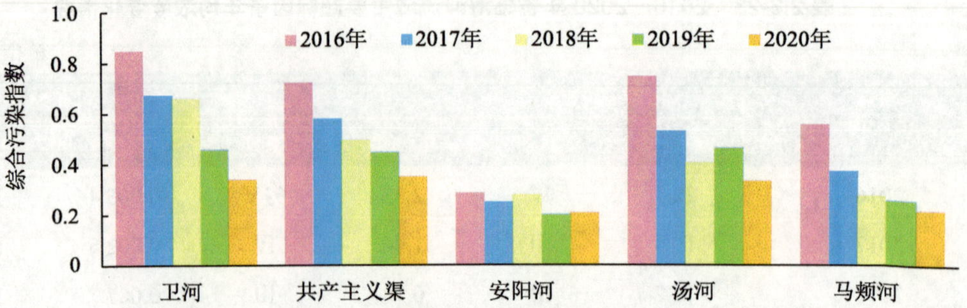


图 2.3-50 “十三五”期间省辖海河流域主要河流污染程度变化

d. 秩相关系数分析

海河流域整体水质明显改善。卫河、共产主义渠、马颊河、大沙河、汤河水质明显改善，安阳河、露水河、淅河、人民胜利渠水质存在波动，淇河水质存在下降趋势。见表 2.3-25。

表 2.3-25 2016—2020 年省辖海河流域河流污染变化趋势

| 河流名称 | 综合污染指数 | | | | | 秩相关系数 |
|---|---|---|---|---|---|---|
| | 2016 年 | 2017 年 | 2018 年 | 2019 年 | 2020 年 | |
| 大沙河 | 0.551 | 0.458 | 0.369 | 0.336 | 0.340 | –0.9 |
| 卫河 | 0.851 | 0.675 | 0.664 | 0.460 | 0.343 | –1.0 |
| 共产主义渠 | 0.726 | 0.580 | 0.500 | 0.449 | 0.358 | –1.0 |
| 人民胜利渠 | 0.234 | 0.222 | 0.270 | 0.242 | 0.218 | –0.2 |
| 淇河 | 0.130 | 0.142 | 0.143 | 0.156 | 0.181 | 1.0 |
| 露水河 | 0.168 | 0.139 | 0.148 | 0.143 | 0.133 | –0.7 |
| 安阳河 | 0.288 | 0.250 | 0.283 | 0.203 | 0.214 | –0.8 |
| 汤河 | 0.748 | 0.531 | 0.409 | 0.466 | 0.335 | –0.9 |
| 淅河 | 0.148 | 0.126 | 0.120 | 0.130 | 0.117 | –0.7 |
| 马颊河 | 0.558 | 0.374 | 0.280 | 0.259 | 0.225 | –1.0 |
| 海河流域 | 0.550 | 0.434 | 0.398 | 0.340 | 0.280 | –1.0 |

③黄河流域

a. 水质类别变化趋势

在 41 个监测断面中，Ⅰ～Ⅲ类水质断面增加 12 个，增加 29.2 个百分点；Ⅳ类水质断面减少 3 个，减少 7.3 个百分点；Ⅴ类水质断面减少 1 个，减少 2.4 个百分点；劣Ⅴ类水质断面减少 6 个，减少 14.6 个百分点；断流断面减少 2 个，减少 4.9 个百分点，见图 2.3-51。

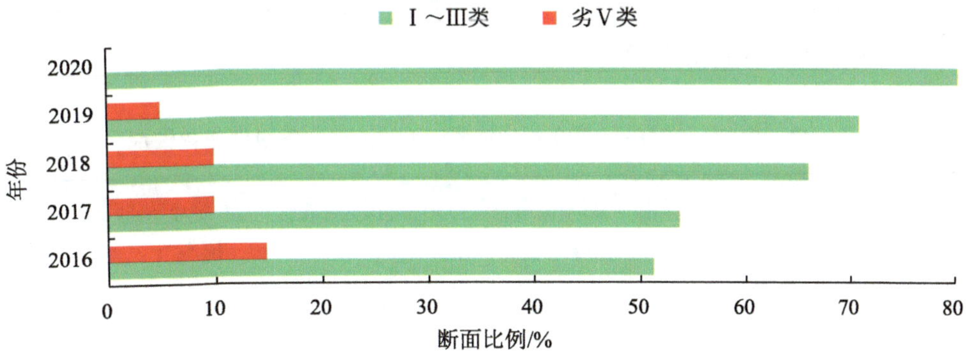


**图 2.3-51 “十三五”期间省辖黄河流域Ⅰ～Ⅲ类、劣Ⅴ类水质断面比例变化**

b. 主要超标因子变化趋势

化学需氧量、总磷、五日生化需氧量年均浓度均呈下降趋势。与 2016 年相比，总磷、五日生化需氧量和化学需氧量分别下降 53.9%、31.0%和 9.9%，见表 2.3-26。

**表 2.3-26 2016—2020 年省辖黄河流域主要超标因子年均浓度变化情况**

单位：mg/L

| 年度 | 化学需氧量 | | 总磷 | | 五日生化需氧量 | |
|---|---|---|---|---|---|---|
| | 年均值 | 类别 | 年均值 | 类别 | 年均值 | 类别 |
| 2016 | 17.1 | Ⅲ | 0.165 | Ⅲ | 2.9 | Ⅰ |
| 2017 | 17.7 | Ⅲ | 0.153 | Ⅲ | 2.6 | Ⅰ |
| 2018 | 16.5 | Ⅲ | 0.115 | Ⅲ | 2.2 | Ⅰ |
| 2019 | 15.5 | Ⅲ | 0.094 | Ⅱ | 2.2 | Ⅰ |
| 2020 | 15.4 | Ⅲ | 0.076 | Ⅱ | 2.0 | Ⅰ |
| 与 2016 年比较/% | -9.9 | — | -53.9 | — | -31.0 | — |

c. 污染程度变化趋势

黄河流域水质级别由轻度污染变为良好，污染程度呈下降趋势，2020 年综合污染指数比 2016 年下降 40.0%。

枣香河、蟒河、天然渠、文岩渠水质级别由轻度污染变为优；文峪河、宏农涧河水质级别由良好变为优；阳平河水质级别由重度污染变为良好；天然文岩渠、黄庄河水质级别由中度污染变为良好；伊洛河水质级别由轻度污染变为良好；金堤河水质级别由重度污染变为轻度污染，涧河水质级别由中度污染变为轻度污染；洛河、伊河水质级别仍保持优；黄河干流、丹河、沁河、青龙涧河、汜水河、西柳青河水质级别有波动。见表2.3-27。部分河流污染程度变化见图2.3-52。

**表2.3-27　2016—2020年省辖黄河流域河流水质级别变化情况**

| 河流名称 | 2016年 | 2017年 | 2018年 | 2019年 | 2020年 |
|---|---|---|---|---|---|
| 黄河干流 | 优 | 轻度污染 | 优 | 优 | 优 |
| 宏农涧河 | 良好 | 良好 | 优 | 优 | 优 |
| 青龙涧河 | 良好 | 优 | 优 | 优 | 良好 |
| 阳平河 | 重度污染 | 重度污染 | 中度污染 | 轻度污染 | 良好 |
| 枣香河 | 轻度污染 | 轻度污染 | 优 | 优 | 优 |
| 文峪河 | 良好 | 良好 | 优 | 优 | 优 |
| 涧河 | 中度污染 | 轻度污染 | 轻度污染 | 轻度污染 | 轻度污染 |
| 伊洛河 | 轻度污染 | 良好 | 良好 | 良好 | 良好 |
| 汜水河 | 良好 | 中度污染 | 重度污染 | 重度污染 | 良好 |
| 洛河 | 优 | 优 | 优 | 优 | 优 |
| 伊河 | 优 | 优 | 优 | 优 | 优 |
| 沁河 | 优 | 良好 | 优 | 优 | 优 |
| 丹河 | 优 | 良好 | 优 | 优 | 优 |
| 蟒河 | 轻度污染 | 中度污染 | 良好 | 优 | 优 |
| 天然文岩渠 | 中度污染 | — | 良好 | — | 良好 |
| 天然渠 | 轻度污染 | 轻度污染 | 轻度污染 | 优 | 优 |
| 文岩渠 | 轻度污染 | 良好 | 轻度污染 | 优 | 优 |
| 金堤河 | 重度污染 | 轻度污染 | 重度污染 | 中度污染 | 轻度污染 |
| 黄庄河 | 中度污染 | 轻度污染 | 良好 | 良好 | 良好 |
| 西柳青河 | — | 中度污染 | 轻度污染 | 轻度污染 | 中度污染 |
| 黄河流域 | 轻度污染 | 轻度污染 | 轻度污染 | 轻度污染 | 良好 |

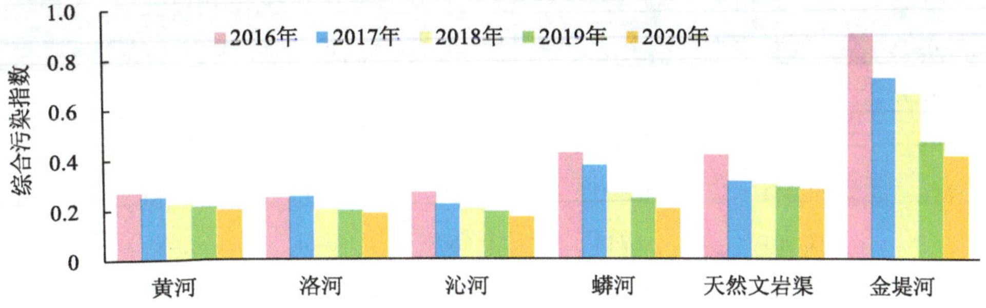


**图 2.3-52 “十三五”期间省黄河流域主要河流污染程度变化**

d. 秩相关系数分析

黄河流域整体水质明显改善。黄河干流、宏农涧河、阳平河、枣香河、伊洛河、沁河、蟒河、天然文岩渠、金堤河、黄庄河、青龙涧河、文峪河、涧河、洛河、丹河、天然渠水质明显改善；文岩渠水质改善趋势不明显；汜水河、伊河水质有波动，见表 2.3-28。

**表 2.3-28 2016—2020 年省辖黄河流域河流污染变化趋势**

| 河流名称 | 综合污染指数 | | | | | 秩相关系数 |
|---|---|---|---|---|---|---|
| | 2016 年 | 2017 年 | 2018 年 | 2019 年 | 2020 年 | |
| 黄河干流 | 0.271 | 0.252 | 0.225 | 0.213 | 0.202 | –1 |
| 宏农涧河 | 0.347 | 0.288 | 0.237 | 0.207 | 0.203 | –1 |
| 青龙涧河 | 0.347 | 0.269 | 0.244 | 0.255 | 0.243 | –0.9 |
| 阳平河 | 0.719 | 0.566 | 0.456 | 0.396 | 0.287 | –1 |
| 枣香河 | 0.400 | 0.342 | 0.236 | 0.208 | 0.194 | –1 |
| 文峪河 | 0.401 | 0.252 | 0.189 | 0.194 | 0.174 | –0.9 |
| 涧河 | 0.442 | 0.376 | 0.342 | 0.344 | 0.269 | –0.9 |
| 伊洛河 | 0.375 | 0.336 | 0.317 | 0.306 | 0.240 | –1 |
| 汜水河 | 0.303 | 0.315 | 0.371 | 0.377 | 0.279 | 0 |
| 洛河 | 0.248 | 0.251 | 0.201 | 0.196 | 0.185 | –0.9 |
| 伊河 | 0.196 | 0.201 | 0.201 | 0.206 | 0.188 | 0 |
| 沁河 | 0.268 | 0.219 | 0.203 | 0.192 | 0.171 | –1 |
| 丹河 | 0.258 | 0.237 | 0.168 | 0.175 | 0.153 | –0.9 |
| 蟒河 | 0.425 | 0.374 | 0.263 | 0.244 | 0.204 | –1 |

| 河流名称 | 综合污染指数 | | | | | 秩相关系数 |
|---|---|---|---|---|---|---|
| | 2016 年 | 2017 年 | 2018 年 | 2019 年 | 2020 年 | |
| 天然文岩渠 | 0.417 | 0.312 | 0.301 | 0.289 | 0.286 | −1 |
| 天然渠 | 0.347 | 0.301 | 0.305 | 0.235 | 0.220 | −0.9 |
| 文岩渠 | 0.341 | 0.300 | 0.370 | 0.240 | 0.246 | −0.6 |
| 金堤河 | 0.901 | 0.723 | 0.660 | 0.468 | 0.411 | −1 |
| 黄庄河 | 0.443 | 0.403 | 0.361 | 0.320 | 0.295 | −1 |
| 西柳青河 | — | 0.455 | 0.326 | 0.380 | 0.351 | — |
| 黄河流域 | 0.402 | 0.348 | 0.304 | 0.273 | 0.241 | −1 |

④长江流域

a. 水质类别变化趋势

在 20 个监测断面中，Ⅰ～Ⅲ类水质断面增加 2 个，增加 10.0 个百分点；Ⅳ类水质断面减少 2 个，减少 10.0 个百分点；Ⅴ类和劣Ⅴ类水质断面持平，见图 2.3-53。

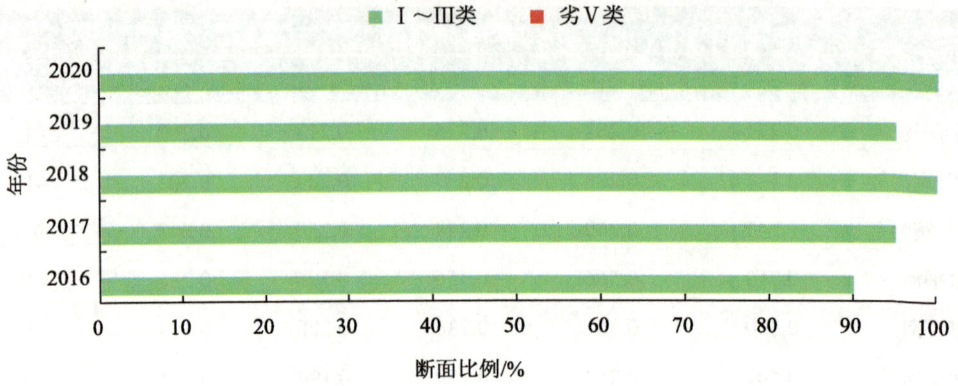


**图 2.3-53 “十三五”期间省辖长江流域Ⅰ～Ⅲ类、劣Ⅴ类水质断面比例变化**

b. 主要超标因子变化趋势

氨氮年均浓度 2017—2019 年有升高趋势，2019 年最高，总磷年均浓度 2017 年略有升高，之后呈下降趋势，五日生化需氧量年均浓度整体呈下降趋势，2019 年略有波动。与 2016 年相比，总磷、五日生化需氧量和氨氮分别下降 38.2%、31.0%和 21.7%，见表 2.3-29。

表 2.3-29 2016—2020 年省辖长江流域主要超标因子年均浓度变化情况

单位：mg/L

| 年度 | 氨氮 | | 总磷 | | 五日生化需氧量 | |
|---|---|---|---|---|---|---|
| | 年均值 | 类别 | 年均值 | 类别 | 年均值 | 类别 |
| 2016 | 0.23 | Ⅱ | 0.068 | Ⅱ | 2.9 | Ⅰ |
| 2017 | 0.18 | Ⅱ | 0.079 | Ⅱ | 2.5 | Ⅰ |
| 2018 | 0.23 | Ⅱ | 0.064 | Ⅱ | 2.0 | Ⅰ |
| 2019 | 0.25 | Ⅱ | 0.055 | Ⅱ | 2.2 | Ⅰ |
| 2020 | 0.18 | Ⅱ | 0.042 | Ⅱ | 2.0 | Ⅰ |
| 与 2016 年比较/% | −21.7 | — | −38.2 | — | −31.0 | — |

c. 污染程度变化趋势

长江流域水质级别保持优，2020 年综合污染指数比 2016 年下降 17.7%。

白河、湍河水质级别由良好变为优；淇河、丹江、老灌河、丁河、蛇尾河水质级别仍为优；唐河水质级别仍为良好。见表 2.3-30。部分河流污染程度变化见图 2.3-54。

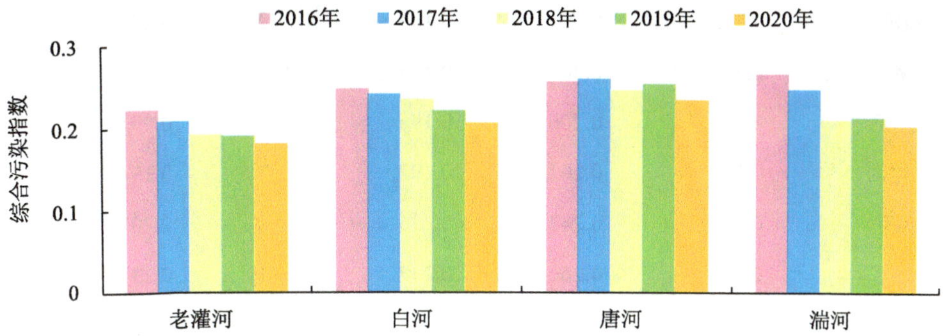


图 2.3-54 “十三五”期间省辖长江流域主要河流污染程度变化

表 2.3-30 2016—2020 年省辖长江流域河流水质级别变化情况

| 河流名称 | 2016 年 | 2017 年 | 2018 年 | 2019 年 | 2020 年 |
|---|---|---|---|---|---|
| 丹江 | 优 | 优 | 优 | 优 | 优 |
| 淇河 | 优 | 优 | 优 | 优 | 优 |
| 老灌河 | 优 | 轻度污染 | 优 | 优 | 优 |

| 河流名称 | 2016年 | 2017年 | 2018年 | 2019年 | 2020年 |
|---|---|---|---|---|---|
| 丁河 | 优 | 优 | 优 | 优 | 优 |
| 蛇尾河 | 优 | 优 | 优 | 优 | 优 |
| 白河 | 良好 | 良好 | 良好 | 良好 | 优 |
| 唐河 | 良好 | 良好 | 良好 | 良好 | 良好 |
| 湍河 | 良好 | 良好 | 优 | 良好 | 优 |
| 长江流域 | 优 | 优 | 优 | 优 | 优 |

d. 秩相关系数分析

长江流域整体水质明显改善。白河、老灌河、淇河、丁河、湍河水质明显改善；唐河、蛇尾河、丹江水质改善趋势不明显。见表2.3-31。

**表2.3-31 2016—2020年省辖黄河流域河流污染变化趋势**

| 河流名称 | 综合污染指数 | | | | | 秩相关系数 |
|---|---|---|---|---|---|---|
| | 2016年 | 2017年 | 2018年 | 2019年 | 2020年 | |
| 丹江 | 0.214 | 0.197 | 0.159 | 0.172 | 0.172 | −0.6 |
| 淇河 | 0.212 | 0.198 | 0.164 | 0.172 | 0.158 | −0.9 |
| 老灌河 | 0.223 | 0.209 | 0.193 | 0.191 | 0.182 | −1.0 |
| 丁河 | 0.220 | 0.206 | 0.196 | 0.182 | 0.191 | −0.9 |
| 蛇尾河 | 0.220 | 0.201 | 0.192 | 0.187 | 0.194 | −0.7 |
| 白河 | 0.248 | 0.242 | 0.236 | 0.222 | 0.207 | −1.0 |
| 唐河 | 0.257 | 0.260 | 0.247 | 0.254 | 0.231 | −0.8 |
| 湍河 | 0.266 | 0.247 | 0.211 | 0.213 | 0.204 | −0.9 |
| 长江流域 | 0.233 | 0.218 | 0.199 | 0.204 | 0.192 | −0.9 |

（2）水库

“十三五”期间，全省水库水质级别由良好变为优，营养状态均为中营养。

Ⅰ类水质水库增加2个，增加8.3个百分点；Ⅱ类水质水库增加5个，增加20.8个百分点；Ⅲ类水质水库减少5个，减少20.8个百分点；Ⅳ类水质水库减少2个，减少8.3个百分点；Ⅴ类和劣Ⅴ类水质水库持平。见表2.3-32。

表 2.3-32 2016—2020 年水库水质及污染变化情况

| 项目 | | 2016 年 | 2017 年 | 2018 年 | 2019 年 | 2020 年 |
|---|---|---|---|---|---|---|
| 水质类别比例/% | Ⅰ～Ⅲ类 | 83.3 | 91.7 | 91.7 | 91.7 | 91.7 |
| | Ⅳ类 | 12.5 | 4.2 | 4.2 | 4.2 | 4.2 |
| | Ⅴ类 | 0 | 0 | 0 | 0 | 0 |
| | 劣Ⅴ类 | 4.2 | 4.2 | 4.2 | 4.2 | 4.2 |
| 综合污染指数 | | 0.23 | 0.21 | 0.19 | 0.20 | 0.19 |

三门峡水库 2018 年为轻度富营养，其他各年为中营养；白沙水库由中营养变为轻度富营养；彰武水库由轻度富营养变为中营养；宿鸭湖水库为中度富营养，其他 20 个水库营养化状态保持不变。见表 2.3-33。

表 2.3-33 2016—2020 年全省水库营养化状况评价结果

| 城市名称 | 水库名称 | 2016 年 | 2017 年 | 2018 年 | 2019 年 | 2020 年 |
|---|---|---|---|---|---|---|
| 郑州 | 尖岗水库 | 中营养 | 中营养 | 中营养 | 中营养 | 中营养 |
| | 白沙水库 | 中营养 | 中营养 | 中营养 | 轻度富营养 | 轻度富营养 |
| 洛阳 | 故县水库 | 中营养 | 中营养 | 中营养 | 中营养 | 中营养 |
| | 陆浑水库 | 中营养 | 中营养 | 中营养 | 中营养 | 中营养 |
| 平顶山 | 石漫滩水库 | 中营养 | 中营养 | 中营养 | 中营养 | 中营养 |
| | 孤石滩水库 | 中营养 | 中营养 | 中营养 | 中营养 | 中营养 |
| | 白龟山水库 | 中营养 | 中营养 | 中营养 | 中营养 | 中营养 |
| | 昭平台水库 | 中营养 | 中营养 | 中营养 | 中营养 | 中营养 |
| 安阳 | 彰武水库 | 轻度富营养 | 轻度富营养 | 中营养 | 中营养 | 中营养 |
| 鹤壁 | 千鹤湖 | 中营养 | 贫营养 | 中营养 | 中营养 | 中营养 |
| 三门峡 | 窄口水库 | 中营养 | 中营养 | 中营养 | 中营养 | 中营养 |
| | 三门峡水库 | 中营养 | 中营养 | 轻度富营养 | 中营养 | 中营养 |
| 南阳 | 丹江口水库 | 中营养 | 中营养 | 中营养 | 中营养 | 中营养 |
| | 鸭河口水库 | 中营养 | 中营养 | 中营养 | 中营养 | 中营养 |
| 信阳 | 南湾水库 | 中营养 | 中营养 | 中营养 | 中营养 | 中营养 |
| | 鲇鱼山水库 | 中营养 | 中营养 | 中营养 | 中营养 | 中营养 |
| | 泼河水库 | 中营养 | 中营养 | 中营养 | 中营养 | 中营养 |

| 城市名称 | 水库名称 | 2016 年 | 2017 年 | 2018 年 | 2019 年 | 2020 年 |
|---|---|---|---|---|---|---|
| 信阳 | 石山口水库 | 中营养 | 中营养 | 中营养 | 中营养 | 中营养 |
| | 五岳水库 | 中营养 | 中营养 | 中营养 | 中营养 | 中营养 |
| 驻马店 | 板桥水库 | 中营养 | 中营养 | 中营养 | 中营养 | 中营养 |
| | 薄山水库 | 中营养 | 中营养 | 中营养 | 中营养 | 中营养 |
| | 宿鸭湖水库 | 中度富营养 | 中度富营养 | 中度富营养 | 中度富营养 | 中度富营养 |
| | 宋家场水库 | 中营养 | 中营养 | 中营养 | 中营养 | 中营养 |
| 济源 | 小浪底水库 | 中营养 | 中营养 | 中营养 | 中营养 | 中营养 |
| 全省 | | 中营养 | 中营养 | 中营养 | 中营养 | 中营养 |

全省水库总磷和氟化物年均浓度有所下降，分别下降 24.4%和 22.0%；化学需氧量年均浓度基本持平。见表 2.3-34。

**表 2.3-34 2016—2020 年全省水库主要超标因子年均浓度比较**

单位：mg/L

| 年度 | 总磷 | | 化学需氧量 | | 氟化物 | |
|---|---|---|---|---|---|---|
| | 年均值 | 类别 | 年均值 | 类别 | 年均值 | 类别 |
| 2016 | 0.041 | Ⅲ | 11.4 | Ⅰ | 0.513 | Ⅰ |
| 2017 | 0.033 | Ⅲ | 11.7 | Ⅰ | 0.464 | Ⅰ |
| 2018 | 0.041 | Ⅲ | 11.7 | Ⅰ | 0.419 | Ⅰ |
| 2019 | 0.039 | Ⅲ | 12.1 | Ⅰ | 0.442 | Ⅰ |
| 2020 | 0.031 | Ⅲ | 11.9 | Ⅰ | 0.400 | Ⅰ |
| 与 2016 年比较/% | −24.4 | — | 4.4 | — | −22.0 | — |

## 2.3.4 “十三五”末与“十二五”末对比分析

（1）河流

全省河流“十二五”期间水质级别为中度污染，“十三五”期间水质级别变为轻度污染，污染程度呈明显下降趋势。“十三五”末与“十二五”末相比，水质级别由中度污染变为轻度污染，综合污染指数下降 43.1%，见图 2.3-55。

Ⅰ～Ⅲ类水质断面呈增加趋势，劣Ⅴ类水质断面呈减少趋势。与“十二五”末相比，“十三五”末Ⅰ～Ⅲ类水质断面增加 30.4 个百分点；劣Ⅴ类水质断面减少 22.2 个百分点，见图 2.3-56。

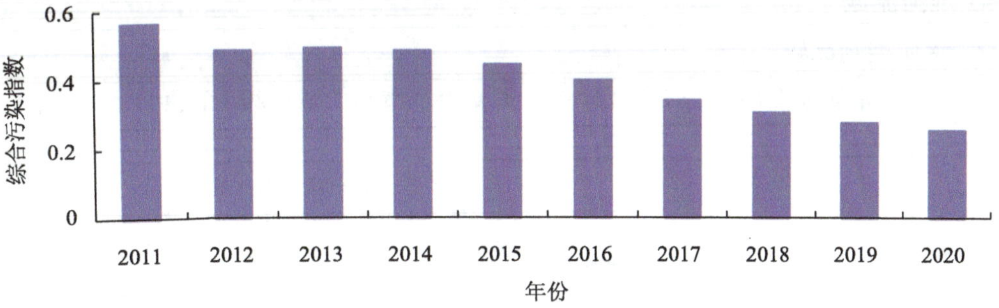


图 2.3-55 “十三五”与“十二五”期间全省河流污染程度变化趋势

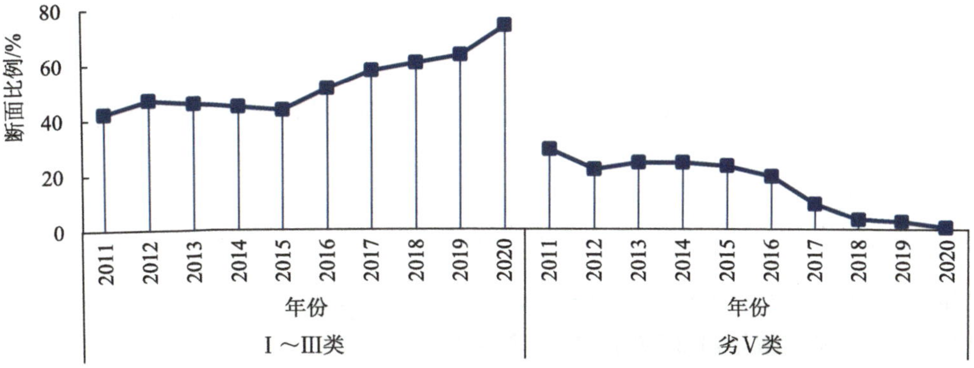


图 2.3-56 “十三五”与“十二五”期间全省河流断面水质比例变化

主要超标因子化学需氧量、五日生化需氧量、氨氮年均浓度“十二五”“十三五”期间呈下降趋势，总磷年均浓度波动较大，“十二五”期间有上升趋势，“十三五”期间呈下降趋势。“十三五”末与“十二五”末相比，化学需氧量、五日生化需氧量、氨氮和总磷年均浓度分别下降 23.3%、39.5%、63.7%和 79.1%，见图 2.3-57。

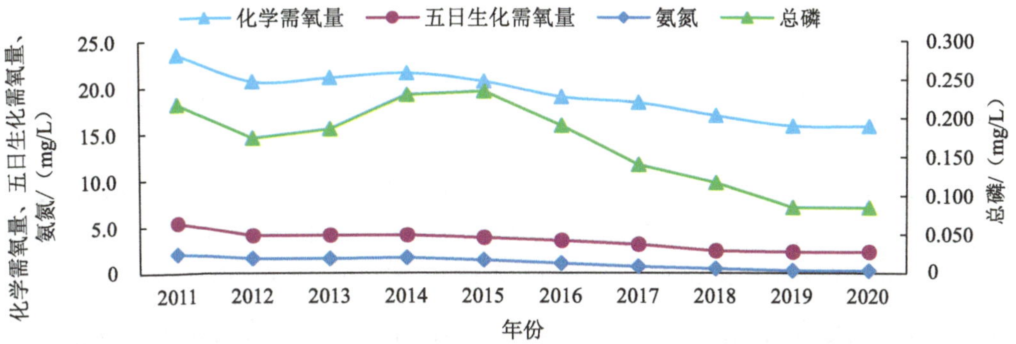


图 2.3-57 “十三五”与“十二五”期间全省河流主要污染因子年均浓度变化趋势

①淮河流域

a. 水质类别比较

Ⅰ～Ⅲ类水质断面增加29.7个百分点，劣Ⅴ类水质断面减少20.1个百分点，见图2.3-58。

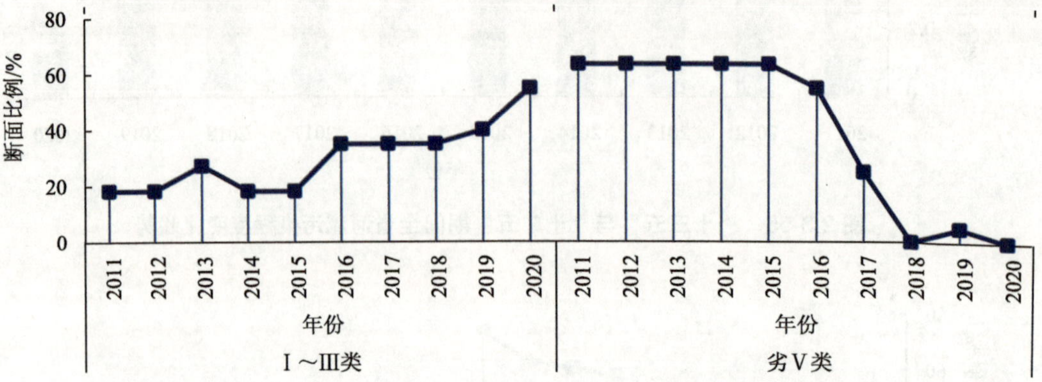


图 2.3-58 “十三五”与“十二五”期间省辖淮河流域断面水质比例变化

b. 污染程度变化

淮河流域“十二五”期间水质级别基本为中度污染（2012 年为轻度污染），“十三五”期间水质级别变为轻度污染，污染程度呈明显下降趋势，“十三五”末与“十二五”末相比，综合污染指数下降 37.7%，见图 2.3-59。

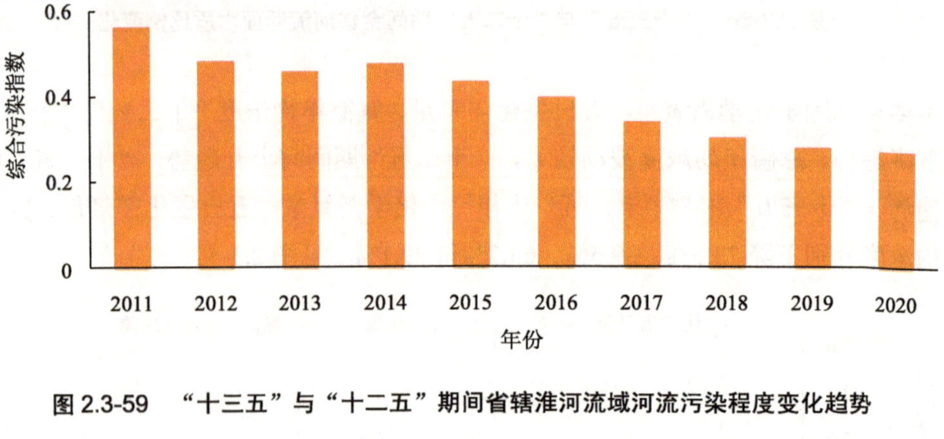


图 2.3-59 “十三五”与“十二五”期间省辖淮河流域河流污染程度变化趋势

“十三五”末与“十二五”末相比，淮河流域水质级别由中度污染变为轻度污染。其中，臻头河、沙河、北汝河、澧河水质级别仍为优，浉河、史灌河水质级别仍为良好，黑茨河、大沙河水质级别仍为轻度污染；白露河水质级别由轻度污染变为优；淮河干流水质级别由良好变为优；潢河、汝河、泉河水质级别由轻度污染变为良好；洪河、颍河、清潩河、贾鲁河水质级别由中度污染变为良好；双洎河水质级别由重度污染变为良好；

黑河、惠济河、包河、沱河水质级别由重度污染变为轻度污染；竹竿河水质级别由优变为良好；涡河水质级别由良好变为轻度污染。

c. 主要超标因子比较

淮河流域化学需氧量、五日生化需氧量年均浓度“十二五”“十三五”期间呈下降趋势，总磷年均浓度波动较大，“十二五”期间呈上升趋势，“十三五”期间呈下降趋势。“十三五”末与“十二五”末相比，化学需氧量、五日生化需氧量和总磷年均浓度分别下降 21.1%、31.6%和 64.3%，见图 2.3-60。

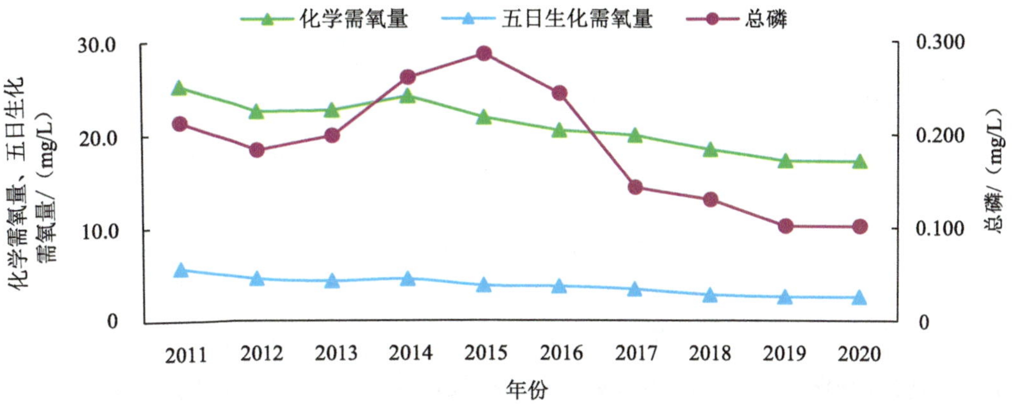


图 2.3-60 “十三五”与“十二五”期间省辖淮河流域河流主要污染因子年均浓度变化趋势

②海河流域

a. 水质类别比较

Ⅰ～Ⅲ类水质断面增加 36.8 个百分点，劣Ⅴ类水质断面减少 63.6 个百分点，见图 2.3-61。

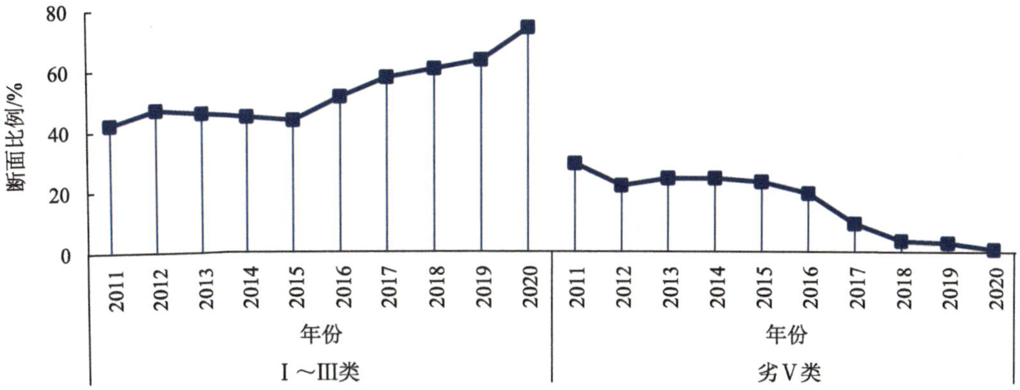


图 2.3-61 “十三五”与“十二五”期间省辖海河流域断面水质比例变化

b. 污染程度变化

海河流域“十二五”期间水质级别为重度污染，“十三五”期间水质级别由重度污染逐步变为轻度污染（2016 年为重度污染、2017 年为中度污染），污染程度呈明显下降趋势，“十三五”末与“十二五”末相比，综合污染指数下降 65.3%，见图 2.3-62。

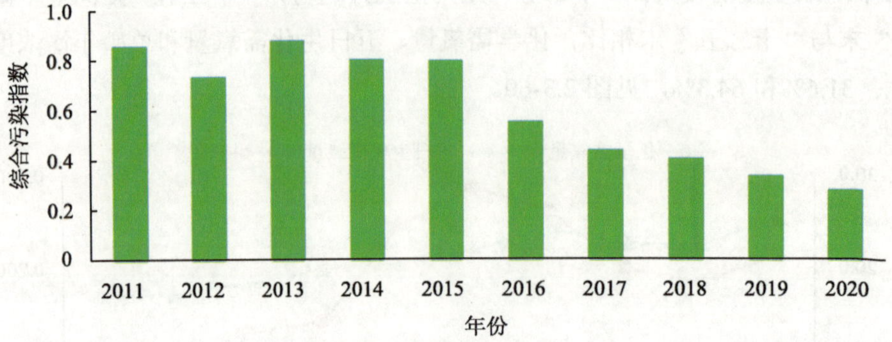


图 2.3-62 “十三五”与“十二五”期间省辖海河流域河流污染程度变化趋势

“十三五”末与“十二五”末相比，海河流域水质级别由重度污染变为轻度污染。其中，淇河水质级别保持优；马颊河水质级别由中度污染变为优；安阳河水质级别由轻度污染变为优；卫河、汤河水质级别由重度污染变为轻度污染；共产主义渠水质级别由重度污染变为良好。

c. 主要超标因子比较

海河流域化学需氧量、五日生化需氧量、氨氮年均浓度“十二五”期间波动较大，“十三五”期间呈下降趋势。“十三五”末与“十二五”末相比，化学需氧量、五日生化需氧量和氨氮年均浓度分别下降 46.9%、61.9%和 89.5%，见图 2.3-63。

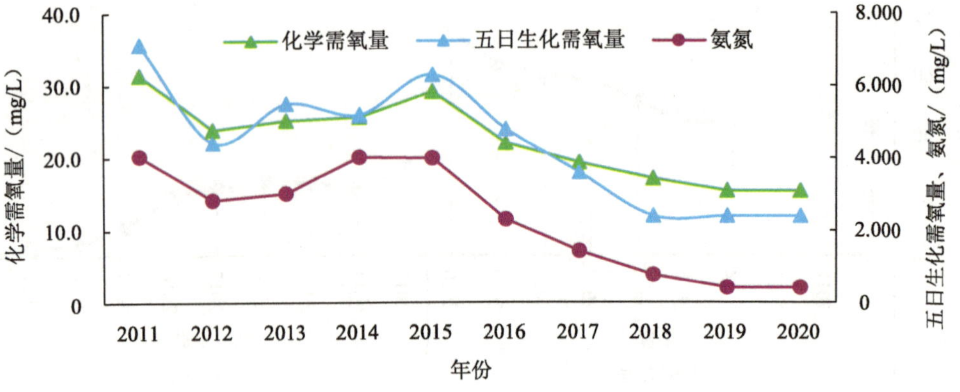


图 2.2-63 “十三五”与“十二五”期间省辖海河流域河流主要污染因子年均浓度变化趋势

③黄河流域

a. 水质类别比较

Ⅰ～Ⅲ类水质断面增加 17.3 个百分点，Ⅴ类水质断面减少 10.5 个百分点，见图 2.3-64。

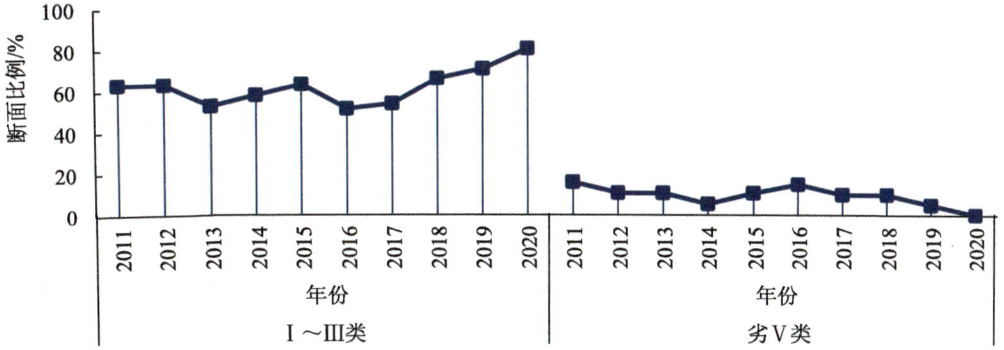


图 2.3-64　“十三五”与“十二五”期间省辖黄河流域断面水质比例变化

b. 污染程度变化

黄河流域“十二五”期间水质级别为轻度污染，“十三五”期间水质级别由轻度污染变为良好（2020 年），污染程度呈明显下降趋势，“十三五”末与“十二五”末相比，综合污染指数下降 26.3%，见图 2.3-65。

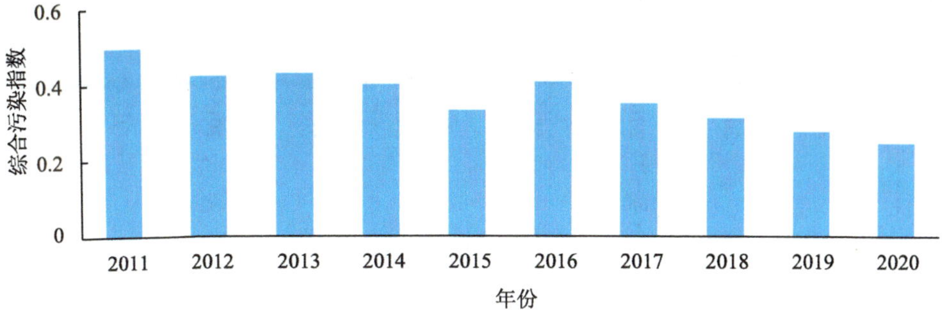


图 2.3-65　“十三五”与“十二五”期间省辖黄河流域河流污染程度变化趋势

“十三五”末与“十二五”末相比，黄河流域水质级别由轻度污染变为良好。其中，黄河干流、伊河、洛河水质级别保持优；宏农涧河、沁河、蟒河水质级别由轻度污染变为优；天然文岩渠水质级别由轻度污染变为良好；金堤河水质级别由重度污染变为轻度污染。

c. 主要超标因子比较

黄河流域“十二五”期间化学需氧量、氨氮、总磷年均浓度呈下降趋势，“十三五”初较“十二五”末有所上升，之后呈下降趋势。“十三五”末与“十二五”末相比，氨氮、总磷年均浓度分别下降 44.4%、31.5%，化学需氧量年均浓度上升 10.0%，见图 2.3-66。

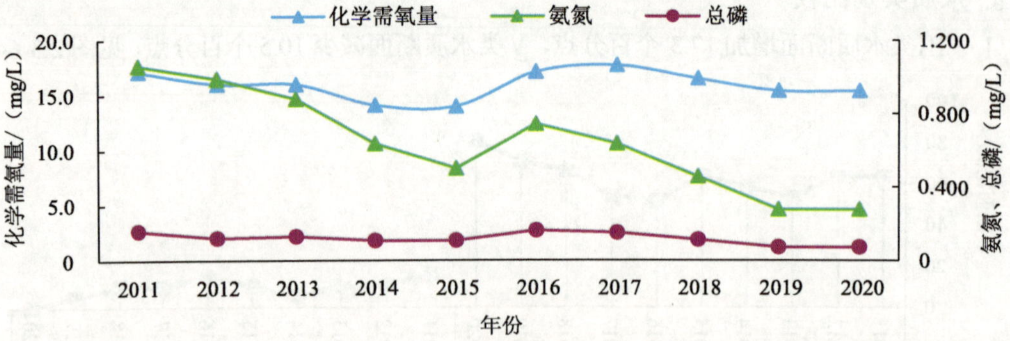


图 2.3-66 “十三五”与“十二五”期间省辖黄河流域河流主要污染因子年均浓度变化趋势

④长江流域

a. 水质类别比较

Ⅰ～Ⅲ类水质断面增加 28.8 个百分点，劣Ⅴ类水质断面无变化，见图 2.3-67。

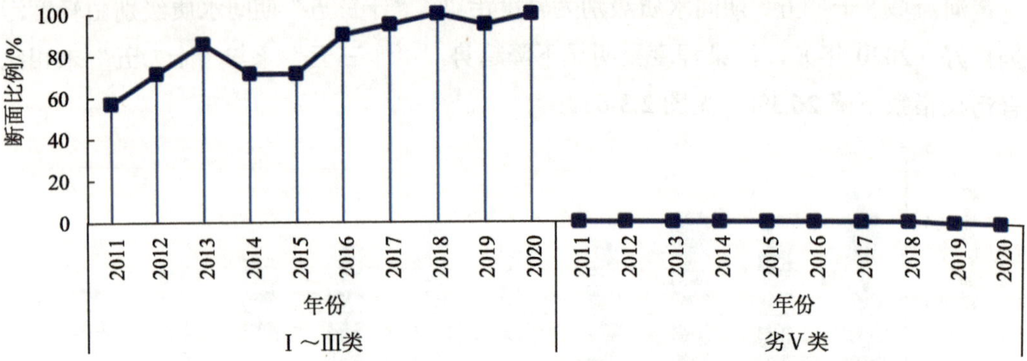


图 2.3-67 “十三五”与“十二五”期间省辖长江流域断面水质比例变化

b. 污染程度变化

长江流域“十二五”期间水质级别整体良好（2011 年为轻度污染），“十三五”期间水质级别为优，污染程度呈明显下降趋势，“十三五”末与“十二五”末相比，综合污染指数下降 26.1%，见图 2.3-68。

“十三五”末与“十二五”末相比，长江流域水质级别由良好变为优。其中，老灌河水质级别保持优；唐河水质级别仍为良好；白河、湍河水质级别由良好变为优。

c. 主要超标因子比较

“十二五”期间，长江流域五日生化需氧量、化学需氧量年均浓度略有上升，“十三五”期间基本稳定。“十三五”末与“十二五”末相比，五日生化需氧量和化学需氧量年均浓度分别下降 41.2%和 21.7%，见图 2.3-69。

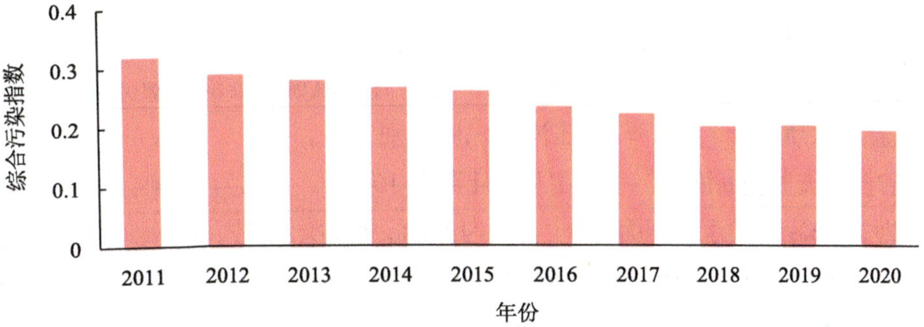


**图 2.3-68 “十三五”与“十二五”期间省辖长江流域河流污染程度变化趋势**

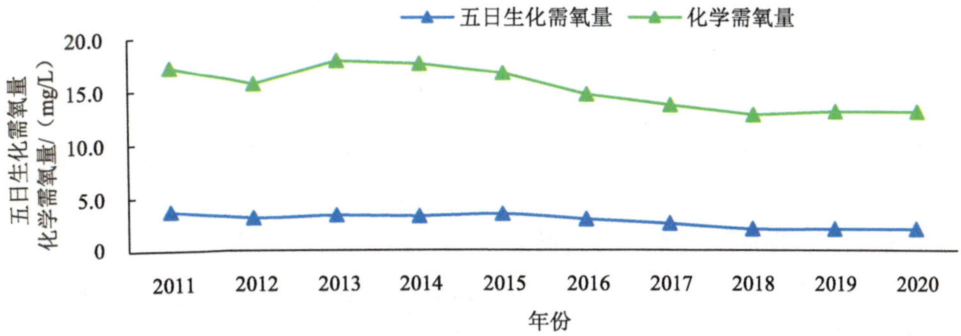


**图 2.3-69 “十三五”与“十二五”期间省辖长江流域河流主要污染因子年均浓度变化趋势**

（2）水库

“十三五”末与“十二五”末相比，全省水库水质级别由良好变为优，营养状态仍为中营养。

在可比的 23 个水库中，Ⅰ类水质水库无变化；Ⅱ类水质水库增加 5 个，增加 20.8 个百分点；Ⅲ类水质水库减少 3 个，减少 13.0 个百分点；Ⅳ类水质水库无变化；Ⅴ类水质水库减少 2 个，减少 8.8 个百分点；劣Ⅴ类水质水库无变化。

彰武水库营养状态由轻度富营养变为中营养；白沙水库营养状态由中营养变为轻度富营养；宿鸭湖水库营养状态由轻度富营养变为中度富营养；其他 20 个水库营养状态保持不变，为中营养。

全省水库总磷、氟化物年均浓度有所下降，分别下降 36.7%、2.4%。

### 2.3.5 小结与原因分析

#### 2.3.5.1 小结

（1）2020 年地表水环境质量

2020 年，全省河流水质级别为轻度污染。省辖海河流域、淮河流域水质级别为轻度污染，黄河流域水质级别为良好，长江流域水质级别为优。

141 个省控河流监测断面中，Ⅰ～Ⅲ类水质断面 104 个，占比为 73.8%；Ⅳ类水质断面 34 个，占比为 24.1%；Ⅴ类水质断面 2 个，占比为 1.4%；劣Ⅴ类水质断面 1 个，占比为 0.7%。

全省河流断面 21 项评价因子中有 7 项因子出现超标情况。主要污染因子为化学需氧量、高锰酸盐指数和五日生化需氧量，超标率分别为 19.1%、11.3%和 7.8%。

全省水库水质级别为优。24 个省控水库中，Ⅰ类水质水库 2 个，占比为 8.3%；Ⅱ类水质水库 14 个，占比为 58.3%；Ⅲ类水质水库 6 个，占比为 25.0%；Ⅳ类水质水库 1 个，占比为 4.2%；无Ⅴ类水质水库；劣Ⅴ类水质水库 1 个，占比为 4.2%。

全省水库营养化水平为中营养。其中，白沙水库营养状态为轻度富营养，宿鸭湖水库营养状态为中度富营养，其他 22 个水库营养状态为中营养。

南水北调中线工程水源地丹江口水库陶岔水质符合Ⅱ类标准，总氮单独评价时符合Ⅲ类标准。

（2）“十三五”期间地表水环境质量

“十三五”期间，全省地表水环境质量持续改善，虽然河流水质级别仍为轻度污染，但污染程度呈逐年下降趋势，综合污染指数下降 36.1%。Ⅰ～Ⅲ类水质断面增加 32 个，增加 22.7 个百分点；Ⅳ类水质断面增加 6 个，增加 4.3 个百分点；Ⅴ类水质断面减少 9 个，减少 6.4 个百分点；劣Ⅴ类水质断面减少 26 个，减少 18.4 个百分点；断流断面减少 3 个，减少 2.1 个百分点。

“十三五”期间主要污染因子化学需氧量、五日生化需氧量、总磷年均浓度均呈逐年下降趋势。与 2016 年相比，总磷、五日生化需氧量年均浓度明显下降，化学需氧量年均浓度有所下降，分别下降 55.3%、34.3%和 16.4%。

“十三五”期间，全省水库水质级别由良好变为优，营养状态均为中营养。

Ⅰ类水质水库增加 2 个，增加 8.3 个百分点；Ⅱ类水质水库增加 5 个，增加 20.8 个百分点；Ⅲ类水质水库减少 5 个，减少 20.8 个百分点；Ⅳ类水质水库减少 2 个，减少 8.3 个百分点；Ⅴ类、劣Ⅴ类水质水库持平。

（3）“十三五”末与“十二五”末对比

全省河流“十二五”期间水质级别为中度污染，“十三五”期间水质级别变为轻度污染，污染程度呈明显下降趋势。“十三五”末与“十二五”末相比，水质级别由中度污染变为轻度污染，综合污染指数下降 43.1%。

Ⅰ～Ⅲ类水质断面呈增加趋势，劣Ⅴ类水质断面呈减少趋势。与“十二五”末相比，“十三五”末Ⅰ～Ⅲ类水质断面增加 30.4 个百分点；劣Ⅴ类水质断面减少 22.2 个百分点。

主要污染因子化学需氧量、五日生化需氧量、氨氮年均浓度“十二五”“十三五”期间呈下降趋势，总磷年均浓度波动较大，“十二五”期间有上升趋势，“十三五”期间呈下降趋势。“十三五”末与“十二五”末相比，化学需氧量、五日生化需氧量、氨氮和总磷年均浓度分别下降 23.3%、39.5%、63.7%和 79.1%。

“十三五”末与“十二五”末相比，全省水库水质级别由良好变为优，营养状态仍为中营养。在可比的 23 个水库中，Ⅰ类水质水库无变化；Ⅱ类水质水库增加 5 个，增加 20.8 个百分点；Ⅲ类水质水库减少 3 个，减少 13.0 个百分点；Ⅳ类水质水库无变化；Ⅴ类水质水库减少 2 个，减少 8.8 个百分点；劣Ⅴ类水质水库无变化。

彰武水库营养状态由轻度富营养变为中营养；白沙水库营养状态由中营养变为轻度富营养；宿鸭湖水库营养状态由轻度富营养变为中度富营养；其他 20 个水库营养状态保持不变，为中营养。

全省水库总磷和氟化物年均浓度有所下降，分别下降 36.7%和 2.4%。

#### 2.3.5.2 原因分析

“十三五”期间，河南水环境质量实现历史性转变，Ⅰ～Ⅲ类水质断面比例持续上升，劣Ⅴ类水质断面比例明显下降，地表水责任目标考核断面主要污染物浓度显著下降。河南省初步形成了精准有效、风险化解的水污染防治水平，不断把水污染防治攻坚工作同河（湖）长制、四水同治、百城提质、农村人居环境整治等有机结合起来，充分发挥各级、各部门的作用，多角度、多方位助推水环境质量持续改善。但仍值得关注的是，河南省水资源禀赋条件差，河流生态流量严重不足，部分河流污染依然较为突出，水生态系统较为脆弱，涉水产业结构偏重、涉水工业企业排放量大，化工、有色等重工业企业和尾矿库沿河分布，水环境风险十分突出，水生态环境保护形势依然十分严峻。主要原因分析如下。

（1）多措并举全面提升地表水环境质量

河南省成立了省委书记和省长牵头的省环境污染防治攻坚战领导小组，建立了省、市、县、乡、村五级河长组织体系，构建了“党政同责、一岗双责、失职追责”和“三管三必须”的环保责任落实机制，明确了各级各部门职责分工。省委书记、省长出席生态环保大会。2017 年，印发了《河南省水污染防治攻坚战 9 个实施方案》，揭开了全省水污染防治攻坚战序幕，比国家早一年开打水污染防治攻坚战；2018 年，结合国家要求印发了《河南省污染防治攻坚战三年行动计划（2018—2020 年）》，统筹谋划了“黑臭水体治理、水源地保护、全域清洁河流、农业农村污染治理”四个标志性攻坚战役。加重了全省目标任务，同各省辖市、济源示范区签订了目标责任书，制定了水污染防治攻坚考核办法，明确了水污染防治路线图、时间表和任务书。

每月召开全省水环境质量分析研判会，对全省水质变化现状及发展趋势进行分析研判，梳理存在问题，分析原因，研究解决办法，对症下药，制定下一步工作措施。

实行水质排名制度。每月对全省地表水环境质量进行排名通报，对水环境质量排名落后的市、县政府进行警示、约谈，层层传导压力，接受社会监督，督促各级党委、政府及有关部门采取切实有效的措施持续改善河流水质，确保水环境质量目标的完成。

实施水环境质量月生态补偿制度。按照省政府印发的《河南省水环境质量生态补偿办法》，对全省地表水考核断面、饮用水水源地、南水北调中线工程河南段和水环境风险防范情况，按月进行阶梯生态补偿，“倒逼”地方政府落实环境保护主体责任，从源头上管控和改善水环境状况。自 2017 年 5 月实施水环境质量生态补偿以来，全省共支偿水环境质量生态补偿金 26 957 万元、得补 36 937 万元。

完善水质超标预警机制。不断完善水质预警机制，指导各地做好汛期水污染防治工作，组织各地开展汛前雨污水管网和河道排查清理工作，及早化解潜在水环境风险，努力保障水环境安全。

有效防范化解水环境风险。对超标预警断面进行现场督办并持续跟踪问效，防范上下游纠纷。特别是针对跨省界河流的污染隐患，组织涉及跨界河流的各市、县开展联防联控，定期通报相关工作信息，采取污水分流、跨行政区域调水、临时处置等措施，有效化解跨省界污染隐患。

结合河南省实际，修订并发布了《河南省水污染防治条例》；先后实施了贾鲁河、清潩河、海河、惠济河、洪汝河、涧河、蟒沁河 7 个流域的地方水污染物排放标准并在全国率先制定实施了《河南省农村生活污水处理设施水污染物排放标准》。

（2）持续推动黄河流域水生态环境保护

为持续推动黄河流域生态保护和高质量发展，河南省积极推进重要支流水环境综合治理，督促各级党委、政府及有关部门持续改善河流水质。2020 年 1—12 月，伊河、洛河、涧河、沁河、济河、宏农涧河、金堤河等支流水质均达标。

持续推进黄河流域入河排污口专项排查整治。河南省生态环境厅制定印发了《黄河流域生态环境保护专项执法行动方案》，全线巡检境内的黄河干流以及主要一级支流，对入河排污口进行深入排查溯源，建立入河排污口信息台账，分类提出整治措施。

推动黄河流域水污染防治和水生态修复等项目建设。建立重点工程项目推进台账，明确完成时限、责任单位、责任人员，倒排工期，全面落实工作责任制，确保重点工程项目推进工作抓实、抓细、抓出成效。

加强全省黄河流域水环境承载能力及水环境容量研究。编制工作方案，收集查阅相关资料，稳步推进河南省黄河流域水环境容量测算及水环境承载力评估工作。

（3）强力推动全省黑臭水体整治

为确保 2020 年年底全省 18 个省辖市建成区全面消除黑臭水体和各县（市）建成区基本完成黑臭水体治理任务，不断强化黑臭水体整治力度。组织召开“河南省 2020 年黑臭水体整治培训交流会”，市、县两级黑臭水体整治负责人 200 多人参会，有效推动了各地依法、科学、精准整治。

开展帮扶指导。邀请中国环境科学研究院专家赴相关地区实地帮扶，对问题黑臭水体逐条检查，座谈分析，提出建议。

实施专项排查。印发了《河南省 2020 年城市黑臭水体整治环境保护专项排查方案》，河南省生态环境厅联合省住建厅组织专家、监测、执法等人员对工作滞后的 8 个省辖市开展现场排查，并将问题移交地方政府。

强化督查督导。依据现场检查及调度情况，对工作滞后的地市党委、政府下发《关于加快城区黑臭水体整治进度的函》，督导推进城市黑臭水体整治。截至 2020 年年底，全省 18 个省辖市建成区列入国家整治清单的 150 处黑臭水体已全部完成整治任务；县（市）建成区列入省生态环境厅整治清单的 173 处黑臭水体已完成排污口治理、截污纳管等整治工作。

河南省生态环境厅定期向省级河长报告其负责河流的水质状况、治理举措、存在问题和工作建议等；各位省级河长对其负责河流巡河调研，对存在的问题作出批示，督促下级河长及相关部门采取措施，整改落实。在各省级河长的强力推动下，各相关省直部门履职尽责，各级河长狠抓工作落实，推进全省水环境质量持续改善。

（4）加强疫情期间污水处理监管

为有效应对新冠疫情，进一步加强医疗污水和城镇污水处理监管工作，防止新型冠状病毒通过粪便和污水扩散传播，按照党中央、国务院以及省委、省政府的有关工作部署，河南省生态环境厅印发了《关于进一步加强饮用水水源水质保护、医疗污水和城镇污水处理监管，坚决打赢新型冠状病毒感染肺炎疫情防控阻击战的紧急通知》，指导全省各级生态环境部门迅速行动，将医疗污水和城镇污水监管工作作为疫情防控工作的一项重要内容抓紧、抓好，充分发挥统筹管理职责，主动加强与卫生健康、城镇排水等相关部门的协调配合，组织骨干力量组成检查组，深入医疗废物处置企业以及污水处理厂进行督导，及时发现和解决了一大批环境隐患问题，确保水环境安全。

（5）部分河流污染较重或不能稳定达标

“十三五”期间，虽然河南省水环境质量得到大幅改善，各流域水质整体向好，但Ⅰ～

Ⅲ类水质比例，从全国范围来看，属于中下水平；与安徽、湖北、陕西、山西、河北、山东邻省相比，也仅处于中等水平。仍存在劣Ⅴ类水质断面和污染水体，以及部分断面水质不能稳定达标的问题。伊洛河七里铺、黄河花园口、伊河龙门大桥、卫河南乐元村集、安阳河冯宿桥、共产主义渠获嘉东碑村、马颊河南乐水文站、浉河信阳琵琶山桥、汝河汝南沙口、包河永城马桥、老灌河淅川高湾、唐河埠口、淇河（长江）上河等河流断面近几年均存在月均值不能稳定达标的问题，惠济河、浍河、沱河、大沙河（海河）、共产主义渠、宏农涧河仍有部分月份水质为劣Ⅴ类。

## 2.4 城市地下水质量

### 2.4.1 现状评价

#### 2.4.1.1 单因子评价

（1）有机类

耗氧量浓度年均值为0.25～5.45 mg/L，82.3%的井位年均值达到Ⅰ类标准，15.0%的井位年均值达到Ⅱ类标准，0.9%的井位年均值达到Ⅲ类标准，1.8%的井位年均值达到Ⅳ类标准，Ⅳ类井出现在信阳。

挥发酚浓度年均值为0.000 15～0.001 00 mg/L，各井位年均值均达到Ⅰ类标准。

（2）非金属无机类

氯化物浓度年均值为8.9～277.5 mg/L，40.4%的井位年均值达到Ⅰ类标准，54.1%的井位年均值达到Ⅱ类标准，3.7%的井位年均值达到Ⅲ类标准，1.8%的井位年均值达到Ⅳ类标准，Ⅳ类井出现在濮阳。

硫酸盐浓度年均值为22.1～313.5 mg/L，20.2%的井位年均值达到Ⅰ类标准，65.1%的井位年均值达到Ⅱ类标准，11.9%的井位年均值达到Ⅲ类标准，2.8%的井位年均值达到Ⅳ类标准，Ⅳ类井出现在新乡。

氨氮浓度年均值为0.008 3～1.505 0 mg/L，47.7%的井位年均值达到Ⅰ类标准，30.3%的井位年均值达到Ⅱ类标准，21.1%的井位年均值达到Ⅲ类标准，0.9%的井位年均值为Ⅴ类标准，Ⅴ类井出现在信阳。

硝酸盐浓度年均值为0.010～27.700 mg/L，37.6%的井位年均值达到Ⅰ类标准，21.1%的井位年均值达到Ⅱ类标准，39.4%的井位年均值达到Ⅲ类标准，1.8%的井位年均值达到Ⅳ类标准，Ⅳ类井出现在洛阳、平顶山。

亚硝酸盐浓度年均值为0.001 5～0.334 5 mg/L，89.0%的井位年均值达到Ⅰ类标准，

6.4%的井位年均值达到Ⅱ类标准，4.6%的井位年均值达到Ⅲ类标准。

氰化物浓度年均值为0.001～0.002 mg/L，22.0%的井位年均值达到Ⅰ类标准，78.0%的井位年均值达到Ⅱ类标准。

氟化物浓度年均值为0.108～1.645 mg/L，91.7%的井位年均值达到Ⅰ类标准，8.3%的井位年均值达到Ⅳ类标准，Ⅳ类井出现在开封、商丘。

砷浓度年均值为0.000 150～0.005 400 mg/L，77.1%的井位年均值达到Ⅰ类标准，22.9%的井位年均值达到Ⅲ类标准。

（3）金属及其化合物类

总硬度浓度年均值为28.2～769.0 mg/L，19.3%的井位年均值达到Ⅰ类标准，23.9%的井位年均值达到Ⅱ类标准，41.3%的井位年均值达到Ⅲ类标准，14.7%的井位年均值达到Ⅳ类标准，Ⅳ类井出现在洛阳、平顶山、安阳、焦作、濮阳、信阳、济源，0.9%的井位年均值达到Ⅴ类标准，Ⅴ类井出现在濮阳。

锰浓度年均值为0.000 1～1.430 0 mg/L，88.1%的井位年均值达到Ⅰ类标准，5.5%的井位年均值达到Ⅲ类标准，6.4%的井位年均值达到Ⅳ类标准，Ⅳ类井出现在濮阳、信阳。

铁浓度年均值为0.000 4～0.245 0 mg/L，93.6%的井位年均值达到Ⅰ类标准，5.5%的井位年均值达到Ⅱ类标准，0.9%的井位年均值达到Ⅲ类标准。

铅浓度年均值为0.000 05～0.005 50 mg/L，99.1%的井位年均值达到Ⅰ类标准，0.9%的井位年均值达到Ⅲ类标准。

镉浓度年均值为0.000 03～0.000 85 mg/L，72.5%的井位年均值达到Ⅰ类标准，27.5%的井位年均值达到Ⅱ类标准。

汞浓度年均值为0.000 005～0.000 310 mg/L，93.6%的井位年均值达到Ⅰ类标准，6.4%的井位年均值达到Ⅲ类标准。

铬（六价）浓度年均值为0.002～0.009 mg/L，98.2%的井位年均值达到Ⅰ类标准，1.8%的井位年均值达到Ⅱ类标准。

（4）其他

感官性较好，pH为6.71～8.28。

溶解性总固体浓度年均值为 187～1 345 mg/L，11.0%的井位年均值达到Ⅰ类标准，33.0%的井位年均值达到Ⅱ类标准，55.0%的井位年均值达到Ⅲ类标准，0.9%的井位年均值达到Ⅳ类标准，Ⅳ类井出现在濮阳。

总大肠菌群浓度年均值为0～2 420 CFU/100 mL，82.6%的井位年均值达到Ⅰ类标准，12.8%的井位年均值达到Ⅳ类标准，Ⅳ类井出现在安阳、信阳、驻马店、济源，4.6%的井位年均值为Ⅴ类标准，Ⅴ类井出现在安阳、信阳。

#### 2.4.1.2 综合评价

（1）按井位评价

2020 年，全省监控井位中水质级别为优良的井位占 13.3%，良好的井位占 55.8%，较差的井位占 31.0%。郑州、鹤壁、许昌、漯河、三门峡、南阳、周口、驻马店 8 个城市水质级别为优良、良好的井位达到 100%；洛阳、焦作 2 个城市水质级别为优良、良好的井位超过 80.0%；商丘、濮阳、信阳、开封、安阳、济源和平顶山 7 个城市水质级别为较差的井位比例均大于等于 50.0%，分别为 100%、85.7%、80.0%、62.5%、57.1%、57.1%和 50.0%。见表 2.4-1。

表 2.4-1 2020 年全省城市地下水单井水质统计

| 城市名称 | 实际监测总井数/个 | 各级别井数所占比例/% | | | | |
|---|---|---|---|---|---|---|
| | | 优良 | 良好 | 较好 | 较差 | 极差 |
| 郑州 | 5 | 20.0 | 80.0 | 0 | 0 | 0 |
| 开封 | 8 | 0 | 37.5 | 0 | 62.5 | 0 |
| 洛阳 | 14 | 7.1 | 85.7 | 0 | 7.1 | 0 |
| 平顶山 | 4 | 25.0 | 25.0 | 0 | 50.0 | 0 |
| 安阳 | 7 | 14.3 | 28.6 | 0 | 57.1 | 0 |
| 鹤壁 | 2 | 0 | 100 | 0 | 0 | 0 |
| 新乡 | 7 | 0 | 57.1 | 0 | 42.9 | 0 |
| 焦作 | 7 | 45.5 | 36.4 | 0 | 18.2 | 0 |
| 濮阳 | 7 | 0 | 14.3 | 0 | 85.7 | 0 |
| 许昌 | 1 | 100 | 0 | 0 | 0 | 0 |
| 漯河 | 6 | 0 | 100 | 0 | 0 | 0 |
| 三门峡 | 5 | 20.0 | 80.0 | 0 | 0 | 0 |
| 南阳 | 5 | 60.0 | 40.0 | 0 | 0 | 0 |
| 商丘 | 4 | 0 | 0 | 0 | 100 | 0 |
| 信阳 | 5 | 0 | 20.0 | 0 | 80.0 | 0 |
| 周口 | 7 | 0 | 100 | 0 | 0 | 0 |
| 驻马店 | 8 | 0 | 100 | 0 | 0 | 0 |
| 济源 | 7 | 14.3 | 28.6 | 0 | 57.1 | 0 |
| 全省 | 109 | 13.3 | 55.8 | 0 | 31.0 | 0 |

（2）城市综合定性评价

2020 年，全省城市地下水质量为较好，见表 2.4-2 和图 2.4-1。

表 2.4-2 2020 年全省城市地下水水质定性评价结果

| 城市名称 | *F* 值 | 级别 | 总大肠菌群 | 城市名称 | *F* 值 | 级别 | 总大肠菌群 |
|---|---|---|---|---|---|---|---|
| 郑州 | 2.15 | 良好 | Ⅰ | 许昌 | 0.74 | 优良 | Ⅰ |
| 开封 | 4.30 | 较差 | Ⅰ | 漯河 | 2.13 | 良好 | Ⅰ |
| 洛阳 | 2.18 | 良好 | Ⅰ | 三门峡 | 2.15 | 良好 | Ⅰ |
| 平顶山 | 2.16 | 良好 | Ⅰ | 南阳 | 2.13 | 良好 | Ⅰ |
| 安阳 | 4.28 | 较差 | Ⅳ | 商丘 | 4.31 | 较差 | Ⅰ |
| 鹤壁 | 2.13 | 良好 | Ⅰ | 信阳 | 4.34 | 较差 | Ⅴ |
| 新乡 | 2.19 | 良好 | Ⅰ | 周口 | 2.16 | 良好 | Ⅰ |
| 焦作 | 2.17 | 良好 | Ⅰ | 驻马店 | 2.18 | 良好 | Ⅳ |
| 濮阳 | 4.30 | 较差 | Ⅰ | 济源 | 4.27 | 较差 | Ⅰ |
| 全省 | 2.79 | 较好 | Ⅳ | | | | |

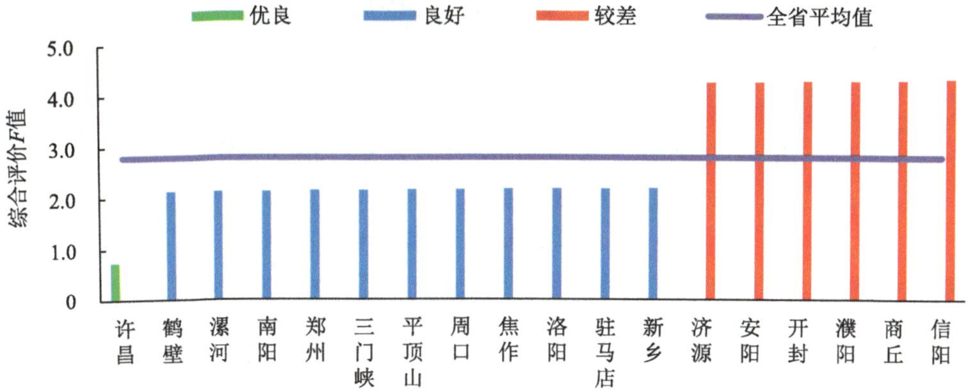


图 2.4-1 2020 年全省城市地下水水质综合评价 *F* 值排序

许昌地下水水质级别为优良，鹤壁、漯河、南阳、郑州、三门峡、平顶山、周口、焦作、洛阳、驻马店、新乡 11 个城市地下水水质级别为良好，济源、安阳、开封、濮阳、商丘、信阳 6 个城市地下水水质级别为较差，其中开封除氟化物为Ⅳ类外，其他因子都符合Ⅲ类标准；安阳除总硬度、总大肠菌群数为Ⅳ类外，其他因子都符合Ⅲ类标准；濮阳除总硬度、锰为Ⅳ类外，其他因子都符合Ⅲ类标准；商丘除氟化物为Ⅳ类外，其他因子都符合Ⅲ类标准；信阳除总大肠菌群数为Ⅴ类、锰为Ⅳ类外，其他因子都符合Ⅲ类标准；济源除总硬度为Ⅳ类外，其他因子都符合Ⅲ类标准。

#### 2.4.1.3 污染特征

全省城市地下水的主要污染物为总大肠菌群和总硬度。总大肠菌群污染较重，污染负荷占15.1%，其中，中、深层水中总大肠菌群含量较高，平均为84 CFU/100 mL，且超地下水Ⅲ类标准比率为13.5%；浅层水总大肠菌群含量平均为8 CFU/100 mL，超地下水Ⅲ类标准比率为19.7%；氟化物超标现象主要出现在开封、商丘等市，这些地区的地质和环境水文地质条件属于原生性高含量地带，见图2.4-2和表2.4-3。

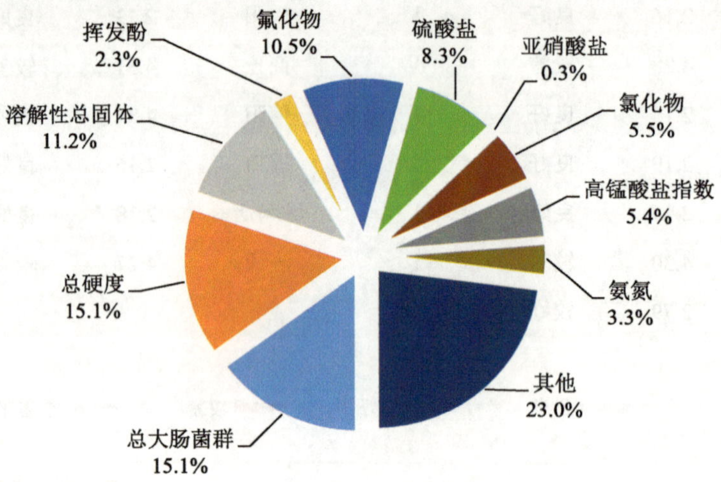


图2.4-2 2020年城市地下水主要污染因子污染负荷分布

表2.4-3 总大肠菌群指标空间分布情况

| 井深分类 | 超标井数/个 | 总井数 | 超标率/% | 年均浓度/（CFU/100 mL） |
|---|---|---|---|---|
| 浅层水 | 12 | 61 | 19.7 | 8 |
| 中、深层水 | 7 | 52 | 13.5 | 84 |

### 2.4.2 年度对比

#### 2.4.2.1 单项因子类别对比

与2019年相比，2020年全省城市地下水质量基本稳定，各评价因子的年均值水质类别除亚硝酸盐变差、锰变好外，其他均无变化，见表2.4-4。

表 2.4-4 2020 年与 2019 年全省城市地下水部分评价因子年均浓度值比较

单位：mg/L（总大肠菌群：CFU/100 mL）

| 项 目 | 2020 年 | 水质类别 | 2019 年 | 水质类别 | 水质类别变化情况 |
|---|---|---|---|---|---|
| 总硬度 | 328.4 | Ⅲ | 325.9 | Ⅲ | 无 |
| 硫酸盐 | 100.2 | Ⅱ | 97.6 | Ⅱ | 无 |
| 氯化物 | 65.8 | Ⅱ | 67.2 | Ⅱ | 无 |
| 耗氧量 | 0.78 | Ⅰ | 0.77 | Ⅰ | 无 |
| 氨氮 | 0.079 7 | Ⅱ | 0.047 2 | Ⅱ | 无 |
| 氟化物 | 0.505 | Ⅰ | 0.507 | Ⅰ | 无 |
| 总大肠菌群 | 2 | Ⅰ | 2 | Ⅰ | 无 |
| 亚硝酸盐 | 0.013 5 | Ⅱ | 0.006 7 | Ⅰ | 变差 |
| 硝酸盐 | 5.307 | Ⅲ | 5.046 | Ⅲ | 无 |
| 挥发酚 | 0.000 23 | Ⅰ | 0.000 22 | Ⅰ | 无 |
| 氰化物 | 0.002 | Ⅱ | 0.002 | Ⅱ | 无 |
| 砷 | 0.000 745 | Ⅰ | 0.000 814 | Ⅰ | 无 |
| 汞 | 0.000 037 | Ⅰ | 0.000 027 | Ⅰ | 无 |
| 铬（六价） | 0.002 | Ⅰ | 0.002 | Ⅰ | 无 |
| 铅 | 0.000 75 | Ⅰ | 0.000 73 | Ⅰ | 无 |
| 镉 | 0.000 11 | Ⅱ | 0.000 14 | Ⅱ | 无 |
| 铁 | 0.026 0 | Ⅰ | 0.024 3 | Ⅰ | 无 |
| 锰 | 0.047 0 | Ⅰ | 0.062 3 | Ⅲ | 变好 |
| 溶解性总固体 | 542 | Ⅲ | 566 | Ⅲ | 无 |

#### 2.4.2.2 井位级别对比

2019—2020 年全省城市地下水水质优良、良好井位变化见图 2.4-3 和表 2.4-5。

与 2019 年相比，全省城市地下水优良、良好井位比例增加 0.8 个百分点。郑州、新乡、驻马店地下水优良、良好井位分别增加 16.7 个、7.1 个、37.5 个百分点；平顶山、焦作、济源地下水优良、良好井位分别减少 25.0 个、3.9 个、28.5 个百分点。

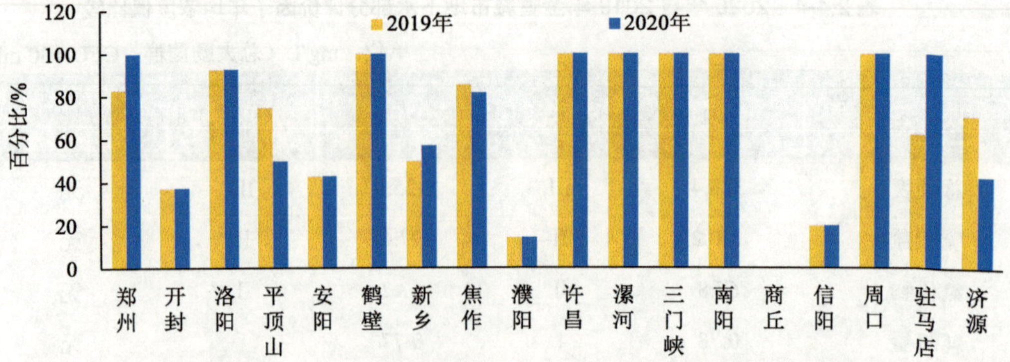


图 2.4-3 2020 年与 2019 年城市地下水水质优良、良好井位比例比较

表 2.4-5 2020 年与 2019 年城市地下水水质优良、良好井位比例比较

| 城市名称 | 2020 年 | | 2019 年 | | 变化比例/% |
|---|---|---|---|---|---|
| | 总井数/个 | 优良、良好井位比例/% | 总井数/个 | 优良、良好井位比例/% | |
| 郑州 | 5 | 100 | 6 | 83.3 | 16.7 |
| 开封 | 8 | 37.5 | 8 | 37.5 | 0 |
| 洛阳 | 14 | 92.9 | 14 | 92.9 | 0 |
| 平顶山 | 4 | 50.0 | 4 | 75.0 | −25.0 |
| 安阳 | 7 | 42.9 | 7 | 42.9 | 0 |
| 鹤壁 | 2 | 100 | 2 | 100 | 0 |
| 新乡 | 7 | 57.1 | 6 | 50.0 | 7.1 |
| 焦作 | 11 | 81.8 | 7 | 85.7 | −3.9 |
| 濮阳 | 7 | 14.3 | 7 | 14.3 | 0 |
| 许昌 | 1 | 100 | 1 | 100 | 0 |
| 漯河 | 6 | 100 | 6 | 100 | 0 |
| 三门峡 | 5 | 100 | 5 | 100 | 0 |
| 南阳 | 5 | 100 | 5 | 100 | 0 |
| 商丘 | 4 | 0 | 4 | 0 | 0 |
| 信阳 | 5 | 20.0 | 5 | 20.0 | 0 |
| 周口 | 7 | 100 | 8 | 100 | 0 |
| 驻马店 | 8 | 100 | 8 | 62.5 | 37.5 |
| 济源 | 7 | 42.9 | 7 | 71.4 | −28.5 |
| 全省 | 113 | 69.0 | 110 | 68.2 | 0.8 |

#### 2.4.2.3 城市水质级别对比

2019—2020 年全省城市地下水水质综合评价 $F$ 值变化见表 2.4-6。

表 2.4-6 2020 年与 2019 年城市地下水水质综合评价比较

| 城市名称 | 2020 年 | | 2019 年 | | 与 2019 年相比 | |
|---|---|---|---|---|---|---|
| | $F$ 值 | 级别 | $F$ 值 | 级别 | 增值 | 幅度/% |
| 郑州 | 2.15 | 良好 | 2.16 | 良好 | −0.01 | −0.5 |
| 开封 | 4.30 | 较差 | 4.31 | 较差 | −0.01 | −0.2 |
| 洛阳 | 2.18 | 良好 | 2.18 | 良好 | 0 | 0 |
| 平顶山 | 2.16 | 良好 | 2.16 | 良好 | 0 | 0 |
| 安阳 | 4.28 | 较差 | 4.29 | 较差 | −0.01 | −0.2 |
| 鹤壁 | 2.13 | 良好 | 2.14 | 良好 | −0.01 | −0.5 |
| 新乡 | 2.19 | 良好 | 2.20 | 良好 | −0.01 | −0.4 |
| 焦作 | 2.17 | 良好 | 2.18 | 良好 | −0.01 | −0.4 |
| 濮阳 | 4.30 | 较差 | 4.33 | 较差 | −0.03 | −1.0 |
| 许昌 | 0.74 | 优良 | 2.14 | 良好 | −1.40 | −65.0 |
| 漯河 | 2.13 | 良好 | 2.13 | 良好 | 0 | 0 |
| 三门峡 | 2.15 | 良好 | 2.15 | 良好 | 0 | 0 |
| 南阳 | 2.13 | 良好 | 2.13 | 良好 | 0 | 0 |
| 商丘 | 4.31 | 较差 | 4.31 | 较差 | 0 | 0 |
| 信阳 | 4.34 | 较差 | 4.29 | 较差 | 0.05 | 1.0 |
| 周口 | 2.16 | 良好 | 2.14 | 良好 | 0.02 | 1.0 |
| 驻马店 | 2.18 | 良好 | 2.22 | 良好 | −0.04 | −2.0 |
| 济源 | 4.27 | 较差 | 2.16 | 良好 | 2.11 | 98.0 |
| 全省 | 2.79 | 较好 | 2.76 | 较好 | 0.03 | 1.0 |

与 2019 年相比，2020 年全省城市地下水水质基本稳定，水质级别仍为较好。许昌水质级别由良好变为优良；济源水质级别由良好变为较差；其他 16 个城市水质级别均无变化，见图 2.4-4。

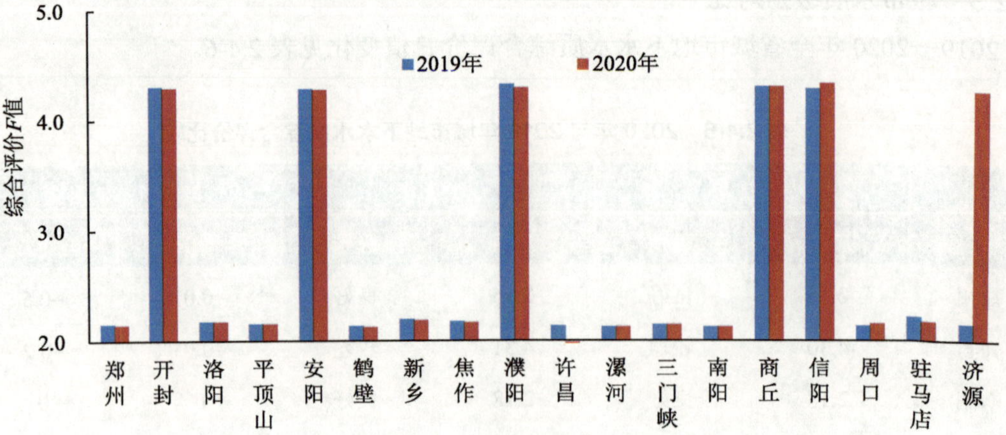


图 2.4-4 2020 年与 2019 年城市地下水水质综合评价比较

## 2.4.3 “十三五”变化趋势分析

（1）评价因子变化趋势

“十三五”期间，全省城市地下水各项因子的浓度年均值基本保持稳定。2020 年与 2016 年相比，水质类别均无变化，见表 2.4-7。

表 2.4-7 “十三五”期间城市地下水部分因子年均值变化及比较

单位：mg/L（总大肠菌群：CFU/100 mL）

| 项目 | 2016 年 | 2017 年 | 2018 年 | 2019 年 | 2020 年 | 2020 年与 2016 年类别变化对比 |
|---|---|---|---|---|---|---|
| 总硬度 | 334.1 | 334.5 | 323.1 | 325.9 | 328.4 | Ⅲ—Ⅲ |
| 硫酸盐 | 89.8 | 99.6 | 96.1 | 97.6 | 100.2 | Ⅱ—Ⅱ |
| 氯化物 | 68.2 | 66.4 | 62.7 | 67.2 | 65.8 | Ⅱ—Ⅱ |
| 耗氧量 | 0.85 | 0.86 | 0.79 | 0.77 | 0.78 | Ⅰ—Ⅰ |
| 氨氮 | 0.049 8 | 0.069 2 | 0.066 2 | 0.047 2 | 0.079 7 | Ⅱ—Ⅱ |
| 氟化物 | 0.486 | 0.478 | 0.526 | 0.507 | 0.505 | Ⅰ—Ⅰ |
| 总大肠菌群 | 2 | 2 | 2 | 2 | 2 | Ⅰ—Ⅰ |
| 亚硝酸盐 | 0.004 | 0.005 2 | 0.004 5 | 0.006 7 | 0.013 5 | Ⅱ—Ⅱ |
| 硝酸盐 | 5.011 | 5.071 | 4.614 | 5.046 | 5.307 | Ⅲ—Ⅲ |
| 挥发酚 | 0.000 32 | 0.000 19 | 0.000 17 | 0.000 22 | 0.000 23 | Ⅰ—Ⅰ |

| 项目 | 2016 年 | 2017 年 | 2018 年 | 2019 年 | 2020 年 | 2020 年与 2016 年类别变化对比 |
|---|---|---|---|---|---|---|
| 氰化物 | 0.002 | 0.002 | 0.002 | 0.002 | 0.002 | II—II |
| 砷 | 0.000 89 | 0.001 105 | 0.000 936 | 0.000 814 | 0.000 745 | I—I |
| 汞 | 0.000 028 | 0.000 022 | 0.000 025 | 0.000 027 | 0.000 037 | I—I |
| 铬（六价） | 0.002 | 0.003 | 0.002 | 0.002 | 0.002 | I—I |
| 铅 | 0.003 7 | 0.001 80 | 0.000 66 | 0.000 73 | 0.000 75 | I—I |
| 镉 | 0.000 49 | 0.000 30 | 0.000 12 | 0.000 14 | 0.000 11 | II—II |
| 铁 | 0.027 8 | 0.034 7 | 0.032 2 | 0.024 3 | 0.026 | I—I |
| 锰 | 0.018 8 | 0.079 1 | 0.064 8 | 0.062 3 | 0.047 | I—I |
| 溶解性总固体 | 579 | 565 | 563 | 566 | 542 | III—III |

（2）城市地下水水质级别变化

“十三五”期间，全省城市地下水水质综合评价级别由良好变为较好。2020 年除信阳、商丘、濮阳、开封、安阳、济源 6 个城市地下水水质有较差级别外，其他 12 个城市地下水水质处于优良、良好级别。与 2016 年相比，许昌城市地下水水质综合评价级别由良好变为优良；鹤壁、南阳 2 个城市地下水水质综合评价级别由优良变为良好；安阳、商丘、信阳、济源 4 个城市地下水水质综合评价级别由良好变为较差。各省辖市综合评价分值趋势见图 2.4-5 和表 2.4-8。

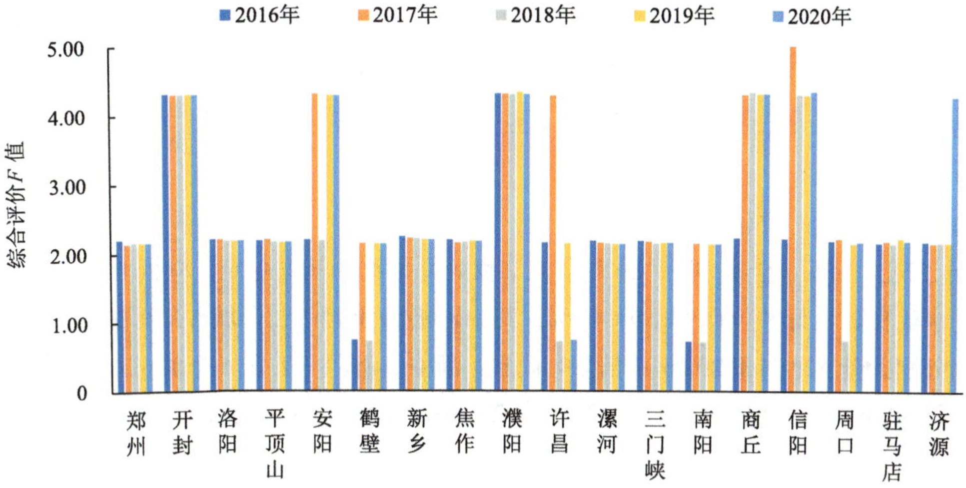


图 2.4-5 “十三五”期间城市地下水水质综合评价比较

**表 2.4-8 “十三五”期间城市地下水水质综合评价分值变化**

| 城市名称 | 2016年 | 2017年 | 2018年 | 2019年 | 2020年 | 2020年与2016年对比 |
|---|---|---|---|---|---|---|
| 郑州 | 2.20 | 2.14 | 2.16 | 2.16 | 2.15 | 良好—良好 |
| 开封 | 4.31 | 4.30 | 4.30 | 4.31 | 4.30 | 较差—较差 |
| 洛阳 | 2.20 | 2.20 | 2.18 | 2.18 | 2.18 | 良好—良好 |
| 平顶山 | 2.18 | 2.20 | 2.16 | 2.16 | 2.16 | 良好—良好 |
| 安阳 | 2.19 | 4.31 | 2.18 | 4.29 | 4.28 | 良好—较差 |
| 鹤壁 | 0.74 | 2.14 | 0.72 | 2.14 | 2.13 | 优良—良好 |
| 新乡 | 2.24 | 2.22 | 2.21 | 2.20 | 2.19 | 良好—良好 |
| 焦作 | 2.19 | 2.15 | 2.16 | 2.18 | 2.17 | 良好—良好 |
| 濮阳 | 4.31 | 4.31 | 4.30 | 4.33 | 4.30 | 较差—较差 |
| 许昌 | 2.15 | 4.28 | 0.72 | 2.14 | 0.74 | 良好—优良 |
| 漯河 | 2.18 | 2.15 | 2.14 | 2.13 | 2.13 | 良好—良好 |
| 三门峡 | 2.18 | 2.17 | 2.14 | 2.15 | 2.15 | 良好—良好 |
| 南阳 | 0.72 | 2.14 | 0.71 | 2.13 | 2.13 | 优良—良好 |
| 商丘 | 2.22 | 4.30 | 4.33 | 4.31 | 4.31 | 良好—较差 |
| 信阳 | 2.21 | 7.14 | 4.30 | 4.29 | 4.34 | 良好—较差 |
| 周口 | 2.18 | 2.21 | 0.74 | 2.14 | 2.16 | 良好—良好 |
| 驻马店 | 2.15 | 2.18 | 2.14 | 2.22 | 2.18 | 良好—良好 |
| 济源 | 2.17 | 2.15 | 2.16 | 2.16 | 4.27 | 良好—较差 |
| 全省 | 2.26 | 3.04 | 2.32 | 2.76 | 2.79 | 良好—较好 |

（3）优良、良好井位比例变化趋势

“十三五”期间，全省地下水水质优良、良好井位比例基本稳定。与2016年相比，全省地下水优良、良好井位比例下降4.0%。其中，洛阳和周口2个城市水质优良、良好井位比例分别上升42.9%和20.0%；信阳、商丘、新乡、济源和安阳5个城市水质优良比例分别下降80.0%、60.0%、42.9%、42.8%和23.8%，见图2.4-6和表2.4-9。

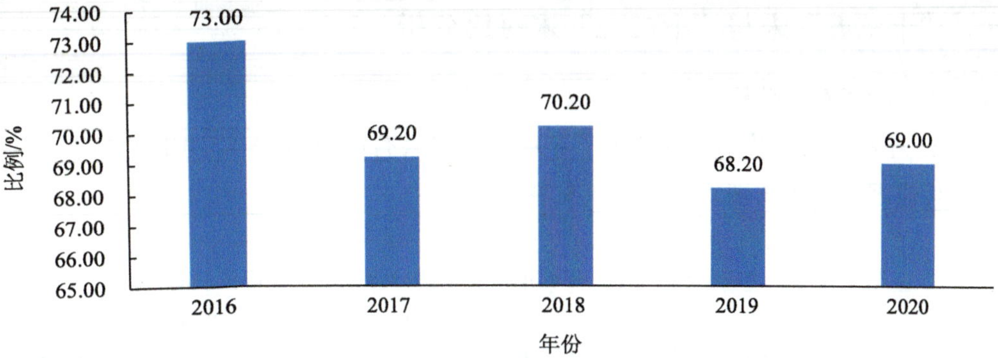


图 2.4-6 “十三五”期间全省城市地下水水质优良、良好井位比例变化

表 2.4-9 “十三五”期间城市地下水水质优良、良好井位比例变化

单位：%

| 城市名称 | 2016 年 | 2017 年 | 2018 年 | 2019 年 | 2020 年 | 2020 年与2016 年对比 |
|---|---|---|---|---|---|---|
| 郑州 | 100 | 100 | 100 | 83.3 | 100 | 0 |
| 开封 | 40.0 | 50.0 | 33.3 | 37.5 | 37.5 | –2.5 |
| 洛阳 | 50.0 | 53.3 | 92.9 | 92.9 | 92.9 | 42.9 |
| 平顶山 | 66.7 | 62.5 | 75.0 | 75.0 | 50.0 | –16.7 |
| 安阳 | 66.7 | 55.6 | 57.1 | 42.9 | 42.9 | –23.8 |
| 鹤壁 | 100 | 100 | 100 | 100 | 100 | 0 |
| 新乡 | 100 | 100 | 50.0 | 50.0 | 57.1 | –42.9 |
| 焦作 | 75.0 | 85.7 | 85.7 | 85.7 | 81.8 | 6.8 |
| 濮阳 | 25.0 | 37.5 | 14.3 | 14.3 | 14.3 | –10.7 |
| 许昌 | 100 | 50.0 | 100 | 100 | 100 | 0 |
| 漯河 | 100 | 100 | 100 | 100 | 100 | 0 |
| 三门峡 | 100 | 100 | 100 | 100 | 100 | 0 |
| 南阳 | 100 | 100 | 100 | 100 | 100 | 0 |
| 商丘 | 60.0 | 0 | 0 | 0 | 0 | –60.0 |
| 信阳 | 100 | 20.0 | 20.0 | 20.0 | 20.0 | –80.0 |
| 周口 | 80.0 | 80.0 | 100 | 100 | 100 | 20.0 |
| 驻马店 | 100 | 100 | 100 | 62.5 | 100 | 0 |
| 济源 | 85.7 | 100 | 85.7 | 71.4 | 42.9 | –42.8 |
| 全省 | 73.0 | 69.2 | 70.2 | 68.2 | 69.0 | –4.0 |

### 2.4.4 “十三五”末与“十二五”末对比分析

（1）评价因子对比分析

与 2015 年相比，2020 年全省各因子年均浓度值只有锰由 2015 年的Ⅲ类变为 2020 年的Ⅰ类，其他因子水质类别均无变化，见表 2.4-10。

表 2.4-10 2020 年与 2015 年城市地下水部分污染因子年均值及类别对比

单位：mg/L（总大肠菌群：CFU/100 mL）

| 项目 | 2015 年 | 2020 年 | 类别变化对比 |
|---|---|---|---|
| 总硬度 | 336.1 | 328.4 | Ⅲ—Ⅲ |
| 硫酸盐 | 94 | 100.2 | Ⅱ—Ⅱ |
| 氯化物 | 67.8 | 65.8 | Ⅱ—Ⅱ |
| 耗氧量 | 0.97 | 0.78 | Ⅰ—Ⅰ |
| 氨氮 | 0.058 1 | 0.079 7 | Ⅱ—Ⅱ |
| 氟化物 | 0.481 | 0.505 | Ⅰ—Ⅰ |
| 总大肠菌群 | 2 | 2 | Ⅰ—Ⅰ |
| 亚硝酸盐 | 0.005 1 | 0.013 5 | Ⅱ—Ⅱ |
| 硝酸盐 | 5.607 | 5.307 | Ⅲ—Ⅲ |
| 挥发酚 | 0.000 36 | 0.000 23 | Ⅰ—Ⅰ |
| 氰化物 | 0.002 | 0.002 | Ⅱ—Ⅱ |
| 砷 | 0.000 883 | 0.000 745 | Ⅰ—Ⅰ |
| 汞 | 0.000 023 | 0.000 037 | Ⅰ—Ⅰ |
| 铬（六价） | 0.003 | 0.002 | Ⅰ—Ⅰ |
| 铅 | 0.004 71 | 0.000 75 | Ⅰ—Ⅰ |
| 镉 | 0.000 63 | 0.000 11 | Ⅱ—Ⅱ |
| 铁 | 0.040 8 | 0.026 | Ⅰ—Ⅰ |
| 锰 | 0.053 3 | 0.047 | Ⅲ—Ⅰ |
| 溶解性总固体 | 593 | 542 | Ⅲ—Ⅲ |

（2）水质类别对比分析

与 2015 年相比，2020 年全省城市地下水水质综合评价级别由 2015 年的良好变为 2020 年的较好，见图 2.4-7。

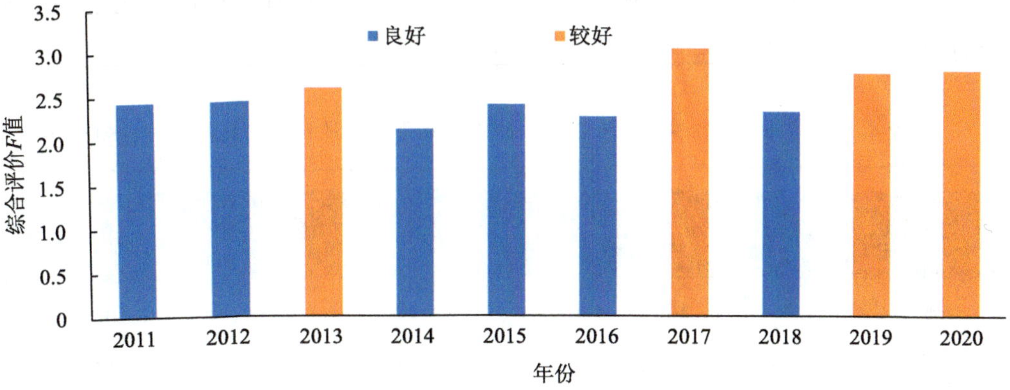


**图 2.4-7 “十三五”末与“十二五”末全省城市地下水水质综合评价比较**

与 2015 年相比，许昌地下水水质综合评价级别由良好变为优；驻马店地下水水质综合评价级别由较差变为良好；鹤壁、南阳 2 个城市地下水水质综合评价级别由优良变为良好；开封、安阳、商丘、济源 4 个城市地下水水质综合评价级别由良好变为较差；其余省辖市保持不变，见图 2.4-8。

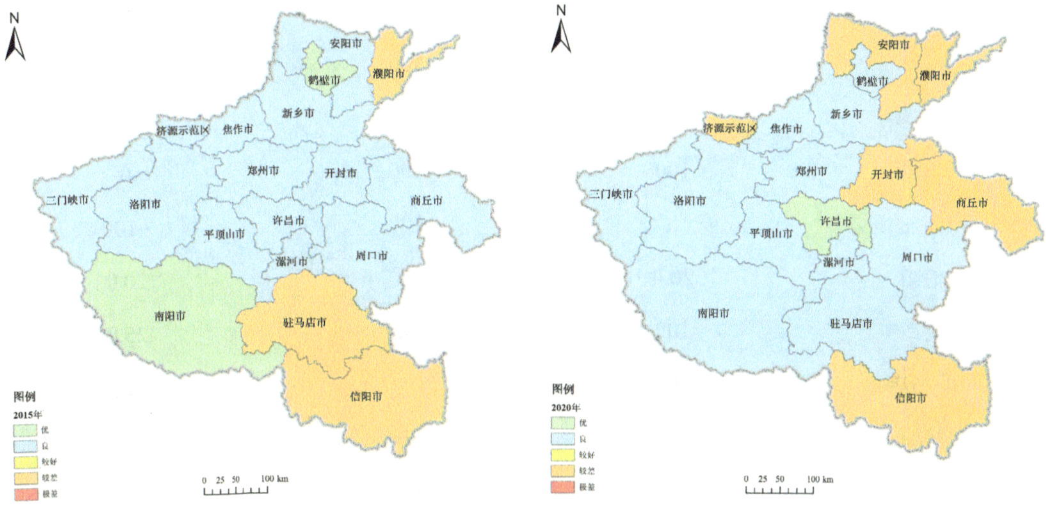


**图 2.4-8 “十三五”末与“十二五”末全省城市地下水水质综合评价比较**

（3）优良、良好井位比例变化对比分析

全省地下水优良、良好井位比例上升1.5%。其中，驻马店、洛阳、周口、许昌和信阳5个城市水质优良、良好井位比例上升20%以上，分别为100%、42.9%、20.0%、20.0%和20.0%；商丘、济源、新乡、濮阳4个城市地下水优良、良好井位的比例下降20%以上，分别为100%、57.1%、42.9%和23.2%。见表2.4-11。

**表2.4-11 “十三五”末与“十二五”末城市地下水水质优良、良好井位比例变化**

单位：%

| 城市名称 | 2020年比例/% | 2015年比例/% | 2020年与2015年对比 |
|---|---|---|---|
| 郑州 | 100 | 100 | 0 |
| 开封 | 37.5 | 40 | –2.5 |
| 洛阳 | 92.9 | 50 | 42.9 |
| 平顶山 | 50.0 | 33.3 | 16.7 |
| 安阳 | 42.9 | 55.6 | –12.7 |
| 鹤壁 | 100 | 100 | 0 |
| 新乡 | 57.1 | 100 | –42.9 |
| 焦作 | 81.8 | 77.8 | 4.0 |
| 濮阳 | 14.3 | 37.5 | –23.2 |
| 许昌 | 100 | 80.0 | 20.0 |
| 漯河 | 100 | 100 | 0 |
| 三门峡 | 100 | 100 | 0 |
| 南阳 | 100 | 100 | 0 |
| 商丘 | 0 | 100 | –100 |
| 信阳 | 20.0 | 0 | 20.0 |
| 周口 | 100 | 75.0 | 25.0 |
| 驻马店 | 100 | 0 | 100 |
| 济源 | 42.9 | 100 | –57.1 |
| 全省 | 69.0 | 67.5 | 1.5 |

## 2.4.5　小结与原因分析

### 2.4.5.1　小结

2020 年，全省城市地下水质量级别为较好。许昌市地下水水质级别为优良，鹤壁、漯河、南阳、郑州、三门峡、平顶山、周口、焦作、洛阳、驻马店、新乡 11 个城市地下水水质级别为良好，安阳、开封、濮阳、商丘、信阳、济源 6 个城市地下水水质级别为较差。与 2019 年相比，全省城市地下水水质级别仍为较好。许昌地下水水质级别由良好变为优良，济源地下水水质级别由良好变为较差，其他 16 个省辖市地下水水质级别均无变化。

“十三五”期间，全省城市地下水水质综合评价级别由良好变为较好。与“十二五”末相比，“十三五”末全省城市地下水水质综合评价级别由良好变为较好。

### 2.4.5.2　原因分析

“十三五”期间，开封、安阳、濮阳、许昌、信阳、商丘、济源地下水水质呈现较差级别，原因是上述城市出现Ⅳ类和Ⅴ类现象。开封氟化物出现Ⅳ类，安阳总硬度、总大肠菌群出现Ⅳ类，濮阳总硬度、锰出现Ⅳ类，许昌亚硝酸盐、总大肠菌群出现Ⅳ类，商丘氟化物出现Ⅳ类，信阳总大肠菌群出现Ⅳ类和Ⅴ类、锰出现Ⅳ类。

开封、商丘 2 个城市的地貌特征主要为黄河冲积平原，由于黄河冲积层掩埋了黄泛区前的洼地、盐碱地而形成了目前看似平坦的掩埋地貌。在掩埋洼地，由于富含碳酸氢钠的盐碱土被埋于地下，促使地下水碱化程度增强，形成强碱化水化学环境。地下水中的氟化物主要来源是岩石与土层中，流域内岩石、土层中氟化物质量比，较地下水中的氟质量浓度高出许多甚至几个数量级，而掩埋型洼地又适于水中氟的富集，因此，在岩石风化过程中，部分氟化物为地下水所溶解，导致氟化物质量浓度增高，最终形成这两个地区的高氟地下水分布，造成氟化物超标。

地下水中的锰来源通常是岩石和矿物中锰的氧化物、硫化物、碳酸盐、硅酸盐等溶解于水所致。在缺氧的还原环境中，能被还原为二价锰而溶解于含碳酸盐的水中。此外，在富含有机物的水中，还可能存在有机锰。濮阳、信阳 2 个城市地下水中锰的超标，除与当地地貌特征有关外，还与地下水含水介质与其上覆岩土成分、地下水的径流条件、矿化度及其有机质含量等有关。

总硬度除地质原因本底较高外，与城市地下水过量开采也有一定关系，开采过度可引起水动力场和水文地球化学环境的改变，促使土壤及其下层沉积物中钙镁易溶盐、难溶盐及交换性钙镁由固相向水中转移，从而使地下水硬度升高。

## 2.5 集中式饮用水水源地水质

### 2.5.1 现状评价

#### 2.5.1.1 地表水型饮用水水源地

（1）省辖市

①单项因子评价

a. 有机类

高锰酸盐指数浓度年均值为 0.8～4.2 mg/L，26.6%的水源地年均值达到Ⅰ类标准，66.7%的水源地年均值达到Ⅱ类标准，6.7%的水源地年均值达到Ⅲ类标准。

挥发酚浓度年均值为 0.000 2～0.000 9 mg/L，石油类浓度年均值为 0.01 mg/L，所有水源地浓度年均值均达到Ⅰ类标准。

五日生化需氧量浓度年均值为 0.3～3.7 mg/L，93.3%的水源地年均值达到Ⅰ类标准，6.7%的水源地年均值达到Ⅲ类标准。

b. 非金属无机类

氨氮浓度年均值为 0.02～0.20 mg/L，73.3%的水源地年均值达到Ⅰ类标准，26.7%的水源地年均值达到Ⅱ类标准。

总磷浓度年均值为 0.005～0.049 mg/L，33.3%的水源地年均值达到Ⅰ类标准，66.7%的水源地年均值达到Ⅱ类标准。

硝酸盐浓度年均值为 0.27～3.33 mg/L，氯化物浓度年均值为 4.4～99.6 mg/L，硫酸盐浓度年均值为 23.2～153.3 mg/L，所有水源地浓度年均值均低于标准限值。

氰化物浓度年均值为 0.001～0.002 mg/L，硫化物浓度年均值为 0.003 mg/L，氟化物浓度年均值为 0.17～0.64 mg/L，硒浓度年均值为 0.000 2～0.000 3 mg/L，砷浓度年均值为 0.000 1～0.003 0 mg/L，所有水源地浓度年均值均达到Ⅰ类标准。

c. 金属类

汞浓度年均值为 0.000 02～0.000 03 mg/L，铬（六价）浓度年均值均为 0.002 mg/L，锌浓度年均值为 0.001～0.020 mg/L，铅浓度年均值为 0.000 05～0.002 00 mg/L，镉浓度年均值为 0.000 02～0.000 10 mg/L，所有水源地浓度年均值均达到Ⅰ类标准。

铜浓度年均值为 0.001～0.020 mg/L，93.3%的水源地年均值达到Ⅰ类标准，6.7%的水源地年均值达到Ⅱ类标准。

铁浓度年均值为 0.008～0.180 mg/L，锰浓度年均值为 0.000 2～0.027 1 mg/L，所有水

源地浓度年均值均低于标准限值。

d. 其他

pH 为 7.3～8.6。

粪大肠菌群浓度年均值为 10～447 个/L，73.3%的水源地年均值达到 I 类标准，26.7%的水源地年均值达到 II 类标准。

阴离子表面活性剂浓度年均值为 0.03～0.06 mg/L，所有水源地年均值均达到 I 类标准。

2020 年，全省省辖市地表型饮用水水源地部分因子评价结果统计见表 2.5-1。

**表 2.5-1　2020 年全省省辖市地表水型饮用水水源地主要因子评价类别分布统计**

单位：%

| 项目 | 高锰酸盐指数 | 总磷 | 粪大肠菌群 | 氨氮 | 石油类 | 铜 | 镉 | 铬（六价） |
|---|---|---|---|---|---|---|---|---|
| I 类 | 26.6 | 33.3 | 73.3 | 73.3 | 100 | 93.3 | 100 | 100 |
| II 类 | 66.7 | 66.7 | 26.7 | 26.7 | 0 | 6.7 | 0 | 0 |
| III类 | 6.7 | 0 | 0 | 0 | 0 | 0 | 0 | 0 |

②特定项目

2020 年 7 月，全省 18 个省辖市地表水型饮用水水源地特定项目监测共 1 280 项次，根据《地表水环境质量标准》（GB 3838—2002）表 3 中 80 项特定项目的标准限值进行评价，监测浓度值均低于标准限值。未检出的项次占 94.1%；检出的项次占 5.9%。其中，钡检出率最高，为 87.5%；其次是硼检出率，为 56.3%，其他项目检出率均低于 50%。见表 2.5-2。

**表 2.5-2　2020 年全省省辖市地表水型饮用水水源地水质特定项目监测检出情况**

| 序号 | 项目名称 | 监测水源地/个 | 检出水源地/个 | 检出率/% |
|---|---|---|---|---|
| 1 | 钡 | 16 | 14 | 87.5 |
| 2 | 硼 | 16 | 9 | 56.3 |
| 3 | 钼 | 16 | 8 | 50.0 |
| 4 | 锑 | 16 | 7 | 43.8 |
| 5 | 钴 | 16 | 6 | 37.5 |
| 6 | 三氯甲烷 | 16 | 4 | 25.0 |
| 7 | 镍 | 16 | 4 | 25.0 |
| 8 | 钒 | 16 | 4 | 25.0 |

| 序号 | 项目名称 | 监测水源地/个 | 检出水源地/个 | 检出率/% |
|---|---|---|---|---|
| 9 | 活性氯 | 16 | 2 | 12.5 |
| 10 | 二氯甲烷 | 16 | 2 | 12.5 |
| 11 | 乙苯 | 16 | 2 | 12.5 |
| 12 | 钛 | 16 | 2 | 12.5 |
| 13 | 三氯乙醛 | 16 | 2 | 12.5 |
| 14 | 氯乙烯 | 16 | 2 | 12.5 |
| 15 | 甲醛 | 16 | 1 | 6.3 |
| 16 | 邻苯二甲酸二丁酯 | 16 | 1 | 6.3 |
| 17 | 邻苯二甲酸二酯 | 16 | 1 | 6.3 |
| 18 | 环氧氯丙烷 | 16 | 1 | 6.3 |
| 19 | 1,2-二氯乙烷 | 16 | 1 | 6.3 |
| 20 | 二甲苯 | 16 | 1 | 6.3 |
| 21 | 1,2-二氯苯 | 16 | 1 | 6.3 |

③综合评价

a. 饮用水水源地达标情况

2020年，全省18个省辖市15个地表水型饮用水水源地的各评价因子浓度年均值均达到Ⅲ类标准，水质浓度年均值均达标。其中，鹤壁黄花营、濮阳西水坡调节池、许昌周庄水厂3个地表水型饮用水水源地水质达到Ⅰ类标准，占比为20.0%；开封柳池、安阳第八水厂、三门峡朱乙河水库、平顶山白龟山水库、郑州黄河水源厂、漯河澧河三里桥、驻马店板桥水库、安阳岳城水库五水厂、郑州柿园水厂、信阳南湾水库、新乡七里营11个地表水型饮用水水源地水质达到Ⅱ类标准，占比为73.3%；商丘第四水厂水质达到Ⅲ类标准，占比为6.7%。见表2.5-3。

b. 取水水质达标率

全省18个省辖市地表水型饮用水水源地取水水质达标率为100%。见表2.5-3。

c. 水质级别评价

2020年，全省18个省辖市地表水型饮用水水源地年均值评价水质级别为优。鹤壁黄花营、开封柳池、安阳第八水厂、濮阳西水坡调节池、三门峡朱乙河水库、平顶山白龟山水库、郑州黄河水源厂、许昌周庄水厂、漯河澧河三里桥、驻马店板桥水库、安阳岳城水库五水厂、郑州柿园水厂、信阳南湾水库、新乡七里营14个水源地水质级别为优，占比为93.3%；商丘第四水厂水质级别为良好，占比为6.7%。见表2.5-3。

**表 2.5-3 2020 年全省省辖市地表水型饮用水水源地水质状况**

| 城市名称 | 水源地名称 | 达标评价 | 取水水质达标率评价 | | | 水质定性评价 | |
|---|---|---|---|---|---|---|---|
| | | 类别 | 总取水量/万 t | 达标水量/万 t | 取水水质达标率/% | $P_j$值 | 级别 |
| 郑州 | 黄河水源厂 | Ⅱ | 8 507.5 | 8 507.5 | 100 | 0.43 | 优 |
| | 柿园水厂 | Ⅱ | 11 987.4 | 11 987.4 | 100 | 0.48 | 优 |
| 开封 | 柳池 | Ⅱ | 10 943.9 | 10 943.9 | 100 | 0.40 | 优 |
| 平顶山 | 白龟山水库 | Ⅱ | 5 215.8 | 5 215.8 | 100 | 0.41 | 优 |
| 安阳 | 岳城水库五水厂 | Ⅱ | 1 427.6 | 1 427.6 | 100 | 0.45 | 优 |
| | 第八水厂 | Ⅱ | 3 098.8 | 3 098.8 | 100 | 0.40 | 优 |
| 鹤壁 | 黄花营 | Ⅰ | 1 690.5 | 1 690.5 | 100 | 0.38 | 优 |
| 新乡 | 七里营 | Ⅱ | 760.0 | 760.0 | 100 | 0.50 | 优 |
| 濮阳 | 西水坡调节池 | Ⅰ | 4 699.7 | 4 699.7 | 100 | 0.40 | 优 |
| 许昌 | 周庄水厂 | Ⅰ | 1 800.0 | 1 800.0 | 100 | 0.44 | 优 |
| 漯河 | 澧河三里桥 | Ⅱ | 1 140.0 | 1 140.0 | 100 | 0.44 | 优 |
| 三门峡 | 朱乙河水库 | Ⅱ | 1 309.4 | 1 309.4 | 100 | 0.40 | 优 |
| 商丘 | 第四水厂 | Ⅲ | 3 132.8 | 3 132.8 | 100 | 0.67 | 良好 |
| 信阳 | 南湾水库 | Ⅱ | 4 676.3 | 4 676.3 | 100 | 0.48 | 优 |
| 驻马店 | 板桥水库 | Ⅱ | 6 267.0 | 6 267.0 | 100 | 0.44 | 优 |
| 全省 | | Ⅱ | 66 656.7 | 66 656.7 | 100 | 0.45 | 优 |

按照饮用水水源地水质定性评价指数 $P_j$ 分值排序，全省 18 个省辖市地表水型饮用水水源地水质评价结果排序见图 2.5-1。

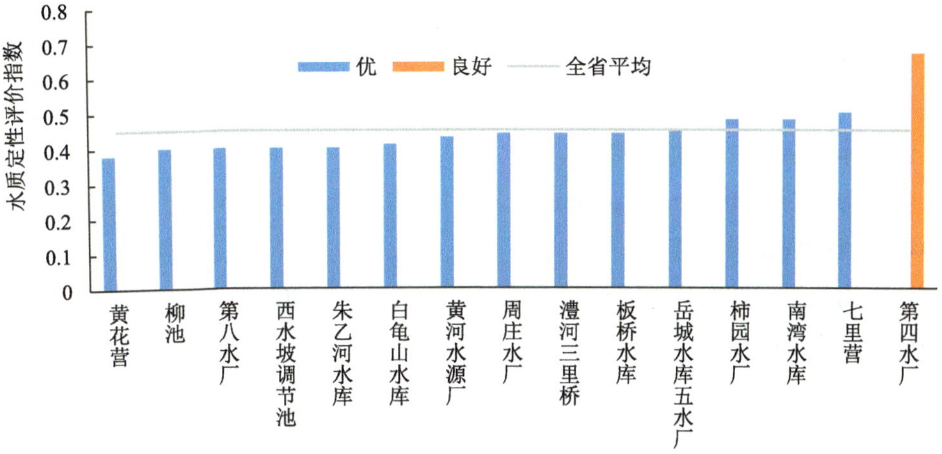


**图 2.5-1 2020 年全省省辖市地表水型饮用水水源地水质评价结果**

（2）县级城市

①单项因子评价

a. 有机类

高锰酸盐指数浓度年均值为 1.1～5.1 mg/L，35.9%的水源地年均值达到Ⅰ类标准，53.8%的水源地年均值达到Ⅱ类标准，10.3%的水源地年均值达到Ⅲ类标准。

挥发酚浓度年均值为 0.000 2～0.001 8 mg/L，石油类浓度年均值为 0.004～0.030 mg/L，所有水源地年均值均达到Ⅰ类标准。

五日生化需氧量浓度年均值为 0.7～3.6 mg/L，71.8%的水源地年均值达到Ⅰ类标准，28.2%的水源地年均值达到Ⅲ类标准。

b. 非金属无机类

氨氮浓度年均值为 0.03～0.73 mg/L，53.8%的水源地年均值达到Ⅰ类标准，38.5%的水源地年均值达到Ⅱ类标准，7.7%的水源地年均值达到Ⅲ类标准。

总磷浓度年均值为 0.005～0.108 mg/L，30.7%的水源地年均值达到Ⅰ类标准，46.2%的水源地年均值达到Ⅱ类标准，23.1%的水源地年均值达到Ⅲ类标准。

硝酸盐浓度年均值为 0.02～5.51 mg/L，氯化物浓度年均值为 3.6～134.3 mg/L，硫酸盐浓度年均值为 10.8～213.5 mg/L，所有水源地年均值均低于标准限值。

硒浓度年均值为 0.000 2～0.002 0 mg/L，氰化物浓度年均值为 0.001～0.004 mg/L，硫化物浓度年均值为 0.003～0.011 mg/L，氟化物浓度年均值为 0.10～0.63 mg/L，砷浓度年均值为 0.000 1～0.004 0 mg/L，所有水源地年均值均达到Ⅰ类标准。

c. 金属类

汞浓度年均值为 0.000 02～0.000 04 mg/L，锌浓度年均值为 0.001～0.030 mg/L，铅浓度年均值为 0.000 04～0.007 00 mg/L，镉浓度年均值为 0.000 02～0.001 00 mg/L，所有水源地浓度年均值均达到Ⅰ类标准。

铬（六价）浓度年均值为 0.002～0.015 mg/L，97.4%的水源地年均值达到Ⅰ类标准，2.6%的水源地年均值达到Ⅱ类标准。

铜浓度年均值为 0.000 4～0.020 0 mg/L，82.1%的水源地年均值达到Ⅰ类标准，17.9%的水源地年均值达到Ⅱ类标准。

铁浓度年均值为 0.002～0.061 mg/L，锰浓度年均值为 0.000 2～0.023 3 mg/L，所有水源地年均值均低于标准限值。

d. 其他

pH 为 6.9～8.3。

粪大肠菌群浓度年均值为 1～2 657 个/L，74.3%的水源地年均值达到Ⅰ类标准，23.1%

的水源地年均值达到Ⅱ类标准，2.6%的水源地年均值达到Ⅲ类标准。

阴离子表面活性剂浓度年均值为 0.02～0.14 mg/L，所有水源地浓度年均值均达到Ⅰ类标准。

2020 年，全省参评的县级地表水型饮用水水源地共计 39 个。部分因子评价结果统计见表 2.5-4。

**表 2.5-4 2020 年全省县级地表水型饮用水水源地主要因子评价类别分布统计**

单位：%

| 项目 | 高锰酸盐指数 | 总磷 | 粪大肠菌群 | 氨氮 | 石油类 | 铜 | 镉 | 铬（六价） |
|---|---|---|---|---|---|---|---|---|
| Ⅰ类 | 35.9 | 30.7 | 74.3 | 53.8 | 100 | 82.1 | 100 | 97.4 |
| Ⅱ类 | 53.8 | 46.2 | 23.1 | 38.5 | 0 | 17.9 | 0 | 2.6 |
| Ⅲ类 | 10.3 | 23.1 | 2.6 | 7.7 | 0 | 0 | 0 | 0 |

②综合评价

a. 饮用水水源地达标情况

2020 年，全省参评的 39 个县级地表水型饮用水水源地的各评价因子浓度年均值均达到Ⅲ类标准。其中，洛阳栾川县石笼沟水库等 4 个水源地水质达到Ⅰ类标准，占比为 10.3%；郑州荥阳市南水北调 24 号口门等 18 个水源地水质达到Ⅱ类标准，占比为 46.2%；郑州中牟县中牟新城水厂等 17 个水源地水质达到Ⅲ类标准，占比为 43.6%。

b. 取水水质达标率

全省县级地表水型饮用水水源地取水水质达标率为 100%。

c. 水质级别评价

2020 年，全省县级地表水型饮用水水源地年均值评价水质级别为良好。其中，郑州巩义市坞罗水库等 20 个水源地水质级别为优，占比为 51.3%；郑州中牟县中牟新城水厂等 19 个水源地水质级别为良好，占比为 48.7%。

### 2.5.1.2 地下水型饮用水水源地

（1）省辖市

①单项因子评价

a. 有机类

挥发酚浓度年均值均为 0.000 2 mg/L，所有水源地年均值均达到Ⅰ类标准。

耗氧量浓度年均值为 0.25～1.31 mg/L，72.7%的水源地年均值达到Ⅰ类标准，27.3%的水源地年均值达到Ⅱ类标准。

b. 非金属无机类

氰化物浓度年均值为0.001～0.002 mg/L，22.7%的水源地年均值达到Ⅰ类标准，77.3%的水源地年均值达到Ⅱ类标准。

亚硝酸盐浓度年均值为0.002～0.015 mg/L，90.9%的水源地年均值达到Ⅰ类标准，9.1%的水源地年均值达到Ⅱ类标准。

氨氮浓度年均值为0.013～0.071 mg/L，68.2%的水源地年均值达到Ⅰ类标准，31.8%的水源地年均值达到Ⅱ类标准。

硝酸盐浓度年均值为0.23～11.04 mg/L，31.8%的水源地年均值达到Ⅰ类标准，18.2%的水源地年均值达到Ⅱ类标准，50.0%的水源地年均值达到Ⅲ类标准。

氯化物浓度年均值为9.2～106.8 mg/L，54.5%的水源地年均值达到Ⅰ类标准，45.5%的水源地年均值达到Ⅱ类标准。

硫酸盐浓度年均值为22.7～129.0 mg/L，18.2%的水源地年均值达到Ⅰ类标准，81.8%的水源地年均值达到Ⅱ类标准。

氟化物浓度年均值为0.09～0.91 mg/L，硒浓度年均值为0.000 2～0.000 3 mg/L，所有水源地年均值均达到Ⅰ类标准。

砷浓度年均值为0.000 2～0.002 2 mg/L，81.8%的水源地年均值达到Ⅰ类标准，18.2%的水源地年均值达到Ⅲ类标准。

c. 金属及其化合物类

总硬度浓度年均值为106～436 mg/L，18.2%的水源地年均值达到Ⅰ类标准，22.7%的水源地年均值达到Ⅱ类标准，59.1%的水源地年均值达到Ⅲ类标准。

铬（六价）浓度年均值为0.002～0.005 mg/L，锌浓度年均值为0.000 3～0.030 0 mg/L，汞浓度年均值为0.000 005～0.000 093 mg/L，铅浓度年均值为0.000 04～0.001 30 mg/L，所有水源地年均值均达到Ⅰ类标准。

镉浓度年均值为0.000 03～0.000 27 mg/L，81.8%的水源地年均值达到Ⅰ类标准，18.2%的水源地年均值达到Ⅱ类标准。

锰浓度年均值为0.000 1～0.079 3 mg/L，90.9%的水源地年均值达到Ⅰ类标准，9.1%的水源地年均值达到Ⅲ类标准。

铁浓度年均值为0.000 4～0.205 0 mg/L，95.5%的水源地年均值达到Ⅰ类标准，4.5%的水源地年均值达到Ⅲ类标准。

铜浓度年均值为0.000 04～0.020 00 mg/L，86.4%的水源地年均值达到Ⅰ类标准，13.6%的水源地年均值达到Ⅱ类标准。

d. 其他

pH 为 7.2～7.9。

总大肠菌群浓度年均值为 1～2 CFU/100 mL，所有水源地年均值均达到 I 类标准。

2020 年全省省辖市地下水型饮用水水源地主要因子评价结果统计见表 2.5-5。

表 2.5-5 2020 年全省省辖市地下水型饮用水水源地主要因子评价结果统计

单位：%

| 项目 | 总硬度 | 硫酸盐 | 氯化物 | 耗氧量 | 氨氮 | 总大肠菌群 | 氟化物 |
|---|---|---|---|---|---|---|---|
| I 类 | 18.2 | 18.2 | 54.5 | 72.7 | 68.2 | 100 | 100 |
| II 类 | 22.7 | 81.8 | 45.5 | 27.3 | 31.8 | 0 | 0 |
| III类 | 59.1 | 0 | 0 | 0 | 0 | 0 | 0 |

②综合评价

a. 达标水源地

2020 年，全省 18 个省辖市 22 个地下水型饮用水水源地的各评价因子浓度年均值评价，3 个达到 II 类标准，19 个达到III类标准，即 22 个地下水型饮用水水源地水质年均值均达标，各水源地各评价因子年均值均达到或优于III类标准。见表 2.5-6。

b. 取水水质达标率

全省 18 个省辖市地下水型饮用水水源地取水水质达标率为 100%。见表 2.5-6。

c. 水质级别评价

2020 年，全省 18 个省辖市地下水型饮用水水源地年均值评价水质级别为良好。南阳东水厂、南阳二水厂、郑州井水厂、三门峡涧北水厂、周口二水厂、三门峡二水厂、三门峡一水厂、许昌董庄水厂、洛阳洛南水源混合、焦作市四水厂 10 个水源地水质级别为优，占比为 45.5%；鹤壁集井、郑州石佛水厂、洛阳张庄水源混合、周口三水厂、焦作市六水厂、济源青多、开封二水厂、济源柴庄、洛阳李楼水源混合、安阳三水厂、安阳四水厂、焦作市七水厂 12 个水源地水质级别为良好，占比为 54.5%。见表 2.5-6。

表 2.5-6 2020 年全省省辖市地下水型饮用水水源地水质状况

| 城市名称 | 水源地名称 | 达标评价 | 取水水质达标率评价 | | | 水质定性评价 | |
|---|---|---|---|---|---|---|---|
| | | 类别 | 总取水量/万 t | 达标水量/万 t | 取水水质达标率/% | $P_j$ 值 | 级别 |
| 郑州 | 井水厂 | III | 50.9 | 50.9 | 100 | 0.40 | 优 |
| | 石佛水厂 | III | 1 505.1 | 1 505.1 | 100 | 0.53 | 良好 |

| 城市名称 | 水源地名称 | 达标评价 | 取水水质达标率评价 | | | 水质定性评价 | |
|---|---|---|---|---|---|---|---|
| | | 类别 | 总取水量/万 t | 达标水量/万 t | 取水水质达标率/% | $P_j$值 | 级别 |
| 开封 | 二水厂 | Ⅲ | 348.0 | 348.0 | 100 | 0.66 | 良好 |
| 洛阳 | 洛南水源混合 | Ⅲ | 4 518.8 | 4 518.8 | 100 | 0.50 | 优 |
| | 张庄水源混合 | Ⅲ | 1 596.5 | 1 596.5 | 100 | 0.56 | 良好 |
| | 李楼水源混合 | Ⅲ | 3 300.7 | 3 300.7 | 100 | 0.68 | 良好 |
| 安阳 | 三水厂 | Ⅲ | 1.6 | 1.6 | 100 | 0.68 | 良好 |
| | 四水厂 | Ⅲ | 2 555.5 | 2 555.5 | 100 | 0.69 | 良好 |
| 鹤壁 | 集井 | Ⅲ | 80.7 | 80.7 | 100 | 0.51 | 良好 |
| 焦作 | 市四水厂 | Ⅲ | 944.5 | 944.5 | 100 | 0.50 | 优 |
| | 市六水厂 | Ⅲ | 454.8 | 454.8 | 100 | 0.61 | 良好 |
| | 市七水厂 | Ⅲ | 548.5 | 548.5 | 100 | 0.70 | 良好 |
| 许昌 | 董庄水厂 | Ⅲ | 1 440.0 | 1 440.0 | 100 | 0.49 | 优 |
| 三门峡 | 一水厂 | Ⅲ | 117.9 | 117.9 | 100 | 0.47 | 优 |
| | 二水厂 | Ⅲ | 556.1 | 556.1 | 100 | 0.45 | 优 |
| | 涧北水厂 | Ⅱ | 41.7 | 41.7 | 100 | 0.41 | 优 |
| 南阳 | 东水厂 | Ⅱ | 2 232.0 | 2 232.0 | 100 | 0.24 | 优 |
| | 二水厂 | Ⅱ | 3 162.0 | 3 162.0 | 100 | 0.24 | 优 |
| 周口 | 二水厂 | Ⅲ | 1 920.0 | 1 920.0 | 100 | 0.43 | 优 |
| | 三水厂 | Ⅲ | 440.0 | 440.0 | 100 | 0.57 | 良好 |
| 济源 | 青多 | Ⅲ | 1 755.0 | 1 755.0 | 100 | 0.62 | 良好 |
| | 柴庄 | Ⅲ | 74.0 | 74.0 | 100 | 0.67 | 良好 |
| 全省 | | Ⅲ | 27 644.3 | 27 644.3 | 100 | 0.53 | 良好 |

（2）县级城市

①单项因子评价

a. 有机类

挥发酚浓度年均值为0.000 2～0.001 0 mg/L，所有水源地年均值均达到Ⅰ类标准。

耗氧量浓度年均值为0.15～2.66 mg/L，72.9%的水源地年均值达到Ⅰ类标准，24.7%的水源地年均值达到Ⅱ类标准，2.4%的水源地年均值达到Ⅲ类标准。

b. 非金属无机类

氰化物浓度年均值为 0.000 5~0.013 5 mg/L，30.6%的水源地年均值达到Ⅰ类标准，68.2%的水源地年均值达到Ⅱ类标准，1.2%的水源地年均值达到Ⅲ类标准。

亚硝酸盐浓度年均值为 0.001～0.060 mg/L，84.7%的水源地年均值达到Ⅰ类标准，15.3%的水源地年均值达到Ⅱ类标准。

氨氮浓度年均值为 0.006～0.200 mg/L，38.8%的水源地年均值达到Ⅰ类标准，54.1%的水源地年均值达到Ⅱ类标准，7.1%的水源地年均值达到Ⅲ类标准。

硝酸盐浓度年均值为 0.01～14.30 mg/L，55.3%的水源地年均值达到Ⅰ类标准，20.0%的水源地年均值达到Ⅱ类标准，24.7%的水源地年均值达到Ⅲ类标准。

氯化物浓度年均值为 4.5～260.5 mg/L，62.3%的水源地年均值达到Ⅰ类标准，24.7%的水源地年均值达到Ⅱ类标准，11.8%的水源地年均值达到Ⅲ类标准，1.2%的水源地年均值达到Ⅳ类标准。

硫酸盐浓度年均值为 4.3～467.5 mg/L，32.9%的水源地年均值达到Ⅰ类标准，57.6%的水源地年均值达到Ⅱ类标准，8.3%的水源地年均值达到Ⅲ类标准，1.2%的水源地年均值为Ⅴ类标准。

氟化物浓度年均值为 0.16～1.71 mg/L，82.4%的水源地年均值达到Ⅰ类标准，17.6%的水源地年均值达到Ⅳ类标准。

砷浓度年均值为 0.000 2～0.006 8 mg/L，65.9%的水源地年均值达到Ⅰ类标准，34.1%的水源地年均值达到Ⅲ类标准。

硒浓度年均值为 0.000 1～0.003 0 mg/L，所有水源地年均值均达到Ⅰ类标准。

c. 金属及其化合物类

总硬度浓度年均值为 18～528 mg/L，34.1%的水源地年均值达到Ⅰ类标准，36.5%的水源地年均值达到Ⅱ类标准，27.0%的水源地年均值达到Ⅲ类标准，2.4%的水源地年均值达到Ⅳ类标准。

铬（六价）浓度年均值为 0.001～0.018 mg/L，92.9%的水源地年均值达到Ⅰ类标准，4.7%的水源地年均值达到Ⅱ类标准，2.4%的水源地年均值达到Ⅲ类标准。

锌浓度年均值为 0.000 3～0.240 0 mg/L，98.8%的水源地年均值达到Ⅰ类标准，1.2%的水源地年均值达到Ⅱ类标准。

汞浓度年均值为 0.000 012～0.000 410 mg/L，90.6%的水源地年均值达到Ⅰ类标准，9.4%的水源地年均值达到Ⅲ类标准。

镉浓度年均值为 0.000 03～0.001 28 mg/L，43.5%的水源地年均值达到Ⅰ类标准，54.1%的水源地年均值达到Ⅱ类标准，2.4%的水源地年均值达到Ⅲ类标准。

锰浓度年均值为 0.000 1～0.028 0 mg/L，所有水源地年均值均低于标准限值。

铅浓度年均值为 0.000 04～0.005 50 mg/L，97.6%的水源地年均值达到Ⅰ类标准，2.4%的水源地年均值达到Ⅲ类标准。

铁浓度年均值为 0.000 4～0.220 0 mg/L，98.8%的水源地年均值达到Ⅰ类标准，1.2%的水源地年均值达到Ⅲ类标准。

铜浓度年均值为 0.000 04～0.100 00 mg/L，77.6%的水源地年均值达到Ⅰ类标准，22.4%的水源地年均值达到Ⅱ类标准，1.2%的水源地年均值达到Ⅲ类标准。

d. 其他

pH 为 7.0～8.4。

总大肠菌群浓度年均值为 0～2 CFU/100 mL，所有水源地年均值均达到Ⅰ类标准。

2020 年全省县级地下水型饮用水水源地主要因子评价结果统计见表 2.5-7。

**表 2.5-7 2020 年全省县级地下水型饮用水水源地主要因子评价结果统计**

单位：%

| 项目 | 总硬度 | 硫酸盐 | 氯化物 | 耗氧量 | 氨氮 | 总大肠菌群 | 氟化物 |
|---|---|---|---|---|---|---|---|
| Ⅰ类 | 34.1 | 32.9 | 62.3 | 72.9 | 38.8 | 100 | 82.4 |
| Ⅱ类 | 36.5 | 57.6 | 24.7 | 24.7 | 54.1 | 0 | 0 |
| Ⅲ类 | 27.0 | 8.3 | 11.8 | 2.4 | 7.1 | 0 | 0 |
| Ⅳ类 | 2.4 | 0 | 1.2 | 0 | 0 | 0 | 17.6 |
| Ⅴ类 | 0 | 1.2 | 0 | 0 | 0 | 0 | 0 |

②综合评价

a. 达标水源地

2020 年，全省参评的 85 个县级地下水型饮用水水源地的各评价因子浓度年均值，19 个达到Ⅱ类标准，48 个达到Ⅲ类标准，17 个达到Ⅳ类标准，1 个为Ⅴ类标准，即 67 个地下水型饮用水水源地水质年均值达标，达标率为 78.8%。

b. 取水水质达标率

全省县级地下水型饮用水水源地取水水质达标率为 93.8%。

c. 水质级别评价

2020 年，全省县级地下水型饮用水水源地年均值评价水质级别为良好。其中，郑州巩义市三水厂地下水井群等 39 个水源地水质级别为优，占比为 45.9%；郑州新密市五里店水井等 31 个水源地水质级别为良好，占比为 36.5%；郑州新密市老城水井等 15 个水源地水质级别为轻污染，占比为 17.6%。

### 2.5.1.3 城市饮用水水源地评价

（1）省辖市

①达标饮用水水源地

2020 年，全省 18 个省辖市的地表与地下水型饮用水水源地监测因子浓度年均值均达到Ⅲ类标准。

②取水水质达标率

2020 年，全省 18 个省辖市的地表与地下水型饮用水水源地取水水质达标率均为 100%。

③水质级别评价

2020 年，全省 18 个省辖市地表与地下水型饮用水水源地浓度年均值评价水质级别为优。南阳、濮阳、平顶山、三门峡、漯河、驻马店、鹤壁、郑州、许昌、信阳、新乡、周口 12 个城市集中式饮用水水源地水质级别为优，开封、安阳、洛阳、焦作、济源、商丘 6 个城市集中式饮用水水源地水质级别为良好。见表 2.5-8。

表 2.5-8 2020 年全省省辖市地表与地下水型饮用水水源地取水水质状况

| 城市名称 | 取水水质达标率 | | | 水质定性评价 | |
|---|---|---|---|---|---|
| | 总取水量/万 t | 达标水量/万 t | 取水水质达标率/% | *P* 值 | 级别 |
| 郑州 | 22 050.9 | 22 050.9 | 100 | 0.46 | 优 |
| 开封 | 11 291.9 | 11 291.9 | 100 | 0.53 | 良好 |
| 洛阳 | 9 416.0 | 9 416.0 | 100 | 0.58 | 良好 |
| 平顶山 | 5 215.8 | 5 215.8 | 100 | 0.41 | 优 |
| 安阳 | 7 083.5 | 7 083.5 | 100 | 0.56 | 良好 |
| 鹤壁 | 1 771.2 | 1 771.2 | 100 | 0.45 | 优 |
| 新乡 | 760.0 | 760.0 | 100 | 0.49 | 优 |
| 焦作 | 1 947.8 | 1 947.8 | 100 | 0.60 | 良好 |
| 濮阳 | 4 699.7 | 4 699.7 | 100 | 0.40 | 优 |
| 许昌 | 3 240.0 | 3 240.0 | 100 | 0.46 | 优 |
| 漯河 | 1 140.0 | 1 140.0 | 100 | 0.44 | 优 |
| 三门峡 | 2 025.1 | 2 025.1 | 100 | 0.43 | 优 |
| 南阳 | 5 394.0 | 5 394.0 | 100 | 0.24 | 优 |

| 城市名称 | 取水水质达标率 | | | 水质定性评价 | |
|---|---|---|---|---|---|
| | 总取水量/万 t | 达标水量/万 t | 取水水质达标率/% | P 值 | 级别 |
| 商丘 | 3 132.8 | 3 132.8 | 100 | 0.67 | 良好 |
| 信阳 | 4 676.3 | 4 676.3 | 100 | 0.48 | 优 |
| 周口 | 2 360.0 | 2 360.0 | 100 | 0.50 | 优 |
| 驻马店 | 6 267.0 | 6 267.0 | 100 | 0.44 | 优 |
| 济源 | 1 829.0 | 1 829.0 | 100 | 0.65 | 良好 |
| 全省 | 94 301 | 94 301 | 100 | 0.49 | 优 |

全省 18 个省辖市地表与地下水型饮用水水源地水质以综合评价指数（*P*）值从低到高排序，见图 2.5-2。

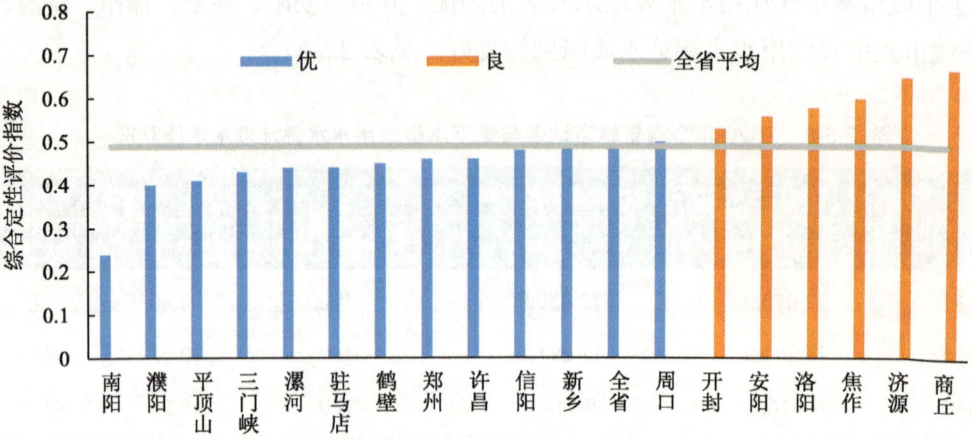


**图 2.5-2　2020 年全省省辖市地表与地下水型饮用水水源地综合评价排序**

（2）县级城市

①达标水源地评价

2020 年，全省 93 个县级城市的地表与地下水型饮用水水源地中除郑州新密市五里店水井、新密市老城水井、濮阳清丰县八里庄水厂泵房、范县老城区地下水井群、台前县自来水厂、商丘民权县一水厂、民权县二水厂、睢县二水厂、宁陵县殷楼 2 号井、柘城县后李楼、虞城县二水厂、夏邑县二水厂地下水井群、夏邑县三水厂地下水井群、周口沈丘县沙南供水厂、郸城县一水厂、太康县水厂、项城市供水厂、项城市自来水公司 18 个饮用水水源地未达到Ⅲ类外，其余水源地的监测因子浓度年均值均达到或优于Ⅲ类标准。

②取水水质达标率评价

2020 年，全省 93 个县级城市中，除郑州新密市（77.1%）、濮阳清丰县（0）、濮阳范县（0）、濮阳台前县（0）、商丘民权县（0）、商丘睢县（24.8%）、商丘宁陵县（0）、商丘柘城县（50.3%）、商丘虞城县（0）、商丘夏邑县（0）、周口西华县（90.7%）、周口沈丘县（0）、周口郸城县（83.8%）、周口太康县（76.1%）、周口项城市（80.6%）15 个县级城市外，其他 78 个县级城市的饮用水水源地取水水质达标率均为 100%。

③水质定性评价

2020 年，全省 93 个县级城市地表与地下水型饮用水水源地浓度年均值评价水质级别为良好。郑州巩义市等 48 个城市集中式饮用水水源地水质级别为优；郑州中牟县等 34 个城市集中式饮用水水源地水质级别为良好；濮阳清丰县等 11 个城市集中式饮用水水源地水质级别为轻污染。

④2019—2020 年度县级集中式饮用水水源地水质全因子分析监测

2019—2020 年，河南省共开展了 45 个在用县级集中式地表水型饮用水水源地和 91 个在用县级集中式地下水型饮用水水源地（含全年未供水的 6 个地表水型饮用水水源地和 6 个地下水型饮用水水源地）水质全因子分析监测工作。

对地表水型饮用水水源地全部特定项目都进行了检测，无缺测项目。其中，有 5 个水源地水质达到Ⅰ类标准，占比为 11.1%；16 个水源地水质达到Ⅱ类标准，占比为 35.6%；21 个水源地水质达到Ⅲ类标准，占比为 46.7%；3 个水源地水质达到Ⅳ类标准，占比为 6.7%。

地下水型饮用水水源地中，除郸城县二水厂地下水井群缺测 9 项外，其余 90 个地下水型饮用水水源地全部项目均进行了检测，无缺测项目。其中，28 个地下水型饮用水水源地水质符合Ⅱ类标准限值，占比为 30.8%；50 个地下水型饮用水水源地水质符合Ⅲ类标准限值，占比为 54.9%；11 个地下水型饮用水水源地水质符合Ⅳ类标准限值，占比为 12.1%；2 个地下水型饮用水水源地水质为Ⅴ类，占比为 2.2%。

## 2.5.2 年度对比

### 2.5.2.1 地表水型饮用水水源地

（1）省辖市

①单项因子评价

a. 浓度年均值变化

与 2019 年相比，2020 年全省 18 个省辖市地表水型饮用水水源地 26 个评价因子年均浓度稍有波动或基本持平，水质类别无变化。见表 2.5-9。

**表 2.5-9 2020 年与 2019 年全省省辖市地表水型饮用水水源地部分污染物浓度年均值比较**

单位：mg/L（粪大肠菌群：个/L）

| 项目 | 2020 年均值 | 类别 | 2019 年均值 | 类别 | 类别变化 |
|---|---|---|---|---|---|
| 总磷 | 0.022 | Ⅱ | 0.024 | Ⅱ | 无 |
| 高锰酸盐指数 | 2.5 | Ⅱ | 2.45 | Ⅱ | 无 |
| 溶解氧 | 8.6 | Ⅰ | 8.9 | Ⅰ | 无 |
| 氟化物 | 0.38 | Ⅰ | 0.40 | Ⅰ | 无 |
| 挥发酚 | 0.000 3 | Ⅰ | 0.000 3 | Ⅰ | 无 |
| 石油类 | 0.01 | Ⅰ | 0.007 | Ⅰ | 无 |
| 粪大肠菌群 | 51 | Ⅰ | 57 | Ⅰ | 无 |
| 氨氮 | 0.11 | Ⅰ | 0.095 | Ⅰ | 无 |
| 五日生化需氧量 | 1.5 | Ⅰ | 1.55 | Ⅰ | 无 |
| 铜 | 0.004 | Ⅰ | 0.004 4 | Ⅰ | 无 |
| 锌 | 0.006 | Ⅰ | 0.005 7 | Ⅰ | 无 |
| 硒 | 0.000 2 | Ⅰ | 0.000 21 | Ⅰ | 无 |
| 砷 | 0.000 9 | Ⅰ | 0.000 75 | Ⅰ | 无 |
| 镉 | 0.000 07 | Ⅰ | 0.000 1 | Ⅰ | 无 |
| 铬（六价） | 0.002 | Ⅰ | 0.002 | Ⅰ | 无 |
| 铅 | 0.000 6 | Ⅰ | 0.000 6 | Ⅰ | 无 |
| 汞 | 0.000 02 | Ⅰ | 0.000 02 | Ⅰ | 无 |
| 阴离子表面活性剂 | 0.03 | Ⅰ | 0.032 | Ⅰ | 无 |
| 氰化物 | 0.002 | Ⅰ | 0.002 | Ⅰ | 无 |
| 硫化物 | 0.003 | Ⅰ | 0.003 | Ⅰ | 无 |

b. 主要评价因子Ⅰ、Ⅱ类水质水源地百分比变化

与 2019 年相比，2020 年全省 18 个省辖市 15 个地表水型饮用水水源地主要评价因子均无变化。见表 2.5-10。

表 2.5-10 2020 年与 2019 年全省省辖市地表水型饮用水水源地部分评价因子水质类别比较

| 项目 | Ⅰ、Ⅱ类百分比/% | | 超Ⅲ类百分比/% | | Ⅰ、Ⅱ类百分比变化/个 | 超Ⅲ类百分比变化/个 |
|---|---|---|---|---|---|---|
| | 2020 年 | 2019 年 | 2020 年 | 2019 年 | | |
| 高锰酸盐指数 | 93.3 | 93.3 | 0 | 0 | 0 | 0 |
| 氟化物 | 100 | 100 | 0 | 0 | 0 | 0 |
| 挥发酚 | 100 | 100 | 0 | 0 | 0 | 0 |
| 粪大肠菌群 | 100 | 100 | 0 | 0 | 0 | 0 |
| 氨氮 | 100 | 100 | 0 | 0 | 0 | 0 |
| 硝酸盐 | 100 | 100 | 0 | 0 | 0 | 0 |
| 砷 | 100 | 100 | 0 | 0 | 0 | 0 |
| 镉 | 100 | 100 | 0 | 0 | 0 | 0 |
| 铬（六价） | 100 | 100 | 0 | 0 | 0 | 0 |
| 铅 | 100 | 100 | 0 | 0 | 0 | 0 |
| 汞 | 100 | 100 | 0 | 0 | 0 | 0 |
| 氰化物 | 100 | 100 | 0 | 0 | 0 | 0 |

②综合评价

a. 达标水源地

2019—2020 年，全省 18 个省辖市地表水型饮用水水源地水质浓度年均值均优于或达到Ⅲ类标准。见表 2.5-11。

表 2.5-11 2020 年与 2019 年全省省辖市地表水型饮用水水源地水质综合评价比较

| 城市名称 | 水源地名称 | 2020 年 | | 2019 年 | |
|---|---|---|---|---|---|
| | | 定性级别 | 水质类别 | 定性级别 | 水质类别 |
| 郑州 | 黄河水源厂 | 优 | Ⅱ | 优 | Ⅱ |
| | 柿园水厂 | 优 | Ⅱ | 优 | Ⅰ |
| 开封 | 柳池 | 优 | Ⅱ | 优 | Ⅱ |
| 平顶山 | 白龟山水库 | 优 | Ⅱ | 优 | Ⅱ |
| 安阳 | 岳城水库五水厂 | 优 | Ⅱ | 优 | Ⅱ |
| | 第八水厂 | 优 | Ⅱ | 优 | Ⅰ |

| 城市名称 | 水源地名称 | 2020 年 | | 2019 年 | |
|---|---|---|---|---|---|
| | | 定性级别 | 水质类别 | 定性级别 | 水质类别 |
| 鹤壁 | 黄花营 | 优 | I | 优 | I |
| 新乡 | 七里营 | 优 | II | 优 | II |
| 濮阳 | 西水坡调节池 | 优 | I | 优 | II |
| 许昌 | 周庄水厂 | 优 | I | 优 | I |
| 漯河 | 澧河三里桥 | 优 | II | 优 | II |
| 三门峡 | 朱乙河水库 | 优 | II | 优 | I |
| 商丘 | 第四水厂 | 良好 | III | 良好 | III |
| 信阳 | 南湾水库 | 优 | II | 优 | II |
| 驻马店 | 板桥水库 | 优 | II | 优 | III |
| 全省 | | 优 | II | 优 | II |

b. 水质级别定性对比

与 2019 年相比，2020 年全省省辖市地表水型饮用水水源地未发生水质级别变化。见图 2.5-3。

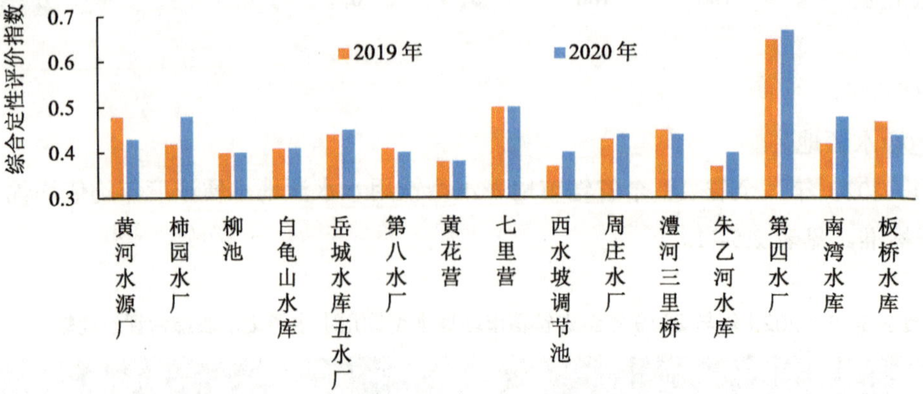


图 2.5-3 2020 年与 2019 年全省省辖市地表水型饮用水水源地水质比较

（2）县级城市

①单项因子评价

a. 浓度年均值变化

与 2019 年相比，2020 年全省县级地表水型饮用水水源地 26 个评价因子年均浓度稍有波动或基本持平，水质类别均无变化。见表 2.5-12。

表 2.5-12　2020 年与 2019 年全省县级地表水型饮用水水源地部分污染物浓度年均值比较

单位：mg/L（粪大肠菌群：个/L）

| 项目 | 2020 年均值 | 类别 | 2019 年均值 | 类别 | 类别变化 |
|---|---|---|---|---|---|
| 总磷 | 0.031 | Ⅱ | 0.034 | Ⅱ | 无 |
| 高锰酸盐指数 | 2.5 | Ⅱ | 2.5 | Ⅱ | 无 |
| 溶解氧 | 7.8 | Ⅰ | 7.9 | Ⅰ | 无 |
| 氟化物 | 0.28 | Ⅰ | 0.33 | Ⅰ | 无 |
| 挥发酚 | 0.000 4 | Ⅰ | 0.000 4 | Ⅰ | 无 |
| 石油类 | 0.01 | Ⅰ | 0.01 | Ⅰ | 无 |
| 粪大肠菌群 | 72 | Ⅰ | 52 | Ⅰ | 无 |
| 氨氮 | 0.23 | Ⅱ | 0.23 | Ⅱ | 无 |
| 五日生化需氧量 | 2.3 | Ⅰ | 2.4 | Ⅰ | 无 |
| 铜 | 0.01 | Ⅰ | 0.01 | Ⅰ | 无 |
| 锌 | 0.01 | Ⅰ | 0.01 | Ⅰ | 无 |
| 硒 | 0.000 3 | Ⅰ | 0.000 5 | Ⅰ | 无 |
| 砷 | 0.001 | Ⅰ | 0.001 | Ⅰ | 无 |
| 镉 | 0.000 2 | Ⅰ | 0.000 3 | Ⅰ | 无 |
| 铬（六价） | 0.003 | Ⅰ | 0.003 | Ⅰ | 无 |
| 铅 | 0.002 | Ⅰ | 0.002 | Ⅰ | 无 |
| 汞 | 0.000 02 | Ⅰ | 0.000 02 | Ⅰ | 无 |
| 阴离子表面活性剂 | 0.04 | Ⅰ | 0.04 | Ⅰ | 无 |
| 氰化物 | 0.002 | Ⅰ | 0.002 | Ⅰ | 无 |
| 硫化物 | 0.003 | Ⅰ | 0.005 | Ⅰ | 无 |

b. 主要评价因子Ⅰ、Ⅱ类水质水源地百分比变化

与 2019 年相比，2020 年在全省 39 个县级地表水型饮用水水源地主要评价因子Ⅰ、Ⅱ类百分比中，高锰酸盐指数降低 0.8 个百分点，氟化物升高 2.4 个百分点，挥发酚升高 2.4 个百分点，粪大肠菌群降低 2.6 个百分点，氨氮升高 1.8 个百分点，铅升高 2.4 个百分点。在劣Ⅲ类百分比中，氟化物降低 2.4 个百分点，其他无变化。见表 2.5-13。

表 2.5-13 2020 年与 2019 年全省县级地表水型饮用水水源地主要评价因子水质类别比较

| 项目 | Ⅰ、Ⅱ类百分比/% | | 劣Ⅲ类百分比/% | | Ⅰ、Ⅱ类百分比变化/个 | 劣Ⅲ类百分比变化/个 |
|---|---|---|---|---|---|---|
| | 2020 年 | 2019 年 | 2020 年 | 2019 年 | | |
| 高锰酸盐指数 | 89.7 | 90.5 | 0 | 0 | −0.8 | 0 |
| 氟化物 | 100 | 97.6 | 0 | 2.4 | 2.4 | −2.4 |
| 挥发酚 | 100 | 97.6 | 0 | 0 | 2.4 | 0 |
| 粪大肠菌群 | 97.4 | 100 | 0 | 0 | −2.6 | 0 |
| 氨氮 | 92.3 | 90.5 | 0 | 0 | 1.8 | 0 |
| 硝酸盐 | 100 | 100 | 0 | 0 | 0 | 0 |
| 砷 | 100 | 100 | 0 | 0 | 0 | 0 |
| 镉 | 100 | 100 | 0 | 0 | 0 | 0 |
| 铬（六价） | 100 | 100 | 0 | 0 | 0 | 0 |
| 铅 | 100 | 97.6 | 0 | 0 | 2.4 | 0 |
| 汞 | 100 | 100 | 0 | 0 | 0 | 0 |
| 氰化物 | 100 | 100 | 0 | 0 | 0 | 0 |

②综合评价

2019—2020 年，全省县级城市地表水型饮用水水源地水质浓度年均值均达到或优于Ⅲ类标准。

与 2019 年相比，2020 年在全省县级城市地表水型饮用水水源地中，除南阳桐柏县赵庄水库为新增水源地没有可比性外，郑州巩义市坞罗水库等 9 个水源地水质由良好变为优，洛阳栾川县大南沟水库等 5 个水源地水质由优变为良好，其他 24 个水源地未发生水质级别变化。

### 2.5.2.2 地下水型饮用水水源地

（1）省辖市

①单项因子评价

a. 浓度年均值变化

与 2019 年相比，2020 年全省 18 个省辖市地下水型饮用水水源地水质类别除镉变好外，其他因子均无变化。见表 2.5-14。

表 2.5-14 2020 年与 2019 年全省省辖市地下水型饮用水水源地部分污染因子年均值比较

单位：mg/L（总大肠菌群：CFU/100 mL）

| 项目 | 2020 年 | | 2019 年 | | 类别变化 |
|---|---|---|---|---|---|
| | 年均值 | 类别 | 年均值 | 类别 | |
| 总硬度 | 301 | Ⅲ | 304 | Ⅲ | 无 |
| 硫酸盐 | 82.1 | Ⅱ | 81.5 | Ⅱ | 无 |
| 氯化物 | 50.9 | Ⅱ | 52.2 | Ⅱ | 无 |
| 高锰酸盐指数 | 0.70 | Ⅰ | 0.73 | Ⅰ | 无 |
| 氨氮 | 0.026 | Ⅱ | 0.029 | Ⅱ | 无 |
| 氟化物 | 0.36 | Ⅰ | 0.37 | Ⅰ | 无 |
| 总大肠菌群 | 1 | Ⅰ | 1 | Ⅰ | 无 |
| 挥发酚 | 0.000 2 | Ⅰ | 0.000 2 | Ⅰ | 无 |
| 硝酸盐 | 5.00 | Ⅱ | 4.34 | Ⅱ | 无 |
| 亚硝酸盐 | 0.003 | Ⅰ | 0.003 | Ⅰ | 无 |
| 铁 | 0.023 | Ⅰ | 0.021 | Ⅰ | 无 |
| 锰 | 0.011 4 | Ⅰ | 0.014 5 | Ⅰ | 无 |
| 铜 | 0.004 | Ⅰ | 0.005 | Ⅰ | 无 |
| 锌 | 0.011 | Ⅰ | 0.009 | Ⅰ | 无 |
| 阴离子合成洗涤剂 | 0.025 | Ⅱ | 0.025 | Ⅱ | 无 |
| 氰化物 | 0.001 68 | Ⅱ | 0.001 81 | Ⅱ | 无 |
| 汞 | 0.000 027 | Ⅰ | 0.000 023 | Ⅰ | 无 |
| 砷 | 0.000 5 | Ⅰ | 0.000 8 | Ⅰ | 无 |
| 硒 | 0.000 2 | Ⅰ | 0.000 2 | Ⅰ | 无 |
| 镉 | 0.000 08 | Ⅰ | 0.000 11 | Ⅱ | 变好 |
| 铬（六价） | 0.002 | Ⅰ | 0.002 | Ⅰ | 无 |
| 铅 | 0.000 5 | Ⅰ | 0.000 6 | Ⅰ | 无 |

b. 主要评价因子Ⅰ、Ⅱ类水质水源地百分比变化

与 2019 年相比，2020 年全省省辖市 22 个地下水型饮用水水源地中，主要评价因子为Ⅰ、Ⅱ类水质的饮用水水源地百分比变化除硝酸盐外均在 10 个百分点以内，硝酸盐为

Ⅰ、Ⅱ类水质的饮用水水源地百分比减少 16.7 个百分点。见表 2.5-15。

**表 2.5-15 2020 年与 2019 年全省省辖市地下水型饮用水水源地主要评价因子水质类别比较**

| 项目 | Ⅰ、Ⅱ类百分比/% | | 超Ⅲ类百分比/% | | Ⅰ、Ⅱ类百分比变化/个 | 超Ⅲ类百分比变化/个 |
|---|---|---|---|---|---|---|
| | 2020 年 | 2019 年 | 2020 年 | 2019 年 | | |
| 总硬度 | 40.9 | 37.5 | 0 | 0 | 3.4 | 0 |
| 硫酸盐 | 100 | 100 | 0 | 0 | 0 | 0 |
| 氯化物 | 100 | 100 | 0 | 0 | 0 | 0 |
| 高锰酸盐指数 | 100 | 95.8 | 0 | 0 | 4.2 | 0 |
| 氨氮 | 100 | 95.8 | 0 | 0 | 4.2 | 0 |
| 氟化物 | 100 | 100 | 0 | 0 | 0 | 0 |
| 总大肠菌群 | 100 | 100 | 0 | 0 | 0 | 0 |
| 挥发酚 | 100 | 100 | 0 | 0 | 0 | 0 |
| 硝酸盐 | 50.0 | 66.7 | 0 | 0 | −16.7 | 0 |
| 亚硝酸盐 | 100 | 100 | 0 | 0 | 0 | 0 |
| 氰化物 | 100 | 100 | 0 | 0 | 0 | 0 |
| 汞 | 100 | 100 | 0 | 0 | 0 | 0 |
| 砷 | 81.8 | 79.2 | 0 | 0 | 2.6 | 0 |
| 镉 | 100 | 100 | 0 | 0 | 0 | 0 |
| 铬（六价） | 100 | 100 | 0 | 0 | 0 | 0 |
| 铅 | 100 | 100 | 0 | 0 | 0 | 0 |

②综合评价

a. 达标水源地

2019—2020 年，全省 18 个省辖市可比的地下水型饮用水水源地水质浓度年均值均优于或达到Ⅲ类标准。见表 2.5-16。

b. 水质级别定性对比

与 2019 年相比，2020 年全省 18 个省辖市可比的 22 个城市地下水型饮用水水源地中，周口二水厂由良好变为优，周口三水厂由优变为良好，其他 20 个水源地未发生水质级别变化，见表 2.5-16。

表 2.5-16 2020 年与 2019 年全省省辖市地下水型饮用水水源地水质综合评价比较

| 城市名称 | 水源地名称 | 2020 年 | | 2019 年 | |
|---|---|---|---|---|---|
| | | 定性级别 | 水质类别 | 定性级别 | 水质类别 |
| 郑州 | 井水厂 | 优 | Ⅲ | 优 | Ⅱ |
| | 石佛水厂 | 良好 | Ⅲ | 良好 | Ⅲ |
| 开封 | 二水厂 | 良好 | Ⅲ | 良好 | Ⅲ |
| 洛阳 | 洛南水源混合 | 优 | Ⅲ | 优 | Ⅱ |
| | 张庄水源混合 | 良好 | Ⅲ | 良好 | Ⅲ |
| | 李楼水源混合 | 良好 | Ⅲ | 良好 | Ⅲ |
| 安阳 | 三水厂 | 良好 | Ⅲ | 良好 | Ⅲ |
| | 四水厂 | 良好 | Ⅲ | 良好 | Ⅲ |
| 鹤壁 | 集井 | 良好 | Ⅲ | 良好 | Ⅲ |
| 焦作 | 市四水厂 | 优 | Ⅲ | 优 | Ⅲ |
| | 市六水厂 | 良好 | Ⅲ | 良好 | Ⅲ |
| | 市七水厂 | 良好 | Ⅲ | 良好 | Ⅲ |
| 许昌 | 董庄水厂 | 优 | Ⅲ | 优 | Ⅱ |
| 三门峡 | 一水厂 | 优 | Ⅲ | 优 | Ⅲ |
| | 二水厂 | 优 | Ⅲ | 优 | Ⅱ |
| | 涧北水厂 | 优 | Ⅱ | 优 | Ⅲ |
| 南阳 | 东水厂 | 优 | Ⅱ | 优 | Ⅱ |
| | 二水厂 | 优 | Ⅱ | 优 | Ⅱ |
| 周口 | 二水厂 | 优 | Ⅲ | 良好 | Ⅲ |
| | 三水厂 | 良好 | Ⅲ | 优 | Ⅲ |
| 济源 | 青多 | 良好 | Ⅲ | 良好 | Ⅲ |
| | 柴庄 | 良好 | Ⅲ | 良好 | Ⅲ |
| 全省 | | 良好 | Ⅲ | 良好 | Ⅲ |

（2）县级城市

①单项因子评价

a. 浓度年均值变化

与 2019 年相比，2020 年全省县级地下水型饮用水水源地 22 项评价因子除亚硝酸盐由Ⅱ类变为Ⅰ类外，其他因子的年均浓度稍有波动或基本持平。水质类别除亚硝酸盐变好外，其他因子均无变化，见表2.5-17。

**表2.5-17 2020年与2019年全省县级城市地下水型饮用水水源地部分污染因子年均值比较**

单位：mg/L（总大肠菌群：CFU/100 mL）

| 项目 | 2020年 | | 2019年 | | 类别变化 |
|---|---|---|---|---|---|
| | 年均值 | 类别 | 年均值 | 类别 | |
| 总硬度 | 229 | Ⅱ | 244 | Ⅱ | 无 |
| 硫酸盐 | 82.8 | Ⅱ | 72.8 | Ⅱ | 无 |
| 氯化物 | 61.9 | Ⅱ | 52.2 | Ⅱ | 无 |
| 耗氧量 | 0.84 | Ⅰ | 0.80 | Ⅰ | 无 |
| 氨氮 | 0.039 | Ⅱ | 0.048 | Ⅱ | 无 |
| 氟化物 | 0.59 | Ⅰ | 0.53 | Ⅰ | 无 |
| 总大肠菌群 | 1 | Ⅰ | 1 | Ⅰ | 无 |
| 挥发酚 | 0.000 3 | Ⅰ | 0.000 5 | Ⅰ | 无 |
| 硝酸盐 | 2.96 | Ⅱ | 3.49 | Ⅱ | 无 |
| 亚硝酸盐 | 0.006 | Ⅰ | 0.011 | Ⅱ | 变好 |
| 铁 | 0.020 | Ⅰ | 0.022 | Ⅰ | 无 |
| 锰 | 0.005 2 | Ⅰ | 0.009 4 | Ⅰ | 无 |
| 铜 | 0.007 | Ⅰ | 0.009 | Ⅰ | 无 |
| 锌 | 0.015 | Ⅰ | 0.019 | Ⅰ | 无 |
| 阴离子表面活性剂 | 0.027 | Ⅱ | 0.036 | Ⅱ | 无 |
| 氰化物 | 0.001 60 | Ⅱ | 0.001 51 | Ⅱ | 无 |
| 汞 | 0.000 045 | Ⅰ | 0.000 059 | Ⅰ | 无 |
| 砷 | 0.001 4 | Ⅲ | 0.001 2 | Ⅲ | 无 |
| 硒 | 0.000 3 | Ⅰ | 0.000 4 | Ⅰ | 无 |
| 镉 | 0.000 21 | Ⅱ | 0.000 38 | Ⅱ | 无 |
| 铬（六价） | 0.003 | Ⅰ | 0.003 | Ⅰ | 无 |
| 铅 | 0.001 4 | Ⅰ | 0.001 6 | Ⅰ | 无 |

b. 主要评价因子Ⅰ、Ⅱ类水质水源地百分比变化

与2019年相比，2020年在全省85个县级城市地下水型饮用水水源地主要评价因子

Ⅰ、Ⅱ类百分比中，除氟化物外均在 10 个百分点以内。在劣Ⅲ类百分比中，除氟化物外均在 10 个百分点以内。见表 2.5-18。

表 2.5-18 2020 年与 2019 年全省县级城市地下水型饮用水水源地主要评价因子水质类别比较

| 项目 | Ⅰ、Ⅱ类百分比/% | | 劣Ⅲ类百分比/% | | Ⅰ、Ⅱ类百分比变化/个 | 劣Ⅲ类百分比变化/个 |
|---|---|---|---|---|---|---|
| | 2020 年 | 2019 年 | 2020 年 | 2019 年 | | |
| 总硬度 | 70.6 | 67.9 | 2.4 | 0 | 2.7 | 2.4 |
| 硫酸盐 | 90.6 | 90.5 | 1.2 | 0 | 0.1 | 1.2 |
| 氯化物 | 87.1 | 95.2 | 1.2 | 0 | −8.1 | 1.2 |
| 耗氧量 | 97.6 | 100 | 0 | 0 | −2.4 | 0 |
| 氨氮 | 92.9 | 90.5 | 0 | 0 | 2.4 | 0 |
| 氟化物 | 82.4 | 94.0 | 17.6 | 6.0 | −11.6 | 11.6 |
| 总大肠菌群 | 100 | 100 | 0 | 0 | 0 | 0 |
| 挥发酚 | 100 | 95.2 | 0 | 0 | 4.8 | 0 |
| 硝酸盐 | 75.3 | 72.6 | 0 | 0 | 2.7 | 0 |
| 亚硝酸盐 | 100 | 95.2 | 0 | 0 | 4.8 | 0 |
| 氰化物 | 98.8 | 100 | 0 | 0 | −1.2 | 0 |
| 汞 | 90.6 | 88.1 | 0 | 0 | 2.5 | 0 |
| 砷 | 65.9 | 67.9 | 0 | 0 | −2.0 | 0 |
| 镉 | 97.6 | 88.1 | 0 | 0 | 9.5 | 0 |
| 铬（六价） | 97.6 | 96.4 | 0 | 0 | 1.2 | 0 |
| 铅 | 97.6 | 95.2 | 0 | 0 | 2.4 | 0 |

②综合评价

2019—2020 年，全省县级地下水型饮用水水源地水质级别中，除 2020 年的郑州新密市五里店水等 18 个水源地和 2019 年的濮阳清丰县八里庄水厂泵房等 5 个水源地未达到Ⅲ类标准外，其他水源地水质浓度年均值均达到或优于Ⅲ类标准。

与 2019 年相比，2020 年在全省 85 个县级地下水型饮用水水源地中（三门峡义马市石门地下水井群、南阳睢县三水厂地下水井群和商丘永城市新城第二水厂为新增水源地无可比性），开封通许县二水厂等 10 个水源地由良好变为优。开封兰考县自来水公司 1 号井等 7 个水源地由优变为良好。商丘民权县一水厂汇水口等 4 个水源地由优变为轻污染。郑州新密市老城水井等7个水源地由良好变为轻污染。其他54个水源地未发生水质级别变化。

#### 2.5.2.3 城市总体评价

（1）省辖市

与2019年相比，2020年全省省辖市饮用水水源地水质均达到或优于Ⅲ类标准，水质级别仍为优。其中，郑州由良好变为优，其他17个省辖市水源地水质级别保持不变。见表2.5-19和图2.5-4。

**表2.5-19 2020年与2019年全省省辖市饮用水水源地水质状况比较**

| 城市名称 | 2020年 | | 2019年 | |
|---|---|---|---|---|
| | *P*值 | 级别 | *P*值 | 级别 |
| 郑州 | 0.459 | 优 | 0.574 | 良好 |
| 开封 | 0.527 | 良好 | 0.527 | 良好 |
| 洛阳 | 0.578 | 良好 | 0.553 | 良好 |
| 平顶山 | 0.412 | 优 | 0.410 | 优 |
| 安阳 | 0.558 | 良好 | 0.547 | 良好 |
| 鹤壁 | 0.448 | 优 | 0.447 | 优 |
| 新乡 | 0.495 | 优 | 0.501 | 优 |
| 焦作 | 0.604 | 良好 | 0.617 | 良好 |
| 濮阳 | 0.4 | 优 | 0.371 | 优 |
| 许昌 | 0.464 | 优 | 0.401 | 优 |
| 漯河 | 0.436 | 优 | 0.447 | 优 |
| 三门峡 | 0.434 | 优 | 0.434 | 优 |
| 南阳 | 0.243 | 优 | 0.243 | 优 |
| 商丘 | 0.669 | 良好 | 0.648 | 良好 |
| 信阳 | 0.482 | 优 | 0.417 | 优 |
| 周口 | 0.501 | 优 | 0.468 | 优 |
| 驻马店 | 0.442 | 优 | 0.468 | 优 |
| 济源 | 0.646 | 良好 | 0.615 | 良好 |
| 全省 | 0.49 | 优 | 0.48 | 优 |

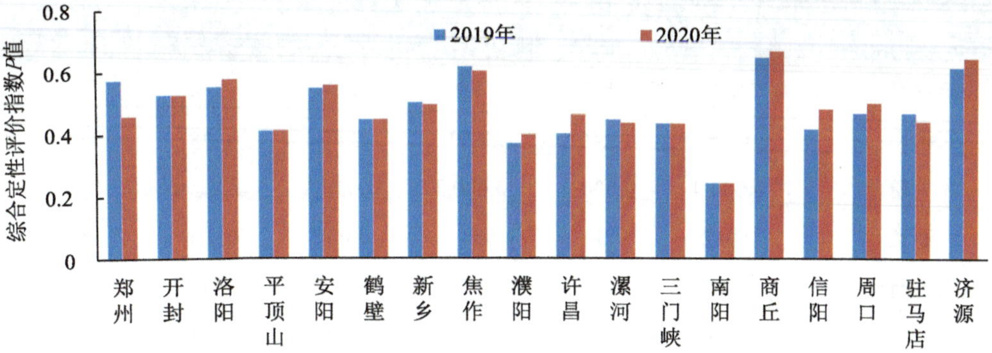


图 2.5-4　2020 年与 2019 年全省省辖市饮用水水源地水质状况比较

（2）县级城市

与 2019 年相比，2020 年全省县级城市饮用水水源地浓度年均值评价水质级别仍为良好。在全省 93 个县级城市中，郑州巩义市等 14 个县级城市水质级别由良好变为优；开封兰考县等 10 个县级城市水质级别由优变为良好；商丘民权县等 3 个县级城市水质级别由优变为轻污染；濮阳清丰县等 5 个县级城市水质级别由良好变为轻污染。其他 61 个县级城市的水源地水质级别保持不变。

## 2.5.3　“十三五”时期变化趋势分析

（1）地表水型饮用水水源地

①省辖市

a. 主要因子变化分析

“十三五”期间，全省 18 个省辖市地表水型饮用水水源地主要因子年均值变化不大，浓度年均值保持在Ⅱ类标准内。2020 年与 2016 年相比，铜的浓度年均值由 2016 年的Ⅱ类变为 2020 年的Ⅰ类，其他主要因子浓度年均值类别无变化。见表 2.5-20。

表 2.5-20　“十三五”期间全省省辖市地表水型饮用水水源地部分因子浓度年均值比较

单位：mg/L（粪大肠菌群：个/L）

| 项目 | 2016 年 | 2017 年 | 2018 年 | 2019 年 | 2020 年 | 2020 年与 2016 年相比 |
|---|---|---|---|---|---|---|
| 总磷 | 0.024 | 0.023 | 0.021 | 0.024 | 0.022 | Ⅱ～Ⅱ |
| 高锰酸盐指数 | 2.57 | 2.45 | 2.41 | 2.45 | 2.50 | Ⅱ～Ⅱ |

| 项目 | 2016 年 | 2017 年 | 2018 年 | 2019 年 | 2020 年 | 2020 年与 2016 年相比 |
|---|---|---|---|---|---|---|
| 溶解氧 | 8.0 | 8.5 | 8.9 | 8.9 | 8.6 | Ⅰ～Ⅰ |
| 氟化物 | 0.45 | 0.45 | 0.40 | 0.40 | 0.38 | Ⅰ～Ⅰ |
| 挥发酚 | 0.000 4 | 0.000 3 | 0.000 3 | 0.000 3 | 0.000 3 | Ⅰ～Ⅰ |
| 石油类 | 0.012 | 0.008 | 0.008 | 0.007 | 0.010 | Ⅰ～Ⅰ |
| 粪大肠菌群 | 129 | 65 | 55 | 57 | 51 | Ⅰ～Ⅰ |
| 氨氮 | 0.096 | 0.093 | 0.089 | 0.095 | 0.110 | Ⅰ～Ⅰ |
| 五日生化需氧量 | 1.91 | 1.64 | 1.39 | 1.55 | 1.50 | Ⅰ～Ⅰ |
| 铜 | 0.011 3 | 0.008 9 | 0.005 4 | 0.004 4 | 0.004 0 | Ⅱ～Ⅰ |
| 锌 | 0.009 5 | 0.008 4 | 0.007 4 | 0.005 7 | 0.006 0 | Ⅰ～Ⅰ |
| 硒 | 0.000 31 | 0.000 23 | 0.000 20 | 0.000 21 | 0.000 20 | Ⅰ～Ⅰ |
| 砷 | 0.000 95 | 0.000 78 | 0.000 77 | 0.000 75 | 0.000 90 | Ⅰ～Ⅰ |
| 镉 | 0.000 60 | 0.000 30 | 0.000 10 | 0.000 10 | 0.000 07 | Ⅰ～Ⅰ |
| 铬（六价） | 0.002 | 0.002 | 0.002 | 0.002 | 0.002 | Ⅰ～Ⅰ |
| 铅 | 0.005 0 | 0.002 0 | 0.000 9 | 0.000 6 | 0.000 6 | Ⅰ～Ⅰ |
| 汞 | 0.000 02 | 0.000 02 | 0.000 02 | 0.000 02 | 0.000 02 | Ⅰ～Ⅰ |
| 阴离子表面活性剂 | 0.033 | 0.032 | 0.033 | 0.032 | 0.030 | Ⅰ～Ⅰ |
| 氰化物 | 0.002 | 0.002 | 0.002 | 0.002 | 0.002 | Ⅰ～Ⅰ |
| 硫化物 | 0.004 | 0.005 | 0.004 | 0.003 | 0.003 | Ⅰ～Ⅰ |

b. 水质级别变化

“十三五”期间，全省 18 个省辖市地表水型饮用水水源地优、良好保持在 100%。见表 2.5-21。

**表 2.5-21 “十三五”期间全省省辖市可比地表水型饮用水水源地水质级别及优、良好水源地百分比变化**

| 城市名称 | 水源地名称 | 2016 年 | 2017 年 | 2018 年 | 2019 年 | 2020 年 |
|---|---|---|---|---|---|---|
| 郑州 | 黄河水源厂 | 良好 | 良好 | 良好 | 优 | 优 |
| | 柿园水厂 | 优 | 优 | 优 | 优 | 优 |
| 开封 | 柳池 | 良好 | 良好 | 优 | 优 | 优 |
| 平顶山 | 白龟山水库 | 良好 | 优 | 优 | 优 | 优 |

| 城市名称 | 水源地名称 | 2016 年 | 2017 年 | 2018 年 | 2019 年 | 2020 年 |
|---|---|---|---|---|---|---|
| 安阳 | 五水厂 | 优 | 优 | 优 | 优 | 优 |
| 鹤壁 | 黄花营 | 优 | 优 | 优 | 优 | 优 |
| 濮阳 | 西水坡调节池 | 优 | 优 | 优 | 优 | 优 |
| 许昌 | 周庄水厂 | 优 | 优 | 优 | 优 | 优 |
| 漯河 | 澧河三里桥 | 良好 | 优 | 优 | 优 | 优 |
| 三门峡 | 朱乙河水库 | 优 | 优 | 优 | 优 | 优 |
| 商丘 | 第四水厂 | 良好 | 良好 | 良好 | 良好 | 良好 |
| 信阳 | 南湾水库 | 优 | 优 | 优 | 优 | 优 |
| 驻马店 | 板桥水库 | 优 | 优 | 优 | 优 | 优 |
| 监测水源地总数/个 | | 14 | 14 | 15 | 15 | 15 |
| 优、良好水源地数/个 | | 14 | 14 | 15 | 15 | 15 |
| 优、良好水源地占比/% | | 100 | 100 | 100 | 100 | 100 |

②县级城市

a. 主要因子变化分析

“十三五”期间，省县级城市地表水型饮用水水源地主要因子年均值变化不大，浓度年均值保持在Ⅱ类标准内。见表 2.5-22。2020 年与 2016 年相比，地表水型饮用水水源地主要因子年均值水质类别均无变化。

**表 2.5-22 “十三五”期间全省县级城市地表水型饮用水水源地部分因子浓度年均值比较**

单位：mg/L（粪大肠菌群：个/L）

| 项目 | 2016 年 | 2017 年 | 2018 年 | 2019 年 | 2020 年 | 2020 年与 2016 年相比 |
|---|---|---|---|---|---|---|
| 总磷 | 0.035 | 0.026 | 0.030 | 0.034 | 0.031 | Ⅱ～Ⅱ |
| 高锰酸盐指数 | 2.6 | 2.4 | 2.4 | 2.5 | 2.5 | Ⅱ～Ⅱ |
| 溶解氧 | 7.7 | 7.6 | 7.4 | 7.9 | 7.8 | Ⅱ～Ⅱ |
| 氟化物 | 0.39 | 0.37 | 0.37 | 0.33 | 0.28 | Ⅰ～Ⅰ |
| 挥发酚 | 0.000 4 | 0.000 3 | 0.000 3 | 0.000 4 | 0.000 4 | Ⅰ～Ⅰ |
| 石油类 | 0.02 | 0.01 | 0.01 | 0.01 | 0.01 | Ⅰ～Ⅰ |
| 粪大肠菌群 | 65 | 30 | 41 | 52 | 72 | Ⅰ～Ⅰ |
| 氨氮 | 0.18 | 0.18 | 0.21 | 0.23 | 0.23 | Ⅱ～Ⅱ |

| 项目 | 2016 年 | 2017 年 | 2018 年 | 2019 年 | 2020 年 | 2020 年与 2016 年相比 |
|---|---|---|---|---|---|---|
| 五日生化需氧量 | 2.1 | 2.2 | 2.2 | 2.4 | 2.3 | Ⅰ～Ⅰ |
| 铜 | 0.004 | 0.004 | 0.010 | 0.010 | 0.010 | Ⅰ～Ⅰ |
| 锌 | 0.02 | 0.02 | 0.01 | 0.01 | 0.01 | Ⅰ～Ⅰ |
| 硒 | 0.000 6 | 0.000 4 | 0.000 5 | 0.000 5 | 0.000 3 | Ⅰ～Ⅰ |
| 砷 | 0.000 3 | 0.001 0 | 0.001 0 | 0.001 0 | 0.001 0 | Ⅰ～Ⅰ |
| 镉 | 0.000 4 | 0.000 4 | 0.000 3 | 0.000 3 | 0.000 2 | Ⅰ～Ⅰ |
| 铬（六价） | 0.004 | 0.003 | 0.003 | 0.003 | 0.003 | Ⅰ～Ⅰ |
| 铅 | 0.004 | 0.003 | 0.002 | 0.002 | 0.002 | Ⅰ～Ⅰ |
| 汞 | 0.000 02 | 0.000 02 | 0.000 02 | 0.000 02 | 0.000 02 | Ⅰ～Ⅰ |
| 阴离子表面活性剂 | 0.03 | 0.03 | 0.03 | 0.04 | 0.04 | Ⅰ～Ⅰ |
| 氰化物 | 0.002 | 0.002 | 0.002 | 0.002 | 0.002 | Ⅰ～Ⅰ |
| 硫化物 | 0.006 | 0.005 | 0.006 | 0.005 | 0.003 | Ⅰ～Ⅰ |

b. 水质级别变化

“十三五”期间，全省县级城市地表水型饮用水水源地优、良好百分比保持在 100%。见图 2.5-5。

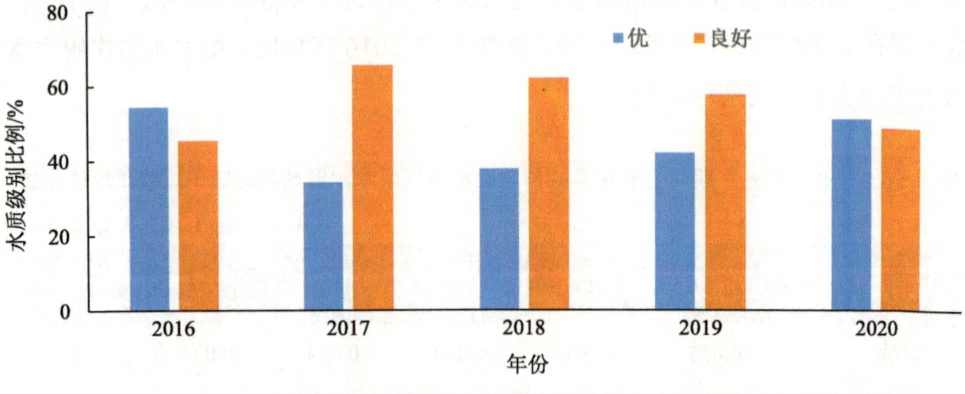


**图 2.5-5 “十三五”期间全省县级城市地表水型饮用水水源地水质级别比例变化**

（2）地下水型饮用水水源地

①省辖市

a. 主要因子变化分析

“十三五”期间，全省 18 个省辖市地下水型饮用水水源地主要因子年均值浓度基本稳定，年均值保持在Ⅲ之内。2020 年与 2016 年相比，地下水型饮用水水源地主要因子年均值中镉由Ⅱ类变为Ⅰ类；总硬度由Ⅱ类变为Ⅲ类。见表 2.5-23。

**表 2.5-23 “十三五”期间全省省辖市地下水型饮用水水源地主要因子年均值比较**

单位：mg/L（总大肠菌群：CFU/100 mL）

| 项目 | 2015年 | 2016年 | 2017年 | 2018年 | 2019年 | 2020年 | 类别对比 | |
|---|---|---|---|---|---|---|---|---|
| | | | | | | | 2020年与2015年相比 | 2020年与2016年相比 |
| 总硬度 | 291 | 292 | 294 | 300 | 304 | 301 | Ⅱ～Ⅲ | Ⅱ～Ⅲ |
| 硫酸盐 | 74.6 | 74.7 | 79.0 | 81.0 | 81.5 | 82.1 | Ⅱ～Ⅱ | Ⅱ～Ⅱ |
| 氯化物 | 49.7 | 53.1 | 50.1 | 52.3 | 52.2 | 50.9 | Ⅱ～Ⅱ | Ⅱ～Ⅱ |
| 耗氧量 | 0.91 | 0.85 | 0.84 | 0.74 | 0.73 | 0.7 | Ⅰ～Ⅰ | Ⅰ～Ⅰ |
| 氨氮 | 0.033 | 0.035 | 0.040 | 0.025 | 0.029 | 0.026 | Ⅱ～Ⅱ | Ⅱ～Ⅱ |
| 氟化物 | 0.38 | 0.36 | 0.36 | 0.35 | 0.37 | 0.36 | Ⅰ～Ⅰ | Ⅰ～Ⅰ |
| 总大肠菌群 | 2 | 2 | 2 | 1 | 1 | 1 | Ⅰ～Ⅰ | Ⅰ～Ⅰ |
| 挥发酚 | 0.000 4 | 0.000 3 | 0.000 2 | 0.000 2 | 0.000 2 | 0.000 2 | Ⅰ～Ⅰ | Ⅰ～Ⅰ |
| 硝酸盐 | 4.16 | 4.28 | 3.96 | 4.08 | 4.34 | 5.00 | Ⅱ～Ⅱ | Ⅱ～Ⅱ |
| 亚硝酸盐 | 0.003 | 0.003 | 0.004 | 0.003 | 0.003 | 0.003 | Ⅰ～Ⅰ | Ⅰ～Ⅰ |
| 铁 | 0.027 | 0.031 | 0.032 | 0.037 | 0.021 | 0.023 | Ⅰ～Ⅰ | Ⅰ～Ⅰ |
| 锰 | 0.011 2 | 0.011 3 | 0.013 1 | 0.015 0 | 0.014 5 | 0.011 4 | Ⅰ～Ⅰ | Ⅰ～Ⅰ |
| 铜 | 0.008 | 0.009 | 0.010 | 0.005 | 0.005 | 0.004 | Ⅱ～Ⅰ | Ⅰ～Ⅰ |
| 锌 | 0.015 | 0.013 | 0.013 | 0.011 | 0.009 | 0.011 | Ⅰ～Ⅰ | Ⅰ～Ⅰ |
| 阴离子表面活性剂 | 0.027 | 0.026 | 0.026 | 0.025 | 0.025 | 0.025 | Ⅱ～Ⅱ | Ⅱ～Ⅱ |
| 氰化物 | 0.002 00 | 0.002 00 | 0.001 94 | 0.001 70 | 0.001 81 | 0.001 68 | Ⅱ～Ⅱ | Ⅱ～Ⅱ |
| 汞 | 0.000 02 | 0.000 022 | 0.000 020 | 0.000 022 | 0.000 023 | 0.000 027 | Ⅰ～Ⅰ | Ⅰ～Ⅰ |
| 砷 | 0.000 9 | 0.000 9 | 0.000 9 | 0.000 8 | 0.000 8 | 0.000 5 | Ⅰ～Ⅰ | Ⅰ～Ⅰ |
| 硒 | 0.000 2 | 0.000 2 | 0.000 2 | 0.000 2 | 0.000 2 | 0.000 2 | Ⅰ～Ⅰ | Ⅰ～Ⅰ |
| 镉 | 0.000 40 | 0.000 50 | 0.000 20 | 0.000 11 | 0.000 11 | 0.000 08 | Ⅱ～Ⅰ | Ⅱ～Ⅰ |
| 铬（六价） | 0.003 | 0.003 | 0.003 | 0.003 | 0.002 | 0.002 | Ⅰ～Ⅰ | Ⅰ～Ⅰ |
| 铅 | 0.003 7 | 0.003 5 | 0.001 4 | 0.000 9 | 0.000 6 | 0.000 5 | Ⅰ～Ⅰ | Ⅰ～Ⅰ |

b. 水质级别变化

“十三五”期间，全省 18 个省辖市取用地下水型饮用水水源地中，除郑州东周水厂（2019 年 9 月已停用）外，其他水源地优、良好百分比保持在 100%。

②县级城市

a. 主要因子变化分析

“十三五”期间，全省县级城市地下水型饮用水水源地主要因子年均值浓度基本稳定，见表 2.5-24。

表 2.5-24 “十三五”期间全省县级城市地下水型饮用水水源地主要因子年均值比较

单位：mg/L（总大肠菌群：CFU/100 mL）

| 项目 | 2016 年 | 2017 年 | 2018 年 | 2019 年 | 2020 年 | 类别对比 |
|---|---|---|---|---|---|---|
| | | | | | | 2020 年与 2016 年相比 |
| 总硬度 | 245 | 250 | 244 | 244 | 229 | Ⅱ～Ⅱ |
| 硫酸盐 | 81.0 | 86.7 | 85.1 | 72.8 | 82.8 | Ⅱ～Ⅱ |
| 氯化物 | 58.2 | 64.9 | 61.6 | 52.2 | 61.9 | Ⅱ～Ⅱ |
| 耗氧量 | 0.79 | 0.83 | 0.79 | 0.80 | 0.84 | Ⅰ～Ⅰ |
| 氨氮 | 0.054 | 0.042 | 0.069 | 0.048 | 0.039 | Ⅱ～Ⅱ |
| 氟化物 | 0.53 | 0.48 | 0.50 | 0.53 | 0.59 | Ⅰ～Ⅰ |
| 总大肠菌群 | 2 | 2 | 1 | 1 | 1 | Ⅰ～Ⅰ |
| 挥发酚 | 0.000 6 | 0.000 6 | 0.000 5 | 0.000 5 | 0.000 3 | Ⅰ～Ⅰ |
| 硝酸盐 | 2.79 | 3.55 | 3.22 | 3.49 | 2.96 | Ⅱ～Ⅱ |
| 亚硝酸盐 | 0.003 | 0.003 | 0.009 | 0.011 | 0.006 | Ⅰ～Ⅰ |
| 铁 | 0.030 | 0.026 | 0.018 | 0.022 | 0.020 | Ⅰ～Ⅰ |
| 锰 | 0.013 0 | 0.012 0 | 0.009 1 | 0.009 4 | 0.005 2 | Ⅰ～Ⅰ |
| 铜 | 0.009 | 0.011 | 0.007 | 0.009 | 0.007 | Ⅰ～Ⅰ |
| 锌 | 0.014 | 0.023 | 0.013 | 0.019 | 0.015 | Ⅰ～Ⅰ |
| 阴离子表面活性剂 | 0.031 | 0.033 | 0.032 | 0.036 | 0.027 | Ⅱ～Ⅱ |
| 氰化物 | 0.001 60 | 0.001 54 | 0.001 72 | 0.001 51 | 0.001 60 | Ⅱ～Ⅱ |
| 汞 | 0.000 037 | 0.000 048 | 0.000 036 | 0.000 059 | 0.000 045 | Ⅰ～Ⅰ |
| 砷 | 0.001 6 | 0.001 4 | 0.001 5 | 0.001 2 | 0.001 4 | Ⅲ～Ⅲ |
| 硒 | 0.000 4 | 0.000 3 | 0.000 3 | 0.000 4 | 0.000 3 | Ⅰ～Ⅰ |

| 项目 | 2016 年 | 2017 年 | 2018 年 | 2019 年 | 2020 年 | 类别对比 |
|---|---|---|---|---|---|---|
| | | | | | | 2020 年与 2016 年相比 |
| 镉 | 0.000 35 | 0.000 34 | 0.000 23 | 0.000 38 | 0.000 21 | Ⅱ～Ⅱ |
| 铬（六价） | 0.002 | 0.003 | 0.003 | 0.003 | 0.003 | Ⅰ～Ⅰ |
| 铅 | 0.001 9 | 0.001 8 | 0.001 3 | 0.001 6 | 0.001 4 | Ⅰ～Ⅰ |

b. 水质级别变化

“十三五”期间，全省县级城市地下水型饮用水水源地优、良好百分比保持在 80.0% 以上，见图 2.5-6。

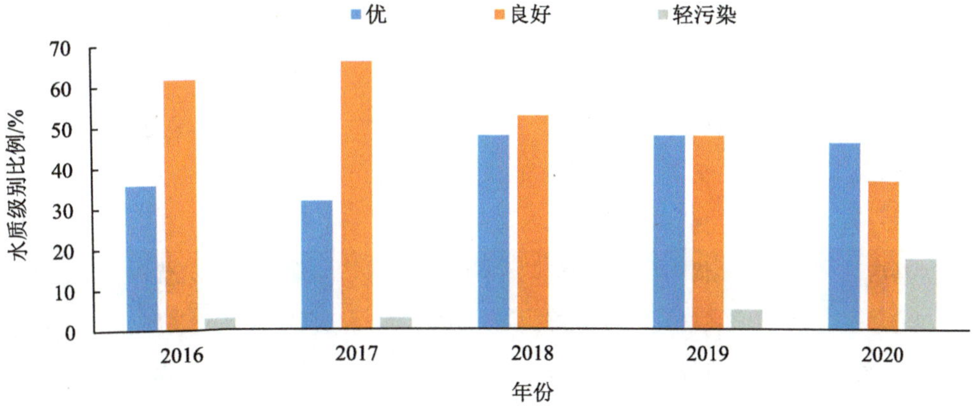


**图 2.5-6 “十三五”期间全省县级城市地下水型饮用水水源地水质级别比例变化**

（3）城市总体评价

①省辖市

“十三五”期间，全省 18 个省辖市饮用水水源地水质变好，由 2016 年的良好变为 2020 年的优。其中，郑州、平顶山、新乡、漯河饮用水水源地水质由 2016 年的良好变为 2020 年的优；优的城市由 2016 年的 8 个增加到 2020 年的 12 个。见表 2.5-25 和图 2.5-7。

**表 2.5-25 “十三五”期间全省省辖市饮用水水源地水质综合评价变化情况**

| 城市名称 | 2015 年 | 2016 年 | 2017 年 | 2018 年 | 2019 年 | 2020 年 |
|---|---|---|---|---|---|---|
| 郑州 | 良好 | 良好 | 良好 | 良好 | 良好 | 优 |
| 开封 | 良好 | 良好 | 良好 | 良好 | 良好 | 良好 |

| 城市名称 | | 2015年 | 2016年 | 2017年 | 2018年 | 2019年 | 2020年 |
|---|---|---|---|---|---|---|---|
| 洛阳 | | 良好 | 良好 | 良好 | 良好 | 良好 | 良好 |
| 平顶山 | | 良好 | 良好 | 优 | 优 | 优 | 优 |
| 安阳 | | 良好 | 良好 | 良好 | 良好 | 良好 | 良好 |
| 鹤壁 | | 优 | 优 | 优 | 优 | 优 | 优 |
| 新乡 | | 良好 | 良好 | 良好 | 良好 | 优 | 优 |
| 焦作 | | 良好 | 良好 | 良好 | 良好 | 良好 | 良好 |
| 濮阳 | | 良好 | 优 | 优 | 优 | 优 | 优 |
| 许昌 | | 优 | 优 | 优 | 优 | 优 | 优 |
| 漯河 | | 良好 | 良好 | 良好 | 良好 | 优 | 优 |
| 三门峡 | | 优 | 优 | 优 | 优 | 优 | 优 |
| 南阳 | | 优 | 优 | 优 | 优 | 优 | 优 |
| 商丘 | | 良好 | 良好 | 良好 | 良好 | 良好 | 良好 |
| 信阳 | | 优 | 优 | 优 | 优 | 优 | 优 |
| 周口 | | 优 | 优 | 良好 | 优 | 优 | 优 |
| 驻马店 | | 优 | 优 | 优 | 优 | 优 | 优 |
| 济源 | | 良好 | 良好 | 良好 | 良好 | 良好 | 良好 |
| 全省 | 级别 | 良好 | 良好 | 优 | 优 | 优 | 优 |
| | *P* 值 | 0.52 | 0.52 | 0.50 | 0.50 | 0.48 | 0.49 |

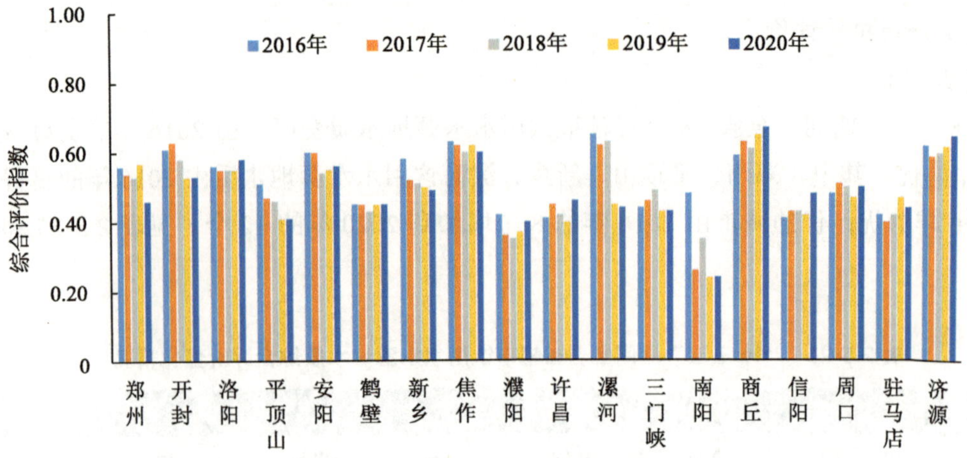


**图 2.5-7 “十三五”期间省辖市饮用水水源地环境综合评价结果**

②县级城市

“十三五”期间，全省县级城市饮用水水源地水质基本稳定。除濮阳清丰县 2020 年，范县 2016 年、2020 年，台前县 2016 年、2019 年、2020 年，商丘民权县 2020 年，宁陵县 2020 年，柘城县 2020 年，虞城县 2020 年，夏邑县 2020 年，信阳息县 2017 年，周口沈丘县 2019 年、2020 年，太康县 2020 年，项城市 2019 年、2020 年为轻污染外，其他县级城市饮用水水源地水质均为优、良好。见图 2.5-8。

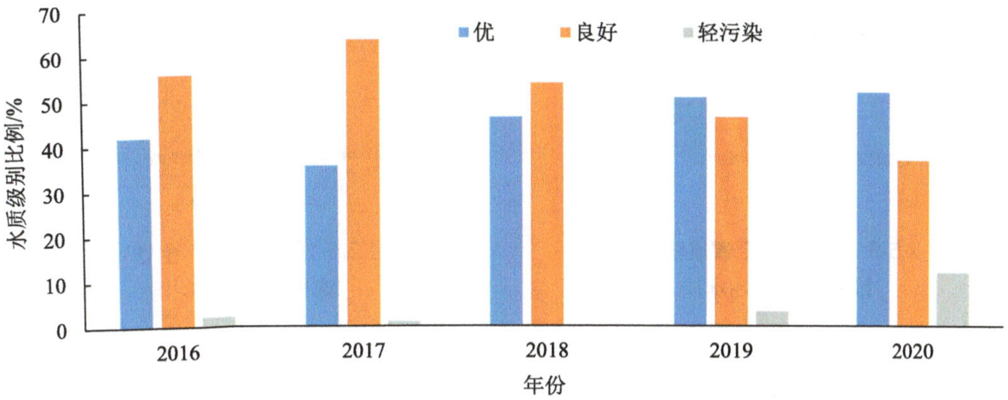


**图 2.5-8　“十三五”期间全省县级城市饮用水水源地水质级别比例变化**

## 2.5.4　“十三五”末与“十二五”末对比分析

（1）省辖市

与 2015 年相比，2020 年全省 18 个省辖市饮用水水源地水质由良好变为优。其中，郑州、平顶山、新乡、濮阳、漯河饮用水水源地水质由良好变为优；优的城市由 2015 年的 7 个变为 2020 年的 12 个。地下水型饮用水水源地主要因子年均值中镉、铜均由 2015 年的Ⅱ类变为 2020 年的Ⅰ类；总硬度由 2015 年的Ⅱ类变为 2020 年的Ⅲ类，其他主要因子年均值类别无变化。见图 2.5-9、图 2.5-10。

（2）县级城市

与 2015 年相比，2020 年全省县级城市饮用水水源地水质基本稳定，个别县级城市水质有所下降。其中，郑州荥阳市等 23 个县级城市饮用水水源地水质由良好变为优，鹤壁浚县由轻污染变为优，郑州中牟县等 10 个县级城市由优变为良好，周口沈丘县和项城市由优变为轻污染，濮阳清丰县等 7 个县级城市由良好变为轻污染，其他县级城市无变化。优的县级城市由 36 个增加到 48 个，良好的县级城市由 54 个减少到 34 个，轻污染的县级城市由 3 个增加到 11 个。见图 2.5-11、图 2.5-12。

图 2.5-9　2015 年全省省辖市饮用水水源地水质

图 2.5-10　2020 年全省省辖市饮用水水源地水质

图 2.5-11　2015 年全省县级城市饮用水水源地水质

图 2.5-12　2020 年全省县级城市饮用水水源地水质

## 2.5.5　小结与原因分析

### 2.5.5.1　小结

**省辖市**　2020 年，全省城市饮用水水源地水质级别为优。南阳、濮阳、平顶山、三门峡、漯河、驻马店、鹤壁、郑州、许昌、信阳、新乡、周口 12 个省辖市集中式饮用水水源地水质级别为优，其余 6 个省辖市集中式饮用水水源地水质级别为良好。与 2019 年相比，2020年全省省辖市集中式饮用水水源地水质基本稳定。郑州饮用水水源地水质级别由良好变为优，其他17个省辖市饮用水水源地水质级别保持不变。

“十三五”期间，全省城市地下水各项因子基本保持稳定。与“十二五”末相比，“十三五”末全省城市地下水水质综合评价级别由良好变为优。

**县级城市**　2020年，全省县级城市饮用水水源地水质级别为良好。其中，48个县级城市集中式饮用水水源地水质级别为优，34个为良好，11个为轻污染。与2019年相比，2020年全省县级城市集中式饮用水水源地水质仍为良好。其中，郑州巩义市等14个县级城市饮用水水源地水质级别由良好变为优；开封兰考县等10个县级城市饮用水水源地水质级别由优变为良好；商丘民权县等3个县级城市饮用水水源地水质级别由优变为轻污染，濮阳清丰县等5个县级城市饮用水水源地水质级别由良好变为轻污染。其他61个县级城市的饮用水水源地水质级别保持不变。

“十三五”期间，全省县级城市饮用水水源地水质基本稳定。与“十二五”末相比，“十三五”末个别县级城市饮用水水源地水质有所下降。其中，级别为优的县级城市由36个增加到48个，为良好的由54个减少到34，级别为轻污染的由3个增加到11个。

#### 2.5.5.2　原因分析

“十三五”期间，全省城市集中式饮用水水源地水质整体稳中向好。原因主要如下：

（1）法律、法规与标准体系进一步完善。“十三五”期间，随着《中华人民共和国水污染防治法》《饮用水水源保护区划分技术规范》（HJ 338—2018）和《地下水质量标准》（GB 14848—2017）等法律、法规和标准体系的修订与实施，开封、洛阳、商丘、驻马店等地先后修订、颁布了当地《饮用水水源地保护条例》等一系列地方性法规条例，逐步健全全省饮用水水源地保护法律、法规体系，推动河南省饮用水水源保护工作有法可依、有章可循。

（2）城市集中式饮用水水源地水质列入政府环境保护目标。促进了各地对城市集中式饮用水水源地的管理。

（3）逐渐加强对在用地表水型饮用水水源地水质自动监测的力度，实施有效的监控和预警，有利于保护地表水型饮用水水源地水质。自2009年起，河南省启动了“饮用水水源地水质自动监控系统建设项目”对12个省辖市14个在用地表水型饮用水水源地开展了6项因子水质自动监测站。自2018年起，率先对7个水源地水质自动监测站开展了升级改造。升级后，主要监测因子增加至9项。2019年又启动了“饮用水水源地水质自动监测系统升级改造项目”一期工程，为8个省辖市9个日供水量超过10万t的地表水型饮用水水源地建设了9个水质自动监测站。

（4）加大对饮用水水源地的保护整治力度。2018—2019年，河南省开展县级以上地表水型饮用水水源保护区环境问题专项整治及“回头看”行动。涉及11个地市 29个县（区）41个水源地，共计765个环境问题完成了整治。2020年全省饮用水水源保护区内共认定违建别墅541栋，拆除462栋，关闭78栋，没收1栋，已全部按照违建别墅专项整治行动要求处置到位。

（5）启用侧渗水技术，减少利用地表水型饮用水水源地水量，增加地下水型饮用水水源地水量。

（6）2014年12月12日，南水北调中线一期工程正式通水后，河南省受水区域有南阳、平顶山、许昌、郑州、焦作、新乡、鹤壁、安阳等，南水北调通水对部分水源地水质有改善作用。

## 2.6 城市声环境质量

### 2.6.1 现状评价

#### 2.6.1.1 城市区域声环境质量

2020年，河南省18个省辖市城市昼间区域声环境质量平均等效声级为53.8 dB，级别为二级。昼间区域声环境质量达到二级的城市有14个，占比为77.8%；达到三级的城市有4个，占比为22.2%。见图2.6-1、图2.6-2和表2.6-1。

图2.6-1 2020年全省城市昼间区域声环境质量平均等效声级

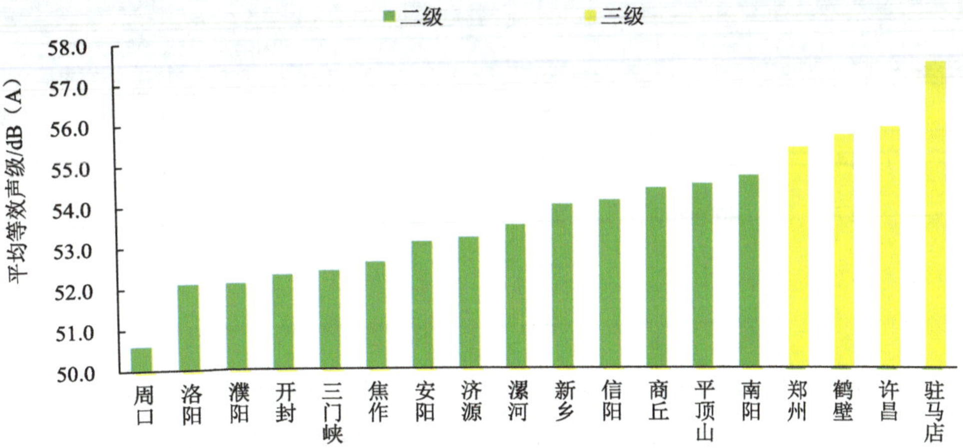


图 2.6-2 2020 年全省城市昼间区域声环境质量平均等效声级比较

表 2.6-1 2020 年全省城市昼间区域声环境质量监测结果

| 城市名称 | 网格个数 | 网格大小（m×m） | 网格覆盖面积/km² | 网格覆盖人口数/万人 | 平均等效声级/dB（A） | 级别 |
|---|---|---|---|---|---|---|
| 郑州 | 335 | 500×500 | 83.8 | 258.0 | 55.4 | 三级 |
| 开封 | 204 | 508×508 | 52.6 | 69.0 | 52.3 | 二级 |
| 洛阳 | 262 | 800×800 | 167.7 | 94.1 | 52.1 | 二级 |
| 平顶山 | 201 | 350×350 | 24.6 | 84.8 | 54.5 | 二级 |
| 安阳 | 203 | 500×500 | 50.8 | 73.3 | 53.1 | 二级 |
| 鹤壁 | 200 | 500×500 | 50.0 | 18.6 | 55.7 | 三级 |
| 新乡 | 215 | 500×500 | 53.8 | 53.3 | 54.0 | 二级 |
| 焦作 | 141 | 800×800 | 90.2 | 28.2 | 52.6 | 二级 |
| 濮阳 | 215 | 400×400 | 34.4 | 29.2 | 52.1 | 二级 |
| 许昌 | 220 | 500×500 | 55.0 | 31.6 | 55.9 | 三级 |
| 漯河 | 205 | 600×600 | 73.8 | 66.4 | 53.5 | 二级 |
| 三门峡 | 201 | 350×350 | 24.6 | 29.6 | 52.4 | 二级 |
| 南阳 | 200 | 500×500 | 50.0 | 47.5 | 54.7 | 二级 |
| 商丘 | 111 | 500×500 | 27.8 | 88.3 | 54.4 | 二级 |
| 信阳 | 106 | 1 000×1 000 | 106.0 | 52.0 | 54.1 | 二级 |

| 城市名称 | 网格个数 | 网格大小（m×m） | 网格覆盖面积/km$^2$ | 网格覆盖人口数/万人 | 平均等效声级/dB（A） | 级别 |
|---|---|---|---|---|---|---|
| 周口 | 202 | 350×350 | 24.7 | 34.7 | 50.6 | 二级 |
| 驻马店 | 141 | 400×400 | 22.6 | 21.9 | 57.5 | 三级 |
| 济源 | 177 | 400×400 | 28.3 | 33.5 | 53.2 | 二级 |
| 全省 | 3 539 | — | 1 020.7 | 1 114.0 | 53.8 | 二级 |

2020 年，河南省城市昼间区域声环境质量平均等效声级为 50.6～57.5 dB。周口、洛阳、濮阳、开封、三门峡、焦作、安阳、济源、漯河、新乡、信阳、商丘、平顶山、南阳 14 个城市，昼间区域声环境质量平均等效声级为 50.6～54.7 dB，级别为二级，占监测城市的 77.8%；郑州、鹤壁、许昌、驻马店 4 个城市，昼间区域声环境质量平均等效声级为 55.4～57.5 dB，级别为三级，占监测城市的 22.2%。见图 2.6-3。

2020 年，河南省城市昼间区域声环境质量声源构成表明，生活噪声源影响范围最广，占比为 56.8%；其次是交通、其他和工业噪声源，占比分别为 17.7%、11.7%和 10.6%；施工噪声源影响范围最小，占比为 3.2%。交通噪声声源强度最大，平均等效声级为 55.0 dB；其次是施工噪声、工业噪声、其他噪声和生活噪声，平均等效声级分别为 54.4 dB、54.1 dB、53.8 dB 和 53.3 dB。见图 2.6-4 和表 2.6-2。

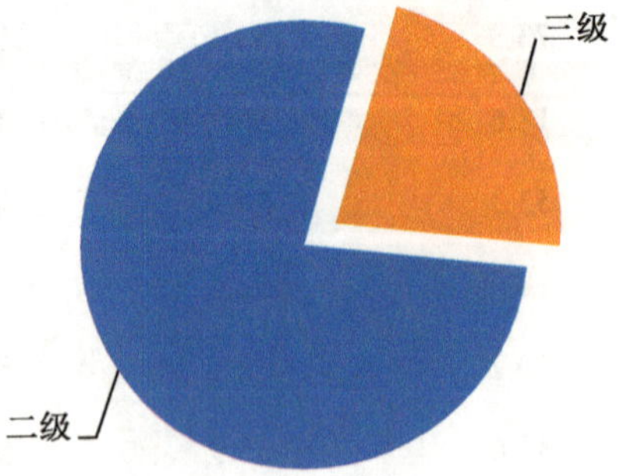


图 2.6-3 2020 年全省城市昼间区域声环境质量等级分布比例

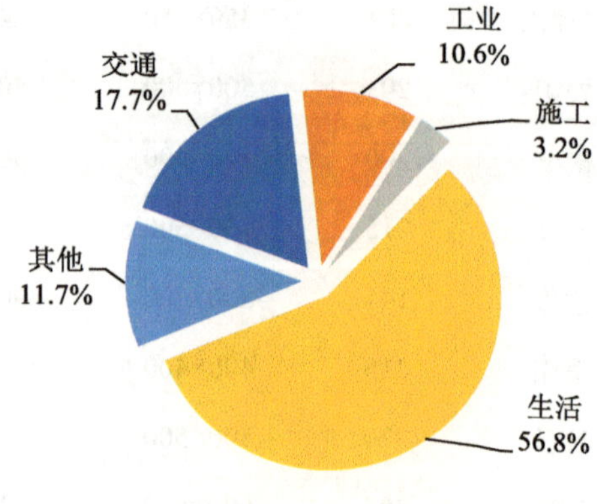


图 2.6-4 2020 年全省城市昼间区域声环境声源构成情况

表 2.6-2　2020 年全省城市昼间区域声环境质量声源构成

单位：dB（A）

| 城市名称 | 交通噪声 | | 工业噪声 | | 施工噪声 | | 生活噪声 | | 其他 | |
|---|---|---|---|---|---|---|---|---|---|---|
| | 占比/% | 平均声级 | 占比/% | 平均声级 | 占比/% | 平均声级 | 占比/% | 平均声级 | 占比/% | 平均声级 |
| 郑州 | 17.9 | 57.0 | — | — | 3.0 | 59.6 | 78.2 | 54.8 | 0.9 | 59.1 |
| 开封 | 1.0 | 52.2 | 10.8 | 52.3 | 1.5 | 52.9 | 51.0 | 52.3 | 35.8 | 52.3 |
| 洛阳 | 16.8 | 53.3 | 9.9 | 54.1 | 1.9 | 54.1 | 71.4 | 51.5 | — | — |
| 平顶山 | 43.3 | 54.3 | 2.0 | 53.7 | 2.0 | 54.4 | 31.3 | 55.0 | 21.4 | 54.2 |
| 安阳 | 7.4 | 53.4 | — | — | — | — | 92.6 | 53.1 | — | — |
| 鹤壁 | 1.5 | 57.4 | 12.0 | 57.3 | — | — | 39.5 | 54.9 | 47.0 | 55.8 |
| 新乡 | 13.0 | 53.6 | 37.2 | 53.9 | 15.3 | 55.6 | 27.4 | 53.7 | 7.0 | 53.2 |
| 焦作 | 19.9 | 63.5 | 10.6 | 56.9 | 2.1 | 57.5 | 58.2 | 48.4 | 9.2 | 49.3 |
| 濮阳 | 9.8 | 57.6 | — | — | 0.9 | 54.0 | 89.3 | 51.5 | — | — |
| 许昌 | 16.4 | 56.6 | 8.6 | 57.4 | — | — | 74.5 | 55.6 | 0.5 | 53.0 |
| 漯河 | 28.3 | 55.9 | 16.6 | 53.4 | — | — | 52.2 | 52.4 | 2.9 | 51.2 |
| 三门峡 | 20.9 | 52.6 | 1.0 | 51.9 | 1.5 | 52.1 | 51.7 | 52.6 | 24.9 | 51.8 |
| 南阳 | 3.5 | 59.8 | 6.5 | 54.0 | 0.5 | 53.4 | 89.5 | 54.6 | — | — |
| 商丘 | 12.6 | 55.3 | — | — | — | — | 87.4 | 54.3 | — | — |
| 信阳 | 49.1 | 54.4 | 7.5 | 58.8 | 13.2 | 53.2 | 30.2 | 52.9 | — | — |
| 周口 | 34.2 | 49.0 | 46.5 | 51.6 | 12.9 | 51.6 | 6.4 | 49.0 | — | — |
| 驻马店 | 32.6 | 58.5 | 20.6 | 57.9 | 3.5 | 57.9 | 24.1 | 56.1 | 19.1 | 57.0 |
| 济源 | 7.3 | 56.4 | 3.4 | 53.3 | 2.3 | 52.5 | 37.3 | 52.3 | 49.7 | 53.5 |
| 全省 | 17.7 | 55.0 | 10.6 | 54.1 | 3.2 | 54.4 | 56.8 | 53.3 | 11.7 | 53.8 |

### 2.6.1.2　城市道路交通声环境

2020 年，河南省 18 个省辖市城市昼间道路交通声环境质量平均等效声级为 66.0 dB，级别为一级。昼间区域声环境质量达到一级的城市有 16 个，占比为 88.9%；达到二级的城市有 2 个，占比为 11.1%。

2020 年，河南省城市昼间道路声环境质量平均等效声级为 60.9～68.5 dB。漯河、周口、商丘、鹤壁、安阳、济源、濮阳、焦作、洛阳、平顶山、驻马店、信阳、三门峡、南阳、开封、许昌 16 个城市昼间道路交通声环境质量平均等效声级小于 68.0 dB，级别为一级，占监测城市的 88.9%；郑州、新乡 2 个城市昼间道路交通声环境质量平均等效声级为 68.5 dB，级别为二级，占监测城市的 11.1%。见图 2.6-5、图 2.6-6 和表 2.6-3。

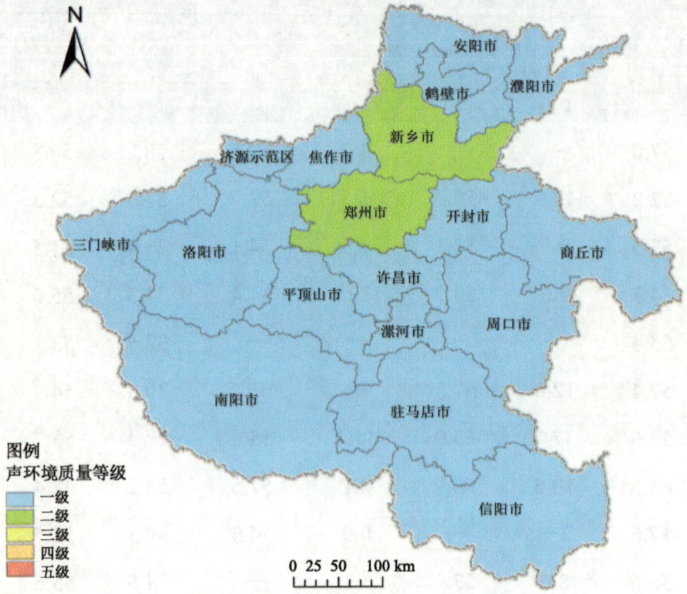


图 2.6-5 2020 年全省城市道路交通昼间平均等效声级

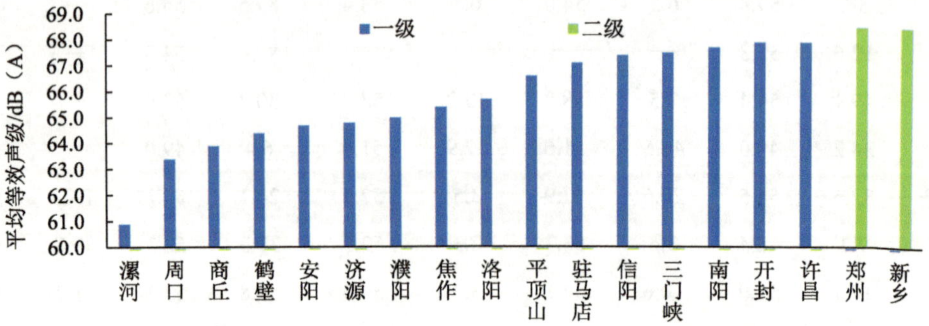


图 2.6-6 2020 年全省城市昼间道路交通平均等效声级排序

表 2.6-3 2020 年全省城市昼间道路交通声环境质量监测结果

| 城市名称 | 路段总长度/km | 达标路段总长度/km | 路段达标率/% | 平均车流量/（辆/h） | 噪声平均值/dB（A） | 级别 |
|---|---|---|---|---|---|---|
| 郑州 | 131.3 | 91.1 | 69.4 | 0 | 68.5 | 二级 |
| 开封 | 66.9 | 53.4 | 79.8 | 1 435.7 | 67.9 | 一级 |
| 洛阳 | 162.0 | 154.6 | 95.4 | 2 272.1 | 65.7 | 一级 |

| 城市名称 | 路段总长度/km | 达标路段总长度/km | 路段达标率/% | 平均车流量/（辆/h） | 噪声平均值/dB（A） | 级别 |
|---|---|---|---|---|---|---|
| 平顶山 | 46.0 | 37.2 | 80.9 | 1 084.1 | 66.6 | 一级 |
| 安阳 | 69.1 | 68.2 | 98.6 | 1 176.9 | 64.7 | 一级 |
| 鹤壁 | 33.4 | 33.4 | 100.0 | 735.5 | 64.4 | 一级 |
| 新乡 | 67.5 | 44.5 | 65.9 | 919.9 | 68.5 | 二级 |
| 焦作 | 181.0 | 160.9 | 88.9 | 1 143.4 | 65.4 | 一级 |
| 濮阳 | 43.6 | 43.6 | 100.0 | 1 907.7 | 65.0 | 一级 |
| 许昌 | 38.5 | 31.6 | 82.1 | 1 035.5 | 67.9 | 一级 |
| 漯河 | 98.4 | 97.2 | 98.8 | 1 127.8 | 60.9 | 一级 |
| 三门峡 | 45.7 | 37.0 | 81.0 | 1 584.4 | 67.5 | 一级 |
| 南阳 | 112.5 | 105.0 | 93.3 | 66.1 | 67.7 | 一级 |
| 商丘 | 98.2 | 96.2 | 97.9 | 1 341.6 | 63.9 | 一级 |
| 信阳 | 97.4 | 82.9 | 85.1 | 1 315.6 | 67.4 | 一级 |
| 周口 | 40.5 | 40.5 | 100.0 | 1 005.7 | 63.4 | 一级 |
| 驻马店 | 36.5 | 30.5 | 83.5 | 553.3 | 67.1 | 一级 |
| 济源 | 46.6 | 46.6 | 100.0 | 318.2 | 64.8 | 一级 |
| 全省 | 1 415.1 | 1 254.3 | 88.6 | 1 056.9 | 66.0 | 一级 |

### 2.6.1.3 功能区声环境

2020 年，河南省 18 个省辖市昼间监测点次达标率为 84.3%，夜间监测点次达标率为 60.6%。其中，0 类区点次达标率昼间为 50.0%，夜间为 25.0%；1 类区点次达标率昼间为 81.5%，夜间为 58.9%；2 类区点次达标率昼间为 92.6%，夜间为 77.8%；3 类区点次达标率昼间为 98.8%，夜间为 85.7%；4 类区点次达标率昼间为 98.7%，夜间为 55.8%。见图 2.6-7 和表 2.6-4。

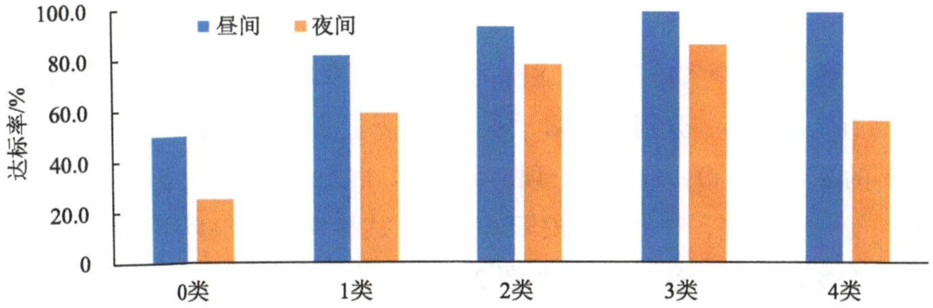


图 2.6-7 2020 年全省各类功能区昼间、夜间达标率

**表 2.6-4 2020 年全省各类功能区昼间、夜间达标率**

单位：%

| 城市名称 | 0类 | | 1类 | | 2类 | | 3类 | | 4类 | | 综合 | |
|---|---|---|---|---|---|---|---|---|---|---|---|---|
| | 昼间 | 夜间 | 昼间 | 夜间 | 昼间 | 夜间 | 昼间 | 夜间 | 昼间 | 夜间 | 昼间 | 夜间 |
| 郑州 | — | — | 66.7 | 14.3 | 90.5 | 52.4 | 100 | 88.9 | 88.9 | 0 | 86.5 | 38.9 |
| 开封 | — | — | 100.0 | 100.0 | 100.0 | 100.0 | 100.0 | 75.0 | 100.0 | 75.0 | 100.0 | 87.5 |
| 洛阳 | — | — | 100.0 | 100.0 | 100.0 | 75.0 | 100.0 | 100.0 | 100.0 | 100.0 | 100.0 | 93.8 |
| 平顶山 | — | — | 57.1 | 66.7 | 100.0 | 71.4 | 100.0 | 100.0 | — | — | 85.7 | 79.4 |
| 安阳 | — | — | 62.5 | 43.8 | 100.0 | 75.0 | 87.5 | 75.0 | 100.0 | 58.3 | 87.5 | 63.0 |
| 鹤壁 | — | — | 100.0 | 75.0 | 75.0 | 75.0 | 100.0 | 75.0 | 100.0 | 50.0 | 93.8 | 68.8 |
| 新乡 | — | — | 100.0 | 25.0 | 62.5 | 37.5 | 100.0 | 100.0 | 100.0 | 25.0 | 90.6 | 46.9 |
| 焦作 | — | — | 75.0 | 75.0 | 100.0 | 100.0 | 100.0 | 100.0 | 100.0 | 50.0 | 93.8 | 81.3 |
| 濮阳 | — | — | 100.0 | 50.0 | 100.0 | 100.0 | 100.0 | 75.0 | 100.0 | 25.0 | 100.0 | 62.5 |
| 许昌 | — | — | 100.0 | 50.0 | 100.0 | 75.0 | 100.0 | 100.0 | — | — | 100.0 | 75.0 |
| 漯河 | — | — | 100.0 | 100.0 | 100.0 | 100.0 | 100.0 | 75.0 | 100.0 | 100.0 | 100.0.0 | 93.8 |
| 三门峡 | 50.0 | 25.0 | 75.0 | 50.0 | 100.0 | 75.0 | 100.0 | 75.0 | — | — | 81.3 | 56.3 |
| 南阳 | — | — | 100.0 | 100.0 | 100.0 | 100.0 | 100.0 | 100.0 | 100.0 | 100.0 | 100.0 | 100.0 |
| 商丘 | — | — | 100.0 | 100.0 | 100.0 | 100.0 | 100.0 | 100.0 | 100.0 | 50.0 | 100.0 | 87.5 |
| 信阳 | — | — | 100.0 | 50.0 | 100.0 | 100.0 | 100.0 | 100.0 | 100.0 | 50.0 | 100.0 | 75.0 |
| 周口 | — | — | 100.0 | 100.0 | 100.0 | 100.0 | 100.0 | 100.0 | 100.0 | 100.0 | 100.0 | 100.0 |
| 驻马店 | — | — | 50.0 | 50.0 | 75.0 | 100.0 | 100.0 | 75.0 | 100.0 | 50.0 | 81.3 | 68.8 |
| 济源 | — | — | 100.0 | 100.0 | 75.0 | 75.0 | 100.0 | 25.0 | 100.0 | 100.0 | 93.8 | 75.0 |
| 全省 | 50.0 | 25.0 | 81.5 | 58.9 | 92.6 | 77.8 | 98.8 | 85.7 | 98.7 | 55.8 | 84.3 | 60.6 |

2020 年，河南省 18 个省辖市功能区昼间点次达标率均在 80%以上；夜间点次达标率在 80%以上的有 7 个城市，分别为南阳、周口、洛阳、漯河、开封、商丘、焦作，达标率为 70%～80%的有 4 个城市，分别为平顶山、许昌、信阳、济源，达标率为 60%～70%的有 4 个城市，分别为鹤壁、驻马店、安阳、濮阳，达标率在 60%以下的有 3 个城市，分别为三门峡、新乡、郑州。见图 2.6-8 和图 2.6-9。

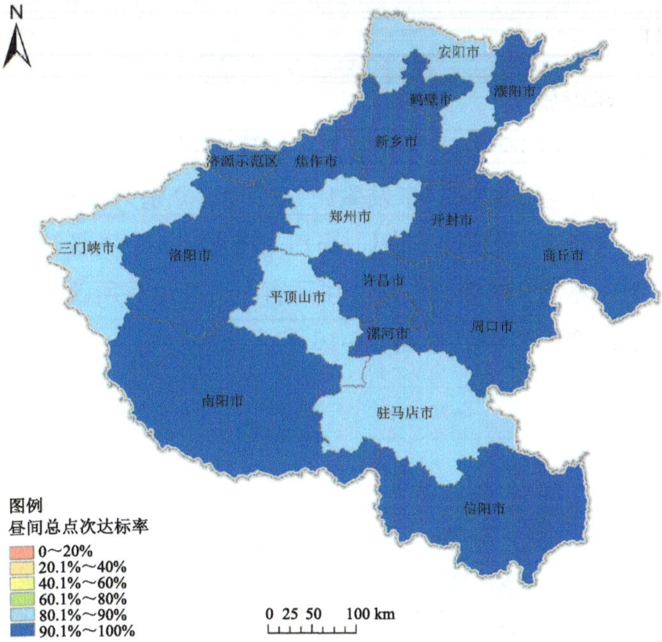


图 2.6-8　2020 年全省城市功能区昼间点次达标情况

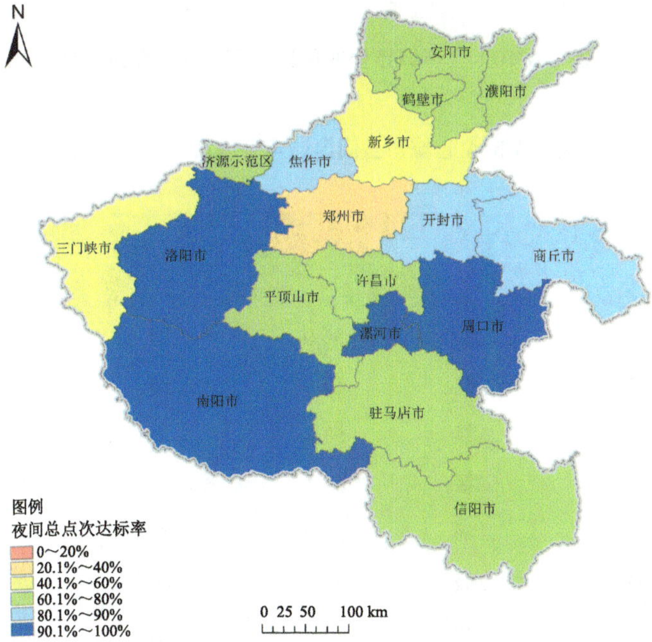


图 2.6-9　2020 年全省城市功能区夜间点次达标情况

## 2.6.2 年度对比

### 2.6.2.1 城市区域声环境质量

与2019年相比，2020年全省城市区域声环境质量昼间基本稳定，平均质量等级仍为二级。12个质量等级为二级的城市，未发生级别变化，分别为开封、洛阳、安阳、新乡、焦作、濮阳、漯河、三门峡、南阳、信阳、周口、济源；4个质量等级为三级的城市，未发生级别变化，分别为郑州、鹤壁、许昌、驻马店；平顶山有所改善，由四级变为二级；商丘有所下降，由一级变为二级。见图2.6-10和表2.6-5。

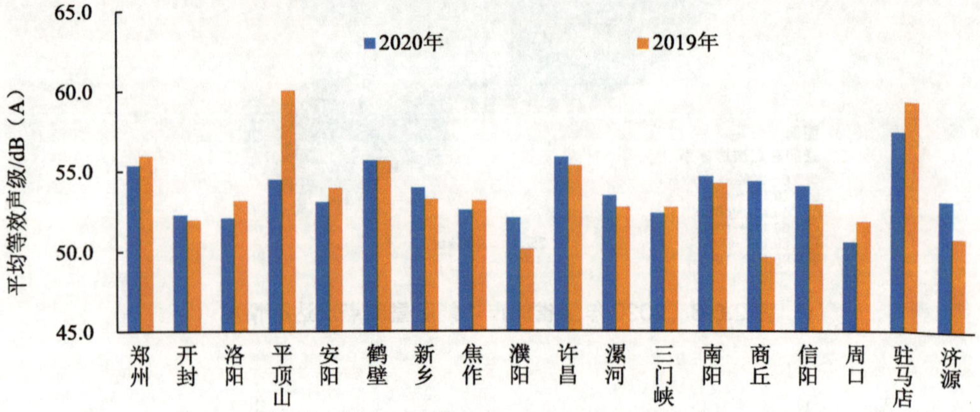


**图2.6-10 全省城市昼间区域声环境质量年度比较**

**表2.6-5 全省城市昼间区域声环境质量年度比较**

单位：dB（A）

| 城市名称 | 2020年 | | 2019年 | | 变化 | |
|---|---|---|---|---|---|---|
| | 等效声级 | 级别 | 等效声级 | 级别 | 等效声级 | 级别 |
| 郑州 | 55.4 | 三级 | 56.0 | 三级 | –0.6 | 0 |
| 开封 | 52.3 | 二级 | 52.0 | 二级 | 0.3 | 0 |
| 洛阳 | 52.1 | 二级 | 53.2 | 二级 | –1.1 | 0 |
| 平顶山 | 54.5 | 二级 | 60.1 | 四级 | –5.6 | 变化 |
| 安阳 | 53.1 | 二级 | 54.0 | 二级 | –0.9 | 0 |
| 鹤壁 | 55.7 | 三级 | 55.7 | 三级 | 0 | 0 |
| 新乡 | 54.0 | 二级 | 53.3 | 二级 | 0.7 | 0 |
| 焦作 | 52.6 | 二级 | 53.2 | 二级 | –0.6 | 0 |
| 濮阳 | 52.1 | 二级 | 50.2 | 二级 | 1.9 | 0 |

| 城市名称 | 2020 年 | | 2019 年 | | 变化 | |
|---|---|---|---|---|---|---|
| | 等效声级 | 级别 | 等效声级 | 级别 | 等效声级 | 级别 |
| 许昌 | 55.9 | 三级 | 55.4 | 三级 | 0.5 | 0 |
| 漯河 | 53.5 | 二级 | 52.8 | 二级 | 0.7 | 0 |
| 三门峡 | 52.4 | 二级 | 52.8 | 二级 | –0.4 | 0 |
| 南阳 | 54.7 | 二级 | 54.3 | 二级 | 0.4 | 0 |
| 商丘 | 54.4 | 二级 | 49.7 | 一级 | 4.7 | 变化 |
| 信阳 | 54.1 | 二级 | 53.0 | 二级 | 1.1 | 0 |
| 周口 | 50.6 | 二级 | 51.9 | 二级 | –1.3 | 0 |
| 驻马店 | 57.5 | 三级 | 59.4 | 三级 | –1.9 | 0 |
| 济源 | 53.2 | 二级 | 50.9 | 二级 | 2.3 | 0 |
| 全省 | 53.8 | 二级 | 53.8 | 二级 | 0 | 0 |

与 2019 年相比，2020 年全省城市昼间区域声环境声源结构未见明显变化，影响范围最广的噪声源仍是生活噪声。见图 2.6-11。

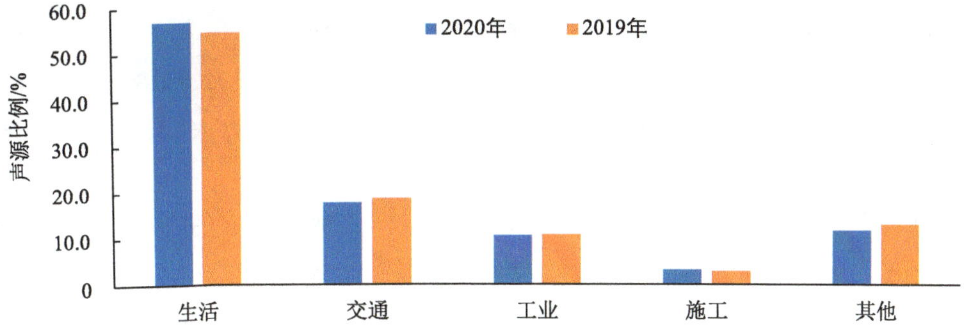


**图 2.6-11　全省城市昼间区域声源类型比例年度比较**

### 2.6.2.2　城市道路交通声环境

与 2019 年相比，2020 年全省昼间道路交通声环境质量保持稳定，平均质量等级仍为一级。14 个质量等级为一级的城市，未发生级别变化，分别为开封、洛阳、平顶山、安阳、鹤壁、焦作、濮阳、许昌、漯河、三门峡、南阳、商丘、周口、济源；新乡质量等级仍为二级；郑州有所下降，由一级变为二级；信阳、驻马店有所改善，分别由二级变为一级、由三级变为一级。见表 2.6-6 和图 2.6-12。

表 2.6-6 全省城市道路交通环境噪声年度比较

| 城市名称 | 2020年 | | 2019年 | | 比较 | |
|---|---|---|---|---|---|---|
| | 等效声级/dB（A） | 级别 | 等效声级/dB（A） | 级别 | 等效声级/dB（A） | 级别 |
| 郑州 | 68.5 | 二级 | 67.0 | 一级 | 1.5 | 变化 |
| 开封 | 67.9 | 一级 | 67.5 | 一级 | 0.4 | 0 |
| 洛阳 | 65.7 | 一级 | 65.9 | 一级 | −0.2 | 0 |
| 平顶山 | 66.6 | 一级 | 66.6 | 一级 | 0 | 0 |
| 安阳 | 64.7 | 一级 | 65.5 | 一级 | −0.8 | 0 |
| 鹤壁 | 64.4 | 一级 | 66.1 | 一级 | −1.7 | 0 |
| 新乡 | 68.5 | 二级 | 69.9 | 二级 | −1.4 | 0 |
| 焦作 | 65.4 | 一级 | 65.5 | 一级 | −0.1 | 0 |
| 濮阳 | 65.0 | 一级 | 65.7 | 一级 | −0.7 | 0 |
| 许昌 | 67.9 | 一级 | 67.0 | 一级 | 0.9 | 0 |
| 漯河 | 60.9 | 一级 | 60.5 | 一级 | 0.4 | 0 |
| 三门峡 | 67.5 | 一级 | 67.0 | 一级 | 0.5 | 0 |
| 南阳 | 67.7 | 一级 | 67.2 | 一级 | 0.5 | 0 |
| 商丘 | 63.9 | 一级 | 57.9 | 一级 | 6.0 | 0 |
| 信阳 | 67.4 | 一级 | 68.2 | 二级 | −0.8 | 变化 |
| 周口 | 63.4 | 一级 | 64.0 | 一级 | −0.6 | 0 |
| 驻马店 | 67.1 | 一级 | 70.3 | 三级 | −3.2 | 变化 |
| 济源 | 64.8 | 一级 | 65.2 | 一级 | −0.4 | 0 |
| 全省 | 66.0 | 一级 | 65.9 | 一级 | 0.1 | 0 |

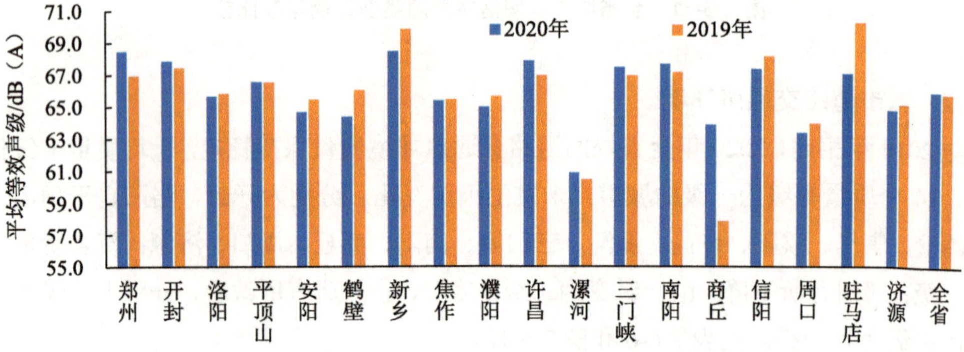


图 2.6-12 2020 年与 2019 年全省省辖市交通噪声比较

### 2.6.2.3 功能区声环境

与 2019 年相比，2020 年 0 类区昼间监测点次达标率增加 25 个百分点，1 类区昼间监测点次达标率增加 8.7 个百分点，2 类区昼间监测点次达标率增加 12.2 个百分点，2 类区夜间监测点次达标率增加 7.1 个百分点，3 类区昼间监测点次达标率增加 7.5 个百分点，3 类区夜间监测点次达标率增加 3.2 个百分点，4 类区夜间监测点次达标率增加 8.6 个百分点，其他功能区变化不大。见图 2.6-13 和表 2.6-7。

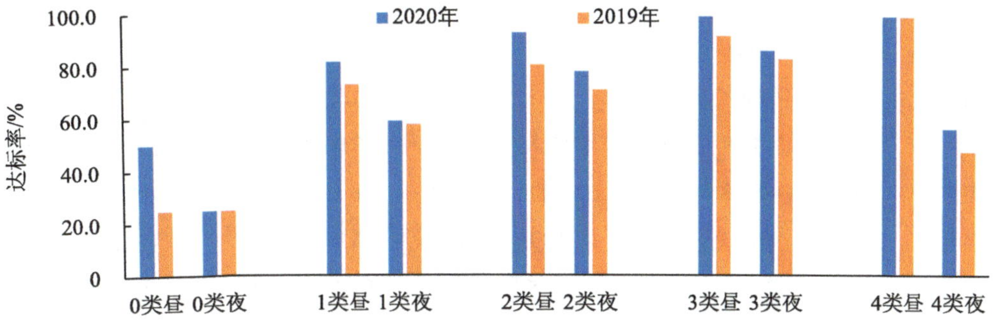


图 2.6-13 全省城市功能区监测点次达标率年度比较

表 2.6-7 全省城市各功能区噪声达标率年度比较

| 年度 | 项目 | 0 类 | | 1 类 | | 2 类 | | 3 类 | | 4 类 | | 综合 | |
|---|---|---|---|---|---|---|---|---|---|---|---|---|---|
| | | 昼间 | 夜间 | 昼间 | 夜间 | 昼间 | 夜间 | 昼间 | 夜间 | 昼间 | 夜间 | 昼间 | 夜间 |
| 2020 | 等效声级/dB（A） | 48.9 | 44.4 | 50.9 | 43.0 | 54.3 | 46.6 | 56.5 | 49.5 | 61.4 | 54.0 | — | — |
| | 达标率/% | 50.0 | 25.0 | 81.5 | 58.9 | 92.6 | 77.8 | 98.8 | 85.7 | 98.7 | 55.8 | 84.3 | 60.6 |
| 2019 | 等效声级/dB（A） | 55.7 | 44.1 | 52.9 | 44.7 | 55.5 | 47.6 | 58.0 | 51.0 | 63.3 | 55.3 | — | — |
| | 达标率/% | 25.0 | 25.0 | 72.8 | 57.6 | 80.4 | 70.7 | 91.3 | 82.5 | 98.6 | 47.2 | 73.6 | 56.6 |
| 变化 | 等效声级/dB（A） | −6.8 | 0.3 | −2.0 | −1.7 | −1.2 | −1.0 | −1.5 | −1.5 | −1.9 | −1.3 | — | — |
| | 达标率/% | 25.0 | 0 | 8.7 | 1.3 | 12.2 | 7.1 | 7.5 | 3.2 | 0.1 | 8.6 | 10.7 | 4.0 |

2020 年郑州、平顶山、安阳、鹤壁、许昌、三门峡、商丘等城市功能区昼间声环境质量比 2019 年有明显改善；2020 年郑州、洛阳、平顶山、安阳、鹤壁、新乡、焦作、三门峡、商丘、信阳、驻马店等城市功能区夜间声环境质量比 2019 年有明显改善。见表 2.6-8、图 2.6-14 和图 2.6-15。

表 2.6-8 2020 年与 2019 年全省城市功能区噪声达标率比较

| 城市名称 | 2020 年/% | | | 2019 年/% | | | 比较/个百分点 | | |
|---|---|---|---|---|---|---|---|---|---|
| | 昼间 | 夜间 | 综合 | 昼间 | 夜间 | 综合 | 昼间 | 夜间 | 综合 |
| 郑州 | 86.5 | 38.9 | 62.7 | 62.5 | 31.3 | 46.9 | 24 | 7.6 | 15.8 |
| 开封 | 100 | 87.5 | 93.8 | 100 | 87.5 | 93.8 | 0 | 0 | 0 |
| 洛阳 | 100 | 93.8 | 96.9 | 100 | 75 | 87.5 | 0 | 18.8 | 9.4 |
| 平顶山 | 85.7 | 79.4 | 82.5 | 29.2 | 29.2 | 29.2 | 56.5 | 50.2 | 53.3 |
| 安阳 | 87.5 | 63 | 75.3 | 79.7 | 57.3 | 68.5 | 7.8 | 5.7 | 6.8 |
| 鹤壁 | 93.8 | 68.8 | 81.3 | 81.3 | 62.5 | 71.9 | 12.5 | 6.3 | 9.4 |
| 新乡 | 90.6 | 46.9 | 68.8 | 93.8 | 31.3 | 62.5 | –3.2 | 15.6 | 6.3 |
| 焦作 | 93.8 | 81.3 | 87.5 | 100 | 56.3 | 78.1 | –6.2 | 25 | 9.4 |
| 濮阳 | 100 | 62.5 | 81.3 | 100 | 87.5 | 93.8 | 0 | –25 | –12.5 |
| 许昌 | 100 | 75 | 87.5 | 87.5 | 75 | 81.3 | 12.5 | 0 | 6.2 |
| 漯河 | 100 | 93.8 | 96.9 | 100 | 100 | 100 | 0 | –6.2 | –3.1 |
| 三门峡 | 81.3 | 56.3 | 68.8 | 43.8 | 31.3 | 37.5 | 37.5 | 25 | 31.3 |
| 南阳 | 100 | 100 | 100 | 100 | 100 | 100 | 0 | 0 | 0 |
| 商丘 | 100 | 87.5 | 93.8 | 93.8 | 81.3 | 87.5 | 6.2 | 6.2 | 6.3 |
| 信阳 | 100 | 75 | 87.5 | 100 | 62.5 | 81.3 | 0 | 12.5 | 6.2 |
| 周口 | 100 | 100 | 100 | 100 | 100 | 100 | 0 | 0 | 0 |
| 驻马店 | 81.3 | 68.8 | 75 | 68.8 | 62.5 | 65.6 | 12.5 | 6.3 | 9.4 |
| 济源 | 93.8 | 75 | 84.4 | 100 | 87.5 | 93.8 | –6.2 | –12.5 | –9.4 |
| 全省 | 84.3 | 60.6 | 72.5 | 73.6 | 56.6 | 65.1 | 10.7 | 4.0 | 7.4 |

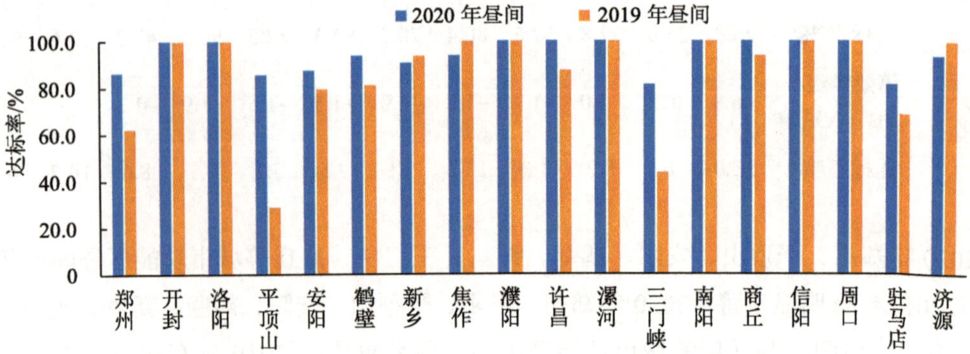


图 2.6-14 2020 年与 2019 年全省城市功能区昼间噪声达标率

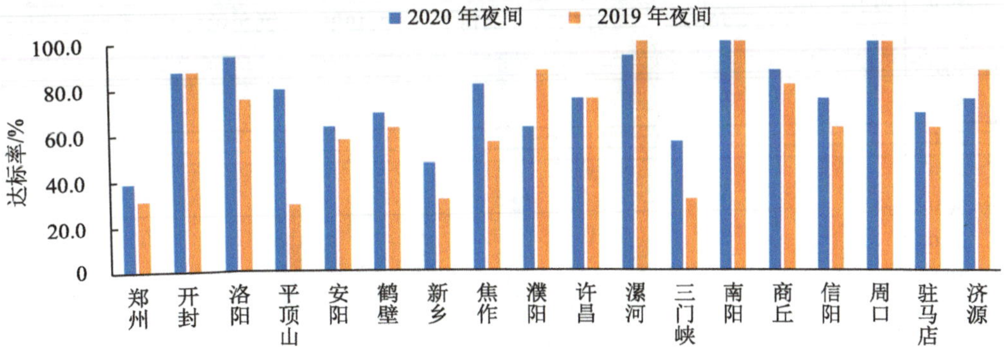


图 2.6-15 2020 年与 2019 年全省城市功能区夜间噪声达标率

## 2.6.3 “十三五”时期变化趋势分析

### 2.6.3.1 城市区域声环境质量

“十三五”期间，河南省城市昼间区域声环境质量昼间平均值为 53.7～54.1 dB（A）。

2020 年与 2016 年相比，城市昼间区域声环境质量为一级至四级的城市比例均无变化；城市昼间区域声环境质量等级为二级的占比最高，为 61.1%（11 个）～77.8%（14 个），三级次之，为 22.2%（4 个）～33.3%（6 个），2018 年和 2019 年出现了一个一级城市，2019 年出现了一个四级城市。总体来看，城市评价等级比例基本稳定，2016—2020 年全省城市区域声环境质量保持平稳趋势。

2018 年开展了夜间监测，与当年昼间评价结果相比，夜间的城市区域声环境质量比昼间差。夜间监测城市数目和昼间相同，城市夜间区域声环境质量为一级的城市比例比昼间低 5.6 个百分点，二级的城市比例比昼间低 16.7 个百分点，三级的城市比例比昼间高 16.7 个百分点，四级的城市比例比昼间高 5.6 个百分点。见表 2.6-9 和图 2.6-16。

表 2.6-9 2016—2020 年全省城市区域声环境质量等级比例

| 年度 | 一级/% | 二级/% | 三级/% | 四级/% | 五级/% | 平均声级/dB（A） |
|---|---|---|---|---|---|---|
| 2016 年昼间 | 0 | 77.8 | 22.2 | 0 | 0 | 53.9 |
| 2017 年昼间 | 0 | 77.8 | 22.2 | 0 | 0 | 53.7 |
| 2018 年昼间 | 5.6 | 61.1 | 33.3 | 0 | 0 | 54.1 |
| 2018 年夜间 | 0 | 44.4 | 50.0 | 5.6 | 0 | 45.5 |
| 2019 年昼间 | 5.6 | 66.7 | 22.2 | 5.6 | 0 | 53.8 |
| 2020 年昼间 | 0 | 77.8 | 22.2 | 0 | 0 | 53.8 |

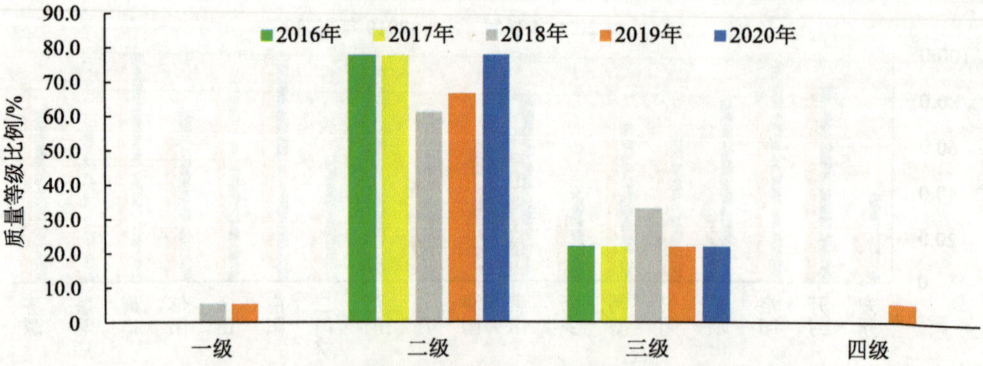


**图 2.6-16　全省城市昼间区域声环境质量等级分布年际比较**

"十三五"期间，河南省城市昼间区域监测点位的声源类型比例基本稳定，平均来看，社会生活噪声占比为54.8%，交通噪声占比为19.7%，工业噪声占比为9.7%，建筑施工噪声占比为2.7%，其他占比为13.1%。社会生活噪声占比最大，交通噪声次之。见表2.6-10和图2.6-17。

**表 2.6-10　2016—2020 年全省城市昼间区域声环境声源比例**

| 年度 | 城市个数 | 社会生活/% | 交通噪声/% | 工业企业/% | 建筑施工/% | 其他/% |
|---|---|---|---|---|---|---|
| 2020 | 18 | 56.9 | 17.7 | 10.6 | 3.2 | 11.7 |
| 2019 | 18 | 54.7 | 18.7 | 10.8 | 2.9 | 13.0 |
| 2018 | 18 | 58.7 | 16.1 | 10.8 | 2.9 | 11.3 |
| 2017 | 18 | 50.6 | 22.8 | 8.1 | 2.1 | 16.4 |
| 2016 | 18 | 53.1 | 23.1 | 8.2 | 2.3 | 13.3 |
| 平均值 | — | 54.8 | 19.7 | 9.7 | 2.7 | 13.1 |

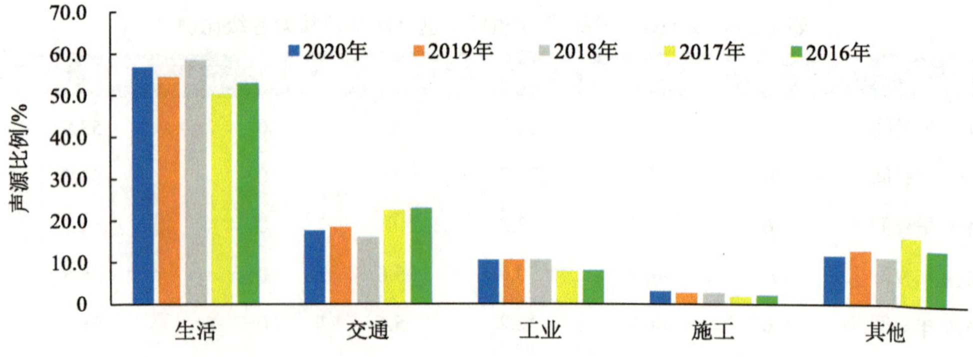


**图 2.6-17　全省城市昼间区域声源类型比例年际比较**

### 2.6.3.2 城市道路交通声环境

“十三五”期间，河南省道路交通干线两侧声环境质量得到显著改善。2020 年平均等效声级为 66.0 dB（A），与 2016 年相比，下降 0.9 dB（A）。2016—2020 年，城市昼间道路交通噪声强度平均值为 65.9～66.9 dB（A）。与 2016 年相比，2020 年监测城市道路交通声环境质量为一级的城市比例上升 27.8 个百分点（5 个城市），二级、三级的城市比例分别下降 22.2 个和 5.6 个百分点（4 个城市和 1 个城市）。见表 2.6-11 和图 2.6-18。

表 2.6-11 2016—2020 年全省城市道路交通声环境质量等级比例

| 年度 | 一级/% | 二级/% | 三级/% | 四级/% | 五级/% | 平均声级/dB（A） |
|---|---|---|---|---|---|---|
| 2016 年昼间 | 61.1 | 33.3 | 5.6 | 0 | 0 | 66.9 |
| 2017 年昼间 | 77.8 | 16.7 | 0 | 5.6 | 0 | 66.9 |
| 2018 年昼间 | 83.3 | 16.7 | 0 | 0 | 0 | 66.7 |
| 2018 年夜间 | 66.7 | 11.1 | 16.7 | 11.1 | 0 | 56.9 |
| 2019 年昼间 | 83.3 | 11.1 | 5.6 | 0 | 0 | 65.9 |
| 2020 年昼间 | 88.9 | 11.1 | 0 | 0 | 0 | 66.0 |

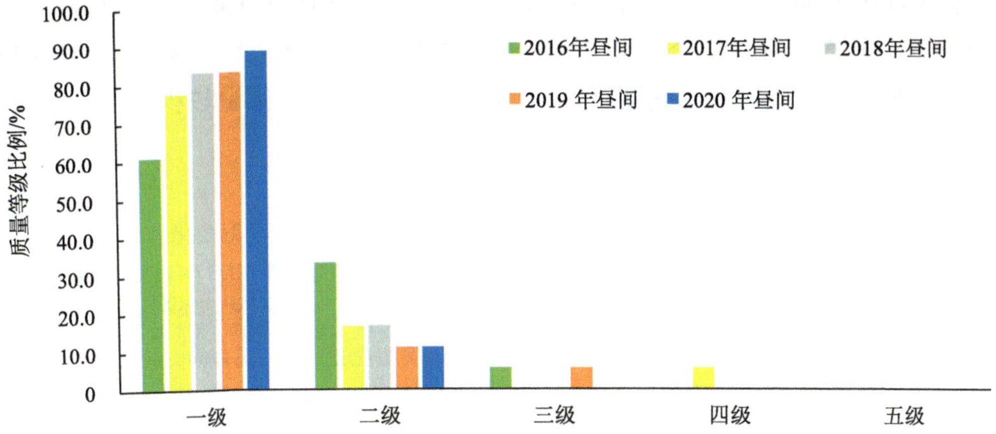


图 2.6-18 2016—2020 年全省城市道路交通噪声强度等级年际变化

总体来看，城市昼间道路交通声环境质量为一级的城市比例呈上升趋势，二级的城市比例呈下降趋势。三级、四级和五级的城市比例较小，基本稳定。说明，2016—2020 年全省城市道路交通噪声环境总体改善。

2018 年开展了夜间监测，与当年昼间评价结果相比，夜间的城市道路交通噪声形势更为严峻。相较于 2018 年昼间监测情况，夜间监测城市数目与昼间相同，城市夜间道路交通声环境质量为一级的城市比例比昼间低 16.7 个百分点，二级的城市比例比昼间低 5.6 个百分点，三级的城市比例比昼间高 16.7 个百分点，四级的城市比例比昼间高 11.1 个百分点。

#### 2.6.3.3 功能区声环境

2016—2020 年，河南省城市 0 类功能区昼间点次达标率为 25.0%～50.0%，夜间点次达标率为 0～25.0%；1 类功能区昼间点次达标率为 72.8%～81.5%，夜间点次达标率为 57.6%～66.3%；2 类功能区昼间点次达标率为 80.4%～92.6%，夜间点次达标率为 70.7%～77.8%；3 类功能区昼夜间点次达标率最高，昼间点次达标率为 91.3%～98.8%，夜间点次达标率为 82.5%～89.6%；4 类功能区昼间点次达标率为 95.0%～98.7%，夜间点次达标率为 38.9%～55.8%。总体来看，各类功能区昼间点次达标率均高于夜间，0 类、2 类、4 类功能区昼间、夜间监测点次达标率均呈上升趋势，3 类功能昼间、夜间监测点次达标率最高且基本稳定，4 类功能区夜间点次达标率最低。

与 2016 年相比，2020 年 0 类区昼间点次达标率上升 25.0 个百分点，夜间点次达标率上升 25.0 个百分点；1 类区昼间点次达标率上升 0.2 个百分点，夜间点次达标率下降 6.7 个百分点；2 类区昼间点次达标率上升 4.4 个百分点，夜间点次达标率上升 7.0 个百分点；3 类区点次达标率昼间上升 0.2 个百分点，夜间点次达标率下降 3.9 个百分点；4 类区昼间点次达标率上升 3.7 个百分点，夜间点次达标率上升 7.7 个百分点。0 类区昼间、夜间监测点次达标率变化幅度巨大，主要原因是监测点位数量较少。见表 2.6-12、图 2.6-19 和图 2.6-20。

表 2.6-12 2016—2020 年全省功能区监测点次达标率年际变化

| 年度 | 功能区类别 | 0 类 | | 1 类 | | 2 类 | | 3 类 | | 4 类 | | 综合 | |
|---|---|---|---|---|---|---|---|---|---|---|---|---|---|
| | | 昼间 | 夜间 | 昼间 | 夜间 | 昼间 | 夜间 | 昼间 | 夜间 | 昼间 | 夜间 | 昼间 | 夜间 |
| 2016 | 达标率/% | 25 | 0 | 81.3 | 65.6 | 88.2 | 70.8 | 98.6 | 89.6 | 95.0 | 48.1 | 77.6 | 54.8 |
| 2017 | 达标率/% | 25 | 25 | 79.3 | 66.3 | 90.2 | 76.1 | 93.8 | 83.8 | 95.8 | 38.9 | 77.8 | 58.0 |
| 2018 | 达标率/% | 50 | 25 | 76.1 | 64.1 | 81.5 | 71.7 | 96.3 | 82.5 | 95.8 | 41.7 | 79.9 | 57.0 |
| 2019 | 达标率/% | 25 | 25 | 72.8 | 57.6 | 80.4 | 70.7 | 91.3 | 82.5 | 98.6 | 47.2 | 73.6 | 56.6 |
| 2020 | 达标率/% | 50 | 25 | 81.5 | 58.9 | 92.6 | 77.8 | 98.8 | 85.7 | 98.7 | 55.8 | 84.3 | 60.6 |

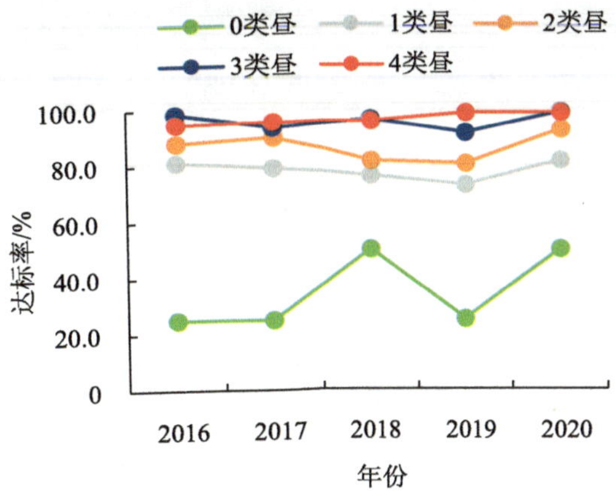


图 2.6-19　2016—2020 年全省城市功能区昼间达标率年际变化

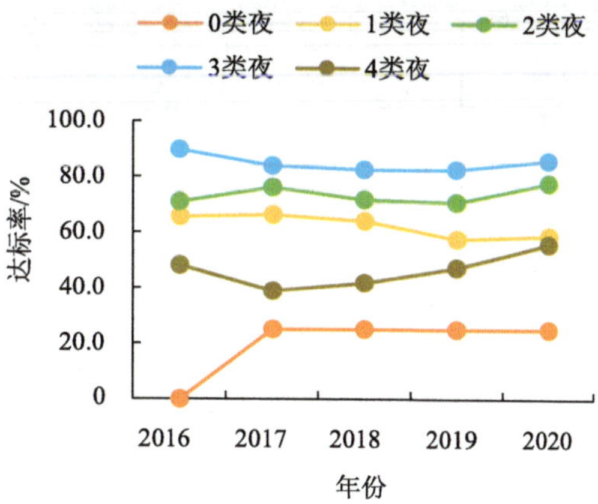


图 2.6-20　2016—2020 年全省城市功能区夜间达标率年际变化

## 2.6.4　“十三五”末与“十二五”末对比分析

### 2.6.4.1　城市区域声环境质量

“十三五”时期以来，河南省城市昼间区域声环境质量呈持续改善的趋势，“十三五”末与“十二五”末相比，全省城市建成区声环境质量等级为一级、二级的城市占比由 2015 年的 72.3%（13 个）增长（加）到 2020 年 77.8%（14 个），质量等级三级及以下的城市占比由 27.8%（5 个）减小（少）到 22.2%（4 个），河南省城市区域噪声平均等效声级相对平稳。见图 2.6-21 和图 2.6-22。

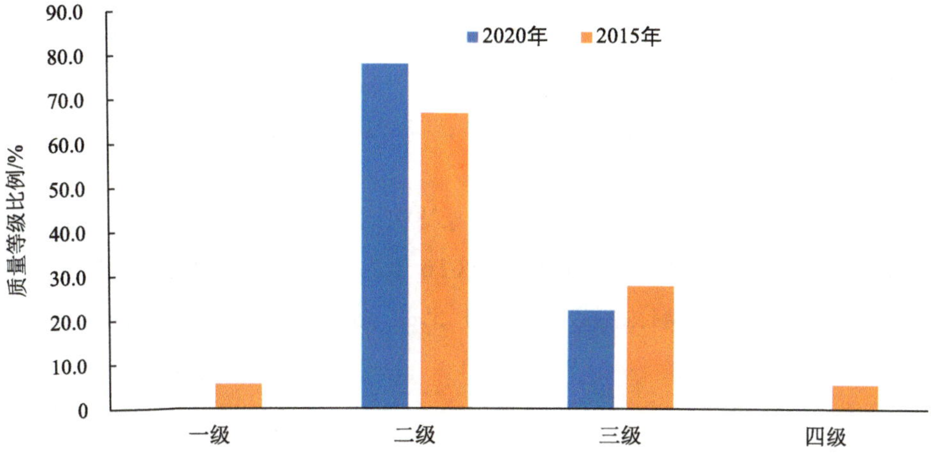


图 2.6-21　全省城市昼间区域声环境质量等级分布年际比较

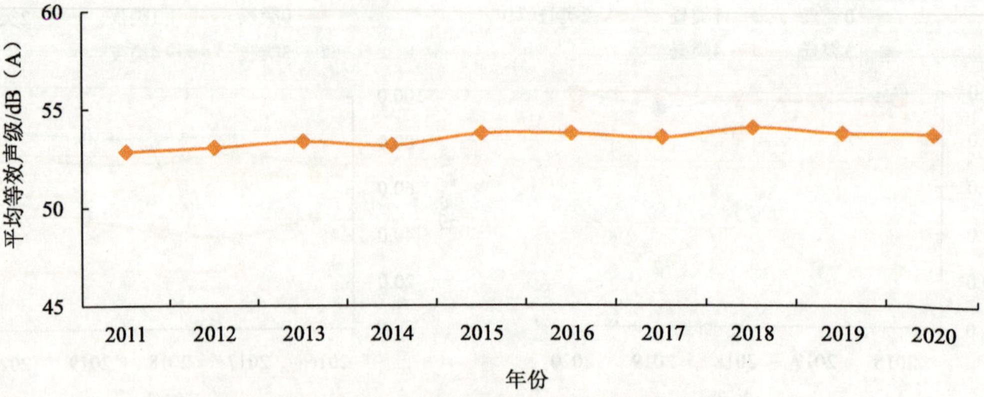


**图 2.6-22　全省城市昼间区域噪声平均等效声级年际变化**

“十三五”（2018 年）城市夜间区域声环境质量与“十二五”（2013 年）相比有所下降，声环境质量为二级的城市比例降低了 11.2 个百分点，三级的城市比例增加了 5.6 个百分点，四级的城市比例增加了 5.6 个百分点。见图 2.6-23。

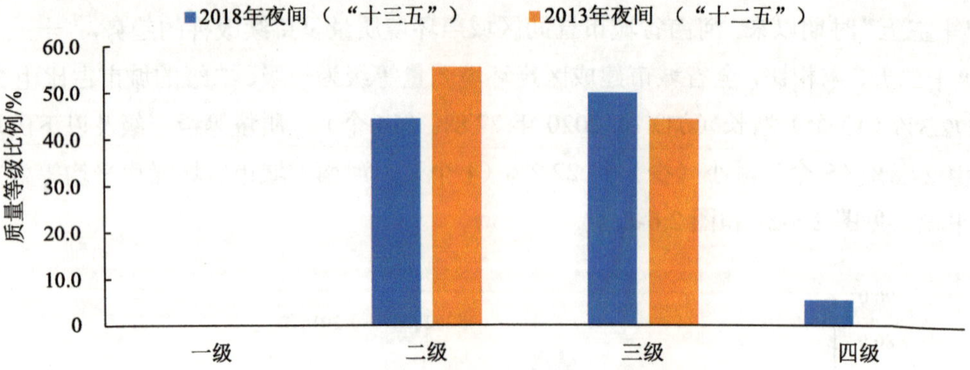


**图 2.6-23　全省城市夜间区域声环境质量等级分布年际比较**

“十三五”末与“十二五”末对比，声源结构比例基本一致，生活噪声影响范围最广并有逐步降低的趋势，2015 年为 54.9%，2016 年为 53.1%，2020 年为 56.9%；交通、工业噪声次之；施工噪声影响范围最小，低于 5%。见表 2.6-13 和图 2.6-24。

表 2.6-13 全省城市城市昼间区域声环境质量年际声源构成

| 声源类型 | 2020年/% | 2019年/% | 2018年/% | 2017年/% | 2016年/% | 2015年/% | 与2019年比/个百分点 | 与2016年比/个百分点 | 与2015年比/个百分点 |
|---|---|---|---|---|---|---|---|---|---|
| 生活噪声 | 56.9 | 54.7 | 58.7 | 50.6 | 53.1 | 54.9 | 2.2 | 3.8 | 2.0 |
| 交通噪声 | 17.7 | 18.7 | 16.1 | 22.8 | 23.1 | 18.5 | −1.0 | −5.4 | −0.8 |
| 工业噪声 | 10.6 | 10.8 | 10.8 | 8.1 | 8.2 | 9.2 | −0.2 | 2.4 | 1.4 |
| 施工噪声 | 3.2 | 2.9 | 2.9 | 2.1 | 2.3 | 1.9 | 0.3 | 0.9 | 1.3 |
| 其他噪声 | 11.7 | 13.0 | 11.3 | 16.4 | 13.3 | 15.5 | −1.3 | −1.6 | −3.8 |

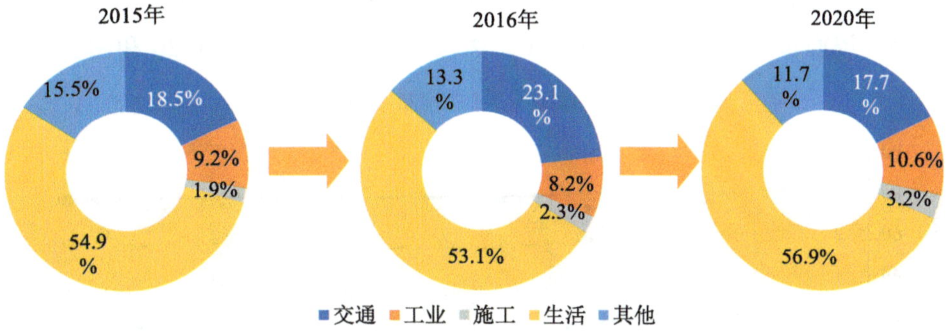


图 2.6-24 声源结构比例变化趋势

#### 2.6.4.2 城市道路交通声环境

相较于“十二五”期间，“十三五”期间全省城市道路交通声环境质量基本稳定，城市昼间区域声环境质量与“十二五”期间趋势相似，呈现先高后低的走势。2020 年与 2015 年相比，全省城市道路交通声环境质量等级为一级的城市占比由 2015 年的 83.3%（15 个）增长（加）到 2020 年 88.9%（16 个），质量等级二级的城市占比由 16.7%（3 个）减小（少）到 11.1%（2 个），三级至五级的城市数量保持稳定，全省城市城市道路交通声环境质量基本稳定，全省城市道路交通的平均声级为 65.5～66.9 dB，见图 2.6-25。

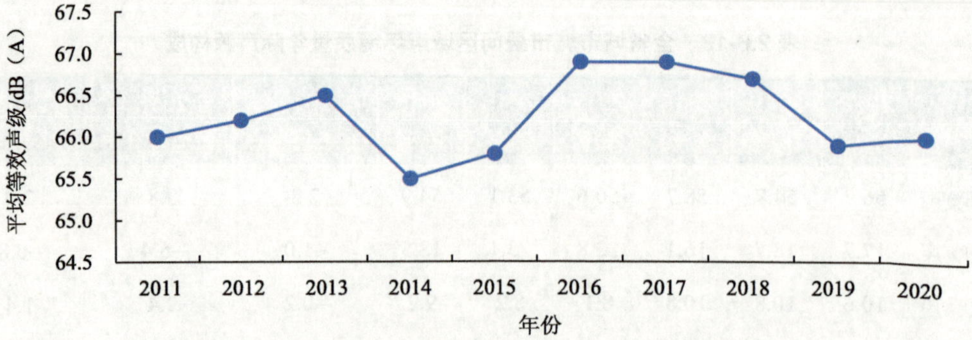


图 2.6-25 全省城市道路交通噪声平均等效声级年际变化

### 2.6.4.3 功能区声环境

“十三五”时期以来，全省城市功能区声环境质量呈持续改善的趋势，“十三五”时期功能区声环境质量与“十二五”时期相比保持平稳态势。见图 2.6-26 和图 2.6-27。

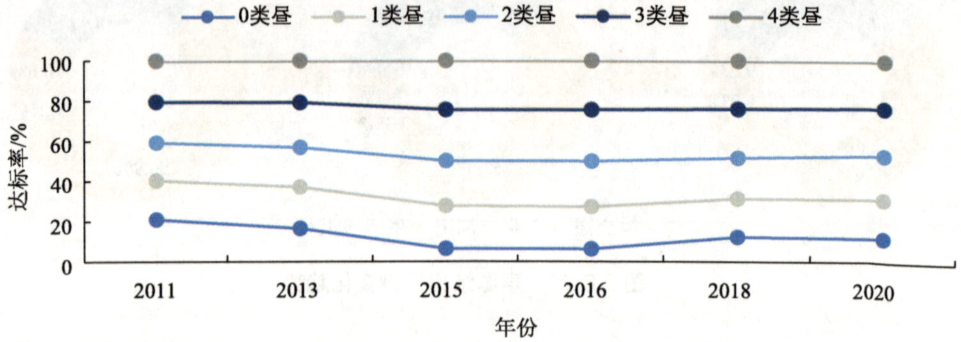


图 2.6-26 “十三五”与“十二五”全省城市功能区昼间达标率年际变化

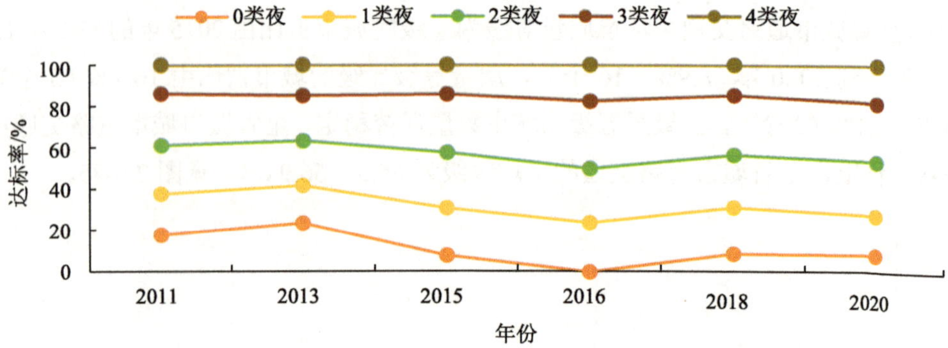


图 2.6-27 “十三五”与“十二五”全省城市功能区夜间达标率年际变化

2020 年与 2015 年相比，全省城市功能区噪声达标率大于 80%的城市增加，由 2015 年的 12 个城市增加到 2020 年的 13 个；全省城市功能区噪声达标率小于 70%的城市减少，由 2015 年的 4 个城市减少到 2020 年的 3 个。见图 2.6-28 和表 2.6-14。

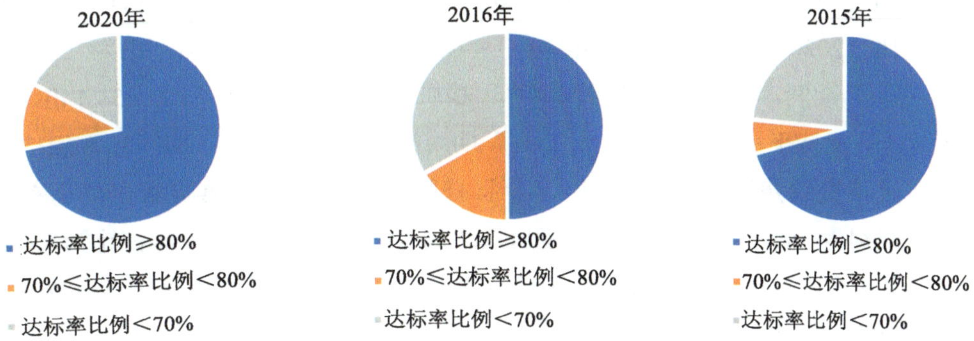


**图 2.6-28 “十三五”与“十二五”全省城市功能区声环境质量比较**

**表 2.6-14 “十三五”时期与“十二五”时期全省城市功能区声环境质量比较**

| 年度 | 达标率范围 | | | | | |
|---|---|---|---|---|---|---|
| | ≥80% | | 70%～80% | | ＜70% | |
| | 城市个数/个 | 占比/% | 城市个数/个 | 占比/% | 城市个数/个 | 占比/% |
| 2011 | 11 | 64.7 | 2 | 11.8 | 4 | 23.5 |
| 2012 | 13 | 76.5 | 2 | 11.8 | 2 | 11.8 |
| 2013 | 15 | 88.2 | 0 | 0 | 2 | 11.8 |
| 2014 | 14 | 82.4 | 2 | 11.8 | 1 | 5.9 |
| 2015 | 12 | 70.6 | 1 | 5.9 | 4 | 23.5 |
| 2016 | 9 | 50.0 | 3 | 16.7 | 6 | 33.3 |
| 2017 | 10 | 55.6 | 3 | 16.7 | 5 | 27.8 |
| 2018 | 10 | 55.6 | 3 | 16.7 | 5 | 27.8 |
| 2019 | 10 | 55.6 | 2 | 11.1 | 6 | 33.3 |
| 2020 | 13 | 72.2 | 2 | 11.1 | 3 | 16.7 |

### 2.6.5 小结与原因分析

#### 2.6.5.1 小结

**城市区域声环境质量** 2020年，全省城市昼间平均等效声级为53.8 dB，质量级别为二级，有14个城市达到二级，占比为77.8%，有4个城市达到三级，占比为22.2%。与2019年相比，2020年全省城市昼间区域声环境质量级别未发生变化，仍为二级。

“十三五”期间，全省城市昼间区域声环境质量昼间平均值为53.7～54.1 dB，城市区域声环境质量保持平稳趋势。与“十二五”期间相比，“十三五”期间基本保持平稳。

**城市道路交通声环境** 2020年，全省昼间道路交通声环境质量平均等效声级为66.0 dB，级别为一级。昼间区域声环境质量达到一级的城市有16个，占比为88.9%；二级的城市有2个，占比为11.1%。与2019年相比，2020年全省城市昼间道路交通声环境质量级别未发生变化，仍为一级。

“十三五”期间，全省城市昼间道路交通噪声强度平均值为65.9～66.9 dB，全省道路交通干线两侧声环境质量得到显著改善。与“十二五”末相比，“十三五”末全省城道路交通声环境质量基本稳定。

**城市功能区声环境** 2020年，全省城市功能区声环境质量昼间、夜间测点达标率分别为84.3%、60.6%。与2019年相比，2020年昼间、夜间测点达标率分别升高10.7个、4.0个百分点。

“十三五”期间，全省城市功能区声环境质量呈持续改善的趋势，“十三五”期间功能区声环境质量与“十二五”期间相比保持平稳态势。

#### 2.6.5.2 原因分析

（1）各类声源成因分析

“十三五”时期以来，河南省城市昼间区域声环境质量呈持续改善的趋势，城市昼间区域监测点位的声源类型比例基本稳定，平均来看，社会生活噪声占比为54.8%，交通噪声占比为19.7%，工业噪声占比为9.7%，建筑施工噪声占比为2.7%，其他占比为13.3%。社会生活噪声所占比最大，交通噪声次之。各类声源成因分析如下：

社会生活噪声源主要是由于河南省人口密度高，部分城市缺乏对流动商贩的科学管理，一些老旧小区在规划方面存在着不科学的情况，以及各类娱乐场所在日常经营的过程中缺乏对噪声管理工作的重视等诸多因素综合造成；交通噪声源成因主要是由于“十三五”期间，河南省汽车保有量的增加导致城市道路的平均车流量持续升高，使交通噪声源成为影响河南省城市声环境质量且影响面积较广的第二噪声源；工业噪声源主要是由工厂中机器工作产生的声音以及大型工业风扇产生的噪声造成；施工噪声源主要是随着城市化进程的加速，各地相继大规模开展房地产、基础设施建设，建筑工地星罗棋布，比邻居住区、建设工期长、施工噪声大等问题，导致建筑施工噪声污染严重。

（2）夜间道路交通噪声较差原因分析

从2018年开展夜间监测情况来看，河南省夜间的城市道路交通噪声形势较昼间更为严峻。这主要是因为随着城市建筑施工工业星棋罗布，夜间施工及大型工程车只能夜间在城区行驶。此外，随着城市居民汽车拥有量大量增加以及城市夜生活的增多，城市道路车流量大幅增多。加上一些老城区老旧小区缺乏停车位，相应的停车设施不健全，导致夜间道路两边停车数量较多，均会导致夜间道路交通噪声随之上升。

（3）“十三五”期间声环境质量显著改善原因分析

①思想重视是根本

全省各级生态环境部门均高度重视，把环境噪声污染防治工作与大气、水、土壤等攻坚工作，一同安排部署、一同推进实施，年初有计划、年中有督导、年底有总结，全面夯实工作责任，特别是压实各级公安机关、城市执法、环境执法、交通管理等部门职责，把环境噪声污染防治工作作为贯彻落实习近平生态文明思想、促进社会和谐的实际行动和具体举措，摆在突出重要位置抓实抓好，努力为人民群众创造良好的生活和学习环境。

②严格执法是关键

认真贯彻执行《环境噪声污染防治法》《治安管理处罚法》《道路交通安全法》《110接处警工作规则》等有关规定，相关部门切实担负起法定职责，进一步加大噪声污染监管力度。对群众举报投诉的噪声扰民行为，及时接警、派警、处警，对在城市市区噪声敏感建筑集中区使用高音喇叭，在露天公共场所使用音响器材且音量过大以及使用家用电器乐器、室内装修或高音喇叭叫卖等制造噪声干扰正常生活的违法行为，严格依法制止查处。

③机制建设是基础

建立健全举报投诉机制是做好环境噪声污染防治的基础。严格落实“12369”举电话24小时值班制度，省、市、县级生态环境保护部门联动、转递归口管理制度，限时办结制度，办理结果限时反馈制度，案件受理和办理情况跟踪问效制度，切实解决噪声污染和扰民问题。对居民噪声污染投诉，包括“12369”环保热线投诉、来信、来访、网络投诉等，生态环境保护部门实行现场勘查，现场监测，发现问题要求限期整改，对工程量大的项目协调纳入政府年度限期治理项目或实施资金支持。借助“12369”环保热线、有奖举报、“110”联动网民诉求、数字化城市管理系统、“110”城市应急联动终端和“12369”环保微信举报平台，形成各相关部门通力合作、密切配合、高效联动的社会噪声管理体系，有效防止和制止城市噪声污染。

④加大宣传是保障

充分利用“110宣传月”“警营开放日”以及广播电台、电视台、报纸、互联网、微信公众号等媒体，会同政府有关职能部门开展宣传教育工作，积极营造全社会关注，共同维护良好生活学习环境的社会氛围。同时，紧密结合公安机关“一格（村）一警”网格化管理，有针对性地深入城市居民小区、农村居民聚集区、商业网点、歌舞娱乐场所以及学校、医院周边开展宣传教育，争取公众支持，自觉降低、减少噪声污染。

## 2.7 生态环境质量①

### 2.7.1 现状评价

#### 2.7.1.1 生态质量

（1）省域

2019年，河南省生态环境状况指数（EI）为62.6，生态环境状况等级为“良”。以全省18个省辖市为评价单元，全省生态质量分为3个等级，即“优”“良”和“一般”，没有出现评价体系中所指的“较差”类和“差”类，根据《生态环境状况评价技术规范》（HJ 192—2015）对全省及18个省辖市生态质量进行评价，结果见表2.7-1。

表2.7-1 2019年全省生态质量评价结果

| 城市名称 | 生物丰度指数 | 植被覆盖指数 | 水网密度指数 | 土地胁迫指数 | 污染负荷指数 | EI | 等级 |
|---|---|---|---|---|---|---|---|
| 郑州 | 31.1 | 79.4 | 23.3 | 16.5 | 0.9 | 56.7 | 良 |
| 开封 | 21.6 | 79.5 | 23.2 | 9.1 | 0.1 | 54.6 | 一般 |
| 洛阳 | 60.1 | 89.6 | 22.0 | 9.8 | 0.3 | 70.2 | 良 |
| 平顶山 | 40.4 | 82.9 | 28.2 | 8.8 | 0.5 | 62.7 | 良 |
| 安阳 | 34.6 | 83.2 | 16.2 | 8.6 | 1.7 | 58.9 | 良 |
| 鹤壁 | 33.5 | 82.9 | 20.1 | 9.6 | 0.7 | 59.0 | 良 |
| 新乡 | 28.5 | 81.7 | 23.0 | 9.2 | 0.4 | 57.4 | 良 |
| 焦作 | 33.9 | 82.2 | 22.5 | 11.5 | 0.6 | 59.0 | 良 |
| 濮阳 | 19.6 | 80.5 | 22.7 | 11.1 | 0.2 | 53.7 | 一般 |

① 由于编写报告时2020年河南省环境统计、水资源和社会经济等数据尚未正式公布，因此本章现状评价选用2019年数据。

| 城市名称 | 生物丰度指数 | 植被覆盖指数 | 水网密度指数 | 土地胁迫指数 | 污染负荷指数 | EI | 等级 |
|---|---|---|---|---|---|---|---|
| 许昌 | 24.0 | 82.6 | 21.7 | 10.7 | 0.8 | 55.6 | 良 |
| 漯河 | 20.0 | 83.5 | 28.7 | 9.6 | 0.2 | 55.7 | 良 |
| 三门峡 | 74.1 | 91.6 | 21.4 | 7.6 | 0.2 | 75.9 | 优 |
| 南阳 | 49.8 | 86.9 | 29.5 | 6.0 | 0.3 | 67.7 | 良 |
| 商丘 | 21.4 | 79.1 | 25.4 | 9.9 | 0.3 | 54.6 | 一般 |
| 信阳 | 44.4 | 90.9 | 37.5 | 6.1 | 0.2 | 68.0 | 良 |
| 周口 | 20.8 | 82.4 | 29.8 | 8.9 | 0.1 | 56.0 | 良 |
| 驻马店 | 28.1 | 84.4 | 30.1 | 7.3 | 0.2 | 59.3 | 良 |
| 济源 | 55.2 | 87.0 | 27.2 | 9.5 | 3.4 | 68.4 | 良 |
| 全省 | 39.0 | 85.1 | 26.8 | 8.6 | 0.4 | 62.6 | 良 |

2019 年，全省 18 个省辖市 EI 为 53.7～75.9，等级分成 3 类，其中三门峡市生态环境状况等级为“优”，占全省面积的 6.0%；洛阳、济源、信阳、南阳、平顶山和驻马店等 14 个省辖市等级为“良”，占全省面积的 81.2%；开封、商丘和濮阳 3 个省辖市等级为“一般”，占全省面积的 12.8%。2019 年全省 18 个省辖市生态环境状况指数排序见图 2.7-1。

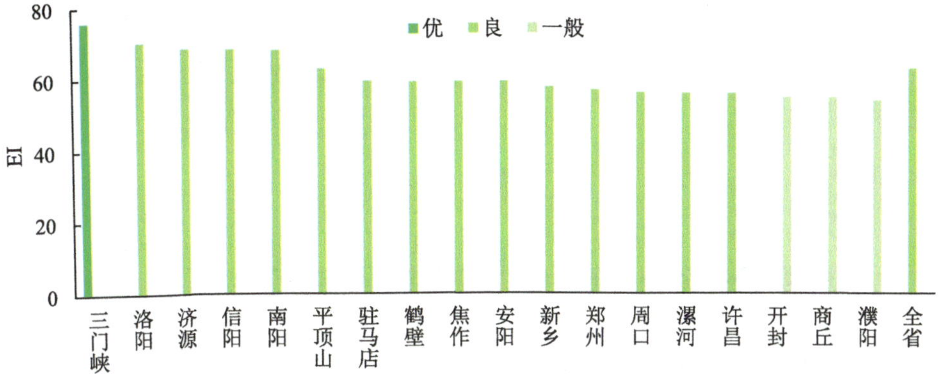


图 2.7-1 2019 年全省 18 个省辖市生态环境状况评价结果

（2）市域

①空间分布特征

2019 年，河南省 18 个省辖市生态环境状况等级空间分布状况见图 2.7-2。生态环境状况等级为“优”和“良”的城市主要分布在豫北、豫西、豫南的山地丘陵区和部分平原地区，分别占全省总面积的6.0%、81.2%；等级为“一般”的城市主要分布在黄淮海平原地区，约占全省总面积的12.8%。

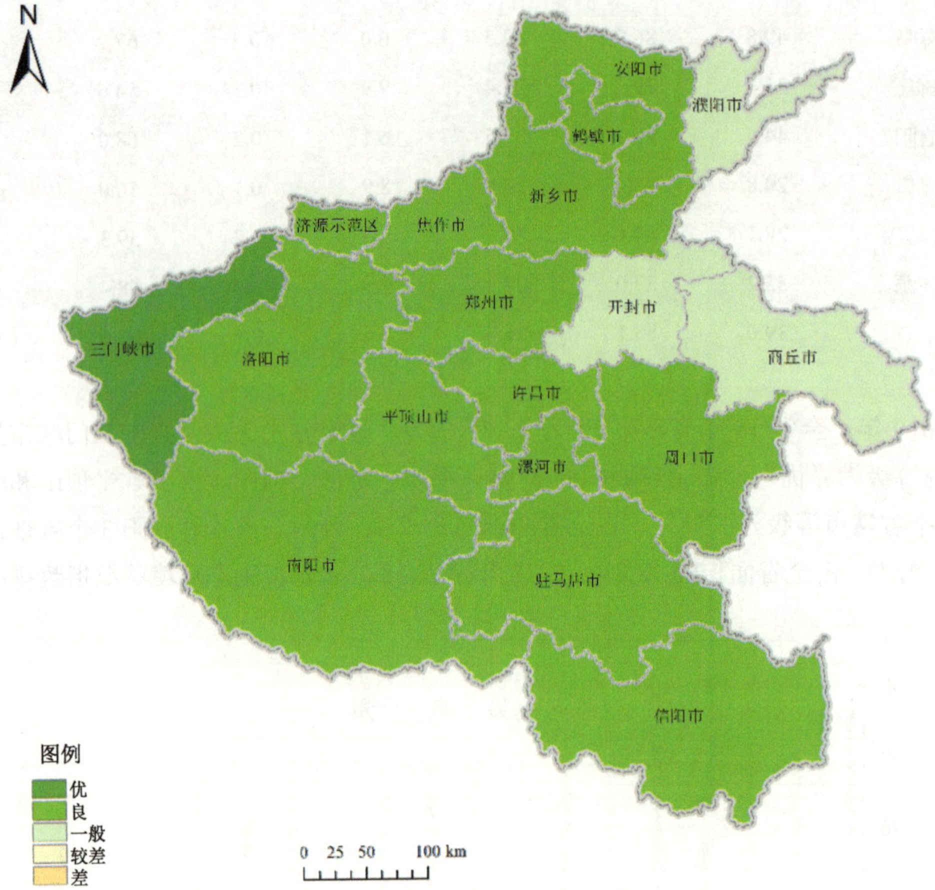


**图2.7-2 2019年全省18个省辖市生态环境状况等级空间分布**

②生态环境状况类型的人口百分比

根据生态环境状况分类级别，计算出河南省各生态环境质量类型的人口百分比。生态环境质量等级为“优”“良”和“一般”的城市人口分别占全省总人口的2.1%、81.3%和16.6%。

③生态环境状况类型的国内生产总值比

根据生态环境状况分类级别，计算出河南省各生态环境质量类型的GDP比。生态环境质量等级为“优”“良”和“一般”的城市 GDP 分别占全省 GDP 的 2.7%、84.7%和 12.6%。

从空间、人口、经济三个方面来看，生态环境质量等级为“良”和“一般”的城市与等级为“优”的城市相比，人口相对较密集，经济所占的比重较大。2019 年生态环境质量等级为“优”的城市经济密度 1 456.5 万元/km²，人口密度 233 人/km²；等级为“良”的城市经济密度 3 422.7 万元/km²，人口密度 677 人/km²；等级为“一般”的城市经济密度 3 468.1 万元/km²，人口密度 940 人/km²。等级为“一般”的城市每平方千米比等级为“优”的城市多 707 人，经济密度多 2 011.6 万元，等级为“一般”的城市经济密度、人口密度分别是等级为“优”的城市的 2.4 倍、4.0 倍。

（3）县域

2019 年，河南省县域 EI 为 43.0～84.9，数值跨度比较大，可见生态环境质量状况空间分异比较明显。栾川县、西峡县、卢氏县、嵩县、南召县和新县 6 个县域生态环境状况等级为“优”，空间分布比较集中，主要分布在人为扰动较少，生物、植被类型保存较完整的伏牛山、大别山区，河流、湖泊分布较密集；洛宁县、内乡县、商城县等 97 个县域生态环境质量等级为“良”，主要分布在伏牛山、大别山区，水资源丰富，植被良好；孟津县、伊川县、武陟县等 20 个县域生态环境质量等级为“一般”，主要分布在河南省中东部平原地区，人口较密集。在 18 个省辖市市辖区中，信阳市辖区、三门峡市辖区、济源示范区城区、鹤壁市辖区、漯河市辖区、南阳市辖区、平顶山市辖区和商丘市辖区的生态环境质量等级为“良”，其他 10 个市辖区的等级均为“一般”。以河南省县域［18 个省辖市市区、105 个县（市）］为评价单元进行生态环境状况评价。结果显示：全省县域生态环境质量等级共分为 3 个，即“优”“良”和“一般”，数量分别为 6 个、97 个和 20 个，依次占省域面积的 10.3%、80.8%和 8.9%。2019 年，河南省县域生态环境质量等级中未出现评价体系中所指的“较差”类和“差”类。见图 2.7-3 和图 2.7-4。

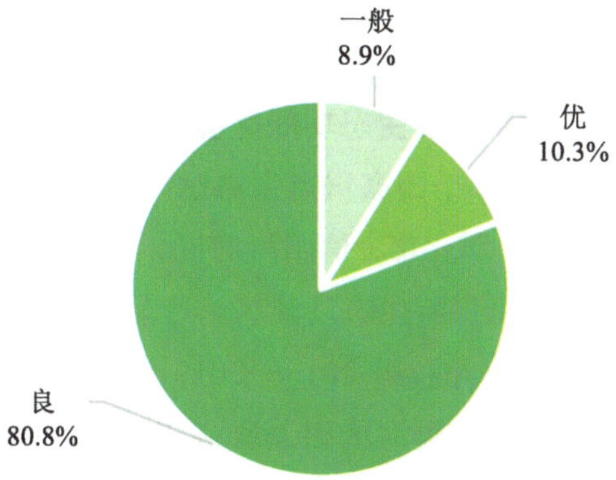


图2.7-3　2019年全省县域各生态环境状况类型的面积比

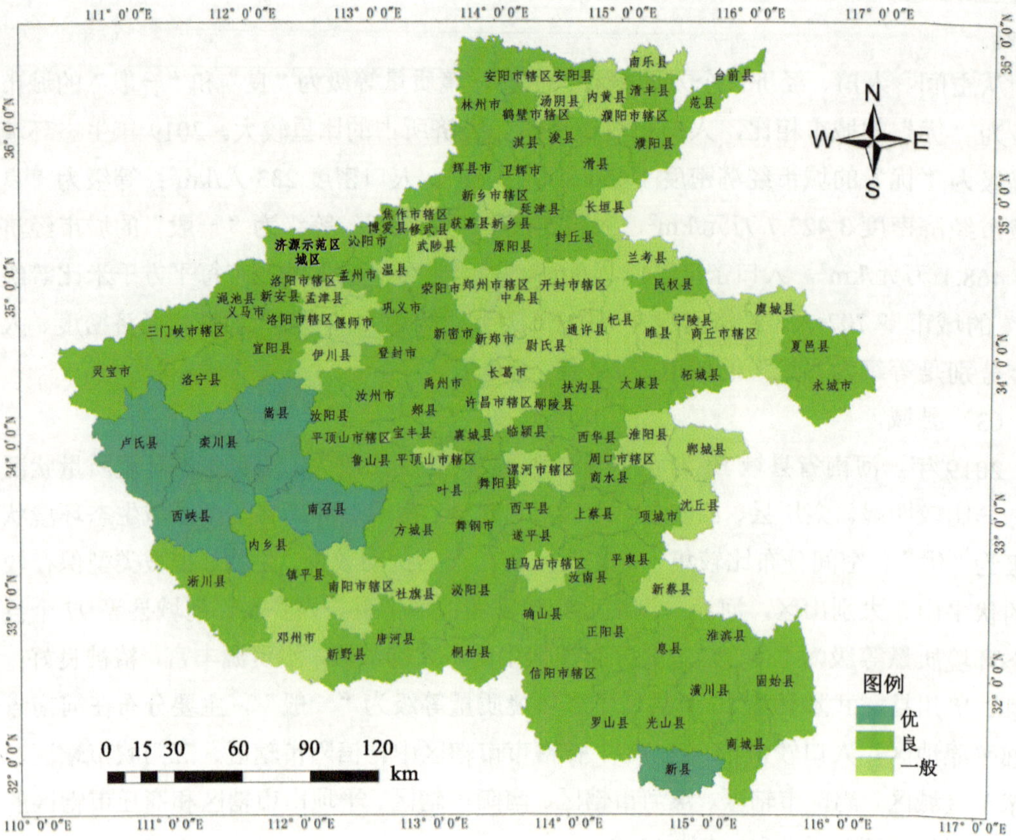


图 2.7-4 2019 年全省县域生态环境质量等级分布

### 2.7.1.2 国家重点生态功能区县域生态质量

河南省 12 个国家重点生态功能区县域中，栾川县、卢氏县、西峡县、内乡县、淅川县、桐柏县、邓州市、信阳浉河区、罗山县和光山县属于水源涵养生态功能区，新县和商城县属于水土保持生态功能区。目前尚未掌握 2020 年河南省环境统计、水资源和社会经济等数据，因此利用 2015—2019 年数据对“十三五”期间河南省生态功能状况进行评价。未掌握信阳浉河区相关资料和数据，历年均未对其进行评价。

2019 年，全省 11 个生态功能区（不含信阳浉河区，下同）县域生态功能状况指数（FEI）为 37.9～80.5，河南省国家重点生态功能区县域总体上生态质量较好。全省 4 个水土保持生态功能区县域新县、商城县、光山县和罗山县，生态功能状况等级均为“优”，7 个水源涵养生态功能区县域生态功能状况等级为“良”的有栾川县、卢氏县、西峡县、内乡县和淅川县，桐柏县为“一般”，邓州市为“差”。河南省水土保持生态功能区县域生态质量“优”的个数比例为 100%，水源涵养生态功能功能状况等级为“良”“一般”和“差”的县域个数比例分别为 71.4%、14.3%和 14.3%。根据《生态环境状况评价技术规范》（HJ 192—2015）对全省 11 个国家重点生态功能区县域生态功能状况进行评价，结果见表 2.7-2 和图 2.7-5。

**表 2.7-2 2019 年生态功能区生态功能状况评价结果**

| 县域名称 | 生态功能指数 | 生态结构指数 | 生态胁迫指数 | 污染负荷指数 | 环境质量指数 | FEI | 生态功能状况等级 |
|---|---|---|---|---|---|---|---|
| 栾川县 | 23.1 | 13.9 | 13.0 | 64.5 | 33.9 | 69.3 | 良 |
| 卢氏县 | 23.3 | 13.8 | 12.6 | 64.5 | 33.3 | 68.9 | 良 |
| 西峡县 | 23.2 | 13.8 | 12.7 | 63.9 | 32.2 | 68.2 | 良 |
| 内乡县 | 15.9 | 10.4 | 9.0 | 64.2 | 33.0 | 60.1 | 良 |
| 淅川县 | 13.2 | 14.2 | 8.7 | 64.4 | 32.3 | 60.3 | 良 |
| 桐柏县 | 12.9 | 9.8 | 7.9 | 64.8 | 19.8 | 52.2 | 一般 |
| 邓州市 | 0.8 | 1.9 | 0.4 | 64.0 | 26.1 | 37.9 | 差 |
| 新县 | 22.6 | 28.7 | 12.1 | 64.4 | 32.3 | 76.1 | 优 |
| 商城县 | 18.5 | 31.2 | 13.5 | 64.2 | 32.5 | 74.2 | 优 |
| 光山县 | 26.1 | 22.9 | 4.8 | 64.1 | 32.6 | 79.0 | 优 |
| 罗山县 | 23.2 | 29.4 | 8.0 | 64.8 | 35.0 | 80.5 | 优 |

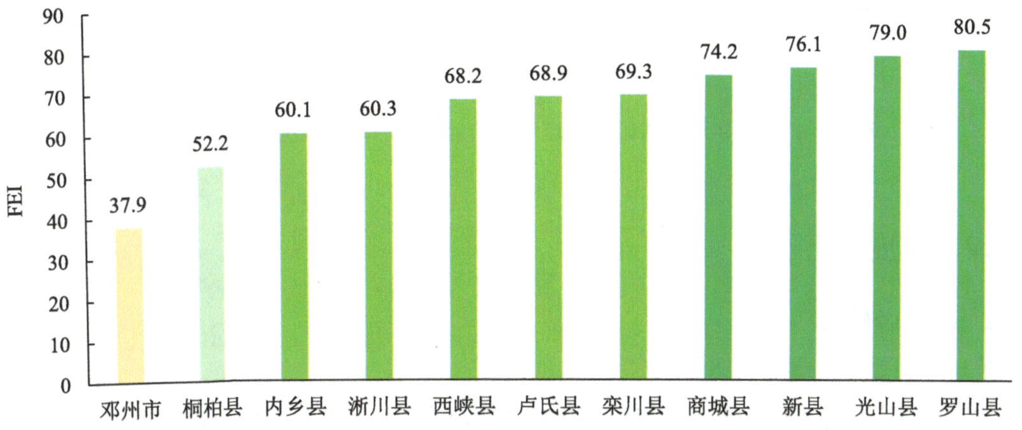


**图 2.7-5 2019 年全省生态功能区生态功能状况评价结果**

在2019年河南省国家重点生态功能区中，水土保持生态功能区生态功能状况等级均为“优”，水源涵养生态功能区状况等级比较复杂，等级为“良”的县域主要分布在伏牛山区，等级为“一般”的桐柏县位于桐柏山区，等级为“差”的邓州市位于河南省西南部南襄盆地中部偏西地区。见图2.7-6。

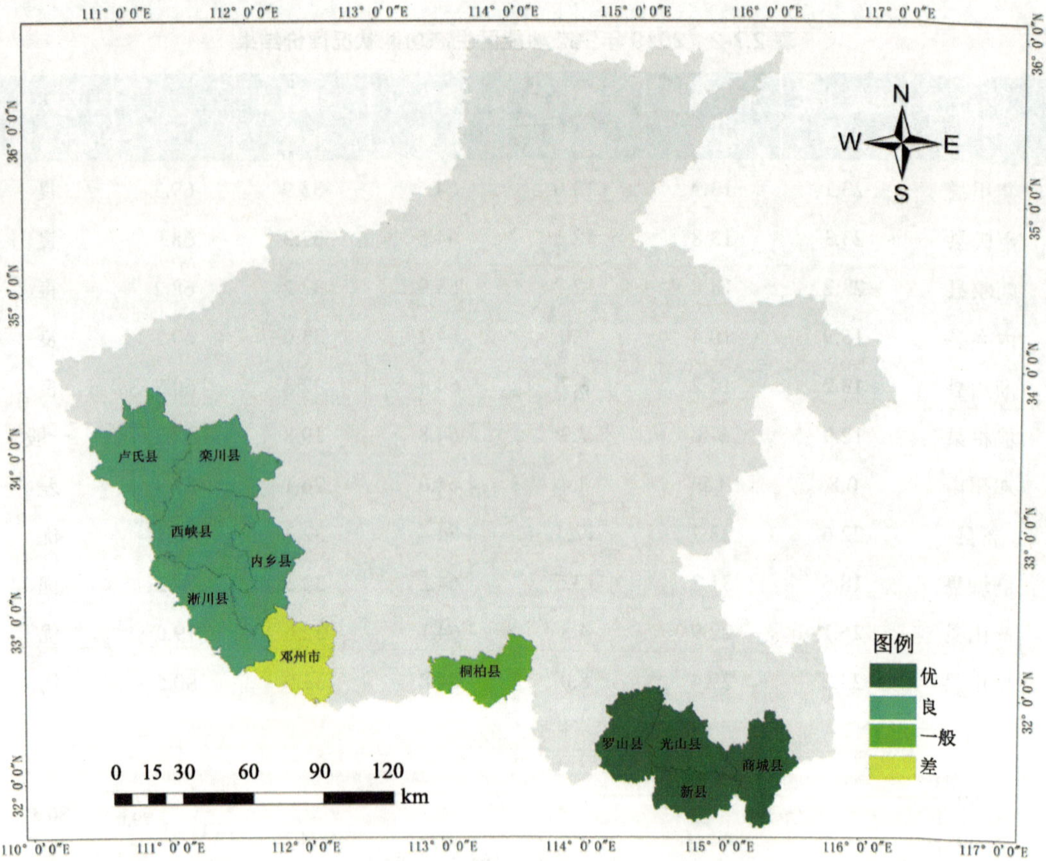


图2.7-6 2019年全省国家重点生态功能区生态功能状况等级空间分布

## 2.7.2 年度对比

### 2.7.2.1 生态质量

（1）省辖市生态环境状况变化

全省EI从2018年的62.9变化为2019年的62.6，下降了0.3，无明显变化。2019年与2018年18个省辖市生态环境状况指数对比情况见图2.7-7和表2.7-3。

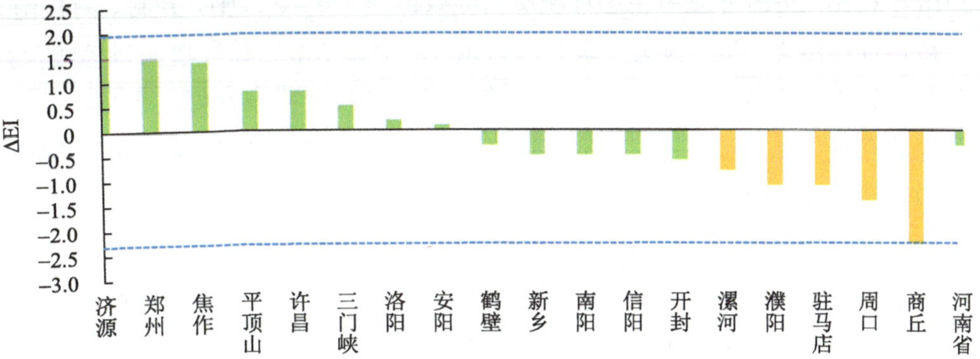


图 2.7-7 2019 年与 2018 年生态环境状况指数变化幅度

表 2.7-3 2019 年与 2018 年生态环境状况指数对比

| 城市名称 | 2019 年 | | 2018 年 | | ΔEI | 变化幅度 |
|---|---|---|---|---|---|---|
| | EI | 等级 | EI | 等级 | | |
| 郑州 | 56.7 | 良 | 55.2 | 良 | 1.5 | 略微变化 |
| 开封 | 54.6 | 一般 | 55.2 | 良 | −0.6 | 无明显变化 |
| 洛阳 | 70.2 | 良 | 70.0 | 良 | 0.2 | 无明显变化 |
| 平顶山 | 62.7 | 良 | 62.0 | 良 | 0.8 | 无明显变化 |
| 安阳 | 58.9 | 良 | 58.8 | 良 | 0.1 | 无明显变化 |
| 鹤壁 | 59.0 | 良 | 59.3 | 良 | −0.3 | 无明显变化 |
| 新乡 | 57.4 | 良 | 57.9 | 良 | −0.5 | 无明显变化 |
| 焦作 | 59.0 | 良 | 57.6 | 良 | 1.4 | 略微变化 |
| 濮阳 | 53.7 | 一般 | 54.8 | 一般 | −1.1 | 略微变化 |
| 许昌 | 55.6 | 良 | 54.8 | 一般 | 0.8 | 无明显变化 |
| 漯河 | 55.7 | 良 | 56.5 | 良 | −0.8 | 无明显变化 |
| 三门峡 | 75.9 | 优 | 75.3 | 优 | 0.5 | 无明显变化 |
| 南阳 | 67.7 | 良 | 68.2 | 良 | −0.5 | 无明显变化 |
| 商丘 | 54.6 | 一般 | 56.9 | 良 | −2.3 | 略微变化 |
| 信阳 | 68.0 | 良 | 68.4 | 良 | −0.5 | 无明显变化 |
| 周口 | 56.0 | 良 | 57.4 | 良 | −1.4 | 略微变化 |
| 驻马店 | 59.3 | 良 | 60.4 | 良 | −1.1 | 略微变化 |
| 济源 | 68.4 | 良 | 66.4 | 良 | 2.0 | 略微变化 |
| 全省 | 62.6 | 良 | 62.9 | 良 | −0.3 | 无明显变化 |

与2018年相比，2019年全省生态环境质量等级仍为“良”。其中，开封、商丘由“良“变为”一般，许昌由“一般”变为“良”，其余15个省辖市生态环境质量等级保持不变。18个省辖市EI变化幅度为–2.3～2.0。济源、郑州和焦作略微变好，平顶山、许昌、三门峡等11个省辖市无明显变化，濮阳、驻马店、周口和商丘略微变差，商丘和周口下降最多，分别下降2.3和1.4，济源上升最多，为2.0。

2019年与2018年河南省18个省辖市生物丰度指数、植被覆盖指数、水网密度指数、土地胁迫指数、污染负荷指数比对情况见表2.7-4。由分析可知，生物丰度指数变化幅度为–2.8～1.4；植被覆盖指数变化幅度为–3.7～5.1；水网密度指数变化幅度为–8.4～1.6；土地胁迫指数变化幅度为–12.3～1.5；污染负荷指数变化幅度为–1.0～0。从这5个指数的变化态势来看，各省辖市生物丰度指数、植被覆盖指数、水网密度指数、污染负荷指数变化幅度不大，土地胁迫指数变化较大。植被覆盖指数采用NASA网站上直接下载的MOD13Q1和MYD13Q1的5—9月共计20景分辨率为250 m的NDVI数据，借助ENVI和ARCGIS 10.2，对影像进行裁剪，并根据NDVI=（NIR–R）/（NIR+R）进行波段计算和统计得出，同各省辖市农作物种植类型、植被覆盖关系较大。

表2.7-4　2019年与2018年省辖市生态环境状况各指数变化对比

| 城市名称 | 生物丰度指数 | 植被覆盖指数 | 水网密度指数 | 土地胁迫指数 | 污染负荷指数 |
|---|---|---|---|---|---|
| 郑州 | 1.0 | 5.1 | 0 | 1.5 | –0.8 |
| 开封 | –1.5 | –1.4 | 1.6 | 0 | 0 |
| 洛阳 | –0.2 | 0.8 | –0.4 | –1.1 | –0.1 |
| 平顶山 | 1.0 | 0.1 | –1.5 | –4.0 | –0.4 |
| 安阳 | –1.4 | 2.7 | –2.6 | –1.6 | –0.4 |
| 鹤壁 | –1.8 | 2.5 | –1.5 | 0.4 | –0.1 |
| 新乡 | –1.7 | 0.3 | –1.4 | –1.5 | –0.2 |
| 焦作 | 1.1 | 5.0 | –2.4 | –0.7 | –0.2 |
| 濮阳 | –2.8 | 0 | –2.8 | –1.8 | 0 |
| 许昌 | 1.4 | 1.7 | –0.4 | 0.2 | –0.1 |
| 漯河 | –1.1 | –0.8 | –1.2 | 0.2 | –0.1 |
| 三门峡 | 0.5 | 0.6 | –0.5 | –1.9 | –0.1 |
| 南阳 | –0.6 | 0.1 | –4.8 | –2.5 | 0 |
| 商丘 | –2.7 | –3.7 | –2.4 | 0.5 | 0 |

| 城市名称 | 生物丰度指数 | 植被覆盖指数 | 水网密度指数 | 土地胁迫指数 | 污染负荷指数 |
|---|---|---|---|---|---|
| 信阳 | −1.6 | 4.0 | −6.5 | −0.5 | −0.1 |
| 周口 | −1.1 | −1.7 | −3.3 | 0.3 | 0 |
| 驻马店 | −1.0 | 1.9 | −8.4 | −0.6 | 0 |
| 济源 | 0.4 | 0.7 | −2.0 | −12.3 | −1.0 |
| 全省 | −0.8 | 0.9 | −3.1 | −1.1 | −0.1 |

（2）县域生态环境状况变化

对 18 个省辖市城区、105 个县（市）进行生态环境状况评价，与 2018 年相比，2019 年生态环境状况级别县域所占省域面积比例有所变化。2019 年和 2018 年河南省县域生态环境状况等级为 3 类，即“优”“良”和“一般”，2019 年生态环境状况等级为“优”的县域面积占全省面积的 10.3%，比 2018 年下降 1.3%，2019 年生态环境状况等级为“良”的县域面积占全省面积的 80.8%，比 2018 年增加 2.8%，2019 年生态环境状况等级为“一般”的县域面积占全省面积的 8.9%，比 2018 年下降 1.5%。

从县域 EI 年际变化上看，全省 18 个省辖市城区、105 个县（市）2019 年生态环境状况与 2018 年生态环境状况相比均保持稳定。见图 2.7-8。

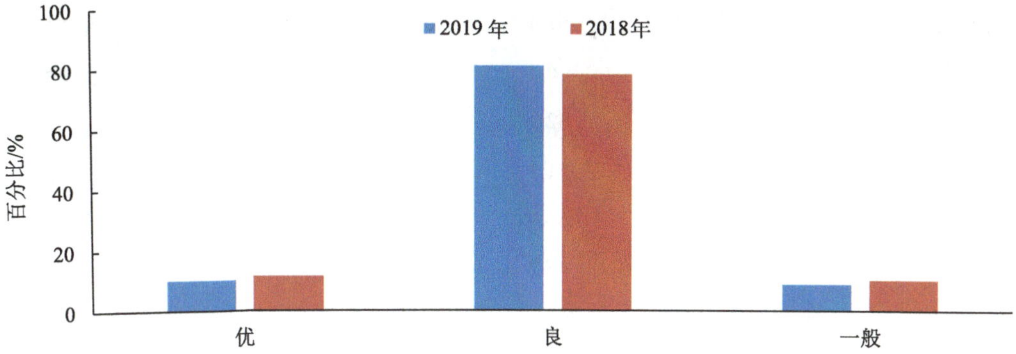


图 2.7-8 2019 年与 2018 年不同生态环境状况级别县域面积比例变化

### 2.7.2.2 国家重点生态功能区县域生态质量

11 个国家重点生态功能区县域 FEI 总体呈增长趋势，变化范围为 0.7～17.6，光山县和罗山县增长最多，为 17.6，淅川县增长最少，为 0.7。光山县、罗山县、新县、内乡县、栾川县、卢氏县、邓州市、西峡县、桐柏县和商城县属于显著变好；淅川县属无明显变化。2018 年与 2019 年 11 个国家重点生态功能区县域生态功能状况指数对比情况见图 2.7-9 和表 2.7-5。

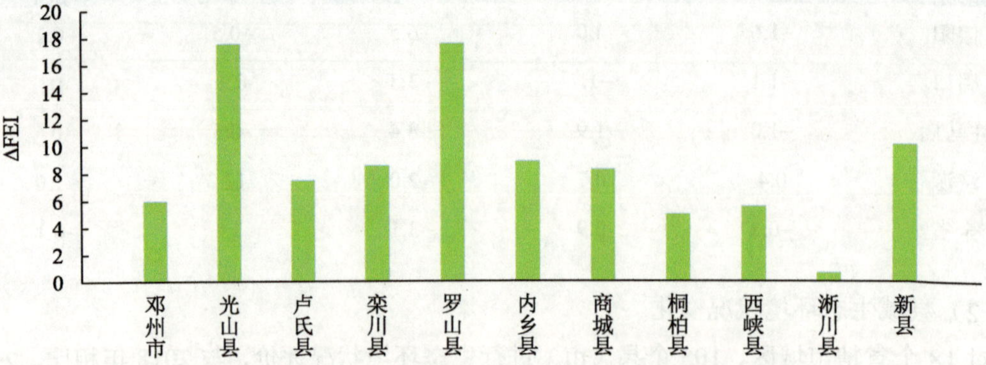


图 2.7-9 2019 年与 2018 年生态功能状况指数变化幅度

表 2.7-5 2019 年与 2018 年生态功能区生态功能状况指数对比

| 县域名称 | 2019 年 | | 2018 年 | | ΔFEI | 变化幅度 |
|---|---|---|---|---|---|---|
| | FEI | 等级 | FEI | 等级 | | |
| 邓州市 | 37.9 | 差 | 31.9 | 差 | 6.0 | 显著变好 |
| 光山县 | 79.0 | 优 | 61.4 | 良 | 17.6 | 显著变好 |
| 卢氏县 | 68.9 | 良 | 61.4 | 良 | 7.5 | 显著变好 |
| 栾川县 | 69.3 | 良 | 60.7 | 良 | 8.6 | 显著变好 |
| 罗山县 | 80.5 | 优 | 62.9 | 良 | 17.6 | 显著变好 |
| 内乡县 | 60.1 | 良 | 51.2 | 一般 | 8.9 | 显著变好 |
| 商城县 | 74.2 | 优 | 65.9 | 良 | 8.3 | 显著变好 |
| 桐柏县 | 52.2 | 一般 | 47.2 | 较差 | 5.0 | 显著变好 |
| 西峡县 | 68.2 | 良 | 62.6 | 良 | 5.6 | 显著变好 |
| 淅川县 | 60.3 | 良 | 59.6 | 一般 | 0.7 | 无明显变化 |
| 新县 | 76.1 | 优 | 65.9 | 良 | 10.2 | 显著变好 |

## 2.7.3 “十三五”时期变化趋势分析

### 2.7.3.1 生态环境状况指数

根据 2015—2019 年河南省 18 个省辖市 EI 的变化情况，并依据生态环境状况变化幅度分类标准划分等级，见表 2.7-6。

表 2.7-6 2015—2019 年全省生态环境状况评价

| 城市名称 | 2015 年 | | 2016 年 | | 2017 年 | | 2018 年 | | 2019 年 | |
|---|---|---|---|---|---|---|---|---|---|---|
| | EI | 等级 | EI | 等级 | EI | 等级 | EI | 等级 | EI | 等级 |
| 郑州 | 54.4 | 一般 | 54.7 | 一般 | 55.2 | 良 | 55.2 | 良 | 56.7 | 良 |
| 开封 | 55.5 | 良 | 53.7 | 一般 | 55.8 | 良 | 55.2 | 良 | 54.6 | 一般 |
| 洛阳 | 70.3 | 良 | 70.3 | 良 | 69.5 | 良 | 70.0 | 良 | 70.2 | 良 |
| 平顶山 | 61.9 | 良 | 61.7 | 良 | 62.0 | 良 | 62.0 | 良 | 62.7 | 良 |
| 安阳 | 58.0 | 良 | 58.6 | 良 | 59.5 | 良 | 58.8 | 良 | 58.9 | 良 |
| 鹤壁 | 57.8 | 良 | 58.3 | 良 | 60.2 | 良 | 59.3 | 良 | 59.0 | 良 |
| 新乡 | 58.5 | 良 | 57.6 | 良 | 58.7 | 良 | 57.9 | 良 | 57.4 | 良 |
| 焦作 | 57.4 | 良 | 57.7 | 良 | 57.9 | 良 | 57.6 | 良 | 59.0 | 良 |
| 濮阳 | 54.3 | 一般 | 53.1 | 一般 | 55.5 | 良 | 54.8 | 一般 | 53.7 | 一般 |
| 许昌 | 55.6 | 良 | 54.1 | 一般 | 55.3 | 良 | 54.8 | 一般 | 55.6 | 良 |
| 漯河 | 56.9 | 良 | 55.3 | 良 | 57.0 | 良 | 56.5 | 良 | 55.7 | 良 |
| 三门峡 | 70.9 | 良 | 70.5 | 良 | 75.0 | 优 | 75.3 | 优 | 75.9 | 优 |
| 南阳 | 64.4 | 良 | 64.3 | 良 | 68.6 | 良 | 68.2 | 良 | 67.7 | 良 |
| 商丘 | 55.9 | 良 | 53.3 | 一般 | 57.9 | 良 | 56.9 | 良 | 54.6 | 一般 |
| 信阳 | 68.9 | 良 | 69.8 | 良 | 70.2 | 良 | 68.4 | 良 | 68.0 | 良 |
| 周口 | 57.0 | 良 | 55.0 | 良 | 58.2 | 良 | 57.4 | 良 | 56.0 | 良 |
| 驻马店 | 59.6 | 良 | 59.1 | 良 | 61.5 | 良 | 60.4 | 良 | 59.3 | 良 |
| 济源 | 61.8 | 良 | 62.0 | 良 | 66.3 | 良 | 66.4 | 良 | 68.4 | 良 |
| 全省 | 61.9 | 良 | 61.4 | 良 | 63.5 | 良 | 62.9 | 良 | 62.6 | 良 |

“十三五”期间，全省 EI 略有升高，生态环境状况等级没有发生变化，均为“良”。与 2016 年相比，2019 年全省 18 个省辖市的 EI 中 15 个升高、3 个降低。其中，三门峡生态环境状况等级由“良”变为“优”，郑州和许昌生态状况等级由“一般”变为“良”，其他 15 个省辖市的生态环境状况等级均未发生变化。见图 2.7-10 和图 2.7-11。

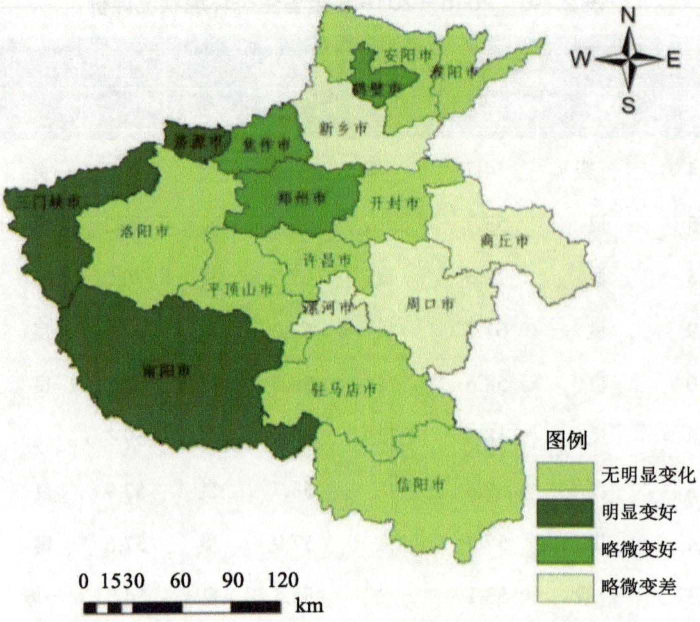


图 2.7-10　2015—2019 年生态环境状况变化幅度分级空间分布

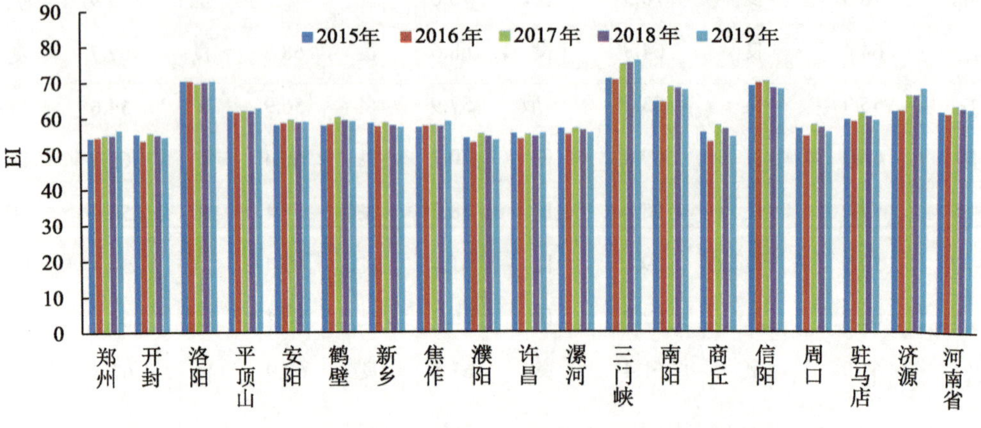


图 2.7-11　2015—2019 年全省 18 个省辖市生态环境状况指数变化情况

#### 2.7.3.2　土地利用/土地覆盖

2015—2019 年全省林地呈逐渐增加的趋势。总体来说，全省林地在“十三五”期间增加了 2 317 $km^2$；草地面积呈下降趋势，从 2015 年的 3 696 $km^2$ 下降到 2019 年的 555 $km^2$，共减少了 3 141 $km^2$，平均每年减少约 628.2 $km^2$；水域面积明显增加，2015—2019 年共增加 2 841 $km^2$；建筑用地面积呈持续增加态势，从 2015 年的 23 612 $km^2$ 增加到 2019 年的

26 081 km²，共增加 2 469 km²，平均每年增加 493.8 km²；耕地面积呈下降趋势，从 2015 年的 96 616 km² 下降到 2019 年的 92 286 km²，共减少 4 330 km²，平均每年减少 866 km²。见表 2.7-7。

表 2.7-7　2015—2019 年全省土地利用类型变化情况

| 年度 | 土地利用类型 | | | | | | | | | | | |
|---|---|---|---|---|---|---|---|---|---|---|---|---|
| | 林地 | | 草地 | | 水域 | | 建设用地 | | 未利用地 | | 耕地 | |
| | 面积/km² | 百分比/% | 面积/km² | 百分比/% | 面积/km² | 百分比/% | 面积/km² | 百分比/% | 面积/km² | 百分比/% | 面积/km² | 百分比/% |
| 2015 | 37 569 | 22.7 | 3 696 | 2.2 | 3 924 | 2.4 | 23 612 | 14.2 | 413 | 0.25 | 96 616 | 58.3 |
| 2016 | 37 403 | 22.6 | 3 677 | 2.2 | 3 911 | 2.4 | 23 655 | 14.3 | 414 | 0.25 | 96 304 | 58.2 |
| 2017 | 39 734 | 24.0 | 546 | 0.3 | 7 089 | 4.3 | 24 612 | 14.9 | 128 | 0.08 | 93 488 | 56.5 |
| 2018 | 39 728 | 24.0 | 534 | 0.3 | 7 201 | 4.3 | 24 857 | 15.0 | 132 | 0.08 | 93 211 | 56.3 |
| 2019 | 39 886 | 24.1 | 555 | 0.3 | 6 765 | 4.1 | 26 081 | 15.7 | 82 | 0.05 | 92 286 | 55.7 |

总体上看，对全省 EI 有重要影响的林地、草地、水域湿地、建设用地和耕地 5 个土地利用类型在“十三五”期间均变化较大。

## 2.7.4　“十三五”末与“十二五”末对比分析

与“十二五”末相比，2019 年全省生态环境状况等级仍为“良”。其中，三门峡生态环境状况等级由“良”变为“优”，郑州生态环境状况由“一般”变为“良”，开封、商丘生态环境状况由“良”变为“一般”，其他 14 个省辖市的生态环境状况等级均未发生变化。

### 2.7.4.1　生态环境状况指数

2019 年全省 EI 为 62.6，比 2015 年上升了 0.7，属于无明显变化，生态环境状况等级未发生变化。2019 年与 2015 年相比，18 个省辖市 EI 变化幅度为−1.3～6.6，三门峡、南阳和济源属于明显变好，EI 变化值分别为 3.3、5 和 6.6；郑州、鹤壁和焦作属于略微变好；新乡、漯河、商丘和周口属于略微变差；其余 8 个省辖市 EI 均属于无明显变化，全省 105 个县和 18 个省辖市市区 EI 变化幅度为−6.1～12.5，生态环境状况变化较大，其中许昌市辖区、三门峡市辖区、西峡县和内乡县属于显著变好；卢氏县等 12 个县区属于明显变好；鹤壁市辖区等 17 个县区属于略微变好，郏县等 62 个县区属于无明显变化；伊川县等 17 个县区属于略微变差；新乡市辖区等 11 个县区属于明显变差。

### 2.7.4.2 土地利用/土地覆盖

2015—2019 年，河南省土地利用/覆盖空间分布特征见图 2.7-12 和图 2.7-13。全省土地利用类型以耕地、林地为主，并且分布相对集中，耕地主要分布在中部、东部和南部的黄淮海平原区，林地主要分布在西部即南部山地、丘陵区。“十二五”与“十三五”时期相比，耕地面积减少明显，建设用地面积有较大扩张，见图 2.7-14。

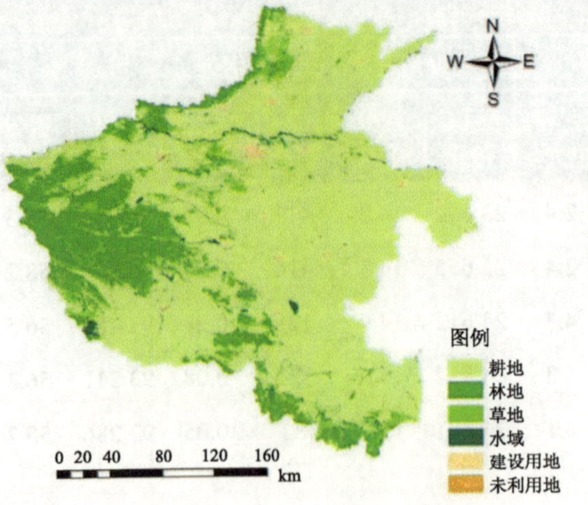


图 2.7-12 2015 年全省土地利用/覆盖分布

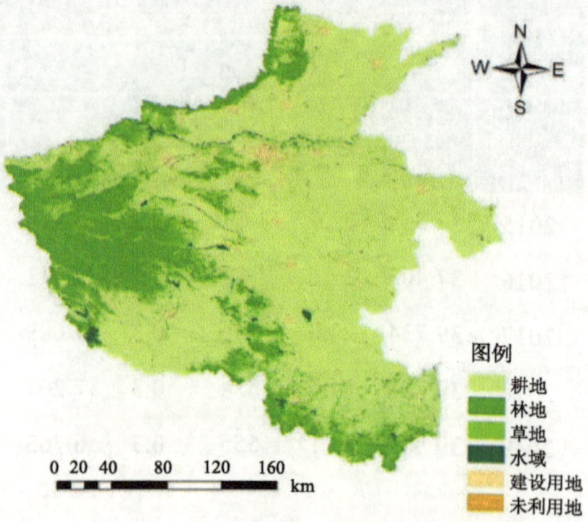


图 2.7-13 2019 年全省土地利用/覆盖分布

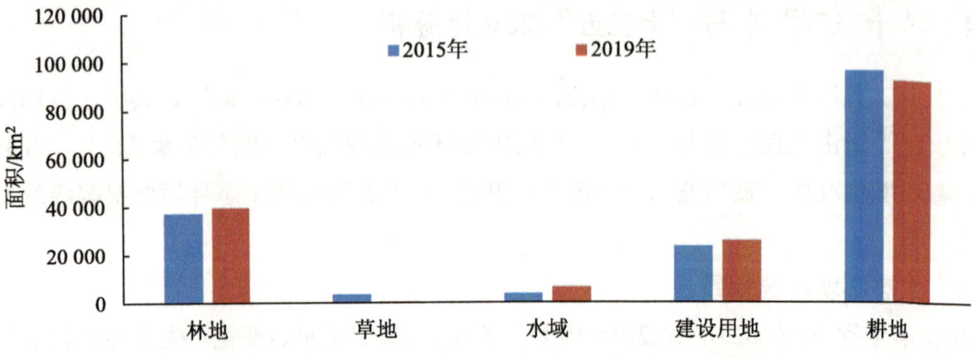


图 2.7-14 2015 年与 2019 年全省土地利用类型变化

2015—2019 年，5 种土地利用类型中，水域和建设用地面积增速最快，尤其是城镇、工矿和交通用地，增加了 2 469 $km^2$，而耕地和草地面积大幅减少，共减少 7 470 $km^2$。分析认为，全省建设用地扩张迅速，尤其是随着中原崛起、中原城市群战略的提出及逐步实施，使建设用地扩张速度更快，其中城镇用地、独立工矿用地和交通用地的增加也是其重要原因。除此之外，矿产开发以及“退耕还林”工程的实施等因素也是导致耕地减少和建设用地扩张的重要原因。

## 2.7.5 小结与原因分析

### 2.7.5.1 小结

（1）2019 年生态环境状况

**省域** 2019 年河南省 EI 为 62.6，生态环境状况等级为“良”。

**市域** 2019 年，全省 18 个省辖市中三门峡生态环境状况等级为“优”，占全省面积的 6%；洛阳、济源、信阳、南阳、平顶山和驻马店等 14 个省辖市生态环境状况等级为“良”，占全省面积的 81.2%；开封、商丘和濮阳等级均为“一般”，占全省面积的 12.8%。生态环境状况等级为“优”“良”和“一般”的省辖市 GDP 分别占全省 GDP 的 2.7%、84.7%和 12.6%。

**县域** 全省 105 个县和 18 个市辖区生态环境状况等级共分为“优”“良”和“一般”，数量分别为 6 个、97 个和 20 个，占省域面积的比重依次为 10.3%、80.8%和 8.9%。

（2）“十三五”期间生态质量状况

与 2018 年相比，各省辖市 EI 变化幅度为–2.3～2。济源、郑州和焦作略微变好，平顶山、许昌、三门峡等 11 个省辖市无明显变化，濮阳、驻马店、周口和商丘略微变差，商丘和周口下降最多，分别下降 2.3 和 1.4，济源上升最多，为 2。

2019 年河南省 EI 为 62.6，比 2015 年上升 0.7，属于“无明显变化”，生态环境状况等级未发生变化。2019 年与 2015 年相比，18 个省辖市 EI 变化幅度为–1.3～6.6，三门峡、南阳和济源属于“明显变好”，EI 变化值分别为 3.3、5 和 6.6；郑州、鹤壁和焦作属于“略微变好”；新乡、漯河、商丘和周口属于“略微变差”；其余 8 个省辖市 EI 均属于“无明显变化”。

### 2.7.5.2 原因分析

本章在分析“十三五”时期以来河南省土地利用/覆盖和生态环境状况及变化趋势的基础上，对生态环境状况进行动态评价，并总结其时空变化特征。可以发现，河南省生态承载力相对较低，虽然近年来全省生态环境状况有所改善，但环境空气质量、地表水质、土壤污染等方面仍存在一定问题。例如，自然生态环境比较脆弱；土地资源利用不合理，人口密度高，全省水资源量短缺问题；局部地区土地胁迫加重；污染物排放控制问题。

随着工业化和城市化进程的推进，经济的快速发展使能源消耗日益增加，由此带来了一系列环境污染问题，同时随着城市经济发展结构调整，环境污染范围正在不断扩张和转移。全省环境污染状况整体上呈中部、北部、南部较差，西部较好的空间分布格局。虽然 2019 年污染负荷指数较 2015 年有较大改善，但环境保护面临的形势依然十分严峻，污染负荷排放量依然较大，资源环境约束趋紧，生态系统总体退化的趋势还没有得到根本改变，环境质量改善幅度与人民群众期待要求还有不小差距。同时，河南省城镇化、农业现代化的任务尚未完成，产业结构偏重、能源结构不合理等短期内难以根本改变。

## 2.8 农村环境质量

### 2.8.1 现状评价

#### 2.8.1.1 农村环境状况评价

（1）村庄环境空气质量评价

2020 年共监测 78 个村庄，有效监测天数 1 560 d，其中 AQI 达标天数为 1 412 d，达标率达 95.73%，主要超标污染物为 $PM_{2.5}$、$PM_{10}$ 和 $O_3$。

（2）村庄饮用水水源地水质评价

①地表水型饮用水水源地水质评价

2020 年全省监测了 32 个村庄地表水型饮用水水源地水质，共监测 32 次，达标次数为 19 次，水质达标率为 59.4%，主要超标污染物为铁、硫化物、汞、总磷（湖库）、总氮。

②地下水型饮用水水源地水质评价

2020 年全省监测了 274 个村庄地下水型饮用水水源地水质，共监测 274 次，达标次数为 167 次，水质达标率为 60.9%，主要超标污染物为氟化物、钠、溶解性总固体、硫酸盐、菌落总数、碘化物、氯化物、氨氮（以 N 计）等。

（3）村庄周边土壤环境质量评价

2020 年全省共监测村庄周边土壤 186 个点位，181 个点位各项污染因子浓度小于风险筛选值，占比为 97.3%；5 个点位有个别污染因子大于风险筛选值，但小于风险管制值，占比为 2.7%，浓度较高因子为镉和砷。未见土壤污染物超出风险管制值。

（4）县域地表水水质评价

2020 年全省监测了 108 个县域地表水断面，共监测 440 次，达标次数为 205 次，水质达标率为 46.6%，主要超标污染物为高锰酸盐指数、总磷、氨氮、总氮等。

（5）农村环境状况指数综合评价

依据《农村环境质量综合评价技术规定》进行评价，2020 年，河南省农村环境状况指数为 81.96，环境状况分级为良。按照县域统计，全省参与村庄监测的 39 个县域中，农村环境状况分级为良的县有 21 个，占比为 53.8%；分级为一般的县有 18 个，占比为 46.2%；无分级为较差的县。

#### 2.8.1.2 农村生态状况评价

2019 年，河南省农村生态状况指数为 35.9，分级为一般，植被覆盖度中等，生物多样性一般水平，较适合人类生活，但有不适合人类生活的制约性因子出现。2019 年参与村庄监测的 123 个县域中，农村生态状况评价分级为一般的县有 75 个，占比为 61.0%；分级为较差的县有 43 个，占比为 35.0%；分级为差的县有 5 个，占比为 4.0%。

#### 2.8.1.3 农村环境质量综合评价

2020 年，河南省农村环境质量综合状况指数为 60.17，分级为一般，属于轻度污染。参与村庄监测的 34 个县域中，农村生态状况评价分级为良的县有 3 个，占比为 8.8%；分级为一般的县有 28 个，占比为 82.4%；分级为较差的县有 3 个，占比为 8.8%。

### 2.8.2 年度对比

与 2019 年相比，2020 年 18 个省辖市 36 个县（新增县除外）农村环境状况指数变化值（$\Delta I_{env}$）为–12.5～9.96，无明显变化所占的比例为 47.2%，略微变化所占的比例为 47.2%，明显变化所占的比例为 5.6%。$I_{env}$ 变化情况见表 2.8-1，具体变化值见图 2.8-1。

表 2.8-1 全省各县域农村环境状况变化度分级统计

| 变化度 | 县域 |
|---|---|
| 略微变好 | 新郑市、济源市、原阳县、浚县、光山县、淇县、宝丰县、新乡县、泌阳县、商城县、罗山县 |
| 无明显变化 | 淅川县、西峡县、温县、汝阳县、长葛市、浉河区、新县、遂平县、濮阳县、通许县、临颍县、舞钢市、渑池县、嵩县、舞阳县、范县、武陟县 |
| 略微变差 | 杞县、新密市、西平县、桐柏县、西华县、内乡县 |
| 明显变差 | 商水县、沈丘县 |

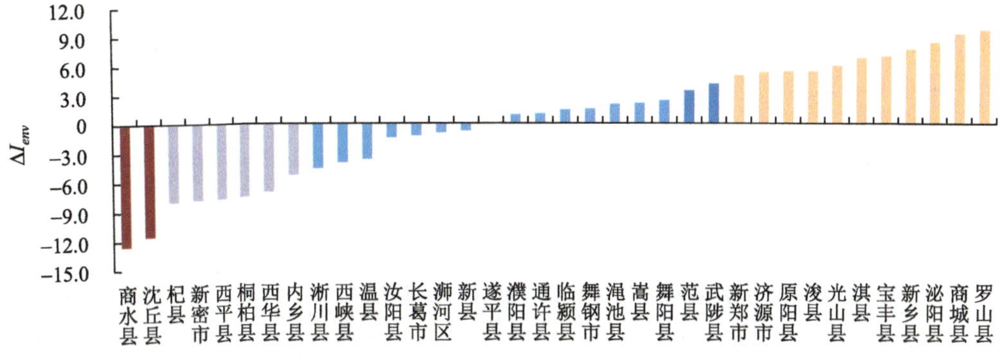


图 2.8-1 全省各县域农村环境状况指数变化值

与 2019 年相比，2020 年 18 个省辖市 123 个县（新增县除外）农村生态状况指数变化值（$\Delta I_{eco}$）为–3.5～9.9，无明显变化所占的比例为 46.3%，略微变化所占的比例为 47.2%，明显变化所占的比例为 4.9%，显著变化所占的比例为 1.6%。$I_{eco}$ 变化情况见表 2.8-2，具体变化值见图 2.8-2。

**表 2.8-2 全省各县域农村生态状况变化度分级统计**

| 变化度 | 县域 |
|---|---|
| 显著变好 | 平顶山市辖区、周口市辖区 |
| 明显变好 | 许昌市辖区、焦作市辖区、义马市、郑州市辖区 |
| 略微变好 | 巩义市、登封市、修武县、新乡市辖区、洛宁县、荥阳市、新密市、博爱县、禹州市、洛阳市辖区（已含吉利区）、三门峡市辖区 |
| 无明显变化 | 新野县、商水县、滑县、郸城县、西峡县、宝丰县、浚县、渑池县、社旗县、桐柏县、安阳县、原阳县、邓州市、沈丘县、镇平县、汝州市、南阳市辖区、沁阳市、南召县、长垣县、鄢陵县、通许县、获嘉县、杞县、临颍县、内乡县、开封市辖区、襄城县、尉氏县、长葛市、封丘县、孟津县、郏县、偃师市、林州市、民权县、永城市、新安县、鲁山县、台前县、淇县、嵩县、卢氏县、濮阳市辖区、漯河市辖区、新郑市、温县、济源市、汝阳县、安阳市辖区、伊川县、叶县、孟州市、中牟县、灵宝市、栾川县、舞钢市 |
| 略微变差 | 罗山县、虞城县、宜阳县、方城县、新蔡县、正阳县、平舆县、潢川县、西平县、汝南县、夏邑县、光山县、确山县、兰考县、范县、濮阳县、上蔡县、淅川县、商城县、遂平县、信阳市辖区、泌阳县、宁陵县、驻马店市辖区、鹤壁市辖区、息县、清丰县、睢县、鹿邑县、柘城县、汤阴县、商丘市辖区、新县、卫辉市、西华县、延津县、淮阳县、固始县、舞阳县、项城市、唐河县、新乡县、扶沟县、武陟县、太康县、南乐县、辉县市 |
| 明显变差 | 内黄县、淮滨县 |

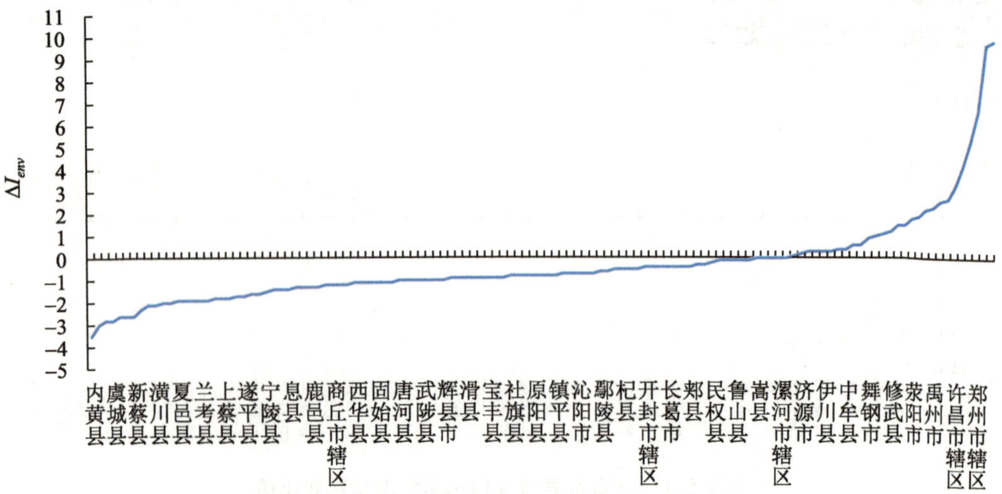


**图 2.8-2 全省各县域农村生态状况指数变化值**

与2019年相比，2020年18个省辖市34个县（新增县除外）农村生态环境质量综合指数变化值（ΔRQI）为–7.93～5.12，农村生态环境质量综合状况无明显变化的县域所占的比例为47.1%，略微变化所占的比例为47.1%，明显变化所占的比例为5.8%。农村生态环境质量综合状况变化情况见表2.8-3，具体变化值见图2.8-3。

**表2.8-3 全省农村生态环境质量综合状况变化度分级统计**

| 变化度 | 县域 |
|---|---|
| 略微变好 | 原阳县、新郑市、淇县、新乡县、宝丰县、泌阳县、罗山县、商城县 |
| 无明显变化 | 温县、长葛市、新县、汝阳县、遂平县、濮阳县、临颍县、通许县、渑池县、舞阳县、舞钢市、范县、嵩县、武陟县、浚县、光山县 |
| 略微变差 | 西平县、杞县、桐柏县、西华县、新密市、淅川县、内乡县、西峡县 |
| 明显变差 | 沈丘县、商水县 |

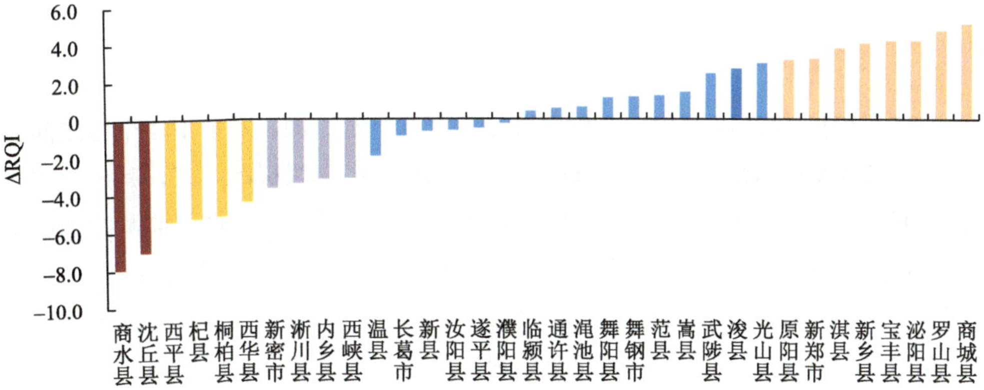


**图2.8-3 各县域农村生态环境质量综合状况变化值**

## 2.8.3 “十三五”时期变化趋势及对比分析[①]

根据农村环境质量监测工作相关技术要求，“十三五”期间河南省在18个省辖市中共选取了272个村庄开展农村环境质量试点监测，在重点生态功能区县域所在省辖市进行了加密布设村庄，全省18个省辖市监测村庄具体数量见表2.8-4。

① 农村环境质量监测周期为5年，对“十三五”与“十二五”期间农村环境质量对比分析。

表 2.8-4 “十三五”期间全省省辖市监测村庄数量统计

| 序号 | 城市名称 | 监测村庄数量/个 | 序号 | 城市名称 | 监测村庄数量/个 |
|---|---|---|---|---|---|
| 1 | 郑州 | 11 | 10 | 许昌 | 10 |
| 2 | 开封 | 11 | 11 | 漯河 | 11 |
| 3 | 洛阳 | 11 | 12 | 三门峡 | 11 |
| 4 | 平顶山 | 11 | 13 | 商丘 | 11 |
| 5 | 安阳 | 12 | 14 | 周口 | 11 |
| 6 | 鹤壁 | 11 | 15 | 驻马店 | 11 |
| 7 | 新乡 | 12 | 16 | 南阳 | 51 |
| 8 | 焦作 | 11 | 17 | 信阳 | 44 |
| 9 | 濮阳 | 11 | 18 | 济源 | 11 |
| 全省 | | 272 | | | |

#### 2.8.3.1 村庄环境空气

“十三五”期间，对河南省 272 个村庄进行了空气质量监测，其中 144 个村庄部分监测因子超出了《环境空气质量标准》（GB 3095—2012）中二级标准限值，其余村庄均符合二级标准要求，有超标现象村庄的占比为 52.9%，相比“十二五”期间监测的 103 个村庄中 44 个村庄有超标现象的超标村庄占比为 42.7%，上升 10.2 个百分点。

环境空气质量监测中主要超标因子为 $PM_{2.5}$、$PM_{10}$ 和 $NO_2$，CO 仅有南阳市的村庄略有超标，$O_3$ 仅有郑州市、新乡市、商丘市的村庄略有超标。超标村庄环境空气质量情况统计见表 2.8-5。

表 2.8-5 “十三五”期间全省省辖市村庄环境空气质量统计

| 城市名称 | 监测次数 | 超标次数/次 | 超标率/% | 超标因子 |
|---|---|---|---|---|
| 郑州 | 300 | 27 | 9.0 | $PM_{10}$、$PM_{2.5}$、$NO_2$、$O_3$ |
| 开封 | 300 | 0 | 0 | — |
| 洛阳 | 300 | 30 | 10.0 | $PM_{10}$、$PM_{2.5}$、$NO_2$ |
| 平顶山 | 300 | 1 | 0.3 | $PM_{10}$、$PM_{2.5}$、$NO_2$ |
| 安阳 | 300 | 15 | 5.0 | $PM_{10}$、$NO_2$ |
| 鹤壁 | 285 | 55 | 19.3 | $PM_{10}$、$PM_{2.5}$、$NO_2$ |

| 城市名称 | 监测次数 | 超标次数/次 | 超标率/% | 超标因子 |
|---|---|---|---|---|
| 新乡 | 300 | 28 | 9.3 | $PM_{10}$、$PM_{2.5}$、$NO_2$、$O_3$ |
| 焦作 | 300 | 35 | 11.7 | $PM_{10}$、$PM_{2.5}$、$NO_2$ |
| 濮阳 | 300 | 6 | 2.0 | $PM_{10}$、$NO_2$ |
| 许昌 | 300 | 7 | 2.3 | $PM_{10}$、$NO_2$ |
| 漯河 | 285 | 35 | 12.3 | $PM_{10}$、$PM_{2.5}$、$NO_2$ |
| 三门峡 | 300 | 0 | 0 | — |
| 商丘 | 300 | 7 | 2.3 | $PM_{10}$、$PM_{2.5}$、$NO_2$、$O_3$ |
| 周口 | 255 | 0 | 0 | — |
| 驻马店 | 300 | 7 | 2.3 | $PM_{10}$、$PM_{2.5}$、$NO_2$ |
| 南阳 | 1 379 | 37 | 3.4 | $PM_{10}$、$PM_{2.5}$、$NO_2$、CO |
| 信阳 | 1 140 | 38 | 3.3 | $PM_{10}$、$PM_{2.5}$、$NO_2$ |
| 济源 | 300 | 44 | 14.7 | $PM_{10}$、$PM_{2.5}$、$NO_2$ |

### 2.8.3.2 县域地表水

“十三五”期间，河南省农村环境质量开展过境河流水库质量监测的断面共计 128 个，总监测次数 1 517 次，达标次数 634 次，达标率为 41.8%。主要超标因子有高锰酸盐指数、总氮、总磷、化学需氧量、氨氮，较“十二五”期间达标率（40.5%）略有提升。“十三五”期间河南省省辖市县域河流湖库监测情况见表 2.8-6。

表 2.8-6 “十三五”期间全省省辖市县域河流湖库达标率统计

| 监测地点 | 监测断面个数/个 | 总监测次数/次 | 达标次数/次 | 达标率/% | 超标污染物 |
|---|---|---|---|---|---|
| 郑州 | 8 | 100 | 48 | 48.0 | 化学需氧量、总氮、总磷、挥发酚、氟化物、氨氮、溶解氧、高锰酸盐指数 |
| 开封 | 5 | 64 | 5 | 7.8 | 化学需氧量、总氮、总磷、氟化物、氨氮、溶解氧、粪大肠菌群、高锰酸盐指数 |
| 洛阳 | 4 | 44 | 24 | 54.5 | 化学需氧量、总氮、总磷、硫化物、高锰酸盐指数 |
| 平顶山 | 6 | 72 | 45 | 62.5 | 总氮、总磷、高锰酸盐指数 |

| 监测地点 | 监测断面个数/个 | 总监测次数/次 | 达标次数/次 | 达标率/% | 超标污染物 |
|---|---|---|---|---|---|
| 安阳 | 11 | 60 | 30 | 50.0 | 化学需氧量、总氮、总磷、氨氮、粪大肠菌群、高锰酸盐指数 |
| 鹤壁 | 4 | 56 | 7 | 12.5 | 化学需氧量、总氮、总磷、氨氮、高锰酸盐指数 |
| 新乡 | 4 | 56 | 7 | 12.5 | 化学需氧量、总磷、挥发酚、氟化物、氨氮、溶解氧、石油类、阴离子表面活性剂、高锰酸盐指数 |
| 焦作 | 8 | 80 | 9 | 11.3 | 化学需氧量、总氮、总磷、氟化物、氨氮、硫化物、粪大肠菌群、高锰酸盐指数 |
| 濮阳 | 5 | 63 | 2 | 3.2 | 化学需氧量、总氮、总磷、挥发酚、氨氮、溶解氧、粪大肠菌群、高锰酸盐指数 |
| 许昌 | 6 | 72 | 30 | 41.7 | 化学需氧量、总氮、总磷、氨氮、溶解氧、高锰酸盐指数 |
| 漯河 | 4 | 52 | 23 | 44.2 | 化学需氧量、总氮、总磷、氨氮、高锰酸盐指数 |
| 三门峡 | 10 | 76 | 47 | 61.8 | 总氮、总磷、高锰酸盐指数 |
| 商丘 | 5 | 61 | 17 | 27.9 | 化学需氧量、总氮、总磷、氟化物、氨氮、高锰酸盐指数 |
| 周口 | 6 | 72 | 26 | 36.1 | 化学需氧量、总磷、氨氮、高锰酸盐指数 |
| 驻马店 | 8 | 105 | 23 | 21.9 | 化学需氧量、总氮、总磷、氨氮、溶解氧、石油类、铜、阴离子表面活性剂、高锰酸盐指数 |
| 南阳 | 12 | 224 | 150 | 61.5 | 化学需氧量、总氮、总磷、氨氮、高锰酸盐指数 |
| 信阳 | 22 | 220 | 120 | 54.5 | 化学需氧量、总氮、总磷、氨氮、汞、高锰酸盐指数 |
| 济源 | 2 | 40 | 21 | 52.5 | 总氮、总磷、氨氮、高锰酸盐指数 |

“十三五”期间监测的128个断面中，除安阳市的彰武水库、安阳市的洹河—京广铁路桥断面、信阳市的石山口水库、三门峡市的老灌河—朱阳关断面符合《地表水环境质量标准》（GB 3838—2002）Ⅲ类标准限值要求外，其余124个过境河流断面监测结果均有部分因子超出Ⅲ类标准限值要求。124个河流断面中超标频率较高的因子有高锰酸盐指数、总氮、总磷（湖库）、化学需氧量、粪大肠菌群、挥发酚、氟化物、溶解氧，石油类超标4次，阴离子表面活性剂超标3次，硫化物超标2次，氨氮、汞和铜各超标1次，其余监测因子未超标。主要超标因子频次统计见图2.8-4。

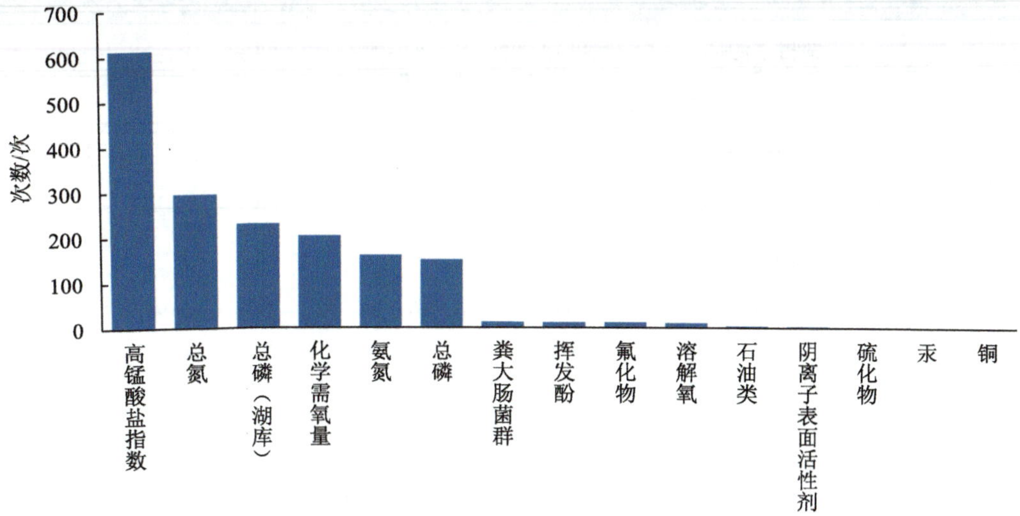


图 2.8-4 “十三五”期间全省县域地表水各因子超标频次统计

#### 2.8.3.3 村庄饮用水水源地

（1）地表水型饮用水水源地

“十三五”期间，郑州、洛阳、平顶山、新乡、焦作、驻马店、南阳、信阳 8 个省辖市开展农村地表水型饮用水水源水质监测，监测断面共计 32 个。其中，郑州 1 个、洛阳 8 个、平顶山 1 个、新乡 1 个、焦作 1 个、驻马店 1 个、南阳 3 个、信阳 16 个。32 个断面总的监测频次为 236 次，各项监测因子均符合《地表水环境质量标准》（GB 3838—2002）Ⅲ类标准限值要求的次数为 207 次，达标率为 87.7%，主要超标因子有总氮、总磷、硝酸盐氮、硫化物、氨氮、汞、石油类、粪大肠菌群、铁，较“十二五”期间达标率（40.5%）有大幅提升。河南省省辖市地表水型饮用水水源地监测情况见表 2.8-7。

表 2.8-7 “十三五”期间全省农村地表水型饮用水水源地监测情况统计

| 城市名称 | 监测断面名称 | 河流湖库 | 监测频次/次 | 达标频次/次 | 超标污染物 |
|---|---|---|---|---|---|
| 郑州 | 井湾水库 | 水库 | 4 | 4 | — |
| 洛阳 | 三川镇水源地 | 河流 | 4 | 4 | — |
| | 庄子村水源地 | 河流 | 4 | 4 | — |
| | 朱家村饮用水水源地 | 河流 | 4 | 4 | — |
| | 杨树坪村水源地 | 河流 | 4 | 4 | — |

| 城市名称 | 监测断面名称 | 河流湖库 | 监测频次/次 | 达标频次/次 | 超标污染物 |
| --- | --- | --- | --- | --- | --- |
| 洛阳 | 牛栾村水源地 | 河流 | 4 | 4 | — |
| | 白土村饮用水水源地 | 河流 | 4 | 4 | — |
| | 赤土店九鼎沟水源地 | 河流 | 20 | 18 | 硫化物、总氮 |
| | 铜河村明白河水源地 | 河流 | 4 | 4 | — |
| 平顶山 | 石漫滩水库 | 水库 | 8 | 8 | — |
| 新乡 | 丹分沟 | 河流 | 20 | 20 | — |
| 焦作 | 马鞍石水库 | 水库 | 20 | 14 | 总氮、总磷、粪大肠菌群 |
| 驻马店 | 魏楼水库 | 水库 | 20 | 5 | 氨氮、总氮、总磷、石油类、铁 |
| 南阳 | 大庙河 | 河流 | 4 | 4 | — |
| | 栗坪河 | 河流 | 4 | 4 | — |
| | 蛇尾河 | 河流 | 20 | 20 | — |
| 信阳 | 九龙河 | 河流 | 8 | 7 | 氨氮 |
| | 张家湾 | 河流 | 4 | 4 | — |
| | 方湾村蓄水池 | 河流 | 4 | 4 | — |
| | 桃花寨断面 | 河流 | 12 | 11 | 汞 |
| | 梅花村蓄水池 | 河流 | 16 | 16 | — |
| | 水塝村蓄水池 | 河流 | 4 | 4 | — |
| | 泗店村蓄水池 | 河流 | 4 | 4 | — |
| | 清棚水库 | 水库 | 4 | 3 | 总氮、总磷 |
| | 田铺村蓄水池 | 河流 | 4 | 4 | — |
| | 石山口水库 | 水库 | 4 | 4 | — |
| | 竹林沟水库 | 水库 | 4 | 3 | 汞 |
| | 计河村蓄水池 | 河流 | 4 | 4 | — |
| | 连康村蓄水池 | 河流 | 4 | 4 | — |
| | 郑河 | 河流 | 4 | 4 | — |
| | 金桥水库 | 水库 | 4 | 2 | 总磷 |
| | 龙潭村潭水 | 河流 | 4 | 4 | — |

“十三五”期间开展的32个农村地表水型饮用水水源地水质监测断面中，郑州市的井湾水库，洛阳市的三川镇水源地、庄子村水源地、朱家村饮用水水源地、杨树坪村水源地、牛栾村水源地、白土村饮用水水源地、铜河村明白河水源地，平顶山市的石漫滩水库，新乡市的丹分沟，南阳市的栗坪河、大庙河、蛇尾河，信阳市的张家湾、水塝村蓄水池、计河村蓄水池、连康村蓄水池、龙潭村潭水、方湾村蓄水池、梅花村蓄水池、泗店村蓄水池、田铺村蓄水池、石山口水库、郑河断面24个断面28项监测因子均符合《地表水环境质量标准》（GB 3838—2002）Ⅲ类标准限值，其余8个断面监测存在不同程度的超标情况，其中超标频次较高的因子有总氮、总磷、硝酸盐氮。主要超标因子频次统计见图2.8-5。

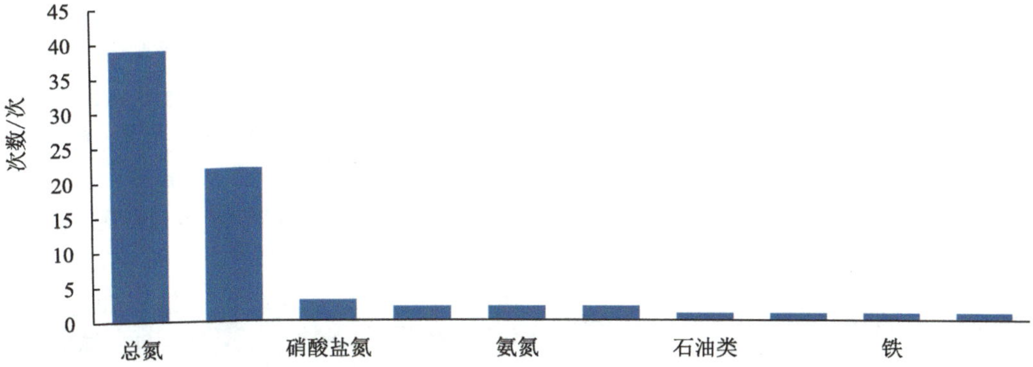


**图2.8-5 “十三五”期间全省村庄地表水型饮用水水源地水质各因子超标频次统计**

（2）地下水型饮用水水源地

“十三五”期间，全省94个农村地下水型饮用水水源地水质的总监测次数4 186次，达标次数3 133次，达标率为74.8%，主要超标因子有氟化物、钠、溶解性总固体、硫酸盐、菌落总数、碘化物、氯化物、氨氮（以N计）等，较“十二五”期间达标率（66.2%）有明显提升。河南省省辖市农村地下水型饮用水水源地水质监测情况见表2.8-8。

**表2.8-8 “十三五”期间全省省辖市农村地下水型饮用水水源地水质监测情况统计**

| 城市名称 | 监测次数/次 | 达标次数/次 | 达标率/% | 超标因子 |
| --- | --- | --- | --- | --- |
| 郑州 | 173 | 165 | 95.4 | 总硬度、硫酸盐、菌落总数、耗氧量（以$O_2$计）、四氯化碳、硒 |
| 开封 | 275 | 261 | 94.9 | 钠、氟化物、硫化物、碘化物、铅、硝酸盐（以N计）、总β放射性、铬（六价）、菌落总数 |
| 洛阳 | 72 | 72 | 100 | — |

| 城市名称 | 监测次数/次 | 达标次数/次 | 达标率/% | 超标因子 |
|---|---|---|---|---|
| 平顶山 | 120 | 113 | 94.2 | 总硬度 |
| 安阳 | 280 | 117 | 41.8 | 总硬度、总大肠菌群、挥发酚（以苯酚计）、溶解性总固体、氯化物、钠、硫酸盐、氨氮（以N计）、锰、硝酸盐（以N计）、碘化物、菌落总数、氟化物、砷、铁、硒 |
| 鹤壁 | 60 | 46 | 76.7 | 硫酸盐、氟化物、总硬度、总大肠菌群、钠 |
| 新乡 | 338 | 164 | 48.5 | 总大肠菌群、总硬度、溶解性总固体、硫酸盐、氯化物、钠、氟化物、锰、锌、pH、亚硝酸盐（以N计）、菌落总数、氨氮（以N计）、铁、砷、苯、汞、浑浊度/NTU |
| 焦作 | 43 | 30 | 69.8 | 总硬度、溶解性总固体、锰、硫酸盐 |
| 濮阳 | 226 | 33 | 14.6 | 总硬度、硫酸盐、氯化物、氟化物、总大肠菌群、锰、钠、碘化物、溶解性总固体、菌落总数、总α放射性、氨氮（以N计） |
| 许昌 | 296 | 277 | 93.6 | 总大肠菌群、pH、总硬度、硫酸盐、氟化物、锰、铁、氯化物、溶解性总固体、铬（六价） |
| 漯河 | 231 | 208 | 90.0 | 镉、铅、挥发酚（以苯酚计）、钠、硝酸盐（以N计）、氨氮（以N计）、氰化物、汞、氟化物 |
| 三门峡 | 63 | 62 | 98.4 | pH |
| 商丘 | 722 | 441 | 61.1 | 砷、氟化物、pH |
| 周口 | 221 | 145 | 65.6 | 氟化物、铬（六价）、耗氧量（以$O_2$计）、铅、pH、镉、铝、碘化物、氯化物 |
| 驻马店 | 409 | 394 | 96.3 | 锰、硝酸盐（以N计）、铅、氨氮（以N计）、铁、氟化物、总硬度、总大肠菌群、菌落总数 |
| 南阳 | 243 | 229 | 94.2 | 挥发酚（以苯酚计）、总大肠菌群、pH、总硬度、汞、砷、铝、菌落总数 |
| 邓州 | 66 | 60 | 90.9 | pH、总硬度、硝酸盐（以N计） |
| 信阳 | 289 | 271 | 93.8 | 铅、硫化物、汞、锰、氨氮（以N计） |
| 济源 | 54 | 45 | 83.3 | 铅、总硬度、总大肠菌群、菌落总数 |

“十三五”期间开展村庄地下水型饮用水水源地水质监测中，超标频次较高的因子有氟化物、钠、溶解性总固体、硫酸盐、菌落总数、碘化物、氯化物、氨氮等，主要超标因子频次统计见图2.8-6。

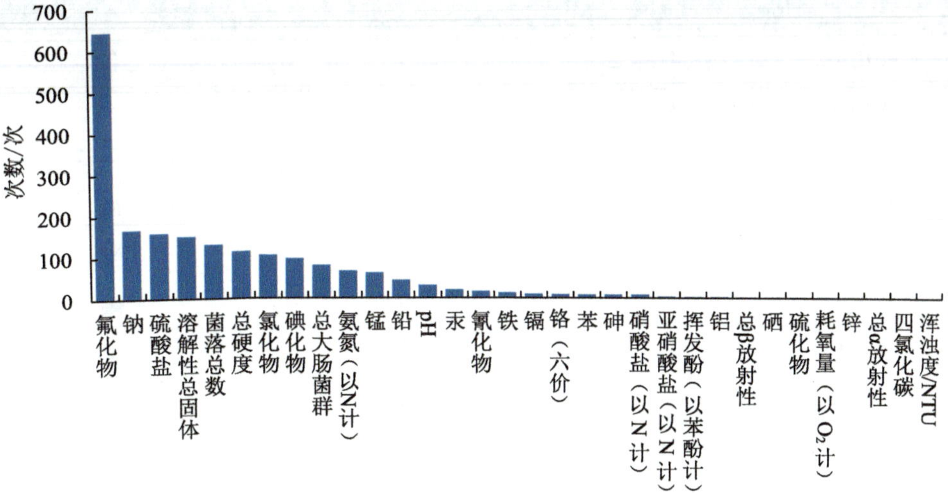


图 2.8-6 “十三五”期间全省农村地下水型饮用水水源地各水质因子超标频次统计

#### 2.8.3.4 村庄周边土壤环境

“十三五”期间，全省对 249 个村庄进行了土壤环境质量监测，共监测 859 个点位，836 个点位的镉、汞、砷、铅、铬符合《土壤环境质量 农用地土壤污染风险管控标准（试行）》（GB 15618—2018）风险筛选值规定的范围，有 23 个点位部分因子超出风险筛选值，主要风险因子有砷、镉。相较于“十二五”期间采集的 654 个点位中有 30 个点位部分因子超出《土壤环境质量标准》（GB 15618—1995）二级标准限值，问题点位比例大幅下降。

“十三五”期间全省 18 个省辖市农村土壤质量监测超标情况统计见表 2.8-9。

表 2.8-9 “十三五”期间全省省辖市农村土壤质量监测超标情况统计

| 城市名称 | 村庄名称 | 监测点位数 | 超出风险筛选值点位数 | 主要风险因子 |
| --- | --- | --- | --- | --- |
| 郑州 | 竹杆园村 | 4 | 1 | 砷 |
| 洛阳 | 白土村 | 3 | 1 | 铅 |
| | 赤土店村 | 3 | 2 | 镉 |
| | 铜河村 | 3 | 2 | 镉 |
| 驻马店 | 下河村 | 3 | 1 | 镉 |
| | 朱屯村 | 3 | 1 | 砷 |
| | 长寺村 | 3 | 1 | 砷 |
| 安阳 | 洪岩村 | 5 | 1 | 镉 |

| 城市名称 | 村庄名称 | 监测点位数 | 超出风险筛选值点位数 | 主要风险因子 |
| --- | --- | --- | --- | --- |
| 南阳 | 化山村 | 4 | 1 | 镍 |
| | 大庙村 | 3 | 2 | 镍 |
| | 小水村 | 3 | 3 | 镉、镍 |
| | 杨湾村 | 3 | 1 | 砷 |
| | 洞河村 | 7 | 1 | 镉 |
| | 青龙村 | 3 | 1 | 镉 |
| 济源 | 东沟村 | 4 | 3 | 镉 |
| | 清虚村 | 4 | 1 | 镉 |

### 2.8.3.5 农村生态状况

“十三五”期间，截至2019年全省18个省辖市的123个县的生态环境状况指数（EI）为27.81～53.21。生态环境状况等级分成两类，4年内等级均为“一般”的省辖市有洛阳、平顶山、三门峡、南阳、信阳和济源；其余12个省辖市生态环境状况等级均为“较差”；综合全省生态环境状况等级为“一般”。

**表2.8-10 “十三五”期间全省省辖市农村生态状况统计**

| 城市名称 | 各年份EI | | | |
| --- | --- | --- | --- | --- |
| | 2016 | 2017 | 2018 | 2019 |
| 郑州 | 33.37 | 33.87 | 33.59 | 35.04 |
| 开封 | 27.81 | 30.72 | 30.09 | 29.40 |
| 洛阳 | 48.22 | 46.93 | 47.57 | 47.85 |
| 平顶山 | 39.93 | 39.75 | 39.35 | 39.69 |
| 安阳 | 33.99 | 34.93 | 34.34 | 33.36 |
| 鹤壁 | 33.25 | 35.40 | 34.51 | 33.73 |
| 新乡 | 32.98 | 34.57 | 33.54 | 32.83 |
| 焦作 | 34.46 | 35.00 | 34.37 | 34.81 |
| 濮阳 | 28.74 | 31.78 | 30.86 | 29.49 |
| 许昌 | 29.33 | 30.12 | 29.80 | 30.38 |
| 漯河 | 29.15 | 31.69 | 31.02 | 30.54 |
| 三门峡 | 51.03 | 52.49 | 53.00 | 53.21 |

| 城市名称 | 各年份 EI | | | |
|---|---|---|---|---|
| | 2016 | 2017 | 2018 | 2019 |
| 南阳 | 41.18 | 45.01 | 44.94 | 43.89 |
| 商丘 | 28.05 | 33.16 | 31.87 | 30.65 |
| 信阳 | 44.56 | 46.29 | 44.54 | 42.77 |
| 周口 | 29.34 | 32.88 | 32.14 | 31.17 |
| 驻马店 | 33.58 | 36.71 | 35.52 | 33.59 |
| 济源 | 47.88 | 48.36 | 49.80 | 50.04 |
| 全省 | 37.73 | 39.82 | 39.27 | 38.60 |

## 2.8.4 小结与原因分析

### 2.8.4.1 小结

2020 年全省农村环境空气质量总体良好，主要污染物为 $PM_{2.5}$、$PM_{10}$ 和 $O_3$；饮用水水源地水质较 2019 年有所下降，达标率为 60.8%；县域地表水水质较差，达标率为 46.6%，超标因子主要为氨氮、总氮、总磷、高锰酸盐指数等；土壤环境质量状况总体良好，小于风险筛选值的点位占 97.3%，仅 5 个点位镉、砷大于风险筛选值，但均小于风险管制值。

“十三五”期间，272 个村中的 144 个村庄空气质量超标，超标率为 52.9%；在 128 个过境河流水库水质监测断面中，总监测次数 1 517 次，达标次数 634 次，达标率为 41.8%；32 个农村地表水型饮用水水源断面，监测频次 263 次，达标次数 207 次，达标率为 87.7%；94 个地下水型饮用水水源，总监测次数 4 186 次，达标次数 3 133 次，达标率为 74.8%。

与“十二五”期间相比，“十三五”期间空气优良天数比例下降明显，空气污染形势严峻；县域河流水库水质较“十二五”期间略有提升，地表水型饮用水水源地水质大幅提升，农村村庄地下水型饮用水水源水质明显提升；农村土壤环境质量监测中问题点位比例大幅下降，河南省农村土壤环境质量整体处于安全可控范围，并有总体持续向好的趋势。

### 2.8.4.2 原因分析

（1）与“十二五”期间农村环境空气监测数据相比，“十三五”期间空气优良天数比例下降明显，空气污染形势严峻。空气质量超标现象与当地大气污染物排放密切相关，当地政府和环境保护主管部门结合大气污染防治攻坚战，关注农村环境空气质量，在控制工业排放源、道路交通源、建筑施工源的同时，对农业生产过程中的扬尘问题应给予足够重视。

（2）“十三五”期间县域河流水库监测结果较“十二五”期间略有提升，地表水型饮用水水源地监测结果有大幅提升，农村居民饮水安全意识逐渐显现。同时，还应加强农村地区环境综合整治工作，控制农村面源污染，提倡鼓励科学化种植养殖，切实提高农村地区水环境质量。

（3）“十三五”期间农村村庄地下水型饮用水水源水质监测结果较“十二五”期间有明显提升，生态环境保护和水源涵养效果显著，农村居民饮水更加安全。

（4）“十三五”期间农村土壤环境质量监测工作采集的 859 个点位样品中仅有 23 个点位数据存在超出风险筛选值现象，相较于“十二五”期间采集的 654 个点位中有 30 个点位部分因子超出《土壤环境质量标准》（GB 15618—1995）二级标准限值，问题点位比例大幅下降，河南省农村土壤环境质量整体处于安全可控范围，并有总体持续向好的趋势。

## 2.9 辐射环境质量

### 2.9.1 电离辐射

#### 2.9.1.1 概况

（1）放射源使用情况

“十三五”期间，随着河南省科技发展水平的不断提高，放射性物质及射线装置在各个领域的使用量都有了很大的增长。截至 2020 年年底，全省共有辐射工作单位 4 560 家，较“十三五”末增长 7.1%；在用放射源 4 761 枚，较“十二五”末减少 36.3%；在用射线装置 11 350 台，增长 31.5%。大型辐照加工装置由 3 家增加至 5 家。

（2）辐射应急

“十三五”期间，通过采取有效措施，加强辐射安全监管，改善了辐射安全形势，未发生一般以上辐射安全事故。

（3）放射源收贮情况

“十三五”期间，省放射性废物库共收贮退役放射源 1 474 枚、放射性废物 613.8 kg，做到了应贮尽贮，确保了全省放射源和辐射环境安全。截至 2020 年年底，省废物库在存废旧放射源 4 231 枚，放射性废物 21 210 kg。

#### 2.9.1.2 “十三五”期间电离辐射环境质量状况

通过对全省 γ 辐射空气吸收剂量率、水体中天然放射性核素浓度、土壤中天然放射性核素浓度、气溶胶中放射性核素浓度和沉降物中放射性核素浓度进行的监测，结果显示：“十三五”期间，河南省的电离辐射环境质量仍然保持在天然本底水平。全省环境 γ

辐射空气吸收剂量率监测结果年均值为 59.6～107.8 nGy/h，平均值为 83.2 nGy/h，与其天然放射性本底调查结果相比没有明显提高，均在天然辐射本底范围内正常波动。

气溶胶中天然放射性核素铍-7、钾-40、镭-226、镭-228 等活度浓度处于本底涨落范围内，人工放射性核素锶-90 和铯-137 活度浓度未见异常。沉降物中天然放射性核素铍-7 和钾-40 日沉降量处于本底涨落范围内，人工放射性核素锶-90 和铯-137 日沉降量未见异常。水体中天然放射性核素铀、钍、镭-226、钾-40 浓度与历年监测结果相比，未发生变化，与 1989 年河南省天然放射性水平调查时的监测结果处于同一水平，人工放射性核素锶-90 和铯-137 活度浓度未见异常；气溶胶中、土壤中天然放射性核素浓度与历年监测结果相比，未发生变化，与 1989 年河南省天然放射性水平调查时的监测结果处于同一水平，人工放射性核素铯-137 活度浓度未见异常。

（1）γ 辐射空气吸收剂量率

“十三五”期间，全省环境 γ 辐射空气吸收剂量率与其天然放射性本底调查结果相比没有明显提高，均在天然辐射本底范围内正常波动（表 2.9-1），累积剂量见表 2.9-2。另外，河南省自动站数据在“十三五”期间均正常运行（表 2.9-3）。

**表 2.9-1 “十三五”期间全省 γ 辐射空气吸收剂量率监测统计数据**

单位：nGy/h

| 城市名称 | 2016 年 | 2017 年 | 2018 年 | 2019 年 | 2020 年 | “十三五”期间 | | |
|---|---|---|---|---|---|---|---|---|
| | | | | | | 测值范围 | 平均值 | 标准差 |
| 郑州 | 91.7 | 71.1 | 78.7 | 77.0 | 61.6 | 61.6～91.7 | 76.0 | 9.9 |
| 开封 | 90.5 | 73.1 | 63.8 | 71.5 | 60.0 | 60.0～90.5 | 71.8 | 10.5 |
| 洛阳 | 94.6 | 87.1 | 81.2 | 88.5 | 67.7 | 67.7～94.6 | 83.8 | 9.1 |
| 平顶山 | 101.8 | 94.2 | 94.2 | 103.8 | 101.6 | 94.2～103.6 | 99.1 | 4.1 |
| 安阳 | 98.6 | 82.5 | 76.5 | 76.6 | 69.7 | 69.7～98.60 | 80.8 | 9.8 |
| 鹤壁 | 86.3 | 77.2 | 75.3 | 80.0 | 65.0 | 65.0～86.3 | 76.8 | 7.0 |
| 焦作 | 92.8 | 79.7 | 75.0 | 87.1 | 59.6 | 59.6～92.8 | 78.9 | 11.4 |
| 漯河 | 107.8 | 92.9 | 91.9 | 97.4 | 77.5 | 77.5～107.6 | 93.5 | 9.8 |
| 南阳 | 94.4 | 90.6 | 85.5 | 99.8 | 79.7 | 79.7～99.6 | 90.0 | 6.9 |
| 济源 | 90.7 | 78.0 | 81.2 | 88.8 | 67.5 | 67.5～90.7 | 81.2 | 8.3 |
| 全省 | 94.9 | 82.6 | 80.3 | 87.0 | 71.0 | 59.6～107.8 | 83.2 | 12.1 |

表 2.9-2 “十三五”期间全省γ辐射累积剂量监测统计数据

单位：nGy/h

| 城市名称 | 2016 年 | 2017 年 | 2018 年 | 2019 年 | 2020 年 | 测值范围 | 平均值 | 标准差 |
| --- | --- | --- | --- | --- | --- | --- | --- | --- |
| 郑州 | 91.7 | 92.1 | 91.0 | 92.9 | 95.8 | 91.0～95.8 | 92.7 | 1.7 |
| 开封 | 90.5 | 90.5 | 91.0 | 93.2 | 96.3 | 90.5～96.3 | 92.3 | 2.2 |
| 洛阳 | 94.6 | 94.7 | 91.0 | 93.4 | 100.0 | 91.0～100.0 | 94.7 | 3.0 |
| 平顶山 | 101.8 | 102.0 | 94.0 | 94.4 | 97.0 | 94.0～102.0 | 97.8 | 3.5 |
| 安阳 | 98.6 | 98.4 | 91.0 | 91.5 | 96.3 | 91.0～98.6 | 95.2 | 3.3 |
| 鹤壁 | 86.3 | 86.4 | 88.0 | 90.1 | 97.5 | 86.3～97.5 | 89.7 | 4.2 |
| 焦作 | 92.8 | 92.9 | 87.0 | 89.6 | 95.0 | 87.0～95.0 | 91.5 | 2.8 |
| 漯河 | 107.8 | 107.3 | 97.0 | 93.5 | 96.5 | 93.5～107.8 | 100.4 | 6.0 |
| 南阳 | 94.4 | 94.4 | 91.0 | 92.6 | 96.3 | 91.0～96.3 | 93.7 | 1.8 |
| 济源 | 90.7 | 90.5 | 89.0 | 91.4 | 99.0 | 89.0～99.0 | 92.1 | 3.5 |
| 全省 | 94.9 | 94.9 | 91.0 | 92.3 | 97.0 | 86.3～107.8 | 94.0 | 4.6 |

表 2.9-3 “十三五”期间全省自动站γ辐射空气吸收剂量率监测统计数据

单位：nGy/h

| 监测点位 | 2016年 | 2017年 | 2018年 | 2019年 | 2020年 | “十三五”期间 | | |
| --- | --- | --- | --- | --- | --- | --- | --- | --- |
| | | | | | | 取值范围 | 平均值 | 标准差 |
| 安阳环境保护局监测站 | 98.7 | 98.2 | 98.2 | 97.9 | 97.2 | 97.2～98.7 | 98.0 | 0.5 |
| 鹤壁环境保护局 | 101.3 | 102.5 | 103.4 | 101.8 | 101.0 | 101.0～103.4 | 102.0 | 0.9 |
| 济源柴庄 | 97.8 | 98.2 | 98.6 | 95.9 | 95.9 | 95.9～98.6 | 97.3 | 1.2 |
| 济源五龙口监察支队 | 111.2 | 110.2 | 111.1 | 109.8 | 108.6 | 108.6～111.2 | 110.2 | 0.9 |
| 焦作佰利联化工公司 | 111.5 | 113.9 | 114.1 | — | — | 111.5～114.1 | 113.2 | 1.2 |
| 焦作市环境保护局 | 109.7 | 109.1 | 108.1 | 116.5 | — | 108.1～116.5 | 110.8 | 3.3 |
| 焦作中铝公司赤泥坝台马沟库 | 84.9 | 84.0 | 86.8 | 84.9 | 83.6 | 83.6～86.8 | 84.8 | 1.1 |
| 开封坤源公司 | 94.9 | 96.3 | 109.8 | 92.9 | 113.3 | 92.9～113.3 | 101.4 | 8.4 |
| 洛阳大洋耐火材料有限公司 | 106.3 | 104.5 | 106.2 | 106.9 | 105.9 | 104.5～106.9 | 106.0 | 0.8 |
| 漯河黑龙潭电管所 | 126.4 | 127.0 | 134.6 | 130.0 | 121.0 | 121.0～134.6 | 127.8 | 4.5 |
| 南阳环境保护局 | — | 107.1 | — | — | — | 107.1～107.1 | 107.1 | — |

| 监测点位 | 2016年 | 2017年 | 2018年 | 2019年 | 2020年 | “十三五”期间 | | |
|---|---|---|---|---|---|---|---|---|
| | | | | | | 取值范围 | 平均值 | 标准差 |
| 南阳老庄气象站 | — | — | 94.0 | 96.5 | 93.1 | 93.1～96.5 | 94.6 | 1.4 |
| 平顶山汇源化工有限责任公司 | 105.0 | 104.6 | 101.4 | 103.1 | 155.7 | 101.4～155.7 | 114.0 | 23.4 |
| 平顶山浦城店遗址 | 112.6 | 112.3 | 110.7 | 109.2 | — | 109.2～112.6 | 111.2 | 1.4 |
| 濮阳濮上园 | — | 98.5 | 101.7 | 98.8 | 100.4 | 98.5～101.7 | 99.8 | 1.3 |
| 三门峡陕州风景区 | 106.5 | — | 103.5 | 106.2 | — | 103.5～106.5 | 105.4 | 1.3 |
| 商丘污水处理厂 | 88.0 | 87.1 | 90.8 | 87.1 | 86.1 | 86.1～90.8 | 87.8 | 1.6 |
| 新乡市政府大楼 | 101.1 | 101.9 | 104.0 | 101.5 | 99.1 | 99.1～104.0 | 101.5 | 1.6 |
| 信阳师范学院 | 113.9 | 113.0 | 110.8 | 117.3 | 111.0 | 110.8～117.3 | 113.2 | 2.4 |
| 许昌瑞贝卡污水净化公司 | 104.1 | 102.4 | 99.8 | 102.3 | 102.6 | 99.8～104.1 | 102.2 | 1.4 |
| 郑州河南省广播电视发射中心 | 94.1 | 93.5 | 93.0 | 90.5 | 89.5 | 89.5～94.1 | 92.1 | 1.8 |
| 郑州环境保护局监测站 | 100.0 | 99.7 | 97.9 | 97.3 | 96.2 | 96.2～100.0 | 98.2 | 1.5 |
| 郑州同新公司 | 99.5 | — | — | — | — | 99.5～99.5 | 99.5 | 0 |
| 郑州五龙口污水处理厂 | 83.4 | 84.1 | 86.1 | 84.1 | 83.6 | 83.4～86.1 | 84.3 | 1.0 |
| 周口太昊陵独秀园 | 95.0 | 94.5 | 95.1 | 92.0 | 92.0 | 92.0～95.1 | 93.7 | 1.4 |
| 驻马店新世纪广场 | 112.1 | 109.0 | 108.2 | 109.6 | 107.6 | 107.6～112.1 | 109.3 | 1.6 |
| 全省 | 102.5 | 102.2 | 102.8 | 101.4 | 102.2 | 83.4～155.7 | 102.7 | 0.5 |

河南省γ辐射空气吸收剂量率本底值见表2.9-4。

**表2.9-4 河南省γ辐射空气吸收剂量率本底值**

单位：nGy/h

| 城市名称 | 范围 | 均值 |
|---|---|---|
| 郑州 | 68.8～91.7 | 80.2 |
| 开封 | 75.0～87.8 | 82.6 |
| 洛阳 | 67.4～124.8 | 100.3 |
| 平顶山 | 83.6～174.8 | 108.7 |
| 安阳、鹤壁 | 72.9～93.9 | 84.9 |
| 新乡 | 71.2～103.3 | 83.0 |

| 城市名称 | 范围 | 均值 |
|---|---|---|
| 焦作、济源 | 78.8～98.4 | 89.4 |
| 濮阳 | 78.8～91.7 | 86.1 |
| 许昌、漯河 | 80.3～118.2 | 94.4 |
| 三门峡 | 82.2～107.0 | 92.0 |
| 南阳 | 47.6～174.9 | 99.4 |
| 商丘 | 66.1～88.4 | 76.6 |
| 信阳 | 65.3～126.2 | 94.2 |
| 周口 | 71.1～103.0 | 80.5 |
| 驻马店 | 81.2～113.5 | 94.8 |
| 全省 | 47.6～174.9 | 91.6 |

注：本数据为1985—1987年河南省天然贯穿辐射水平调查研究项目成果。

（2）水体

2020年及“十三五”期间，水体中天然放射性核素浓度与历年监测结果相比，未发生明显变化，与1985年河南省天然放射性水平调查时的监测结果处于同一水平。监测结果见表2.9-5至表2.9-9，河南省各流域水中天然放射性核素的浓度本底值见表2.9-10。

**表2.9-5 黄河流域黄河郑州花园口断面放射性核素浓度**

| 年度 | 放射性核素浓度 | | | | | | |
|---|---|---|---|---|---|---|---|
| | 铀/（μg/L） | 钍/（μg/L） | 镭-226/（mBq/L） | 总α/（Bq/L） | 总β/（Bq/L） | 锶-90/（mBq/L） | 铯-137/（mBq/L） |
| 2016 | 4.77 | 0.05 | <0.03 | <0.01 | 0.17 | 6.53 | 0.38 |
| 2017 | 4.75 | 0.04 | <3.70 | 0.12 | 0.17 | 5.25 | 0.81 |
| 2018 | 3.24 | 0.04 | 5.15 | <0.06 | 0.23 | 2.4 | 0.94 |
| 2019 | 3.62 | 0.05 | 5.55 | 0.07 | 0.19 | 2.86 | 0.78 |
| 2020 | 2.20 | 0.05 | 4.80 | 0.12 | 0.23 | 3.85 | 1.00 |

表 2.9-6 淮河流域颍河沈丘槐店镇断面放射性核素浓度

| 年度 | 放射性核素浓度 | | | | | | |
|---|---|---|---|---|---|---|---|
| | 铀/（μg/L） | 钍/（μg/L） | 镭-226/（mBq/L） | 总α/（Bq/L） | 总β/（Bq/L） | 锶-90/（mBq/L） | 铯-137/（mBq/L） |
| 2016 | 2.86 | 0.05 | <0.03 | <0.01 | 0.18 | 4.33 | 1.37 |
| 2017 | 2.86 | 0.05 | <0.03 | 0.01 | 0.18 | 4.33 | 1.37 |
| 2018 | 1.79 | 0.03 | 3.45 | 0.13 | 0.29 | 1.80 | 1.22 |
| 2019 | 0.94 | 0.03 | 4.05 | 0.05 | 0.24 | 2.17 | 0.97 |
| 2020 | 1.73 | 0.08 | 5.45 | 0.17 | 0.28 | 3.2 | 1.09 |

表 2.9-7 海河流域卫河卫辉上乐村断面放射性核素浓度

| 年度 | 放射性核素浓度 | | | | | | |
|---|---|---|---|---|---|---|---|
| | 铀/（μg/L） | 钍/（μg/L） | 镭-226/（mBq/L） | 总α/（Bq/L） | 总β/（Bq/L） | 锶-90/（mBq/L） | 铯-137/（mBq/L） |
| 2016 | 2.86 | 0.05 | <0.03 | <0.01 | 0.18 | 4.33 | 1.37 |
| 2017 | 3.60 | 0.06 | <0.03 | <0.05 | 0.46 | 3.80 | 1.52 |
| 2018 | 3.10 | 0.03 | 6.65 | 0.24 | 0.33 | 2.27 | 1.45 |
| 2019 | 1.72 | 0.03 | 8.70 | 0.16 | 0.38 | 1.93 | 1.38 |
| 2020 | 0.89 | 0.03 | <3.45 | <0.07 | 0.29 | 2.30 | 0.92 |

表 2.9-8 郑州市饮用水放射性核素浓度

| 年度 | 放射性核素浓度 | | | | | | |
|---|---|---|---|---|---|---|---|
| | 铀/（μg/L） | 钍/（μg/L） | 镭-226/（mBq/L） | 总α/（Bq/L） | 总β/（Bq/L） | 锶-90/（mBq/L） | 铯-137/（mBq/L） |
| 2016 | 3.69 | 0.06 | <1.61 | <0.01 | 0.13 | 4.96 | 0.53 |
| 2017 | 3.69 | 0.06 | <1.61 | <0.01 | 0.13 | 4.96 | 0.53 |
| 2018 | 0.67 | 0.08 | 3.70 | <0.05 | 0.06 | 2.09 | 0.84 |
| 2019 | 0.48 | 0.02 | 5.20 | <0.01 | 0.08 | 2.70 | 0.91 |
| 2020 | 0.39 | 0.08 | 2.65 | 0.02 | 0.06 | 2.45 | 1.15 |

表 2.9-9 全省省辖市饮用水总放射性浓度

| 年度 | 放射性核素浓度 | |
|---|---|---|
| | 总α/（Bq/L） | 总β/（Bq/L） |
| 2016 | 0.02 | 0.1 |
| 2017 | 0.04 | 0.12 |
| 2018 | 0.03 | 0.13 |
| 2019 | 0.03 | 0.13 |
| 2020 | 0.07 | 0.14 |

表 2.9-10 全省各流域水中天然放射性核素的浓度本底值

| 项目 | | 黄河流域 | 淮河流域 | 海河流域 |
|---|---|---|---|---|
| 铀/（μg/L） | 范围 | 0.05～9.0 | 0.05～16.00 | 0.04～10 |
| | 均值 | 3.34 | 2.45 | 2.67 |
| 钍/（μg/L） | 范围 | 0.04～4.34 | 0.02～11.40 | 0.15～2.96 |
| | 均值 | 1.25 | 1.44 | 1.57 |
| 镭-226/（mBq/L） | 范围 | 1.16～2.62 | 1.16～9.77 | 1.16～1.38 |
| | 均值 | 1.35 | 1.44 | 0.85 |
| 钾-40/（mBq/L） | 范围 | 33.6～173.00 | 20.90～299.00 | 32.00～336.00 |
| | 均值 | 84.30 | 108.00 | 149.00 |

注：本数据为1984—1985年河南省水体中天然放射性核素浓度调查研究项目成果。

（3）气溶胶

“十三五”期间，气溶胶中天然放射性核素浓度与历年监测结果相比，未发生大幅变化。监测结果表明，气溶胶中天然放射性核素铍-7、钾-40等核素活度浓度处于本底涨落范围内，人工放射性核素锶-90和铯-137活度浓度未见异常。监测结果见表2.9-11至表2.9-13。

表 2.9-11 “十三五”期间郑州大王庄气溶胶中放射性核素浓度（均值）

单位：μBq/m³

| 年度 | 放射性核素浓度（均值） | | | | | | | | | |
|---|---|---|---|---|---|---|---|---|---|---|
| | 铍-7 | 锕-228 | 镭-226 | 镭-228 | 钾-40 | 铅-210 | 钋-210 | 锶-90 | 铯-137 | 铯-137 放化 |
| 2016 | 3 317.7 | 18.9 | 21.4 | 3.6 | 432.0 | — | — | — | <4.2 | — |
| 2017 | 3 395.3 | 18.1 | 22.2 | 4.1 | 426.8 | 0.8 | 0.3 | — | <4.1 | — |
| 2018 | 3 804.2 | 21.3 | 17.9 | 5.4 | 386.6 | 0.8 | 0.3 | — | <4.3 | — |
| 2019 | 4 688.2 | — | — | 5.5 | 251.5 | 1.0 | 0.2 | 1.1 | <3.5 | 1.9 |
| 2020 | 4 662.5 | — | — | 4.2 | 228.0 | 1.7 | 0.4 | 2.7 | <3.6 | 3.3 |

表 2.9-12 “十三五”期间洛阳气溶胶中放射性核素浓度（均值）

单位：μBq/m³

| 年度 | 放射性核素浓度（均值） | | | | | | | |
|---|---|---|---|---|---|---|---|---|
| | 铍-7 | 锕-228 | 镭-226 | 镭-228 | 钾-40 | 锶-90 | 铯-137 | 铯-137 放化 |
| 2016 | 1 469.3 | <17.89 | 21.2 | <4.7 | 353.4 | — | <5.1 | — |
| 2017 | 1 371.2 | <17.57 | 21.0 | <4.6 | 352.8 | — | <5.2 | — |
| 2018 | 1 378.2 | 20.8 | <22.48 | <13.7 | 326.8 | — | <5.4 | — |
| 2019 | 1 760.0 | — | — | 6.4 | 294.8 | 3.2 | <3.8 | 1.8 |
| 2020 | 1 775.0 | — | — | 3.9 | 240.5 | 1.8 | <4.1 | 2.6 |

表 2.9-13 “十三五”期间漯河气溶胶中放射性核素浓度（均值）

单位：μBq/m³

| 年度 | 放射性核素浓度（均值） | | | | | | | |
|---|---|---|---|---|---|---|---|---|
| | 铍-7 | 锕-228 | 镭-226 | 镭-228 | 钾-40 | 锶-90 | 铯-137 | 铯-137 放化 |
| 2016 | 1 723.4 | <17.3 | 26.8 | <5.26 | 324.3 | — | <5.1 | — |
| 2017 | 1 704.2 | <17.6 | 21.9 | <5.43 | 347.9 | — | <5.0 | — |
| 2018 | 2 092.5 | <19.9 | <26.9 | <12.6 | 297.6 | — | <7.2 | — |
| 2019 | 2 485.0 | — | — | 7.7 | 186.7 | 4.7 | <4.5 | 0.6 |
| 2020 | 2 475.0 | — | — | 5.1 | 193.8 | 1.8 | <4.7 | 1.9 |

（4）沉降物

“十三五”期间，全省总沉降物中天然放射性核素浓度与历年监测结果相比，相对稳定，未发生大幅变化。监测结果见表 2.9-14。

**表 2.9-14 “十三五”期间全省总沉降物中天然放射性核素浓度（均值）**

| 年度 | 放射性核素浓度（均值） | | | | | | | |
|---|---|---|---|---|---|---|---|---|
| | 铍-7/[mBq/（m²·d）] | 钍-228/[mBq/（m²·d）] | 镭-226/[mBq/（m²·d）] | 镭-228/[mBq/（m²·d）] | 钾-40/[mBq/（m²·d）] | 锶-90/[mBq/（m²·d）] | 铯-137/[μBq/（m²·d）] | 铯-137 放化/[μBq/（m²·d）] |
| 2016 | 470.2 | 27.4 | 12.9 | 32.7 | 373.5 | ＜1.0 | — | — |
| 2017 | 455.6 | 26.4 | 14.8 | 32.6 | 381.1 | ＜1.0 | — | — |
| 2018 | 456.0 | 25.7 | 13.9 | 30.5 | 354.4 | ＜0.8 | — | — |
| 2019 | 501.5 | — | — | 27.8 | 321.1 | ＜0.5 | 1.0 | 2.0 |
| 2020 | 500.0 | — | — | 11.5 | 229.8 | ＜0.6 | 3.6 | 1.5 |

（5）空气中碘

“十三五”期间，全省空气中碘监测均为未检出，其浓度监测结果相对稳定，监测结果见表 2.9-15。

**表 2.9-15 “十三五”期间全省空气中碘监测数据**

单位：mBq/m³

| 年度 | 测量结果 |
|---|---|
| 2016 | ＜0.6 |
| 2017 | ＜0.6 |
| 2018 | ＜0.8 |
| 2019 | ＜0.6 |
| 2020 | ＜0.4 |

（6）室外氡

“十三五”期间，全省室外氡测得数据均未出现异常值，数据相对稳定，测量结果在正常范围波动，监测结果见表 2.9-16。

表 2.9-16 “十三五”期间全省室外氡监测数据

单位：$mBq/m^3$

| 年度 | 测量结果 |
|---|---|
| 2016 | 15.5 |
| 2017 | 13.0 |
| 2018 | 12.5 |
| 2019 | 14.4 |
| 2020 | 11.9 |

（7）氚

“十三五”期间，全省水中氚和气氚测得数据均未出现异常值，数据相对稳定，监测结果见表 2.9-17。

表 2.9-17 “十三五”期间全省水中氚和气氚监测数据

| 年度 | 测量项目 | |
|---|---|---|
| | 水中氚活度浓度/（Bq/L） | 气氚（HTO）活度浓度/（$mBq/m^3air$） |
| 2016 | — | — |
| 2017 | — | — |
| 2018 | <1.0 | <3.0 |
| 2019 | <1.1 | 9.7 |
| 2020 | <1.0 | <3.0 |

（8）土壤

“十三五”期间，全省土壤中天然放射性核素浓度与历年监测结果相比，未发生显著变化，与 1989 年河南省天然放射性水平调查时的监测结果处于同一水平。河南省土壤监测结果见表 2.9-18 至表 2.9-22，河南省土壤中天然放射性核素含量本底值见表 2.9-23。

**表 2.9-18 "十三五"期间全省土壤中天然放射性核素铀-238的含量（均值）**

单位：Bq/kg

| 城市名称 | 测量结果 | | | | | | | |
| --- | --- | --- | --- | --- | --- | --- | --- | --- |
| | 2016年 | 2017年 | 2018年 | 2019年 | 2020年 | 范围 | 均值 | 标准差 |
| 郑州 | 30.6 | 31.3 | 31.9 | 22.6 | 22.0 | 22.0～31.9 | 27.7 | 4.9 |
| 开封 | 37.9 | 34.3 | 35.0 | 23.4 | 33.0 | 23.4～37.9 | 32.7 | 5.5 |
| 洛阳 | 26.2 | 29.2 | 30.1 | 32.3 | 25.0 | 25.0～32.3 | 28.6 | 3.0 |
| 平顶山 | 38.4 | 46.1 | 42.2 | 40.3 | 36.0 | 36.0～46.1 | 40.6 | 3.9 |
| 安阳 | 36.3 | 32.4 | 31.8 | 28.0 | 21.0 | 21.0～36.3 | 29.9 | 5.8 |
| 鹤壁 | 37.3 | 39.1 | 38.6 | 27.1 | 23.0 | 23.0～39.1 | 33.0 | 7.4 |
| 新乡 | 29.4 | 31.2 | 33.1 | 27.4 | 18.0 | 18.0～33.1 | 27.8 | 5.9 |
| 焦作 | 26.4 | 29.1 | 33.7 | 21.4 | 26.0 | 21.4～33.7 | 27.3 | 4.5 |
| 濮阳 | 31.9 | 30.1 | 33.6 | 25.2 | 23.0 | 23.0～33.6 | 28.8 | 4.5 |
| 许昌 | 40.6 | 44.4 | 50.2 | 28.1 | 31.0 | 28.1～50.2 | 38.9 | 9.2 |
| 漯河 | 33.6 | 44.5 | 42.6 | 26.6 | 38.0 | 26.6～44.5 | 37.1 | 7.2 |
| 三门峡 | 33.6 | 37.1 | 45.0 | 28.0 | 28.0 | 28.0～45.0 | 34.3 | 7.1 |
| 南阳 | 32.2 | 37.6 | 33.5 | 30.8 | 29.0 | 29.0～37.6 | 32.6 | 3.2 |
| 商丘 | 35.1 | 35.1 | 37.3 | 29.2 | 28.0 | 28.0～37.3 | 32.9 | 4.1 |
| 信阳 | 45.2 | 35.5 | 36.0 | 37.6 | 34.0 | 34.0～45.2 | 37.7 | 4.4 |
| 周口 | 32.4 | 36.4 | 54.7 | 22.9 | 27.0 | 22.9～54.7 | 34.7 | 12.3 |
| 驻马店 | 47.3 | 35.2 | 67.8 | 17.2 | 28.0 | 17.2～67.8 | 39.1 | 19.4 |
| 济源 | 39.1 | 36.2 | 39.6 | 23.4 | 28.0 | 23.4～39.6 | 33.3 | 7.2 |
| 全省 | 35.2 | 35.8 | 39.8 | 27.3 | 27.7 | 17.2～67.8 | 33.2 | 4.2 |

**表 2.9-19 "十三五"期间全省土壤中天然放射性核素钍-232的含量（均值）**

单位：Bq/kg

| 城市名称 | 测量结果 | | | | | | | |
| --- | --- | --- | --- | --- | --- | --- | --- | --- |
| | 2016年 | 2017年 | 2018年 | 2019年 | 2020年 | 范围 | 均值 | 标准差 |
| 郑州 | 35.25 | 36.75 | 47.85 | 50.05 | 63 | 35.3～63.0 | 46.6 | 11.3 |
| 开封 | 55.39 | 46.35 | 39.93 | 43.48 | 37 | 37.0～55.4 | 44.4 | 7.1 |
| 洛阳 | 59.56 | 50.87 | 45.05 | 37.71 | 46 | 37.7～59.6 | 47.8 | 8.1 |
| 平顶山 | 59.25 | 45.32 | 36.02 | 49.81 | 48 | 36.0～59.3 | 47.7 | 8.4 |
| 安阳 | 48.32 | 49.30 | 44.56 | 45.00 | 51 | 44.6～51.0 | 47.6 | 2.8 |

| 城市名称 | 测量结果 | | | | | | | |
|---|---|---|---|---|---|---|---|---|
| | 2016 年 | 2017 年 | 2018 年 | 2019 年 | 2020 年 | 范围 | 均值 | 标准差 |
| 鹤壁 | 38.59 | 39.04 | 47.6 | 41.74 | 42 | 38.6～47.6 | 41.8 | 3.6 |
| 新乡 | 35.89 | 38.12 | 34.89 | 56.24 | 40 | 34.9～56.2 | 41.0 | 8.7 |
| 焦作 | 51.92 | 50.23 | 49.25 | 63.52 | 63 | 49.3～63.5 | 55.6 | 7.1 |
| 濮阳 | 36.38 | 37.34 | 35.13 | 63.47 | 44 | 35.1～63.5 | 43.3 | 11.8 |
| 许昌 | 42.74 | 41.74 | 40.36 | 54.93 | 44 | 40.4～54.9 | 44.8 | 5.8 |
| 漯河 | 46.33 | 55.87 | 50.07 | 48.15 | 49 | 46.3～55.9 | 49.9 | 3.6 |
| 三门峡 | 53.74 | 51.14 | 49.54 | 63.69 | 54 | 49.5～63.7 | 54.4 | 5.5 |
| 南阳 | 48.59 | 54.28 | 65.75 | 44.88 | 49 | 44.9～65.8 | 52.5 | 8.1 |
| 商丘 | 53.68 | 49.02 | 42.90 | 47.88 | 41 | 41.0～53.7 | 46.9 | 5.1 |
| 信阳 | 55.92 | 53.75 | 53.48 | 47.90 | 59 | 47.9～59.0 | 54.0 | 4.1 |
| 周口 | 46.38 | 56.59 | 50.55 | 49.92 | 46 | 46.0～56.6 | 49.9 | 4.3 |
| 驻马店 | 43.98 | 48.31 | 58.44 | 41.81 | 62 | 41.8～62.0 | 50.9 | 8.9 |
| 济源 | 52.45 | 55.7 | 54.51 | 43.59 | 56 | 43.6～56.0 | 52.5 | 5.1 |
| 全省 | 48.02 | 47.76 | 46.99 | 49.65 | 50 | 34.9～65.8 | 48.4 | 4.4 |

**表 2.9-20 “十三五”期间全省土壤中天然放射性核素镭-226 的含量（均值）**

单位：Bq/kg

| 城市名称 | 测量结果 | | | | | | | |
|---|---|---|---|---|---|---|---|---|
| | 2016 年 | 2017 年 | 2018 年 | 2019 年 | 2020 年 | 范围 | 均值 | 标准差 |
| 郑州 | 28.75 | 27.72 | 28.18 | 39.01 | 34 | 27.7～39.0 | 31.5 | 4.9 |
| 开封 | 32.12 | 30.22 | 29.32 | 28.58 | 29 | 28.6～32.1 | 29.8 | 1.4 |
| 洛阳 | 48.43 | 38.24 | 35.66 | 28.25 | 32 | 28.3～48.4 | 36.5 | 7.7 |
| 平顶山 | 35.69 | 34.12 | 34.32 | 33.30 | 31 | 31.0～35.7 | 33.7 | 1.7 |
| 安阳 | 35.67 | 35.07 | 31.20 | 33.20 | 37 | 31.2～37.0 | 34.4 | 2.3 |
| 鹤壁 | 35.25 | 34.47 | 32.72 | 21.64 | 30 | 21.6～35.3 | 30.8 | 5.5 |
| 新乡 | 25.29 | 29.33 | 26.11 | 47.08 | 33 | 25.3～47.1 | 32.2 | 8.9 |
| 焦作 | 40.24 | 43.54 | 34.77 | 34.12 | 44 | 34.1～44.0 | 39.3 | 4.7 |
| 濮阳 | 23.59 | 22.99 | 26.41 | 42.82 | 34 | 23.0～42.8 | 30.0 | 8.4 |
| 许昌 | 32.54 | 36.5 | 34.78 | 36.28 | 32 | 32.0～36.5 | 34.4 | 2.1 |
| 漯河 | 29.35 | 28.25 | 32.48 | 31.96 | 33 | 28.3～33.0 | 31.0 | 2.1 |
| 三门峡 | 44.36 | 34.69 | 34.45 | 40.81 | 36 | 34.5～44.4 | 38.1 | 4.4 |

| 城市名称 | 测量结果 | | | | | | | |
|---|---|---|---|---|---|---|---|---|
| | 2016年 | 2017年 | 2018年 | 2019年 | 2020年 | 范围 | 均值 | 标准差 |
| 南阳 | 31.25 | 35.96 | 35.65 | 30.10 | 36 | 30.1～36.0 | 33.8 | 2.9 |
| 商丘 | 36.57 | 33.22 | 26.99 | 35.16 | 22 | 22.0～36.6 | 30.8 | 6.1 |
| 信阳 | 23.69 | 36.98 | 44.04 | 30.45 | 32 | 23.7～44.0 | 33.4 | 7.6 |
| 周口 | 43.57 | 34.09 | 36.08 | 35.35 | 33 | 33.0～43.6 | 36.4 | 4.2 |
| 驻马店 | 31.98 | 42.53 | 42.13 | 32.50 | 40 | 32.0～42.5 | 37.8 | 5.2 |
| 济源 | 35.39 | 42.38 | 44.31 | 33.65 | 45 | 33.7～45.0 | 40.1 | 5.3 |
| 全省 | 34.10 | 34.46 | 33.87 | 34.13 | 34 | 21.6～48.4 | 34.1 | 3.3 |

**表2.9-21 “十三五”期间全省土壤中天然放射性核素钾-40的含量（均值）**

单位：Bq/kg

| 城市名称 | 测量结果 | | | | | | | |
|---|---|---|---|---|---|---|---|---|
| | 2016年 | 2017年 | 2018年 | 2019年 | 2020年 | 范围 | 均值 | 标准差 |
| 郑州 | 668.6 | 647.1 | 608.3 | 535.3 | 542.0 | 535.3～668.6 | 598.2 | 69.4 |
| 开封 | 639.6 | 631.3 | 544.7 | 561.3 | 366.0 | 366.0～639.6 | 549.5 | 127.3 |
| 洛阳 | 577.6 | 639.3 | 635.1 | 618.5 | 623.0 | 577.6～639.3 | 614.6 | 26.2 |
| 平顶山 | 584.0 | 635.2 | 579.3 | 434.7 | 438.0 | 434.7～635.2 | 523.0 | 102.2 |
| 安阳 | 659.8 | 632.8 | 632.8 | 614.7 | 617.0 | 614.7～659.8 | 631.1 | 20.8 |
| 鹤壁 | 624.4 | 639.3 | 596.6 | 556.1 | 576.0 | 556.1～639.3 | 598.9 | 39.3 |
| 新乡 | 716.5 | 701.3 | 613.6 | 590.2 | 593.0 | 590.2～716.5 | 650.3 | 68.0 |
| 焦作 | 628.6 | 589.5 | 501.6 | 598.2 | 589.0 | 589.0～628.6 | 601.3 | 18.7 |
| 濮阳 | 690.9 | 685.0 | 428.5 | 578.7 | 558.0 | 558.0～690.9 | 628.1 | 69.6 |
| 许昌 | 571.3 | 579.2 | 519.8 | 536.1 | 526.0 | 526.0～579.2 | 553.1 | 26.0 |
| 漯河 | 619.7 | 655.3 | 571.3 | 617.4 | 624.0 | 617.4～655.3 | 629.1 | 17.7 |
| 三门峡 | 664.4 | 670.2 | 611.6 | 630.1 | 635.0 | 630.1～670.2 | 649.9 | 20.3 |
| 南阳 | 635.3 | 595.0 | 687.3 | 676.0 | 667.0 | 595.0～676.0 | 643.3 | 36.6 |
| 商丘 | 669.9 | 630.8 | 561.6 | 606.4 | 624.0 | 606.4～669.9 | 632.8 | 26.8 |
| 信阳 | 649.7 | 660.3 | 581.1 | 781.0 | 751.0 | 649.7～781.0 | 710.5 | 65.4 |
| 周口 | 651.3 | 620.5 | 616.4 | 642.9 | 628.0 | 620.5～651.3 | 635.6 | 13.9 |
| 驻马店 | 625.2 | 658.2 | 590.6 | 632.5 | 619.0 | 619.0～658.2 | 633.7 | 17.2 |
| 济源 | 679.6 | 638.4 | 590.0 | 611.9 | 605.0 | 605.0～679.6 | 633.7 | 33.8 |
| 全省 | 642.0 | 639.4 | 581.7 | 601.2 | 587.8 | 366.0～781.0 | 617.6 | 43.1 |

**表 2.9-22 "十三五"期间全省土壤中天然放射性核素铯-137 的含量（均值）**

单位：Bq/kg

| 城市名称 | 测量结果 | | | | | |
|---|---|---|---|---|---|---|
| | 2016 年 | 2017 年 | 2018 年 | 2019 年 | 2020 年 | 探测下限范围 |
| 郑州 | <0.7 | <0.7 | <0.7 | <0.6 | <0.7 | 0.6～0.7 |
| 开封 | <1.0 | <0.8 | <1.0 | <0.8 | <0.7 | 0.7～1.0 |
| 洛阳 | <0.8 | <0.9 | <0.8 | <0.6 | <0.7 | 0.6～0.9 |
| 平顶山 | <0.7 | <0.8 | <0.2 | <0.9 | <0.8 | 0.2～0.9 |
| 安阳 | <0.6 | <0.6 | <0.7 | <0.8 | <0.8 | 0.6～0.8 |
| 鹤壁 | <0.8 | <0.7 | <0.4 | <0.8 | <0.8 | 0.4～0.8 |
| 新乡 | <0.6 | <0.7 | <0.4 | <0.9 | <0.8 | 0.4～0.9 |
| 焦作 | <1.0 | <0.8 | <0.5 | <0.7 | <0.7 | 0.5～1.0 |
| 濮阳 | <0.7 | <0.6 | <0.4 | <0.9 | <0.8 | 0.4～0.9 |
| 许昌 | <0.7 | <0.8 | <0.8 | <0.6 | <0.7 | 0.6～0.8 |
| 漯河 | <0.8 | <0.9 | <0.8 | <0.9 | <1.0 | 0.8～1.0 |
| 三门峡 | <0.5 | <0.8 | <0.7 | <1.0 | <0.9 | 0.5～1.0 |
| 南阳 | <1.0 | <0.8 | <1.0 | <0.5 | <0.6 | 0.5～1.0 |
| 商丘 | <0.8 | <0.9 | <0.1 | <0.9 | <0.8 | 0.1～0.9 |
| 信阳 | <0.9 | <0.8 | <0.6 | <1.2 | <1.0 | 0.6～1.2 |
| 周口 | <0.8 | <0.9 | <0.7 | <1.0 | <0.9 | 0.7～1.0 |
| 驻马店 | <0.8 | <0.8 | <0.8 | <0.9 | <0.8 | 0.8～0.9 |
| 济源 | <0.8 | <0.6 | <0.6 | <0.7 | <0.6 | 0.6～0.8 |
| 全省 | — | — | — | — | — | 0.1～1.2 |

**表 2.9-23 全省土壤中天然放射性核素含量本底值**

单位：Bq/kg

| 城市名称 | 铀-238 | | 钍-232 | | 镭-226 | | 钾-40 | |
|---|---|---|---|---|---|---|---|---|
| | 范围 | 均值 | 范围 | 均值 | 范围 | 均值 | 范围 | 均值 |
| 郑州 | 23.5～51.0 | 38.3 | 23.0～30.2 | 27.3 | 38.2～57.8 | 45.3 | 456.1～571.0 | 529.8 |
| 全省 | 10.0～63.4 | 33.8 | 9.8～45.4 | 28.2 | 16.0～147.7 | 50.6 | 214.9～1 158.4 | 576.2 |

注：本数据为 1987—1989 年河南省土壤中天然放射性核素含量调查研究项目成果。

### 2.9.1.3 “十三五”末与“十二五”末相比变化情况

（1）γ辐射空气吸收剂量率

全省“十三五”末γ辐射空气吸收剂量率与“十二五”末监测结果相比，没有明显提高，均在天然辐射本底范围内正常波动。对比结果见表2.9-24至表2.9-26。

表2.9-24 “十三五”末与“十二五”末全省γ辐射空气吸收剂量率监测结果统计

单位：nGy/h

| 城市名称 | 测量结果 | | | |
|---|---|---|---|---|
| | 2015年 | 2020年 | “十二五”期间均值 | “十三五”期间均值 |
| 郑州 | 71.8 | 61.6 | 70.8 | 61.6 |
| 开封 | 72.5 | 60.0 | 74.3 | 60.0 |
| 洛阳 | 86.2 | 67.7 | 83.7 | 67.7 |
| 平顶山 | 94.9 | 101.6 | 91.1 | 101.6 |
| 安阳 | 82.1 | 69.7 | 76.4 | 69.7 |
| 鹤壁 | 76.8 | 65.0 | 73.3 | 65.0 |
| 焦作 | 79.4 | 59.6 | 70.9 | 59.6 |
| 漯河 | 92.2 | 77.5 | 93.3 | 77.5 |
| 南阳 | 90.2 | 79.7 | 89.8 | 79.7 |
| 济源 | 78.5 | 67.5 | 75.9 | 67.5 |

表2.9-25 “十三五”末与“十二五”末全省γ辐射累积剂量监测结果统计

单位：nGy/h

| 城市名称 | 测量结果 | | | |
|---|---|---|---|---|
| | 2015年 | 2020年 | “十二五”期间均值 | “十三五”期间均值 |
| 郑州 | 90.9 | 95.8 | 108.0 | 92.7 |
| 开封 | 94.6 | 96.3 | 117.1 | 92.3 |
| 洛阳 | 94.0 | 100.0 | 108.7 | 94.7 |
| 平顶山 | 103.6 | 97.0 | 115.8 | 97.8 |
| 安阳 | 93.0 | 96.3 | 109.4 | 95.2 |
| 鹤壁 | 93.4 | 97.5 | 97.7 | 89.7 |
| 焦作 | 99.1 | 95.0 | 110.3 | 91.5 |
| 漯河 | 96.4 | 96.5 | 111.9 | 100.4 |

| 城市名称 | 测量结果 | | | |
|---|---|---|---|---|
| | 2015 年 | 2020 年 | “十二五”期间均值 | “十三五”期间均值 |
| 南阳 | 102.0 | 96.3 | 119.7 | 93.7 |
| 济源 | 92.0 | 99.0 | 105.8 | 92.1 |

**表 2.9-26 “十三五”末与“十二五”末全省自动站γ辐射空气吸收剂量率监测统计数据**

单位：nGy/h

| 站点名称 | 测量结果 | | | |
|---|---|---|---|---|
| | 2015 年 | 2020 年 | “十二五”期间均值 | “十三五”期间均值 |
| 安阳环境保护局监测站 | 99.3 | 97.2 | 100.3 | 98.0 |
| 鹤壁环境保护局 | 99.5 | 101.0 | 98.8 | 102.0 |
| 济源柴庄 | 97.7 | 95.9 | 98.2 | 97.3 |
| 济源五龙口监察支队 | 111.7 | 108.6 | 110.5 | 110.2 |
| 焦作佰利联化工公司 | 109.3 | — | 110.0 | 113.2 |
| 焦作市环境保护局 | 110.0 | — | 111.3 | 110.8 |
| 焦作中铝公司赤泥坝台马沟库 | 85.4 | 83.6 | 82.7 | 84.8 |
| 开封坤源公司 | 94.7 | 113.3 | 96.1 | 101.4 |
| 洛阳大洋耐火材料有限公司 | 113.1 | 105.9 | 127.5 | 106.0 |
| 漯河黑龙潭电管所 | 118.9 | 121.0 | 113.5 | 127.8 |
| 南阳环境保护局 | — | — | 101.7 | 107.1 |
| 南阳老庄气象站 | — | 93.1 | 116.6 | 94.6 |
| 平顶山汇源化工有限责任公司 | 103.5 | 155.7 | 103.4 | 114.0 |
| 平顶山浦城店遗址 | 112.6 | — | 114.2 | 111.2 |
| 濮阳濮上园 | — | 100.4 | 87.8 | 99.8 |
| 三门峡陕州风景区 | 105.6 | — | 106.3 | 105.4 |
| 商丘污水处理厂 | 93.9 | 86.1 | 93.6 | 87.8 |
| 新乡市政府大楼 | 101.5 | 99.1 | 101.5 | 101.5 |
| 信阳师范学院 | 135.7 | 111.0 | 126.2 | 113.2 |
| 许昌瑞贝卡污水净化公司 | 101.8 | 102.6 | 102.5 | 102.2 |
| 郑州河南省广播电视发射中心 | 94.0 | 89.5 | 94.8 | 92.1 |
| 郑州环境保护局监测站 | 100.0 | 96.2 | 101.2 | 98.2 |

| 站点名称 | 测量结果 | | | |
|---|---|---|---|---|
| | 2015 年 | 2020 年 | “十二五”期间均值 | “十三五”期间均值 |
| 郑州同新公司 | 101.2 | — | 100.9 | 99.5 |
| 郑州五龙口污水处理厂 | 85.0 | 83.6 | 86.2 | 84.3 |
| 周口太昊陵独秀园 | 94.9 | 92.0 | 96.0 | 93.7 |
| 驻马店新世纪广场 | 109.6 | 107.6 | 108.2 | 109.3 |
| 全省 | 103.4 | 102.2 | 104.9 | 102.7 |

（2）水体

全省“十三五”末与“十二五”末监测结果相比，没有明显变化，均在天然辐射本底范围内正常波动。对比结果见表 2.9-27 至表 2.9-31。

**表 2.9-27 “十三五”末与“十二五”末黄河流域花园口断面放射性核素浓度对比**

| 年度 | 放射性核素浓度 | | | | | | |
|---|---|---|---|---|---|---|---|
| | 铀/（μg/L） | 钍/（μg/L） | 镭-226/（mBq/L） | 总α/（μg/L） | 总β/（μg/L） | 锶-90/（mBq/L） | 铯-137/（mBq/L） |
| 2015 | 5.3 | 0.6 | — | 0.1 | 5.1 | 0.7 | 5.3 |
| 2020 | 2.2 | 0.05 | 4.80 | 0.12 | 0.23 | 3.85 | 1.00 |
| “十三五”期间均值 | 3.71 | 0.04 | 5.17 | 0.10 | 0.2 | 4.18 | 0.78 |
| “十二五”期间均值 | 1.88 | 1.98 | 4.75 | 0.11 | 1.26 | 2.35 | 3.04 |

**表 2.9-28 “十三五”末与“十二五”末淮河流域沈丘槐店镇断面放射性核素浓度对比**

| 年度 | 放射性核素浓度 | | | | | | |
|---|---|---|---|---|---|---|---|
| | 铀/（μg/L） | 钍/（μg/L） | 镭-226/（mBq/L） | 总α/（μg/L） | 总β/（μg/L） | 锶-90/（mBq/L） | 铯-137/（mBq/L） |
| 2015 | 3.9 | 0.3 | — | 0.2 | 4.1 | 1.8 | 3.9 |
| 2020 | 1.7 | 0.1 | 5.5 | 0.2 | 0.3 | 3.2 | 1.1 |
| “十三五”期间均值 | 2.0 | 0.1 | 4.3 | 0.1 | 0.2 | 3.2 | 1.2 |
| “十二五”期间均值 | 1.5 | 1.7 | 5.3 | 0.1 | 1.1 | 1.3 | 2.2 |

表 2.9-29 “十三五”末与“十二五”末海河流域卫辉上乐村断面放射性核素浓度对比

| 年度 | 放射性核素浓度 | | | | | | |
|---|---|---|---|---|---|---|---|
| | 铀/（μg/L） | 钍/（μg/L） | 镭-226/（mBq/L） | 总α/（μg/L） | 总β/（μg/L） | 锶-90/（mBq/L） | 铯-137/（mBq/L） |
| 2015 | 1.5 | 1.7 | — | 0.1 | 1.1 | 1.3 | 2.2 |
| 2020 | 0.9 | 0 | ＜3.45 | ＜0.07 | 0.3 | 2.3 | 0.9 |
| “十三五”期间均值 | 2.4 | 0 | 7.7 | 0.2 | 0.3 | 2.9 | 1.3 |
| “十二五”期间均值 | 1.8 | 1.7 | 2.7 | 0.1 | 1.3 | 2.5 | 3.3 |

表 2.9-30 “十三五”末与“十二五”末郑州市集中式饮用水水源地放射性核素浓度对比

| 年度 | 放射性核素浓度 | | | | | | |
|---|---|---|---|---|---|---|---|
| | 铀/（μg/L） | 钍/（μg/L） | 镭-226/（mBq/L） | 总α/（μg/L） | 总β/（μg/L） | 锶-90/（mBq/L） | 铯-137/（mBq/L） |
| 2015 | 1.8 | 1.7 | — | 0.1 | 1.3 | 2.5 | 3.3 |
| 2020 | 0.4 | 0.1 | 2.7 | 0 | 0.1 | 2.5 | 1.2 |
| “十三五”期间均值 | 1.8 | 0.1 | 3.9 | 0 | 0.1 | 3.4 | 0.8 |
| “十二五”期间均值 | 2.2 | 1.5 | 3.9 | 0.2 | 1.9 | 3.1 | 2.5 |

表 2.9-31 “十三五”末与“十二五”末省辖市集中式饮用水水源地总放射性浓度对比

单位：Bq/L

| 年度 | 放射性核素浓度 | |
|---|---|---|
| | 总α | 总β |
| 2015 | 0.06 | 0.08 |
| 2020 | 0.07 | 0.14 |
| “十三五”期间均值 | 0.04 | 0.12 |
| “十二五”期间均值 | 0.06 | 0.08 |

（3）气溶胶

全省“十三五”末气溶胶中天然放射性核素浓度测量结果与“十二五”末监测结果相比，没有明显变化，均在天然辐射本底范围内正常波动。对比结果见表 2.9-32 至表 2.9-34。

**表 2.9-32 “十三五”末与“十二五”末郑州大王庄站气溶胶中放射性核素浓度对比**

单位：μBq/m³

| 年度 | 测量项目 | | | | | | | | | |
|---|---|---|---|---|---|---|---|---|---|---|
| | 铍-7 | 锕-228 | 镭-226 | 镭-228 | 钾-40 | 铅-210 | 钋-210 | 锶-90 | 铯-137 | 铯-137放化 |
| 2015 | 4 248.5 | 21.3 | 25.0 | 5.8 | 383.8 | 0.7 | 0.3 | — | <4.2 | — |
| 2020 | 4 662.5 | — | — | 4.2 | 228.0 | 1.7 | 0.4 | 2.7 | <3.6 | 3.3 |
| “十三五”期间均值 | 3 973.6 | 19.4 | 20.5 | 4.6 | 345.0 | 1.1 | 0.3 | 1.9 | <3.9 | 2.6 |
| “十二五”期间均值 | 2 427.94 | 22.9 | 26.8 | 5.4 | 357.5 | 0.7 | 0.3 | — | — | — |

**表 2.9-33 “十三五”末与“十二五”末洛阳中州东路站气溶胶中放射性核素浓度**

单位：μBq/m³

| 年度 | 测量项目 | | | | | | | |
|---|---|---|---|---|---|---|---|---|
| | 铍-7 | 锕-228 | 镭-226 | 镭-228 | 钾-40 | 锶-90 | 铯-137 | 铯-137放化 |
| 2015 | 1 706.9 | 15.8 | 27.2 | 53.0 | 324.3 | — | — | — |
| 2020 | 1 775.0 | — | — | 3.9 | 240.5 | 1.8 | <4.1 | 2.6 |
| “十三五”期间均值 | 1 550.7 | 20.8 | <21.58 | 5.2 | 313.7 | 2.5 | — | 2.2 |
| “十二五”期间均值 | 1 706.9 | 15.8 | 27.2 | 53 | 324.3 | — | — | — |

**表 2.9-34 “十三五”末与“十二五”末漯河龙江路站气溶胶中放射性核素浓度**

单位：μBq/m³

| 年度 | 测量项目 | | | | | | | |
|---|---|---|---|---|---|---|---|---|
| | 铍-7 | 锕-228 | 镭-226 | 镭-228 | 钾-40 | 锶-90 | 铯-137 | 铯-137放化 |
| 2015 | 1 328.5 | 31.0 | 28.2 | 5.1 | 364.3 | — | — | — |
| 2020 | 2 475.0 | — | — | 5.1 | 193.8 | 1.8 | <4.7 | 1.9 |
| “十三五”期间均值 | 2 096.0 | — | 24.4 | 6.4 | 270.0 | 3.3 | — | 1.2 |
| “十二五”期间均值 | 1 328.5 | 31.8 | 28.2 | 5.1 | 364.3 | — | — | — |

（4）沉降物

全省“十三五”末总沉降物中天然放射性核素浓度测量结果与“十二五”末监测结果相比，没有明显变化，均在天然辐射本底范围内正常波动，人工放射性核素监测结果变化趋势稳定。对比结果见表 2.9-35。

表 2.9-35 “十三五”末与“十二五”末全省辐射中心楼顶总沉降物放射性核素浓度（均值）

| 年度 | 测量项目 | | | | | | | |
|---|---|---|---|---|---|---|---|---|
| | 铍-7/[μBq/（m²·d）] | 钍-228/[μBq/（m²·d）] | 镭-226/[μBq/（m²·d）] | 镭-228/[μBq/（m²·d）] | 钾-40/[μBq/（m²·d）] | 锶-90/[μBq/（m²·d）] | Sr-90/[mBq/（m²·d）] | Cs-137 放化/[mBq/（m²·d）] |
| 2015 | 384.9 | 26.9 | 9.0 | 28.3 | 318.5 | — | — | — |
| 2020 | 500.0 | — | — | 11.5 | 229.8 | ＜0.6 | 3.6 | 1.5 |
| “十三五”期间均值 | 476.6 | 26.5 | 13.9 | 27.0 | 332.0 | ＜0.8 | 2.3 | 1.7 |
| “十二五”期间均值 | 384.9 | 26.9 | 9.0 | 28.3 | 318.5 | — | 2.3 | 1.7 |

（5）空气中碘

全省“十三五”末空气中碘测量结果与“十二五”末监测结果相比，没有明显变化，均为未检出。对比结果见表 2.9-36。

表 2.9-36 “十三五”末与“十二五”末全省空气中碘监测数据

单位：mBq/m³

| 年度 | 测量结果 |
|---|---|
| 2015 年度样品探测下限范围 | ＜0.5 |
| 2020 年度样品探测下限范围 | ＜0.4 |
| “十三五”期间样品探测下限范围 | 0.4～0.8 |
| “十二五”期间样品探测下限范围 | 0.5～0.7 |

（6）室外氡

“十三五”末与“十二五”末相比，河南省室外氡测得数据均未出现异常值，数据相对稳定，监测结果见表 2.9-37。

表2.9-37 “十三五”末与“十二五”末全省室外氡监测数据

单位：mBq/m³

| 年度 | 测量结果 |
| --- | --- |
| 2015 | 13.4 |
| 2020 | 11.9 |
| “十三五”期间均值 | 13.5 |
| “十二五”期间均值 | 13.4 |

（7）氚

“十三五”末与“十二五”末相比，河南省水中氚和气氚测得数据均未出现异常值，数据相对稳定，监测结果见表2.9-38。

表2.9-38 “十三五”末与“十二五”末全省水中氚和气氚的监测数据

| 年度 | 测量项目 | |
| --- | --- | --- |
| | 水中氚活度浓度/（Bq/L） | 气氚（HTO）活度浓度/（mBq/m³air） |
| 2015年度样品探测下限范围 | ＜1.0 | ＜3.7 |
| 2020年度样品探测下限范围 | ＜1.0 | 0.8 |
| “十三五”期间样品探测下限范围 | 1.0～1.1 | 5.2（均值） |
| “十二五”期间样品探测下限范围 | ＜1.0 | ＜3.7 |

（8）土壤

全省“十三五”末土壤中天然放射性核素浓度测量结果与“十二五”末监测结果相比，没有明显变化，均在天然辐射本底范围内正常波动。对比结果见表2.9-39。

表2.9-39 “十三五”末与“十二五”末全省土壤中天然放射性核素浓度对比

单位：Bq/kg

| 年度 | 放射性核素含量 | | | | |
| --- | --- | --- | --- | --- | --- |
| | 铀-238 | 钍-232 | 镭-226 | 钾-40 | 铯-137 |
| 2015 | 15.8 | 47.2 | 33.3 | 634.6 | — |
| 2020 | 27.7 | 49.7 | 34.1 | 587.8 | ＜0.8 |
| “十三五”期间均值 | 33.2 | 48.5 | 34.1 | 610.4 | ＜0.7 |
| “十二五”期间均值 | 15.8 | 47.2 | 33.3 | 634.6 | — |

## 2.9.2 电磁辐射

### 2.9.2.1 电磁辐射设备基本情况

截至 2020 年年底，全省 110 kV 及以上变电站达到 1 696 座，较 2015 年年底（1 278 座）增长了 32.7%，110 kV 及以上输电线路长度 59 343 万 km，800 kV 及以上特高压线路在运行 7 条，在建 1 条（均含过境）。共有广播电视、雷达及其他大型电磁设备 559 台，移动通信物理站址约 10 万个，全省移动通信基站由 24.9 万个增加至 49.4 个，增加近 1 倍。

### 2.9.2.2 “十三五”期间电磁辐射环境质量状况

总体分析，“十三五”期间，河南省环境电磁辐射综合场强远低于国家标准规定的公众环境限值（12V/m）。

表 2.9-40 “十三五”期间河南省辐射中心楼顶电磁辐射环境质量监测数据统计

| 年度 | 频次/（次/a） | 6 min 有效值范围 | 均值/（V/m） | 标准差 |
|---|---|---|---|---|
| 2016 | 4 | 1.1～1.7 | 1.3 | 0.2 |
| 2017 | 4 | 1.1～1.6 | 1.3 | 0.4 |
| 2018 | 4 | 1.3～1.9 | 1.5 | 0.2 |
| 2019 | 4 | 1.0～2.1 | 1.6 | 0.7 |
| 2020 | 4 | 1.2～1. 8 | 1.5 | 0.3 |
| “十三五”期间均值 | | 1.0～2.1 | 1.4 | 1.3 |
| “十二五”期间均值 | | 1.0～1.2 | 1.1 | 0.1 |

注：综合场强频率为 0.1～3 000 MHz。

国家控制电磁环境污染点位（河南省广播电视发射塔）监测结果见表 2.9-41。

表 2.9-41 “十三五”期间河南省广播电视发射塔环境电磁辐射监测数据统计

| 年度 | 频次/（次/a） | 6 min 有效值范围 | 均值/（V/m） | 标准差 |
|---|---|---|---|---|
| 2016 | 4 | 0.7～3.0 | 2.0 | 0.5 |
| 2017 | 4 | 1.46～2.6 | 2.2 | 0.3 |
| 2018 | 4 | 1.9～2.8 | 2.4 | 0.5 |
| 2019 | 4 | 1.8～2.9 | 2.4 | 0.4 |
| 2020 | 4 | 1.5～3.7 | 2.7 | 0.4 |

| 年度 | 频次/（次/a） | 6 min 有效值范围 | 均值/（V/m） | 标准差 |
| --- | --- | --- | --- | --- |
| “十三五”期间均值 | | 0.7～3.7 | 2.3 | 0.3 |
| “十二五”期间均值 | | 2.7～3.7 | 3.1 | 0.4 |

注：综合场强频率为 0.1～3 000MHz。

2020 年及“十三五”期间全省电磁辐射环境监测自动站正常运行，监测数据见表 2.9-42。

**表 2.9-42 “十三五”期间全省自动站电磁辐射监测数据统计**

单位：V/m

| 站点名称 | 2016年 | 2017年 | 2018年 | 2019年 | 2020年 | “十三五”期间 | | |
| --- | --- | --- | --- | --- | --- | --- | --- | --- |
| | | | | | | 取值范围 | 平均值 | 标准差 |
| 郑州五龙口污水处理厂 | 0.9 | 0.7 | 0.5 | 0.6 | 0.4 | 0.4～0.9 | 0.6 | 0.2 |
| 河南省广播电视发射中心 | 2.0 | 2.2 | 2.4 | 2.4 | 2.7 | 2.0～2.7 | 2.3 | 0.2 |
| 河南省辐射环境安全技术中心 | 1.3 | 1.3 | 1.5 | 1.6 | 1.5 | 1.3～1.6 | 1.5 | 0.1 |
| 开封市环境保护局 | 1.1 | 1.1 | 1.2 | 1.3 | 1.3 | 1.1～1.3 | 1.2 | 0.1 |
| 洛阳市环境保护局 | 2.8 | 2.7 | 2.3 | 2.2 | 2.2 | 2.2～2.8 | 2.4 | 0.2 |
| 平顶山市环境保护局 | — | — | 1.9 | — | — | 1.9～1.9 | 1.9 | — |
| 安阳市环境保护局 | 6.6 | 7.3 | — | 4.9 | 3.4 | 3.4～7.3 | 5.6 | 2.4 |
| 鹤壁市环境保护局 | 0.8 | 0.8 | 0.6 | 0.6 | 0.6 | 0.6～0.8 | 0.6 | 0.1 |
| 新乡市环境保护局 | 3.2 | 2.4 | 3.4 | 3.1 | 3.4 | 2.4～3.4 | 3.1 | 0.4 |
| 焦作市环境保护局 | 5.1 | — | — | — | — | 5.1～5.1 | 5.1 | — |
| 濮阳市环境保护局 | 1.1 | 1.2 | 1.6 | 1.7 | 1.2 | 1.1～1.7 | 1.4 | 0.3 |
| 许昌市环境保护局 | 1.4 | 1.6 | — | — | — | 1.4～1.6 | 1.5 | 0.1 |
| 漯河市环境保护局 | 2.8 | 2.0 | 0.3 | 2.8 | — | 0.3～2.8 | 2.0 | 1.0 |
| 三门峡市环境保护局 | 2.2 | 2.5 | 0.8 | 1.5 | 1.0 | 0.8～2.5 | 1.6 | 0.7 |
| 南阳市环境保护局 | 2.0 | 0.9 | 0.9 | 0.8 | 0.9 | 0.8～2.0 | 1.1 | 0.5 |
| 环境监察支队 | 2.2 | 2.4 | — | — | 0.3 | 0.3～2.4 | 1.6 | 1.0 |
| 信阳师范学院电磁子站 | 0.9 | 0.9 | 1.0 | 1.0 | 2.0 | 0.9～2.0 | 1.2 | 0.4 |
| 周口市环境保护局 | 1.6 | 1.4 | 1.2 | 0.9 | 1.6 | 0.9～1.6 | 1.3 | 0.2 |
| 驻马店市环境保护局 | 2.9 | 2.7 | 2.9 | 2.5 | 2.4 | 2.4～2.9 | 2.7 | 0.2 |
| 科研苑楼顶 | 1.0 | 1.2 | 1.2 | 0.8 | 0.9 | 0.8～1.2 | 1.0 | 0.2 |
| 全省 | 2.3 | 2.7 | 3.4 | 2.5 | 1.6 | 0.3～27.0 | 2.3 | 3.3 |

电磁辐射环境监测表明，随着空间各种电磁信号的增加，使城市环境的电磁辐射水平整体有所增加，尤其是对电磁波辐射体近距离的建筑有一定的影响，但这种影响并未超过国家规定的标准限值。随着公众环境保护意识的加强，因电磁辐射环境问题，居民投诉事件逐年增加。

### 2.9.2.3 “十三五”末与“十二五”末相比变化情况

电磁辐射国控点位（河南省辐射中心楼顶）“十三五”末与“十二五”末监测结果相比变化情况见表 2.9-43，国家控制电磁环境污染点位（河南省广播电视发射塔）监测结果见表 2.9-44，全省自动站电磁辐射环境监测数据见表 2.9-45。

表 2.9-43 “十三五”末与“十二五”末河南省辐射中心楼顶电磁辐射环境监测数据

| 年度 | 频次/（次/a） | 6 min 有效值范围 | 均值/（V/m） | 标准差 |
|---|---|---|---|---|
| 2015 | 4 | 1.00～1.48 | 1.12 | 0.25 |
| 2020 | 4 | 1.1～1.7 | 1.3 | 0.2 |
| “十三五”期间均值 | | 1.0～2.1 | 1.4 | 1.3 |
| “十二五”期间均值 | | 1.02～1.15 | 1.08 | 0 |

表 2.9-44 “十三五”末与“十二五”末河南省广播电视发射塔电磁辐射环境监测数据

| 年度 | 频次/（次/a） | 6 min 有效值范围 | 均值/（V/m） | 标准差 |
|---|---|---|---|---|
| 2015 | 4 | 2.3～3.3 | 2.9 | 0.4 |
| 2020 | 4 | 0.7～3.0 | 2.0 | 0.5 |
| “十三五”期间均值 | | 0.7～3.7 | 2.3 | 0.3 |
| “十二五”期间均值 | | 2.70～3.67 | 3.05 | 0.4 |

表 2.9-45 “十三五”末与“十二五”末全省自动站电磁辐射监测数据统计

单位：V/m

| 站点名称 | 2015 年 | 2016 年 | “十二五”期间 | | | “十三五”期间 | | |
|---|---|---|---|---|---|---|---|---|
| | | | 取值范围 | 平均值 | 标准差 | 节值范围 | 平均值 | 标准差 |
| 郑州五龙口污水处理厂 | 1.1 | 0.9 | 1.1～2.0 | 1.6 | 0.4 | 0.4～0.9 | 0.6 | 0.2 |
| 河南省广播电视发射中心 | 2.9 | 2.0 | 2.7～3.7 | 3.1 | 0.4 | 2.0～2.7 | 2.3 | 0.2 |
| 河南省辐射环境安全技术中心 | 1.1 | 1.3 | 1.0～1.2 | 1.1 | 0.1 | 1.3～1.6 | 1.5 | 0.1 |
| 开封市环境保护局 | 1.3 | 1.1 | 0.7～1.3 | 1.1 | 0.2 | 1.1～1.3 | 1.2 | 0.1 |
| 洛阳市环境保护局 | 2.3 | 2.8 | 2.3～5.7 | 3.9 | 1.4 | 2.2～2.8 | 2.4 | 0.2 |

| 站点名称 | 2015年 | 2016年 | “十二五”期间 | | | “十三五”期间 | | |
|---|---|---|---|---|---|---|---|---|
| | | | 取值范围 | 平均值 | 标准差 | 节值范围 | 平均值 | 标准差 |
| 平顶山市环境保护局 | — | — | 1.7～2.0 | 1.8 | 0.2 | 1.9～1.9 | 1.9 | 0 |
| 安阳市环境保护局 | 3.3 | 6.6 | 1.2～3.8 | 2.3 | 1.1 | 3.4～7.3 | 5.6 | 2.4 |
| 鹤壁市环境保护局 | 0.8 | 0.8 | 0.3～1.0 | 0.7 | 0.3 | 0.6～0.8 | 0.6 | 0.1 |
| 新乡市环境保护局 | 3.7 | 3.2 | 1.2～3.7 | 2.4 | 1.1 | 2.4～3.4 | 3.1 | 0.4 |
| 焦作市环境保护局 | 3.9 | 5.1 | 1.2～3.9 | 2.2 | 1.1 | 5.1～5.1 | 5.1 | 0 |
| 濮阳市环境保护局 | 1.1 | 1.1 | 1.0～1.2 | 1.1 | 0.1 | 1.1～1.7 | 1.4 | 0.3 |
| 许昌市环境保护局 | 1.6 | 1.4 | 1.4～2.5 | 1.6 | 0.5 | 1.4～1.6 | 1.5 | 0.1 |
| 漯河市环境保护局 | 2.1 | 2.8 | 0.5～3.2 | 2.2 | 1.1 | 0.3～2.8 | 2.0 | 1.0 |
| 三门峡市环境保护局 | 2.3 | 2.2 | 2.3～2.8 | 2.54 | 0.20 | 0.8～2.5 | 1.6 | 0.7 |
| 南阳市环境保护局 | 2.0 | 2.0 | 0.3～2.2 | 1.67 | 0.77 | 0.8～2.0 | 1.1 | 0.5 |
| 环境监察支队 | 1.4 | 2.2 | 1.4～1.6 | 1.54 | 0.12 | 0.3～2.4 | 1.6 | 1.0 |
| 信阳师范学院电磁子站 | 0.9 | 0.9 | 0.7～1.0 | 0.85 | 0.09 | 0.9～2.0 | 1.2 | 0.4 |
| 周口市环境保护局 | 1.4 | 1.6 | 1.4～2.3 | 1.66 | 0.34 | 0.9～1.6 | 1.3 | 0.2 |
| 驻马店市环境保护局 | 2.8 | 2.9 | 2.3～2.8 | 2.50 | 0.21 | 2.4～2.9 | 2.7 | 0.2 |
| 科研苑楼顶 | 1.1 | 1.0 | 0.7～1.8 | 1.28 | 0.41 | 0.8～1.2 | 1.0 | 0.2 |
| 全省 | 1.9 | 2.3 | 0.3～5.7 | 1.85 | 0.79 | 0.3～27.0 | 2.3 | 3.3 |

### 2.9.3 重点监控的辐射设施①

“十三五”期间，“十三五”与“十二五”期间均值对比，河南省境内核技术应用项目未对大环境产生影响；河南省放射性废物库安全运行，周围放射性水平未发现明显变化。

#### 2.9.3.1 陆地γ辐射空气吸收剂量率

“十三五”期间，河南省放射性废物库周围的γ辐射剂量率监测值为58.2～59.8 nGy/h，均值为58.9 nGy/h（已扣除宇宙射线的响应值）。“十三五”与“十二五”期间对比，与废物库运行前的本底测量数据相比较（55～114 nGy/h，均值为67.1 nGy/h），基本处在正常本底波动水平，环境辐射水平没有明显变化。

① 由于2015年个别指标未监测，重点监控的辐射设施进行“十三五”与“十二五”期间对比分析。

#### 2.9.3.2　气溶胶

“十三五”期间以及“十三五”与“十二五”期间均值对比，河南省放射性废物库环境气溶胶测量结果见表 2.9-46。

表 2.9-46　“十三五”与“十二五”期间全省放射性废物库气溶胶中放射性核素浓度（均值）

单位：μBq/m³

| 年度 | 测量项目 | | | | | | | | | |
|---|---|---|---|---|---|---|---|---|---|---|
| | 铍-7 | 锕-228 | 镭-226 | 镭-228 | 钾-40 | 铅-210 | 钋-210 | 锶-90 | 铯-137 | 铯-137放化 |
| 2016 | 3 317.7 | 18.9 | 21.4 | 3.6 | 432.0 | — | — | — | <4.2 | — |
| 2017 | 3 395.3 | 18.1 | 22.2 | 4.1 | 426.8 | 0.8 | 0.3 | — | <4.1 | — |
| 2018 | 3 804.2 | 21.3 | 17.9 | 5.4 | 386.6 | 0.8 | 0.3 | — | <4.3 | — |
| 2019 | 4 688.2 | — | — | 5.5 | 251.5 | 1.0 | 0.2 | 1.1 | <3.5 | 1.9 |
| 2020 | 4 662.5 | — | — | 4.2 | 228.0 | 1.7 | 0.4 | 2.7 | <3.6 | 3.3 |
| “十三五”期间均值 | 3 973.6 | 19.4 | 20.5 | 4.6 | 345.0 | 1.1 | 0.3 | 1.9 | <3.9 | 2.6 |
| “十二五”期间均值 | 2 427.94 | 22.9 | 26.8 | 5.4 | 357.5 | 0.7 | 0.3 | — | — | — |

#### 2.9.3.3　地下水

“十三五”期间、“十三五”与“十二五”期间均值对比，河南省放射性废物库地下水放射性水平测量值与运行前本底值（总α为 0.024～0.25 Bq/L，总β为 0.15～0.68 Bq/L）相比，处于同一水平（表 2.9-47）。

表 2.9-47　“十三五”与“十二五”期间全省放射性废物库地下水放射性水平

| 年度 | 放射性核素含量 | |
|---|---|---|
| | 总α/（Bq/L） | 总β/（Bq/L） |
| 2016 | 0.01 | 0.03 |
| 2017 | 0.06 | 0.18 |
| 2018 | 0.02 | 0.06 |
| 2019 | 0.02 | 0.06 |
| 2020 | 0.05 | 0.07 |
| “十三五”期间均值 | 0.03 | 0.08 |
| “十二五”期间均值 | 0.01 | 0.07 |

### 2.9.3.4 土壤

“十三五”期间、“十三五”与“十二五”期间均值对比，河南省放射性废物库环境土壤放射性水平测量值处于同一水平（表 2.9-48）。

表 2.9-48 “十三五”与“十二五”期间全省放射性废物库环境土壤放射性水平

单位：Bq/kg

| 点位名称 | 采样时间 | 钾-40 | 铯-137 | 镭-226 | 钍-232 | 铀-238 |
|---|---|---|---|---|---|---|
| 库区菜地 | 2016 年 | 675.2 | ＜0.7 | 25.5 | 38.1 | 22.2 |
| 库区菜地 | 2017 年 | 640.2 | ＜0.7 | 28.3 | 41.4 | 15.8 |
| 库区菜地 | 2018 年 | 648.0 | ＜0.5 | 26.8 | 44.2 | 31.0 |
| 库区菜地 | 2019 年 | 653.1 | ＜0.5 | 27.3 | 45.0 | 32.1 |
| 库区菜地 | 2020 年 | 632.5 | ＜0.7 | 27.6 | 45.5 | 32.6 |
| “十三五”期间均值 | | 649.8 | ＜0.6 | 27.1 | 42.8 | 26.7 |
| “十二五”期间均值 | | 623.7 | ＜0.2 | 22.4 | 37.6 | 12.8 |

## 2.9.4 小结

2020 年及“十三五”期间，河南省的电离辐射环境质量仍然保持在天然本底水平；水体、气体、土壤等介质的天然放射性核测量结果相对平稳，“十三五”末与“十二五”末测量结果相比，未发生明显变化，与 1989 年河南省天然放射性水平调查时的监测结果处于同一水平。

2020 年及“十三五”期间，河南省放射性废物库安全运行，周围放射性水平未发现明显变化。“十三五”末与“十二五”末测量结果相比，河南省放射性废物库及周围的环境介质测量结果相对平稳，与废物库运行前的本底测量相比，均处于同一水平。

2020 年及“十三五”期间，“十三五”末与“十二五”末测量结果相比，河南省电磁辐射环境仍低于国家标准规定的公众环境限值（12 V/m）。

# 第三篇

# 总　结

## 3.1 基本结论

“十三五”期间，河南省生态环境质量持续改善。城市空气、地表水环境质量显著改善，地下水、城市饮用水水源地水质保持稳定，城市声环境质量基本保持平稳，生态环境状况、农村、土壤环境质量总体稳定，辐射环境质量保持良好态势。

### 3.1.1 环境空气质量

2020 年，全省空气质量级别为轻污染。信阳、驻马店 2 市环境空气质量级别为良，其他 16 市环境空气质量级别为轻污染。与 2019 年相比，2020 年全省空气质量级别保持不变，信阳市空气质量级别仍为良，驻马店市空气质量级别由轻污染变为良，其他 16 市空气质量级别保持不变。

“十三五”期间，全省环境空气质量级别均为轻污染。与“十二五”末相比，“十三五”末全省空气质量级别由中污染变为轻污染，信阳、驻马店 2 市空气质量级别由轻污染变为良，开封、洛阳、三门峡、南阳、商丘 5 市空气质量级别仍为轻污染，其他 11 市空气质量级别由中污染变为轻污染。

### 3.1.2 降水

2020 年，全省 18 个省辖市降水 pH 值为 5.71～8.85，年平均值为 6.78，未发生酸雨。与 2019 年相比，2020 年降水 pH 年均值减少 0.06。

“十三五”期间，全省降水 pH 年均值为 6.56～6.84，未发生酸雨，降水 pH 年均值增加 0.11。与“十二五”末相比，“十三五”末全省降水 pH 年均值增加 0.05。

### 3.1.3 地表水环境质量

**河流** 2020 年，全省河流水质级别为轻度污染。海河流域、淮河流域为轻度污染，黄河流域为良好，长江流域为优。主要污染因子为化学需氧量、高锰酸盐指数和五日生化需氧量。与 2019 年相比，2020 年全省河流水质级别仍为轻度污染，淮河流域、海河流域水质级别仍为轻度污染，黄河流域水质级别由轻度污染变为良好，长江流域水质级别保持优。

“十三五”期间，地表水环境质量持续改善，全省及淮河、海河、黄河流域水质均明显好转，长江流域无明显变化。与“十二五”末相比，“十三五”末全省河流水质级别由中度污染变为轻度污染，其中，淮河流域水质级别仍为轻度污染，海河流域水质级别由重度污染变为轻度污染，黄河流域水质级别由轻度污染变为良好，长江流域水质级别保持优。

**水库** 2020年，全省水库水质级别为优，营养状态为中营养。与2019年相比，2020年水质级别和营养状态均未发生变化。

“十三五”期间，全省水库水质级别由良好变为优，营养状态均为中营养。与“十二五”末相比，“十三五”末全省水库水质级别由良好变为优，营养状态仍为中营养。

### 3.1.4 城市地下水质量

2020年，全省城市地下水水质级别为较好。许昌市地下水水质级别为优良，鹤壁、漯河、南阳、郑州、三门峡、平顶山、周口、焦作、洛阳、驻马店、新乡11个城市地下水水质级别为良好，济源、安阳、开封、濮阳、商丘、信阳6个城市地下水水质级别为较差。与2019年相比，2020年全省城市地下水水质级别仍为较好。许昌地下水水质级别由良好变为优良，济源由良好变为较差，其他16个省辖市地下水水质级别均无变化。

“十三五”期间，全省城市地下水水质综合评价级别由良好变为较好。与“十二五”末相比，“十三五”末全省城市地下水水质综合评价级别由良好变为较好。

### 3.1.5 集中式饮用水水源地

2020年，全省城市饮用水水源地水质级别为优。南阳、濮阳、平顶山、三门峡、漯河、驻马店、鹤壁、郑州、许昌、信阳、新乡、周口12个省辖市集中式饮用水水源地水质级别为优，其余6个省辖市集中式饮用水水源地水质级别为良好。与2019年相比，2020年全省省辖市集中式饮用水水源地水质基本稳定。郑州水源地水质级别由良好变为优，其他17个省辖市水源地水质级别保持不变。

“十三五”期间，全省城市地下水各项因子基本保持稳定。与“十二五”末相比，“十三五”末全省城市地下水水质综合评价级别由良好变为优。

### 3.1.6 城市声环境质量

**城市区域声环境质量** 2020年，全省昼间平均等效声级为53.8 dB，质量级别为二级，有14个城市达到二级，占比为77.8%，有4个城市达到三级，占比为22.2%。与2019年相比，全省城市昼间区域声环境质量级别未发生级别变化，仍为二级。

“十三五”期间，全省城市昼间区域声环境质量昼间平均值为53.7～54.1 dB，城市区域声环境质量保持平稳趋势。与“十二五”期间相比，“十三五”期间基本保持平稳。

**城市功能区声环境** 2020年，全省城市功能区声环境质量昼间、夜间测点达标率分别为 84.3%、60.6%。与 2019 年相比，2020 年昼间、夜间测点达标率分别升高 10.7 个、4.0 个百分点。

“十三五”期间，全省城市昼间道路交通噪声强度平均值为 65.9～66.9 dB，全省道路交通干线两侧声环境质量得到显著改善。与“十二五”末相比，“十三五”末全省城市道路交通声环境质量基本稳定。

**城市道路交通声环境** 2020 年，全省昼间道路交通声环境质量平均等效声级为 66.0 dB、级别为一级。昼间区域声环境质量达到一级的城市有 16 个，占比为 88.9%；昼间区域声环境质量为二级的城市有 2 个，占比为 11.1%。与 2019 年相比，2020 年全省城市昼间道路交通声环境质量级别未发生级别变化，仍为一级。

“十三五”期间，全省城市功能区声环境质量呈持续改善的趋势，“十三五”时期城市功能区声环境质量与“十二五”时期相比保持平稳态势。

### 3.1.7 生态环境质量

2019 年全省生态环境质量等级评价为良。三门峡等级为优，洛阳、济源、信阳、南阳、平顶山、驻马店等 14 个省辖市生态环境质量等级为良；开封、商丘和濮阳生态环境质量等级均为一般。未出现较差类和差等级。与 2019 年相比，2020 年全省生态环境质量等级仍为良。其中，开封、商丘生态环境质量等级由良变为一般，许昌生态环境质量等级由一般变为良，其余 15 个省辖市生态环境质量等级保持不变。

“十三五”期间，全省生态环境状况等级未发生变化，均为良。与“十二五”末相比，2019 年全省生态环境状况等级仍为良。其中，三门峡生态环境状况等级由良变为优，郑州生态环境状况等级由一般变为良，开封、商丘生态环境状况等级由良变为一般，其他 14 个省辖市的生态环境状况等级均未发生变化。

### 3.1.8 农村环境质量

2020 年全省农村环境空气质量总体良好，主要污染物为 $PM_{2.5}$、$PM_{10}$ 和 $O_3$；饮用水水源地水质较 2019 年有所下降，达标率为 60.8%；县域地表水水质较差，达标率为 46.6%，超标因子主要为氨氮、总氮、总磷、高锰酸盐指数等；土壤环境质量状况总体良好，小于风险筛选值的点位占 97.3%，仅 5 个点位镉、砷大于风险筛选值，但均小于风险管制值。

“十三五”期间，272 个村中的 144 个村庄空气质量超标，超标率为 52.9%；在 128 个过境河流水库水质监测断面中，总监测次数 1 517 次，达标次数 634 次，达标率为 41.8%；32 个农村地表水型饮用水水源断面，监测频次 263 次，达标次数 207 次，达标率为 87.7%；94 个地下水型饮用水水源，总监测次数 4 186 次，达标次数 3 133 次，达标率为 74.8%。

与“十二五”期间相比，“十三五”期间空气优良天数比例下降明显，空气污染形势严峻；县域河流水库水质较“十二五”期间略有提升，地表水型饮用水水源地水质大幅提升，农村村庄地下水型饮用水水源水质明显提升；农村土壤环境质量监测中问题点位比例大幅下降，河南省农村土壤环境质量整体处于安全可控范围，并有总体持续向好的趋势。

### 3.1.9 辐射环境质量

2020 年及“十三五”期间，全省的电离辐射环境质量仍保持在天然本底水平；水体、气体、土壤等介质的天然放射性核测量结果相对平稳，“十三五”末与“十二五”末测量结果相比，未发生明显变化，与 1989 年河南省天然放射性水平调查时的监测结果处于同一水平。

2020 年及“十三五”期间，河南省放射性废物库安全运行，周围放射性水平未发现明显变化。“十三五”末与“十二五”末测量结果相比，河南省放射性废物库及周围的环境介质测量结果相对平稳，与废物库运行前的本底测量相比，均处于同一水平。

2020 年及“十三五”期间，“十三五”末与“十二五”末测量结果相比，全省电磁辐射环境仍低于国家标准规定的公众环境限值（12V/m）。

## 3.2 主要环境问题

### 3.2.1 大气污染防治压力大

2020 年年末，党中央、国务院部署的污染防治攻坚战三年行动计划任务胜利收官，国家“十三五”规划确定的大气约束性指标全面完成，经生态环境部认定，2020 年全省空气环境质量综合评价结果为“优”，二氧化硫、氮氧化物 2 项主要污染物排放量均超额完成国家下达的减排任务，大气环境保护工作取得了历史性成就。同时，河南省大气环境保护结构性、根源性、趋势性压力总体上尚未根本缓解，大气环境保护工作任重道远。

#### 3.2.1.1 全国排名依然落后

“十三五”期间，尽管河南省各地区、各部门在大气污染防治工作中作出巨大努力，但截至“十三五”末，河南省仍为全国大气污染较为严重的省份之一。综合指数在全国排名靠后，$PM_{10}$ 年均浓度在京津冀及周边省（区、市）中仍处于较高水平，和山西省并列；$PM_{2.5}$ 浓度在京津冀及周边省（区、市）中处于最高水平。在 2020 年全国 168 个重点城市综合指数排名中，河南省仍有 4 个省辖市位于后 20 名，排名靠后的城市为安阳倒数第 1

名、鹤壁倒数第 9 名、焦作倒数第 10 名、新乡倒数第 16 名。

#### 3.2.1.2 城市环境空气质量依然超标

截至“十三五”末，河南省已有 9 个县实现空气质量二级达标，分别为信阳市新县、商城县、淮滨县，洛阳市栾川县、汝阳县、洛宁县、嵩县，三门峡市卢氏县及驻马店泌阳县，县域空气环境改善显著。但河南省省辖市城市环境空气质量①仍全部超标，优良天数比例低于全国平均水平。

#### 3.2.1.3 $PM_{2.5}$ 和 $O_3$ 污染协同控制仍需付出更大努力

目前，河南省大气 $PM_{2.5}$ 和 $O_3$ 复合污染特征明显。夏季 $O_3$ 超标天数的增加且污染持续时间较长，严重制约全省优良天数指标的完成；冬季重污染天气期间 $PM_{2.5}$ 浓度较高，已成为制约河南省污染防治攻坚战的堡垒。因此，河南省在“十四五”期间 $PM_{2.5}$ 和 $O_3$ 污染协同控制方面仍需付出更大努力。

### 3.2.2 水环境保护形势依然严峻

河南省水资源禀赋条件差，河流生态流量严重不足，部分河流污染依然较为突出，水生态系统较为脆弱，涉水产业结构偏重、涉水工业企业排放量大，化工、有色等重工业企业和尾矿库沿河分布，水环境风险十分突出，水生态环境保护形势依然十分严峻。

#### 3.2.2.1 部分河流污染较重或不能稳定达标

“十三五”期间，虽然河南省水环境质量得到大幅改善，各流域水质整体向好，但Ⅰ～Ⅲ类水质比例，从全国范围来看，属于中下水平；与安徽、湖北、陕西、山西、河北、山东邻省相比，仅处于中等水平。仍存在个别劣Ⅴ类水质断面，以及部分断面水质不能稳定达标的问题。伊洛河七里铺、黄河花园口、伊河龙门大桥、卫河南乐元村集、安阳河冯宿桥、共产主义渠获嘉东碑村、马颊河南乐水文站、浉河信阳琵琶山桥、汝河汝南沙口、包河永城马桥、老灌河淅川高湾、唐河埠口、淇河（长江）上河等河流断面近几年均存在月均值不能稳定达标问题，惠济河、浍河、沱河、大沙河（海河）、共产主义渠、宏农涧河仍有部分月份水质为劣Ⅴ类。

#### 3.2.2.2 部分支流断流干涸或生态流量不足

河南省水资源禀赋总体较差，人均水资源量不足全国平均水平的 1/5。基于 31 个水文断面的 1956—2019 年实测径流系列，马颊河、沱河、安阳河等河流出现过断流的断面 23 个，占比约为 74%；生态基流保障率整体呈下降趋势，从 2012—2016 年实测径流系列来看，除惠济河砖桥闸保障率为 99%外，其他断面生态基流保障率为 10%～96.67%，缺

---

① 环境空气质量 6 项指标中有 1 项超过 2 级标准则为超标。

水量约 3 亿 $m^3$。全省一些河道的水源是处理过的工业和生活污水以及农田退水，污径比较高，致使河流自净能力弱，加之水系上下游、地区、城市之间修建大量的拦蓄闸，人为破坏了河流的天然连通性与水流连续性。马颊河、安阳河、金堤河、天然文岩渠、沱河、涡河等河流均多次断流，河道生态基流和敏感期生态需水难以满足，贾鲁河、惠济河等部分河流水资源利用和污染物排放超出河流资源环境承载能力，沁河生态基流、洛河（伊洛河）和伊河敏感期生态需水量保障形势严峻，豫东、豫北等地河流受水资源约束严重。

#### 3.2.2.3 结构性污染问题尚未根治

河南省工业结构仍然较为粗放，资源能源及原材料产业比重高，高新技术产业和装备制造业比重低。但产业结构和布局的调整近期内难以实现，结构性污染问题仍然十分突出。全省涉水产业结构偏重、涉水工业企业排放量大，水环境风险源企业主要集中在化工、造纸、制药、石化、有色金属采选和冶炼、铅蓄电池制造、皮革、电镀等行业，化工、有色等重工业企业沿河分布，水环境风险十分突出。三门峡、洛阳、南阳等部分地市尾矿库较多，对河流水体甚至饮用水水源地构成较大风险隐患。目前，重要生态功能水体的水环境风险评估工作尚未完全开展，水环境风险防控与应急能力还有待进一步提升，水环境风险防范任务较重。

#### 3.2.2.4 部分城镇基础设施建设还相对滞后

近年来，河南省加大了污水处理设施建设与改造的力度，但城镇环境基础设施仍不健全，商丘市、南阳市城区、多数城市的城乡接合部及县城仍然存在污水处理能力不足、管网混错接、雨污合流、管网漏损等问题，导致部分生活污水溢流、初期雨水污染等影响地表水水质；城镇新区、老城区污水管网覆盖不够，雨污混流，污水处理厂不能稳定达标等；部分乡镇、村庄生活污水处理设施尚未覆盖，农村生活污水收集处理率不高，农村生活垃圾堆存在沟渠内，随降雨冲刷进入河道影响地表水水质，部分已建农村污水处理设施因运营经费没保障、管网不配套、管理机制不完善等多种原因，成为“晒太阳工程”，难以起到应有的作用。特别是雨污分流不彻底的问题，致使河南省部分河流越是在雨后，水质越差。

### 3.2.3 生态环境承载力相对较弱

河南省生态承载力相对较低，自然生态环境较为脆弱。水资源和森林覆盖空间分布不均，城镇化进程也造成了局部地区土地胁迫加重。以生态文明建设国家战略以及黄河流域生态保护与高质量发展国家战略为引领，扭转黄河流域自然保护区生态保护状况降低趋势依然是河南省生态环境保护面临的一系列问题。

#### 3.2.3.1 自然生态系统调节功能较弱

河南省湿地和草地面积较小，对生态环境贡献有限。森林是河南省的主要生态系统，但截至 2019 年年底，全省森林覆盖率仅为 25.4%，森林生态系统趋于简单化，天然林比例下降，林龄结构较不合理，森林生态系统拦水、滞洪、保土、涵养水源及净化空气、调节气候等生态功能较弱，抵御自然灾害、抗病虫、鼠害的能力较低。另外，森林、湿地等自然生态系统的生态产品供给和生态公共服务能力与人民群众期盼相比还有很大差距，人们对身边增绿、社区休憩、森林康养的需求越来越迫切。生态旅游基础设施建设滞后，生态体验设施缺乏，绿色、有机生产体系不健全，供需矛盾突出。

#### 3.2.3.2 部分自然保护区生态功能呈下降趋势

除豫西山地外，受城市建设用地和耕地面积增加以及水域湿地面积减少等因素的影响，黄河流域段部分省级自然保护区生态保护状况呈下降趋势。黄河流域水资源利用较为粗放，工农业用水效率不高，更多的湿地被开垦成耕地，改善了黄河流域湿地自然保护区生态功能。此外，河南省自然保护区分布的主要区域与旅游资源丰富区、城镇化率较高地区、矿产资源富集区多有重叠，城镇化、工业化、基础设施建设等开发建设活动与生态空间互相交织，对区域水土保持、景观地貌、生态环境造成不同程度的不利影响，生态保护难度较大。随着经济社会的高速发展和城镇化的快速推进，部分生态空间被挤占，生态环境保护压力持续加大，生态安全形势日益严峻。

#### 3.2.3.3 区域开发不合理与局部土地胁迫状况严重

河南省土壤侵蚀以水力侵蚀为主，主要分布在豫北太行山、豫西及豫南的桐柏山和大别山地区。近年来，通过林地种植面积和郑州市辖区绿地面积的不断增加，河南省土地胁迫状况得到有效控制和治理。但由于城镇化的扩张，以及局部地区对矿产资源的不合理开发及不合理的种植结构等，使土地胁迫状况在城镇区和部分区域出现增加趋势。

## 3.3 对策建议

“十四五”时期是河南省开启全面建设社会主义现代化河南新征程、谱写新时代中原更加出彩绚丽篇章的关键时期，河南省将深入贯彻习近平生态文明思想，按照党中央、国务院决策部署和省委、省政府工作安排，坚持方向不变、力度不减，突出精准治污、科学治污、依法治污，深入打好污染防治攻坚战，持续改善环境质量，持续减少污染物排放，有效防控环境风险，努力建设生态强省。主要对策建议有以下几点。

### 3.3.1 持续改善大气环境——让“蓝天白云、繁星闪烁”常驻河南

以减污降碳协同增效为总抓手，以 $PM_{2.5}$ 和 $O_3$ 协同控制为主线，以 $NO_x$ 和 VOCs 协同减排为重点，强化多污染物协同控制，实施重点区域联防联治，重点降低 $PM_{2.5}$ 和控制 $O_3$，继续抓好“七控”：控尘、控煤、控排、控车、控油、控烧、控烟花爆竹，基本消除重污染天气，持续改善环境空气质量，大幅提升人民群众蓝天幸福感，努力让“蓝天白云、繁星闪烁”常驻河南。

#### 3.3.1.1 积极应对气候变化，开展二氧化碳排放达峰行动

一是研究制订推动全省2030年前碳排放达峰行动实施方案，推动减污降碳协同发力。二是聚焦重点领域、重点行业，加快推动产业结构转型升级，建设清洁低碳能源体系，推动公转铁、公转水和多式联运。三是选择典型地区和城市，开展环境质量达标与碳排放达峰“双达”试点示范。

#### 3.3.1.2 持续推进结构调整，实现清洁低碳发展

①优化产业布局。进一步加强区域、规划环境影响评价，完成各市及示范区层面生态保护红线、环境质量底线、资源利用上线和环境准入清单“三线一单”编制工作，严格执行国家明确禁止和限制发展的行业、生产工艺和产业目录。

②完成城市建成区、人群密集区的重污染企业和危险化学品等环境风险大的企业搬迁改造、关停退出。

③严格环境准入门槛。严控“两高”行业产能，严控 VOCs 项目审核。化解过剩产能，压减低效产能。

④严格耗煤行业准入。从严执行国家、省重点耗煤行业准入规定，原则上禁止新建、扩建单纯新增产能的煤炭、煤电、钢铁、电解铝、水泥、玻璃、传统煤化工、焦化八大类产能过剩的传统产业。2025年生铁、水泥、平板玻璃等重污染行业相较于2020年预计产能降低15.6%。

⑤强化整治力度。加大现有化工园区整治力度，彻底整治“散乱污”企业。

⑥开展绿色交通建设试点工程，推进节能降碳技术创新与应用，重点推进交通运输废旧路面材料循环利用。

⑦发展节能环保产业。积极推行节能环保整体解决方案，加快发展合同能源管理、环境污染第三方治理和社会化监测等新业态。培育壮大新兴产业。

#### 3.3.1.3 适当调整能源结构，切实推进清洁取暖

①煤炭总量控制管理。严格控制煤炭消费总量。有序控制电厂用煤，重点削减非电用煤。

②实现煤炭减量替代。严格落实《河南省耗煤项目煤炭消费替代管理（暂行）办法》，所有新建、改建、扩建耗煤项目一律实施煤炭减量或等量替代。

③强化电力结构调整。削减电力行业低效产能，完成落后煤电机组淘汰工作，继续提高大容量、高参数机组比重，降低煤耗。

④有效推进清洁取暖。改变原有的取暖观念和取暖习惯，优先发展以热电联产为主，以地源热泵、电隔膜等清洁取暖为辅的供暖方式。加强天然气供应能力，推进工业集中供热。

⑤推动新能源发展。积极发展可再生能源，推动太阳能、风能、生物质能规模化发展，推动新能源高效低费利用的技术产业化。提高非石化能源消费比重。

#### 3.3.1.4 深化企业废气治理，推动企业绿色升级

开展清洁生产行动，完成各类园区循环化改造、规范发展和提质增效。各类工业园区内除自身工业余热供热外，全部实现集中供热。完成重点行业提标治理，全面提升锅炉烟气排放标准。坚持“源头治理、全面禁止，突出重点、分步推进”的原则，全面完成分散燃煤锅（窑）炉淘汰、改造工作。全面排查工业炉窑，加大工业炉窑淘汰力度，加快工业炉窑清洁燃料替代。强化工业企业无组织排放治理，开展水泥、火电、铸造、耐火材料、有色冶炼、砖瓦窑等所有涉及无组织废气排放的工业企业和燃煤锅炉，加强氨逃逸管理，有效控制氨逃逸。

#### 3.3.1.5 优化升级运输结构，建设绿色交通体系

优化交通运输结构，调整货物运输结构，积极发展铁路运输，提高铁路货运比例，优化骨干公路网布局，建设城市绿色物流体系。2025 年淘汰国家第三阶段机动车污染物排放标准及以下，45%国家第四阶段机动车污染物排放标准（以下简称国四）营运中重型柴油货车。到 2035 年淘汰 80%国四中重型柴油货车。大力推广城市绿色交通，坚持公共交通优先发展战略，加快城市充电桩建设，鼓励购买和使用新能源汽车。到 2025 年，全省汽车产量新能源占比达 30%，新能源汽车新车销量占当年汽车总销量的 20%。新能源汽车保有量占总量的 2%。推进高排放移动源治理，制订国道、省道市城区柴油货车绕行方案，加强非道路移动机械排放监管，划定“高排放非道路移动机械禁用区”。

#### 3.3.1.6 推进 $O_3$ 和 $PM_{2.5}$ 协同控制，实施 VOCs 综合治理专项行动

一是制订实施空气质量提升行动实施方案；二是抓好重点任务，以秋冬季 $PM_{2.5}$ 和夏季 $O_3$ 污染防控为突破口，加强 $PM_{2.5}$ 和 $O_3$ 协同控制，深化 VOCs 和 $NO_x$ 综合治理，强化“七个严控”（控尘、控煤、控车、控油、控烧、控排、控烟花爆竹）；三是积极削减 $O_3$ 生成的前体物 $NO_x$ 和 VOCs，加快重点行业的污染治理；四是出台 VOCs 防治政策，加快制定农药、涂料、医药、无组织逸散的排放标准；五是进一步研究 $O_3$ 的形成机理，以

及重点区域 $NO_x$ 和 VOCs 的最佳协同减排比例；六是坚持源头减排、过程控制、末端治理和强化管理相结合的综合防治原则。新建涉 VOCs 排放的工业企业要入园区，实行区域内排放等量或倍量削减替代。深入开展工业 VOCs 治理，对 VOCs 废气末端处理工艺进行提升改造，鼓励企业采用多种技术组合工艺，提高 VOCs 治理效率，加快推进 VOCs 无组织排放治理。开展 VOCs 整治专项执法行动，严厉打击违法排污行为。

#### 3.3.1.7 开展扬尘全域控制

推进露天矿山粉尘整治，以自然保护区、风景名胜区、水源保护区、主要交通干线两侧和城市建成区周边为重点，建立露天矿山退出机制。加强施工扬尘管理，将建筑、市政、拆除、公路、水利等各类施工工地扬尘污染防治纳入建筑施工安全生产文明施工管理范畴。强化道路扬尘治理，大力推进道路机械化清扫保洁作业，推行"以克论净、深度保洁"的作业模式，各县（市、区）平均降尘量不得高于 8 t/（$km^2$·30 d）。严格渣土、砂石等运输车辆规范化管理，规范堆场扬尘治理。强化秸秆综合利用。

### 3.3.2 稳步提升水环境——努力实现"清水绿岸、鱼翔浅底"

重点是增加好水和生态水，治理差水和黑臭水。继续推进水生态环境保护攻坚行动，持续抓好水源地保护、黑臭水体治理、河湖水生态环境治理修复等标志性战役，深入推进工业源、生活源和农业源"三源"治理，补齐城镇污水收集和处理设施"短板"，大力推进美丽河湖建设，有序推进县城建成区黑臭水体整治，稳定消除劣Ⅴ类水体，切实保障人民群众饮水安全，确保南水北调中线工程"一渠清水永续北送"，努力实现"清水绿岸、鱼翔浅底"。

#### 3.3.2.1 优化水资源配置体系

优化水资源配置。实施流域水资源综合管理，对河流、湖泊、湿地、河漫滩实施一体化管理，将生态用水纳入流域水资源配置统一管理，强化水资源承载能力刚性约束，严格控制不合理的河道外用水，逐步退还被挤占的河道内生态用水。着力优化西柳青河、蟒河、汾河、颍河、大沙河、安阳河、马颊河、汤河水库等生态用水配置，减少断流时段，努力实现恢复有水。

实施重要河流生态流量调度。加强水资源的统一调度与管理保障，实施水库、闸坝联合调度、动态调度，合理安排重要断面下泄流量和泄水过程，提高河流纵向连通性，维持河湖基本生态用水和生态安全，保障卫河、淇河、安阳河、马颊河、洛河、沁河、伊河、金堤河、淮河、沙颍河、涡河、洪汝河、颍河、史河、贾鲁河、北汝河、泉河、白河和唐河等河流生态流量目标。

合理有序规范水电开发。有序规范伊河、洛河、老灌河水电开发，洛河上游豫陕省界以上河段禁止水电开发，洛河伊河口至入黄口段、伊河栾川段、八里庙至陆浑水库段、老灌河禁止新的水电开发。重点针对伊河干流、洛河干流、老灌河干流现有水电站，因地制宜实行“改造、退出、限制、调整”分类整治措施“一站一策”制订整改方案，推进绿色电站建设，减轻小水电开发对河流生态系统的影响。针对装机容量低已不运行的小水电，探索建立小水电良性退出机制。加强水电站下泄生态水量监督，保障重要断面敏感生态需水。

#### 3.3.2.2 持续推进工业污染防治

严格环境准入，促进绿色发展。加快“三线一单”落地应用，建立覆盖全省的“三线一单”生态环境管控体系，推进规划环评与“三线一单”成果衔接，分区分类设置环境准入条件，落实规划环评与项目环评联动机制，强化源头控制。

加快产业结构布局调整升级。推进重点行业绿色化改造。以钢铁、有色、石化、化工、电镀、皮革、造纸、纺织印染、农副食品加工等行业为重点，开展全流程清洁化、循环化改造，促进传统产业绿色转型升级。加快落后低效和过剩产能淘汰。重点开展农副食品加工、化工、医药、白酒、饮料、羽绒、明胶、造纸、皮革、印染行业排查、综合治理，淘汰污染重、工艺技术及生产设备落后的企业。推动重点行业、重点区域产业布局调整。以产业集聚区为载体，以主导产业为重点，实施传统产业兼并重组、城市建成区高污染企业退城入园和敏感区域、水污染严重地区高污染企业布局优化，加快企业集中布局、产业集群发展、资源集约利用。

强化产业集聚区污染管控。全面推进产业集聚区循环化改造，构建区域循环经济产业链，促进水资源集约节约利用，推动实施产业集聚区水污染物排放总量控制，实现“扩容减污”。加大现有工业园区整治力度，提高产业集聚区工业废水集中处理水平，全面推进产业集聚区污水管网排查整治，杜绝企业偷排、集聚区污水处理厂污水溢流现象。推动产业集聚区污水处理设施提质增效，确保集聚区污水处理厂出水稳定达到或优于一级 A 标准要求，有条件的要建设尾水人工湿地进一步提升污水排放水质。

加强企业全过程管控。推进企业清洁生产改造。在造纸、焦化、氮肥、农副食品加工、皮革、印染、有色、原料药制造、电镀等重点水污染物排放行业，深入推进清洁生产审核，推动智能化、清洁生产改造，减少单位产品耗水量和单位产品排污量，促进企业废水厂内回用，提升企业清洁生产水平。

完善排污许可全过程监管体系。发挥排污许可制对企业生产、运营等全生命周期的监管，形成对工业企业的“证前—证中—证后”全过程监管体系。

推动企业稳定达标排放。加大检查力度和违法处罚力度，结合日常环境监管、环境违法案件查处、环境保护检查，排查掌握超标排放企业清单及存在问题，依法查处，督促企业限期整改。

### 3.3.2.3 全面提升城镇污染治理能力

补齐城镇污水处理设施“短板”。按照因地制宜、查漏补缺、有序建设、适度超前的原则，科学谋划污水处理设施布局及规模。对南阳、开封、商丘、周口等现有污水处理能力不足的地区，加快新建、扩建污水处理设施。

大力推进污水收集体系建设。郑州市进一步深入推进城区污水管网全覆盖建设，其他省辖市努力实现城区污水管网全覆盖，各市重点推进试点县城区污水管网全覆盖，带动市域县城城区污水管网完善。新增城镇污水集中处理设施服务片区内要同步规划配套管网，严格做到配套管网长度与处理能力要求相适应。加快完善“城中村”、老旧城区、乡镇政府所在地、城乡接合部和异地扶贫搬迁安置区的生活污水收集管网系统，消除污水管网服务空白区，杜绝污水直排。

持续提高污水管网收集效能。加快省辖市城市建成区排水管网清污分流和雨污混错接改造。改造沿河截污管网截流井、混错接的雨水及合流制排水口，有效避免地表水进入污水管网系统，同时削减合流制排水口溢流污染。地下水位高的信阳等地区，积极修复老化破损、混错接的污水管井，避免地下水入渗和雨水流入。城镇新区、产业集聚区、城乡一体化示范区建设均要实行雨污分流，严禁污水排入雨水管道或直排水体。

### 3.3.2.4 落实黄河流域生态保护和高质量发展

黄河流域生态保护和高质量发展是习近平总书记亲自谋划、亲自推动的国家重大发展战略，落实黄河流域生态保护和高质量发展：一是加强流域生态保护。严格落实“三线一单”管控要求，保护好自然保护区、湿地保护区等生态敏感区域，持续开展“绿盾”国家级自然保护区监督检查专项行动，促进流域生态系统健康。二是改善流域环境质量。对流域内工业源、农业源、生活源实施集中整治，特别是对一些污染较重的支流加大治理力度，保障黄河干流水质稳定达标。三是防范环境风险。加强对化工医药、有色加工、危险化学品、涉重金属、危险废物等重点企业和工业园区的风险评估，提高风险防控能力，完善突发环境事件应急应对，最大限度降低生态环境风险，维护生态系统安全。

### 3.3.2.5 加强南水北调工程生态环境保护

要坚持源头治理、系统治理、综合治理，突出精准治污、科学治污、依法治污，围绕加强南水北调工程沿线水资源保护，持续抓好输水沿线区和受水区的污染防治和生态环境保护工作，抓紧完善编制一批加强生态环境保护专项规划，开展水源地和干渠沿线生态环境突出问题排查和专项执法，组织丹江口库区及上游水环境质量、水生态功能、水环境安全评估，开展从南水北调学党史，学新中国建设史，学南水北调工程建设、生态保护、环境治理史的专题学习，实施一批生态保护、污染防治、治理修复、监管执法、监测监控、风险防范等重大项目，谋划一批河湖水生态保护修复、生态缓冲带建设、人工湿地水质净化、水系连通等工程项目，开展一系列水源地保护、黑臭水体治理、农村环境综合整治、大气污染防治、河湖水生态环境治理与修复等关键战役，研究制定一批精准帮扶措施，协同推动当地生态环境高水平保护和经济高质量发展，推动建成一批国家生态文明建设示范市县、"绿水青山就是金山银山"实践创新基地等，带动提升区域生态环境质量和绿色发展发展水平。

## 3.3.3 保障土壤环境质量——让老百姓"吃得放心、住得安心"

持续推进土壤污染防治攻坚行动，以重点区域、重点行业、重点污染物、重点风险因子为着力点，协同推进土壤、农村、地下水环境治理，积极开展土壤污染综合防治先行区建设，加强农用地土壤污染源头管控和安全利用，推进建设用地风险管控和治理修复，确保农用地、建设用地安全利用，让老百姓"吃得放心、住得安心"。

### 3.3.3.1 在完成目标任务上不打折扣

全面制定和实施"十四五"土壤、地下水和农业农村生态环境保护规划，高标准完成各项目标任务，确保人民群众生命健康安全和土壤、地下水资源永续利用，确保党中央关于生态文明建设的决策部署落地生根见效。

### 3.3.3.2 在创新制度机制上力求突破

进一步探索完善土壤污染防治体系，配套相关政策，加强制度创新，依法精准科学推进土壤污染防治，建立政府和社会共同参与的土壤污染防治保障机制，形成多部门联动监管地下水污染防治的良好格局，营造政府主导、全社会共同参与的农业农村污染治理局面。补齐农村生活污水治理率低、农业面源污染监管不到位、土壤污染防治项目建设推进不力、地下水污染防治部门联动监管机制不完善"短板"。

### 3.3.3.3 在监管能力建设上全面提升

进一步夯实基层土壤环境管理力量，加强培训和指导，打造与形势任务相适应的土壤环境管理铁军队伍；深化多部门监测体系建设，提升大数据分析能力，为土壤污染防治打造"千里眼""顺风耳"；进一步提升基层执法队伍土壤环境执法能力，开展执法专项行动，查处一批典型违法案件。通过组织培训和工作实践，全面提升项目管理能力、组织推进工作能力、环境执法监管能力。

## 3.3.4 改善农村人居环境——留住"鸟语花香、田园风光"

持续开展农村人居环境综合整治行动，加大农村生活污水治理力度，加强种植养殖污染防治，排查整治农村黑臭水体，打造美丽乡村，为老百姓留住"鸟语花香、田园风光"。

#### 3.3.4.1 推进农村生活污水垃圾治理

以乡镇政府驻地、中心村、丹江口库区汇水范围、南水北调中线总干渠两侧、河流两侧村庄为重点梯次推进农村生活污水治理。因地制宜，科学确定农村户用无害化卫生厕所改造模式，合理选择生活污水治理模式，统筹实施农村黑臭水体治理及水系综合整治。加大经费保障，加强监管，不断提高已建成农村污水处理设施稳定正常运行率。推广农村生活垃圾“户投放、村收集、镇转运、县处理”模式，加强河流两侧村庄的农村垃圾收集，防止垃圾入河。

#### 3.3.4.2 推进养殖粪污资源化利用，加快发展种养有机结合的循环农业

以畜牧大县和规模养殖场为重点，整县推进畜禽养殖废弃物资源化利用。现有规模化养殖场（小区）要配套建设与养殖规模相适宜的粪便污水防渗、防溢流贮存设施，以及粪便污水收集、利用和无害化处理设施。鼓励规模以下畜禽养殖户采用“种养结合”“截污建池、收运还田”等模式。积极引导农户实施“三进三退”，退出散养、退出庭院、退出村庄，进入规模场、进入合作社、进入市场循环，发展绿色养殖，实现清洁生产。合理布局水产养殖生产，严格水产养殖投入品管理，扩大健康养殖规模，严格控制河流水库投饵网箱养殖。

#### 3.3.4.3 有效防控种植业污染

深入实施化肥农药减量行动，完善化肥农药使用量调查统计制度，加强农业投入品规范化管理，健全投入品追溯系统，推进农业绿色发展，降低化肥农药使用量，提高利用效率。

### 3.3.5 维护生态环境安全——保障人民群众“生命安全、身心健康”

牢固树立底线思维，强化风险意识，完善环境风险常态化管理体系，强化重点领域环境风险管控，加强新污染物治理，建立完善生态环境风险防范机制和“天地一体化”的生态环境监测健全环境应急体系，提升危险废物环境监管能力，强化危险废物全过程环境监管，完善医疗废物城乡一体化处置。以“一废一库一品”（危险废物、尾矿库、危险化学品）等高风险领域为重点，深入开展环境风险隐患排查整治。加强涉危涉重企业、化工园区、集中式饮用水水源地及重点流域环境风险调查评估，实施分类分级风险管控。严格落实企业主体责任，健全提升、防范、化解突发生态环境事件能力，保障人民群众生命安全和身心健康。